"南北极环境综合考察与评估"专项

南极周边海域物理海洋和海洋气象考察

国家海洋局极地专项办公室 编

海洋出版社

2016年·北京

图书在版编目（CIP）数据

南极周边海域物理海洋和海洋气象考察/国家海洋局极地专项办公室编．—北京：海洋出版社，2016.6
ISBN 978－7－5027－9533－7

Ⅰ.①南…　Ⅱ.①国…　Ⅲ.①南极－海域－海洋地球物理学－科学考察－中国②南极－海域－海洋气象－科学考察－中国　Ⅳ.①P941.6②P738③P732

中国版本图书馆 CIP 数据核字（2016）第 158352 号

NANJI ZHOUBIAN HAIYU WULI HAIYANG HE HAIYANG QIXIANG KAOCHA

责任编辑：杨传霞
责任印制：赵麟苏
海洋出版社　出版发行
http://www.oceanpress.com.cn
北京市海淀区大慧寺路 8 号　邮编：100081
北京朝阳印刷厂有限责任公司印刷　新华书店北京发行所经销
2016 年 10 月第 1 版　2016 年 10 月第 1 次印刷
开本：889mm×1194mm　1/16　印张：21
字数：530 千字　定价：146.00 元
发行部：62132549　邮购部：68038093　总编室：62114335

极地专项领导小组成员名单

组　长：陈连增　国家海洋局

副组长：李敬辉　财政部经济建设司

曲探宙　国家海洋局极地考察办公室

成　员：姚劲松　财政部经济建设司（2011—2012）

陈昶学　财政部经济建设司（2013—）

赵光磊　国家海洋局财务装备司

杨惠根　中国极地研究中心

吴　军　国家海洋局极地考察办公室

极地专项领导小组办公室成员名单

专项办主任：曲探宙　国家海洋局极地考察办公室

常务副主任：吴　军　国家海洋局极地考察办公室

副主任：刘顺林　中国极地研究中心（2011—2012）

李院生　中国极地研究中心（2012—）

王力然　国家海洋局财务装备司

成　员：王　勇　国家海洋局极地考察办公室

赵　萍　国家海洋局极地考察办公室

金　波　国家海洋局极地考察办公室

李红蕾　国家海洋局极地考察办公室

刘科峰　中国极地研究中心

徐　宁　中国极地研究中心

陈永祥　中国极地研究中心

极地专项成果集成责任专家组成员名单

组　长：潘增弟　国家海洋局东海分局

成　员：张海生　国家海洋局第二海洋研究所

余兴光　国家海洋局第三海洋研究所

乔方利　国家海洋局第一海洋研究所

石学法　国家海洋局第一海洋研究所

魏泽勋　国家海洋局第一海洋研究所

高金耀　国家海洋局第二海洋研究所

胡红桥　中国极地研究中心

何剑锋　中国极地研究中心

徐世杰　国家海洋局极地考察办公室

孙立广　中国科学技术大学

赵　越　中国地质科学院地质力学研究所

庞小平　武汉大学

《南极周边海域物理海洋和海洋气象考察》
专著编写人员名单

主　编： 高立宝　魏泽勋

副主编： 史久新　高郭平　李丙瑞　谢周清
廖光洪　张　林　邓小东　刘长建

编写人员（按姓名拼音排序）：
程灵巧　郭桂军　康　辉　李　明
李　群　梁楚进　吕　忻　曲大鹏
舒　启　孙永明　王建成　薛　亮
杨　威　姚文峻

序　言

“南北极环境综合考察与评估”专项（以下简称极地专项）是2010年9月14日经国务院批准，由财政部支持，国家海洋局负责组织实施，相关部委所属的36家单位参与，是我国自开展极地科学考察以来最大的一个专项，是我国极地事业又一个新的里程碑。

在2011年至2015年间，极地专项从国家战略需求出发，整合国内优势科研力量，充分利用“一船五站”（“雪龙”号、长城站、中山站、黄河站、昆仑站、泰山站）极地考察平台，有计划、分步骤地完成了南极周边重点海域、北极重点海域、南极大陆和北极站基周边地区的环境综合考察与评估，无论是在考察航次、考察任务和内容、考察人数、考察时间、考察航程、覆盖范围，还是在获取资料和样品等方面，均创造了我国近30年来南、北极考察的新纪录，促进了我国极地科技和事业的跨越式发展。

为落实财政部对极地专项的要求，极地专项办制定了包括极地专项“项目管理办法”和“项目经费管理办法”在内的4项管理办法和14项极地考察相关标准和规程，从制度上加强了组织领导和经费管理，用规范保证了专项实施进度和质量，以考核促进了成果产出。

本套极地专项成果集成丛书，涵盖了极地专项中的3个项目共17个专题的成果集成内容，涉及了南、北极海洋学的基础调查与评估，涉及了南极大陆和北极站基的生态环境考察与评估，涉及了从南极冰川学、大气科学、空间环境科学、天文学以及地质与地球物理学等考察与评估，到南极环境遥感等内容。专家认为，成果集成内容翔实，数据可信，评估可靠。

“十三五”期间，极地专项持续滚动实施，必将为贯彻落实习近平主席关于“认识南极、保护南极、利用南极”的重要指示精神，实现李克强总理提出的“推动极地科考向深度和广度进军”的宏伟目标，完成全国海洋工作会议提出的极地工作业务化以及提高极地科学研究水平的任务，做出新的、更大的贡献。

希望全体极地人共同努力，推动我国极地事业从极地大国迈向极地强国之列！

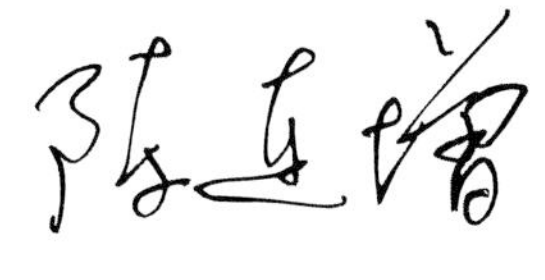

目　次

第1章 总论

南极和北极位于地球的南北两端，是地球表面的冷极，大部分地区终年为冰雪覆盖，是地球表面的两大冷源和全球气候变化的主要驱动器。作为地球系统的重要组成部分，南极和北极系统包含大气、冰雪、海洋、陆地和生物等多圈层的相互作用过程，又通过全球大气、海洋环流的径向热传输与低纬度地区紧密联系起来，极地环境的变化与地球其他区域的变化息息相关，极地在全球变化中具有重要地位和作用。已有研究表明，南极气候环境过程与我国的气候变化存在遥相关。

进入21世纪，全球变暖加剧，极区冰层快速融化，南北极资源宝库渐露真容，一些国家在围绕对海洋专属经济区、大陆架、公海、国际海底权益和资源激烈争夺的同时，已将触角延伸到地球的南北两极，南北极主权权益之争遽然抬头，国际社会已掀起新一轮争夺南北极资源和权益的“战争”与“圈地”运动，南北极事务已步入一个科学、政治、经济、军事利益交织纷争的年代，抓紧制定并实现我国的南北极综合考察战略决策和中长期目标，增强南北极考察能力、水平和实质性存在，刻不容缓。

全球变暖，极地环境和全球变化面临新的重大变革和不确定性，极地气候快速变化已对我国气候与环境变化产生显著影响，并可能使未来我国工农业生产和国民经济的可持续发展面临新的更大冲击，加大极地环境综合考察与全球变化研究，切实提高我国应对气候变化能力，刻不容缓。

由此应运而生的是我国2012年设立的“南北极环境综合考察与评估”专项。通过这样一个紧密围绕国家目标来完成的系统工程，统领全局，凝聚整合队伍，促进极地考察平台建设，系统、全面、有重点地开展南北极环境综合考察，获得极地环境和资源潜力的第一手资料，切实提高我国应对气候变化的能力，最大限度地维护国家利益，提升在国际极地事务中的话语权。本专项是我国极地领域近30年来规模最大的极地专项，是我国极地事业发展新的里程碑，对于维护国家极地权益、推动极地工作发展有着十分重大的意义。在专项期间进行了第28次、第29次、第30次和第31次南极科学考察，主要工作区域在普里兹湾和南极半岛附近海域，共完成了248个站位的海洋学综合调查，66站次的湍流观测，在南大洋走航断面完成了507站的XBT/XCTD抛弃式观测和153个GPS探空气球观测，在普里兹湾海域投放海表漂流浮标28枚，布放海冰温度链浮标6套，布放锚碇潜标共计11套，实施了短期冰站和1个长期冰站的冰基多学科综合观测，以及多学科走航观测、抛弃式观测以及海冰物理特征综合观测。大气化学观测获得气态总汞浓度58 000个，气溶胶样品452份，大气样品292份，细菌和真菌样品128组，为我国南极观测与评估提供了丰富的数据和样品基础。目前，已发表和待发表论文30余篇，发明专利2项，实用新型专利1项，计算机软件著作权登记2项。掌握了极地海洋水文、海洋气象、海冰等环境基本信息，获取了海洋环境变化和海－冰－气系统变化过程的关键要素信息；通过研究突出对典型水团和环流的变化、垂向混合与海气相互作用等前沿科学问题的认识，进一步了解极地海域对全球气候变化的影响和响应，为我国资源开发利用提供更多的科学数据。

极地专项的“十二五”跨越了2012—2015年，2015年“南北极环境综合考察与评估”专项开展了成果集成工作。本专题“南极周边海域物理海洋和海洋气象考察”基于第28次至第31次南极考察和历史资料，综合专项期间的考察成果，对南极物理海洋和海洋气象考察取得的成果进行总结，初步分析南极物理海洋、海洋气象和海冰等的分布特征和变化规律。本报告全面介绍了我国近4次南极科学考察物理海洋和海洋气象等学科考察的进展情况，梳理了物理海洋、海洋气象和海冰等考察工作取得的主要进展和初步成果。本报告共分6章，第1章“总论”，总体介绍了极地科学观测的重要性、考察的主要范围、考察时段和时间、主要考察内容、工作量等；第2章“考察的意义和目标”包括考察背景和意义、我国南极物理海洋和海洋气象考察的简要历史回顾、考察海区概况和考察目标等方面；第3章“考察的主要任务”主要对“十二五”期间4个航次的考察区域、站位、工作内容、设备、人员分工以及完成工作量进行介绍；第4章“考察获得的主要数据”介绍数据获取方式、数据获取种类、数据质量控制和对数据的总体评价；第5章“考察的主要分析与评价”分别按照航次顺序介绍了南极周边物理海洋、海洋气象和海冰的主要分析内容；第6章“考察获得的主要经验与建议”归纳了考察取得的重要成果和亮点、主要成功经验和存在的问题以及对未来科学考察的建议等。最后附考察区域及站位图、仪器设备一览表、论文、专著等公开出版物一览表共7类附件，很多基本图件未能包含到报告中，放到了图集之中。

本报告首次系统地梳理了极地专项在“十二五”期间南极科学考察的内容及成果，是在国家海洋局领导下，各参与单位通力合作下的结果，特此对关心、指导、参与本次考察的所有人员表示衷心感谢！

第2章　考察的意义和目标

2.1　考察的背景和意义

极区环境对全球变化反应十分敏感，表现出明显的放大作用。近30年来的研究表明，全球增暖导致两极地区的冰层、海洋和陆地等圈层发生了显著变化，极地在全球变化背景下的响应和反馈、极地在全球变化中的地位和作用已成为当今世界共同关注的重大科学和社会问题。当前，一些重大的国际研究计划如世界气候研究计划（WCRP）、国际地圈-生物圈研究计划（IGBP）、大洋钻探计划（DSDP/ODP/IODP）等都将两极作为关键地区，制定了相应的研究计划；一些国际组织和极地考察国家也推出了相应的研究计划，组织开展了一系列综合性的科学考察和观测项目。以期通过这些大型极地科学计划，定量了解极区快速变化（如冰雪消融）及时空变化规律，了解人类活动对极地过去和现在的影响，更好地理解极地与全球的联系，提高对未来变化的预测预报能力。1994年召开的第23届南极研究科学委员会（SCAR）大会将“南极地区与全球变化计划（GLOCHANT）”确定为今后数十年内国际南极合作研究的优先领域，成为各国南极考察的指导原则。目前，SCAR正执行着五大科学计划，包括南极气候演化（ACE）、南极冰下湖环境（SALE）、南极生物演化及其多样性（EBA）、南极与全球气候系统（AGCS）、日地空间与高空大气的两极对比（ICESTAR）等。为了进一步增进对极地的了解，2007年至2008年国际科联（ICSU）与世界气象组织（WMO）共同组织发起了第四次国际极地年计划，共有60多个国家和地区参加，执行了228项正式计划，其中包括我国提出的普里兹湾—埃默里冰架—冰穹A断面科学考察与研究计划（PANDA）。目前，南大洋观测系统（SOOS）提出了6个核心的研究方向：①南大洋在热量和淡水平衡中的作用；②南大洋经向翻转环流的稳定性研究；③海洋在南极冰架稳定性中的作用及其对海平面变化的贡献；④南大洋对CO_2的持续吸收能力和南大洋酸度变化速率；⑤未来的南极海冰变化；⑥全球变化对南大洋生态系统的影响。这些研究方向无疑是我国乃至世界共同关心的话题。

全球变暖，极区冰层快速融化，极区环境和全球变化面临新的重大变革和不确定性。目前，主要极地考察国家正试图通过物理、生态和经济学模式的耦合研究来定位新的极地海洋资源可持续利用战略。因此，加强南北极环境资源综合考察，深化极地系统和全球变化研究，揭示极地在全球气候环境变化中的地位和作用，切实提高应对气候变化的能力，是关系到我国国计民生、防灾减灾、国民经济和社会可持续发展的大事。

海冰过程对极区海洋有着至关重要的影响，对极区高密度水的形成和驱动经向翻转环流起到关键作用。南极大陆44%的海岸线上有冰架，冰架及其下的海洋也是南大洋研究特别值得关注的地方。全面考虑海冰、冰间湖和冰架的影响，开展冰-海相互作用研究，有助于将南大洋水团与环流的研究推向深入。

近30年来南北极地区发生的海洋、大气、陆地、生态系统的快速变化，使得极地成为全球变化最敏感的地区之一。伴随全球变暖，在南极周边海域，海冰范围及厚度都急剧减小、变薄，该地区海气界面物质交换过程变得强烈，进而影响到分布在海洋边界层的大气、气溶胶的化学成分，其成分的改变又反过来影响到气候变化，间接地反作用于海洋生物。

汞具有很强的毒性，且在陆地、水体及大气中广泛存在，大气中汞的来源主要是土壤释汞、水体释汞、火山、森林火灾、燃煤、有色金属冶炼、生物质燃烧等。气态元素汞HgO在大气中超长的滞留时间（1年左右），使其可以传输到遥远的地区甚至极地。有报道显示汞在低纬度地区高温条件下可从土壤和水体挥发，进入大气循环并在高纬度地区严寒条件下沉积。海洋边界层大气汞的研究为深入了解大气汞的背景浓度、时空分布特征、大气转化机制、源汇特征及长距离输送提供科学依据。气溶胶能够通过吸收、散射太阳辐射及作为云凝结核影响气候。气溶胶的辐射强迫是当前气候预测不确定性的最大来源。对海洋上空尤其是远洋地区气溶胶浓度和化学成分认识的不充分是造成这种不确定性的重要原因。有机气溶胶是海洋气溶胶尤其是气候效应显著的亚微米气溶胶的重要组成部分。生物气溶胶是大气气溶胶的重要组成部分，大气中微生物可以凭借空气介质扩散和传输，从而引发人类急、慢性疾病，还可能形成冰晶或云凝结核，进而间接影响全球气候的变化。对生物成因气溶胶的种类、成分、时间和空间分布特征进行分析，对于了解其对人体健康和大气环境的影响也具有重要意义。

近些年来，南大洋在全球气候系统中的重要作用逐渐得到认识。南极绕极波的发现凸显了南大洋在气候异常信号传播中的作用，使南大洋一度成为气候变化研究的热点，我国也开展了针对性的研究。虽然南极绕极波的真实性后来受到质疑，但是由于南极绕极流是唯一东西贯通的洋流，热量和盐量的异常将随着南极绕极流在各大洋间传输，南大洋作为气候异常信号传播途径所起的作用仍然值得深入研究。作为经向翻转环流中的重要环节，南大洋的变化也会通过影响南极底层水的形成过程进一步影响到全球热盐环流，近些年利用数值模式和箱式模型也开展了这方面的研究，对南大洋在气候系统中的作用有了更加全面的认识。南大洋年际以至年代际变化及其在全球气候系统中的作用将成为未来中国物理海洋学研究的一个重要方向。

南极科学委员会于2014年发布了旨在引导南极和南大洋科学发展的“地平线扫描”计划的最终结果，提出了未来20年以至更长时间内，南极和南大洋科学研究需要解决的80个科学问题以及6个优先发展方向。第一个优先发展方向为“明确南极大气与海洋的全球影响”，与南大洋物理海洋学研究密切相关的科学问题包括：南大洋的变化是否会形成反馈并导致气候变化进程的加快或减缓？南极底层水的性质和体积为什么发生改变，这将对全球大洋环流和气候产生什么效应？包含了与低纬度区域交换在内的南大洋环流如何响应气候强迫？海洋表面波动如何影响南极海冰和漂浮的冰川冰？淡水输入的变化如何影响大洋环流和生态系统过程？以上科学问题是目前科学界最为关心且亟待解决的，也应该成为中国物理海洋学者在未来南大洋研究中努力的方向。

我国南极海洋科学在过去的30多年期间，经历了从无到有、逐步发展的过程，极地专项实施之前，我国在南极周边重点海域的海洋调查远落后于发达国家，拥有的海洋基础资料时空密度小、准确度低、覆盖率低、重复性差，并且主要集中在普里兹湾内的几个不规则断面上，难以反映普里兹湾当前的海洋状况，在威德尔海、罗斯海海域几乎是空白，远不能满足南北极战略部署的需求。

目前的极地海洋水团、环流的变化及其对全球气候变化的影响和响应是国际极地科学研究的热门方向，但却是我国综合实力偏弱的一门学科。因此，以极地科学考察专项为契机，建立有针对性的学科方向和稳定的科研团队，大力发展极地物理海洋科学考察事业，为国家赢得更多的话语权提供有力支持。

2.2 我国南极科学考察的简要历史回顾

1984 年至今，我国已经组织了 31 次南极科学考察，于 1985 年和 1989 年建成了南极长城站和中山站，2009 年 1 月建成的中国首个南极内陆考察站“中国南极昆仑站”，形成了以南极长城站、中山站、昆仑站和“雪龙”号考察船为主体的极地科学考察和研究支撑体系。目前又建立了中山站与昆仑站之间的中转站——泰山站，形成了每年 1 次的南极科学考察，为我国极地科学研究奠定了坚实的基础。在极地冰川学、极地海洋科学、极地大气科学、极区空间物理学、极地生物生态学与人体医学、极地地质与地球物理学、极地天文学等领域取得了丰硕的成果，已初步形成了一些具有国际影响力和区域优势的学科领域，2007—2008 年我国提出并执行了 IPY 核心计划：普里兹湾—埃默里冰架—冰穹 A 断面科学考察与研究计划（PANDA），在国际上产生了重要影响。随着国家需求的发展，我国极地观测海域不断地拓展，目前主要观测海域有南极半岛周边海域、普里兹湾周边海域、罗斯海海域等。

经过 30 多年的考察和研究，中国的物理海洋学取得了长足的进展，获得了丰硕的研究成果，主要体现在以下方面：①通过走航和站位观测，获得了丰富的南大洋实测温盐和海流资料，尤其是在普里兹湾及邻近海域积累了时间跨度超过 20 年的断面观测 CTD 数据，使中国成为这一海域实测资料最为全面和系统的国家；②对普里兹湾及其邻近海域的水团与环流开展了全面研究，在夏季表层水空间变化、陆架与海盆水交换、埃默里冰架出流水性质与分布、普里兹湾局地生成南极底层水的可能性等方面取得了研究进展；③将实测数据与卫星遥感数据相结合，研究了南印度洋绕极流区的锋面结构和变化，加深了对锋面维持与变化机制的认识；④在南极半岛周边海域开展了观测，分析了德雷克海峡和布兰斯菲尔德海峡的温盐结构和水团组成；⑤利用遥感与再分析数据以及漂流浮标数据，研究了南极绕极流的时空变化特征，在南极绕极流对风应力强迫的响应、跨密度面混合等过程研究上取得了新的认识；⑥建立了描述南极绕极流的解析模式，探讨其动力学约束和变化机制；⑦开展了普里兹湾以及整个南大洋的数值模拟，利用模拟结果讨论了环流的时空变化特征和影响因素。

2012 年开始的极地科学考察专项是我国首次大规模的综合极地科学考察研究专项，科学考察的学科内容、观测区域、观测手段及考察队伍规模均达到了前所未有的高度，取得了历史性的进展，开展了以南大洋、普里兹湾为重点的 31 次南极海洋科学考察，尤其重要的是我国南极海洋科学考察已经成为一项业务化的考察工作，凸显了我国对极地工作的重视程度已经达到了新的高度。

中国第 28 次南极考察中的南大洋调查是“南北极环境综合考察与评估”专项实施以来的第一个试点航次。该航次在兼顾“雪龙”船 1 船 3 站（中山站、长城站和昆仑站）补给任务和传统考察任务的基础上，将以南极半岛海域为重点开展多学科海洋综合考察。调查内容包括：物理海洋学、海洋化学、海洋生物学、海洋地质学和海洋地球物理等多学科综合观测。这也是我国开展极地考察以来，在南极半岛考察规模最大的一次，填补了南大洋断面大纵深综合观测的空白。

中国第29次南极考察是“南北极环境综合考察与评估”专项的第一个正式航次，从2012年10月28日至2013年4月10日。根据极地专项办公室总体部署和参加单位的协商，第29次南极考察执行了“一船一站”的科考任务。本专项在第29次南极考察航次中执行了走航、站位及定点长期观测等多项观测任务，通过多种手段对南极半岛海域和普里兹湾海域深入开展物理海洋与海洋气象综合考察，系统掌握考察区海洋水文、海洋气象、海冰等环境基本信息，获取海洋环境变化和海-冰-气系统变化过程的关键要素信息，为我国和全球气候变化、资源开发利用、航海与后勤保障提供基础资料。

中国第30次南极科学考察从2013年11月10日至2014年4月9日。根据极地专项办公室总体部署和参加单位的协商，第30次南极考察执行了“一船三站”的科考任务，考察内容和考察方式延续了第29次南极考察的模式。在第30次南极考察中，南大洋科学调查首次使用海鸟911CTD双温双导新配备的传感器海洋仪器设备。

中国第31次南极考察是“南北极环境综合考察与评估”专项“十二五”期间的最后一个航次。本次考察共完成68站的CTD/LADCP全深度观测，66站的采水和7站的二次采水，3个成功回收潜标站位，超过原计划的60个重点站位。完成29站的湍流观测，大部分站位实现两次观测。

2.3 考察海区概况

南极周边海域是包括普里兹湾、威德尔海、南极半岛邻近海域等在内南极大陆边缘海和南极大陆边缘海以外的其他南大洋海区。根据调查的性质、内容和形式，南极周边海域物理海洋和海洋气象考察分为：南极重点海域考察、南大洋断面考察和观测站长期监测3部分。调查时应考虑水文、气象环境要素的时空尺度以及海洋动力过程的有机性，根据作业环境与平台条件，并结合与水动力环境密切相关的学科，如海洋生物与生态、海洋化学、海洋地质、海洋遥感和海洋沉积动力等，进行物理海洋和海洋气象考察同步调查。

南极重点海域考察区域主要包括普里兹湾在内的63°—85.5°E南极大陆边缘海、南极半岛附近45°—66°W之间的陆架陆坡海域。南大洋断面考察区域主要包括澳大利亚-普里兹湾断面、德雷克海峡断面以及各南极大陆边缘海调查海区的冰架前缘断面。

普里兹湾总体呈西南—东北走向，是南极大陆附近的第三大海湾，面积仅次于威德尔海和罗斯海。它位于南大洋的印度洋区段，大致在67°45′—69°30′S，69°00′—76°00′E的范围内，面积约为6×10^4 km^2。普里兹湾北邻印度洋，南邻与兰姆伯特大冰川相连接的埃默里冰架，湾口东端靠近四女士浅滩，西端靠近弗拉姆浅滩，位于两个浅滩中间的一个凹槽，是湾内外交换的主要通道。普里兹湾内水深普遍较浅，约为400~600 m，在湾口处水深加深，经过67°00′S大陆坡折处，水深急剧增加，陆坡以北是水深超过3 000 m的深水区，因此普里兹湾具有“瓶颈”式的地理环境和海底地形特点。

中国对普里兹湾的研究可以追溯到1981年中国科学家参加国际南大洋生物系统和资源考

察（BIOMASS）等国际考察和合作研究活动。1989年中山站建立后，普里兹湾开始成为我国南极考察和研究的重点海域，历次南极考察的定点观测多设置在这个海域，至今为止积累了大量的CTD观测资料。在这些数据资料的基础上，我国科学家对普里兹湾及邻近海域做了多方面的研究，其中物理海洋学研究主要集中在对水团分布、环流特性与形成机制等方面的探讨。

南极半岛北端周边海域指的是南极半岛北端及其向东延伸出去的南设得兰群岛和南奥克尼群岛周边海域，即斯科舍海与威德尔海之间的海域。该海域基本上可以分为西部、中部和东部3段：①西部突出海面的是南设得兰群岛和南极半岛的北端（包括周边的若干岛屿），夹在两者之间的是布兰斯菲尔德海峡；该海域北接德雷克海峡，南为威德尔海的西北部陆架区；②中部海域完全在海面以下，南部为鲍威尔海盆，水深超过3 000 m；其北面为两条近乎平行的海岭，即南斯科舍海岭和菲利普海岭，两条海岭之间是埃斯佩里兹海槽；鲍威尔海盆的西南侧为茹安维尔海岭；③东部为南奥克尼海台，海台的大部分区域水深小于500 m，北部有很小的区域高出海面，成为南奥克尼群岛；海台的西侧和东侧各有一条水深超过1000 m的通道，即菲利普通道和奥克尼通道。

由于南奥克尼海台周边海域是威德尔海与斯科舍海水团交汇的地方，该海域也被称为威德尔－斯科舍汇流区（Confluence，Gordon，1967）。实际上，这一海域的水交换，尤其是深层的水交换基本上是单向的，即只有从威德尔海向斯科舍海和德雷克海峡的北向输运（Gordon et al.，2001；von Gyldenfeldt et al.，2002）。威德尔海是南极底层水（AABW）的主要源地之一，但是受海底地形所限，在威德尔海西南部陆架附近生成的威德尔海底层水（WSBW）在向北流动至接近汇流区时，只能随着气旋式的威德尔流涡（Weddell Gyre）继续向东移动，并不能进入斯科舍海（Gordon et al.，2001；Naveira－Garabato et al.，2002b）。只有相对低盐的威德尔海深层水（WSDW，温度在0～7℃之间）（Gordon et al.，2001）能够进入鲍威尔海盆，进而绕过南奥克尼海台向北进入斯科舍海（Naveira－Garabato et al.，2002a）。相对WSBW而言，WSDW具有低盐和高溶解氧的特征，是由于其中包含了来自南极半岛北端西侧的威德尔海陆架水（Gordon et al.，2001）。这个位置的陆架水也有一部分绕过茹安维尔海岭向北输运，进入布兰斯菲尔德海峡的深层和底层（Gordon et al.，2000）。水团性质的分析表明，布兰斯菲尔德海峡东海盆和中央海盆的深层水和底层水基本上来源于威德尔海，太平洋水仅有可能对中央海盆有极少量的贡献（董兆乾等，2004）。实际上，来自太平洋的绕极深层水（CDW）仅对布兰斯菲尔德海峡的西部和南部有影响，海峡的中部和东部似乎不存在CDW，或者其影响相当弱（羊天柱等，1989）。在海峡的西端，CDW可以出现在靠近南极半岛一侧的陆架上（Hofman and Klinick，1998；Smith et al.，1999），也可以通过南设得兰群岛链中的一些水道进入海峡。史密斯岛与斯诺岛之间500～600 m深的通道是主要的入流通道（羊天柱等，1989；Hofmann et al.，1996；Hofmann and Klinick，1998），这些水体仅在布兰斯菲尔德海峡北侧流动，进而流出海峡，并未进入中央海盆（Smith et al.，1999）。史密斯岛与布拉班特岛（Brabant）之间的陆架较浅（400～500 m），间或有CDW从此处侵入海峡（Hofmann and Klinick，1998；Smith et al.，1999）。在乔治王岛与象岛之间（400～600 m深），动力计算的结果显示，有一流速较大、流向较为稳定的东向流进入海峡（羊天柱等，1989），但是，也有研究认为这里是布兰斯菲尔德水的主要输出口（Hoffman，1996）。总之，由于地形的阻挡，来自太平洋的CDW不能穿过南设得兰群岛之间的水道直接进入威德尔海的西北部，而是先随着南极绕极流（ACC）穿越德雷克海峡，然后一部分进入气旋式的威德尔流涡，从东部进入威德尔海，再流经威德尔海南部，最终到达南极半岛以东的威德尔海西部海域。经过长途输运，CDW 的高温特征已经有所减弱，但仍是威德尔海中温度最高的水团，称为威德尔深层水（WDW，Weddell Deep Water），也称为暖深层水（WDW，Warm Deep Water）（von Gyldenfeldt et al.，2002；Hernández - Molina et al.，2006）。WDW 进而能够进入鲍威尔海盆通过菲利普通道以及埃斯佩里兹海槽进入南斯科舍海岭南侧（Palmer et al.，2012），或者经奥克尼通道绕过南奥克尼海台，也能够到达南设得兰群岛以南的海域（Gordon et al.，2001）。

综上所述，由于海底地形的变化多端和多支海流的交汇，南极半岛南端周边海域的流场和水交换过程呈现非常复杂的图景（Hernández - Molina et al.，2006），其中的一些细节有待进一步厘清。

南极半岛北端周边海域是早期中国南极考察队的重点海洋调查区域。1985 年 1—2 月，中国首次南极考察队开展了以南设得兰群岛周围海域和别林斯高晋海东北部海区为重点的综合海洋调查，完成了 34 个站位的 CTD 观测以及更多测点的 XBT 观测。利用上述实测数据，分析了夏季水团和环流的基本特征（羊天柱等，1989）以及锋面的结构（许建平等，1989）。第 3 次南极考察队于 1987 年 1—2 月，对南设得兰群岛海域进行了调查，完成了 28 个站位的作业。之后，中国南大洋调查和研究的重点区域移到普里兹湾海区，在近 25 年的时间里未曾开展南极半岛周边海域的系统观测。

2.4 考察目标

围绕了解“极地海洋对全球气候变化的响应和反馈”这一战略目标和我国“南北极环境综合考察与评估”战略部署开展极地海洋科学的调查工作，以科学的长期研究计划为中心，开展针对性的考察工作，掌握海洋水文、海洋气象、海洋声学、海冰等环境基本信息，获取海洋环境变化和海 - 冰 - 气系统变化过程的关键要素信息，建立重点海区的环境基线，突出对盐度、垂向混合与海气相互作用等前沿科学问题的研究，为我国和全球气候变化、资源开发利用、航海与后勤保障提供基础资料。力争实现如下目标：

（1）从国家长远战略需求出发，实现对极区海洋的深入认识；

（2）以点、线、面结合的方式，获取南极海洋的长期、连续观测；

（3）完善开放、共享的极地海洋数据库。

重点海域断面考察的工作目标是：在普里兹湾、威德尔海及南极半岛邻近海域开展物理海洋与海洋气象环境要素综合调查，掌握要素空间分布和变化特征，为南极重点海域局地海洋过程和相关环境参数基线研究服务。

南大洋断面考察的工作目标是：在南大洋印度洋扇区的澳大利亚 - 普里兹湾断面、德雷克海峡断面和重点海域对应的冰架前缘断面上，以走航观测、抛弃式观测为重点，站点作业为辅助进行物理海洋与海洋气象环境要素的断面考察，为南大洋局地海洋过程、相关环境参数基线和相关研究服务。

观测站长期监测的主要任务是：在普里兹湾典型海域和南大洋特征断面（德雷克海峡）上，围绕特征现象针对性地设置长期综合观测系统，根据水体和环境特征选择适当的观测平台，基于不同现象特征选择和设置传感器进行水文、气象、海冰等要素长期监测，了解海洋、气象、海冰的长期变化规律，为海－冰－气相互作用、绕极流变异特征、海洋内部混合与变异过程研究提供科学依据。

大气化学观测方面：通过以“雪龙”号考察船为监测平台，获得监测数据和样品，并进行实验室化学分析和讨论，旨在：①在全球变化背景下，充分了解极地海洋边界层气溶胶特别是生物成因气溶胶的种类、成分、时间、空间分布特征及影响因素；②准确理解决定极区生物成因气溶胶的来源、分布及转化的大气环境化学过程，为正确评估海洋和极地气溶胶对全球变化的响应和反馈提供科学依据。

参考文献

董兆乾，阿诺尔德·戈顿，曼弗里德·门史. 2004. 南极布斯菲尔德海峡的海盆深层水和底层水. //陈立奇. 南极地区对全球变化的影响与反馈作用研究. 北京：海洋出版社.

许建平，赵金三，羊天柱. 1989. 南设得兰群岛邻近海域物理海洋学特征和磷虾的关系. //国家南极考察委员会. 中国第一届南大洋考察学术研讨会论文专集. 上海：上海科学技术出版社.

羊天柱，赵金三，许建平. 1989. 南设得兰群岛邻近海域夏季的水团与环流. //国家南极考察委员会. 中国第一届南大洋考察学术研讨会论文专集. 上海：上海科学技术出版社.

Capella J E, Ross R M, Quetin L B, et al. 1992. A note on the thermal structure of the upper ocean in the Bransfield Strait – South Shetlands Islands region. Deep – Sea Research I, 39: 1221 – 1229.

Deacon G E R, Foster T D. 1975. The boundary region between the Weddell Sea and Drake Passage currents. Deep – Sea Research, 24: 505 – 510.

Gordon A L, Mensch M, Dong Z, et al. 2000. Deep and bottom water of the Bransfield Strait eastern and central basins. Journal of Geophysical Research, 105(C5): 1337 – 1346.

Gordon A L, Visbeck M, Huber B. 2001. Export of Weddell Sea deep and bottom water. Journal of Geophysical Research: Oceans, 106(C5): 9005 – 9017.

Gordon A L. 1967. Structure of Antarctic waters between 20°W and 170°W. Antarctic Map Folio Series, 6.

Gyldenfeldt A – B, Fahrbach E, García M A, et al. 2002. Flow variability at the tip of the Antarctic Peninsula. Deep – Sea Research II, 49: 4743 – 4766.

Hernández – Molina F J, Larter R D, Rebesco M, et al. 2006. Miocene reversal of bottom water flow along the Pacific Margin of the Antarctic Peninsula: Stratigraphic evidence from a contourite sedimentary tail. Marine Geology, 228: 93 – 116.

Hofmann E E, Klinck J M, Lascara C M, et al. 1996. Water mass distribution and circulation west of the Antic Peninsula and including Bransfield Strait. Antarctic Research Series, 70: 61 – 80.

Hofmann E E, Klinck J M. 1998. Thermohaline variability of the waters overlying the west Antarctic Peninsula continental shelf. Antarctic Research Series, 75: 67 – 81.

Naveira – Garabato A C, Heywood K J, Stevens DP. 2002a. Modification and pathways of Southern Ocean deep waters in the Scotia Sea. Deep – Sea Research I, 49(4): 681 – 705.

Naveira – Garabato A C, McDonagh E L, Stevens D P, et al. 2002b. On the export of Antarctic Bottom Water from the Weddell Sea. Deep – Sea Research II, 49 (21): 4715 – 4742.

Palmer M, Gomis D, del Mar Flexas M, et al. 2012. Water mass pathways and transports over the South Scotia Ridge west of 50°W. Deep – Sea Research I, 59: 8 – 24.

Smith D, Hofmann E, Klinck J, Lascara C. 1999. Hydrography and circulation of the west Antarctic Peninsula continental shelf. Deep – Sea Research I, 46: 925 – 949.

第3章 考察的主要任务

3.1 考察航次及考察重大事件介绍

由于极地专项“十二五”期间主要完成了第28次、第29次、第30次、第31次南极科学考察，所以下面简要介绍最近4个南极科学考察航次的基本情况。

3.1.1 第28次南极科学考察

第28次南极考察（以下简称第28航次）中的南大洋调查是“南北极环境综合考察与评估”专项实施以来的第一个试点航次。该航次在兼顾“雪龙”船1船3站（中山站、长城站和昆仑站）补给任务和传统考察任务的基础上，以南极半岛海域为重点开展多学科海洋综合考察。

该调查区位于南极半岛的东南侧，区域位置独特，地处南极大陆和南美大陆之间（德雷克海峡南侧），为南大洋大西洋扇区和太平洋扇区的过渡地带，其西南为别林斯高晋海，东南为威德尔海。于2012年1月16日到达南极半岛海域，开始极地专项预启动的南极半岛海域海洋综合考察。在14天的大洋考察中，遭受到5个大气旋的影响，在领队、船长的精心策划和全体船员的大力支持协助下，在大洋队长的现场指挥下，大洋队队员发扬南极精神，战风雪斗严寒，克服风大浪高的困难，不怕苦、不怕累，连续作业，完成了5条断面46个站位的调查任务，调查内容包括：物理海洋学、海洋化学、海洋生物学、海洋地质学和海洋地球物理等多学科综合观测。

3.1.2 第29次南极科学考察

第29次南极考察（以下简称第29航次）是“南北极环境综合考察与评估”专项的第一个正式航次。

第29次南极科考开展日期从2012年10月28日至2013年4月10日。根据极地专项办公室的总体部署和参加单位的协商，第29次南极考察执行了“一船一站”的科考任务。其中，大洋观测任务由国家海洋局第一海洋研究所、中国极地研究中心、中国海洋大学、国家海洋局南海分局共同承担，走航气象观测和站基观测任务由国家海洋环境预报中心承担。

水文观测的主要工作包括回收潜标2套，普里兹湾布放锚碇潜标2套，各海域的GPS探空气球、XBT、XCTD 等抛弃式作业以及断面站位 CTD 和 LADCP 观测等。气象和海冰观测主要工作包括“雪龙”船航渡及大洋调查作业期间的走航常规气象观测和冰区的走航海冰观测，并利用船载 Seaspace 卫星遥感接收系统对 NOAA 极轨卫星数据进行接收、处理和分析。基于南极中山越冬平台，利用超声测距仪、净辐射仪、电容和电阻丝式冰厚观测设备、冰钻、红外辐射计等各种水文气象设备，在邻近海域冰区进行海冰厚度、温度、积雪厚度、短波辐射、长波辐射、反照率、表面温度等的长期连续观测。在南极长城站开展水温和冰厚观测，新增能见度观测。两站的工作取得了大量观测数据，并获得初步研究成果。

3.1.3 第 30 次南极科学考察

第 30 次南极科学考察（以下简称第 30 航次）开展日期从 2013 年 11 月 10 日至 2014 年 4 月 9 日。根据极地专项办公室的总体部署和参加单位的协商，第 30 次南极考察执行了“一船三站”的科考任务。主要采用断面调查、走航观测和定点长期观测 3 类调查方式，调查对象分为水体、海冰（雪）、海洋气象 3 部分，主要包括普里兹湾及其邻近水域断面调查，南大洋走航断面调查（走航海表温盐观测、走航气象观测、抛弃式观测、走航海冰观测），定点长期观测（锚锭潜标观测、海冰漂移卫星跟踪浮标、海 - 冰 - 气联合连续观测、站基观测），顺利完成了第 30 次南极科学考察航次观测任务。

在第 30 次南极考察中，南极半岛附近的海洋观测站位基本完成了计划重点任务，但由于到达普里兹湾作业进行大洋作业的时间已经是 3 月初，受严重海冰的影响，普里兹湾内部的站位无法完成，潜标回收的位置也被大面积海冰覆盖，没有能够当时回收。最后潜标的回收放到了第 31 航次完成。

3.1.4 第 31 次南极科学考察

第 31 次南极考察（以下简称第 31 航次）是“南北极环境综合考察与评估”专项“十二五”期间的最后一个航次。普里兹湾海域的调查分两个阶段（2015 年 2 月 1 日至 12 日，2015 年 2 月 26 日至 3 月 2 日）进行。第一阶段主要在北侧和西侧海域开展，包括 P2、P3 和 P5 断面的全部重点站位，P4 断面的北部深水区重点站位，以及 P9 断面的 3 个备选站位，共完成 35 个站的观测。第二阶段主要完成 P4（南段）、PA、P6 和 IS 共 4 条断面总计 33 站的作业。本次考察共完成 68 站的 CTD/LADCP 全深度观测，66 站的采水和 7 站的二次采水，3 个成功回收潜标站位。完成 29 个站位的湍流观测。

在南大洋和赤道海域，投放 177 个 XBT/XCTD 探头和 40 个探空气球，获得了南大洋海洋与大气实测数据。在普里兹湾内投放 7 枚表层漂流浮标，用于观测湾内表层环流。

开展了全航程的表层温盐自动观测、走航 ADCP 观测、海冰（水）皮温观测、气象观测，完成了海洋边界层气溶胶样品采集及气态汞在线监测。在船经过浮冰区时，开展了走航海冰观测，包括每小时一次的 Aspect 标准海冰目测以及全程的冰情自动拍照观测和冰厚自动摄像观测。

成功回收第 29 航次布放的 M5、第 30 航次布放的 M7 和 M8 共 3 套潜标，潜标上仪器数据基本完好。第 29 航次布放的 M6 湾口潜标，由于没有测到有效的信号，最终未能回收。成功布放 3 套潜标，分别位于普里兹湾外陆坡区、湾内东侧冰间湖和埃默里冰架前缘西侧海域麦肯齐湾冰间湖，其中后两套潜标均带有减少冰山破坏的破断器。

3.2 考察路线、区域、断面及站位

3.2.1 第 28 次南极科学考察

3.2.1.1 重点海域断面调查

1）CTD/LADCP 联合观测

第 28 次南极考察中的南大洋调查是“南北极环境综合考察与评估”专项实施以来的第一个试点航次。该航次在兼顾“雪龙”船 1 船 3 站（中山站、长城站和昆仑站）补给任务和传统考察任务的基础上，以南极半岛海域为重点开展多学科海洋综合考察。图 3－1 所示为第 28 次南极科学考察航迹。

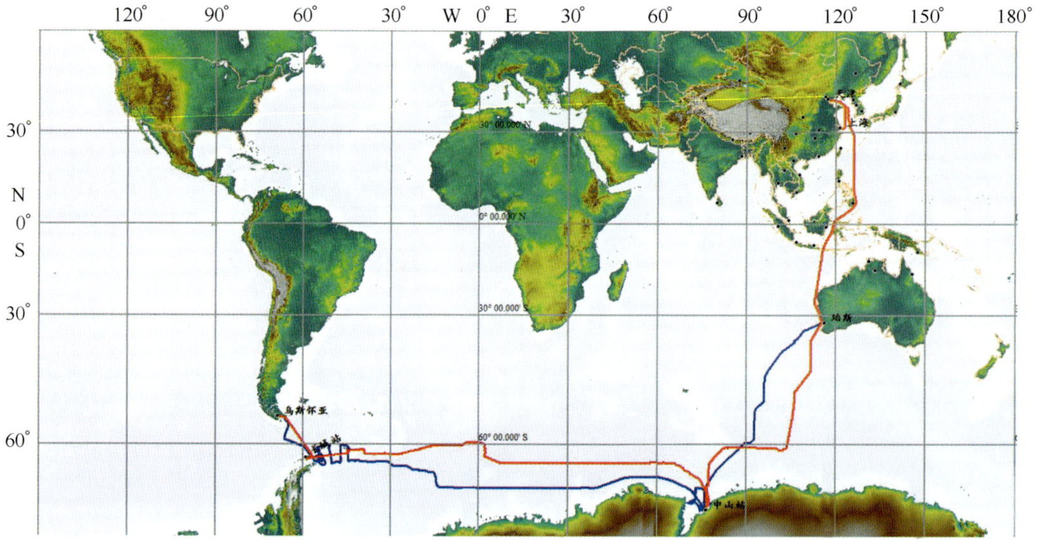

图 3－1　第 28 次南极科学考察航迹

在第 28 次南极考察中，南大洋科学调查首次使用海鸟 911CTD 双温双导新配备的传感器海洋仪器设备，“雪龙”船在中部甲板安装了美国 DECON 绞车及 6 800 m 铠装钢缆，海洋考察设备安装了大型海鸟 911PlusCTD（简称大 CTD），配备了溶解氧、叶绿素及高度计探头和 24 瓶 10 L 玫瑰采水器系统，大洋队各学科实行了统一站位记录信息数据。

测区的物理海洋观测以海鸟 911PlusCTD 剖面观测为主，部分站位由于大风，海况条件差，无法下放 911PlusCTD，使用走航 XCTD 探头进行补测。在海鸟 911CTD 出现故障检修过程中，使用备用海鸟 19V2CTD 剖面仪，共计完成了 54 个计划站位中的 45 个重点站位。

“雪龙”船于 2012 年 1 月 16 日到达 D1 断面开始执行极地专项南极半岛的海洋环境综合

考察，至1月29日晚完成任务，共进行14天。

按照第28次南极考察现场实施计划大洋考察南极半岛海域48个定点站位的要求，其中40个重点站位，8个备选站位。大洋队全部完成了42个定点站位和4个走航站位共计46个作业站的海洋环境综合考察。由于受气旋影响，风大涌高，船舶无法停船作业，故D1－1、D1－2、D2－7、D2－9站位采取走航XCTD观测。而D2－1、D2－10站位为放弃站（原因同上），而D4－12站位是在密集的浮冰区，无法作业。即南极半岛D1断面完成7个站位，D2断面完成7个站位，D3断面完成8个站位，D4断面完成11个站位，D5断面完成9个站位，完成4个站位XCTD探头投放，共计46个站位。这是我国极地考察以来，首次在南极半岛海域突破40个海洋综合考察站位，并且各专业学科获取了宝贵的数据和样品。具体考察站位见图3－2和表3－1。

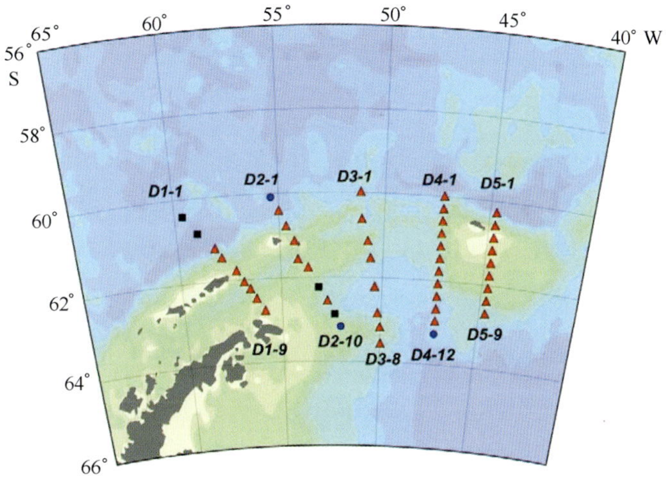

图3－2 南极半岛海域大洋作业站位

红色三角为完成的站位；蓝色方块为XCTD站位；蓝色圆点为未完成站位

表3－1 第28次南极科学考察海洋站位信息

序号	站名	日期	时间	经度	纬度	水深（m）	作业内容
1	D5－3	2011－12－30	20：55	44°42.320′W	60°55.062′S	228	CTD \ LADCP
2	D5－4	2011－12－30	23：39	44°41.627′W	61°12.078′S	316	CTD \ LADCP
3	D5－5	2011－12－31	02：29	44°40.534′W	61°28.951′S	364	CTD \ LADCP
4	D1－1	2012－01－16	15：02	59°37.572′W	60°24.294′S	3 200	XCTD
5	D1－2	2012－01－16	15：45	58°56.781′W	60°51.873′S	4 254	XCTD
6	D1－3	2012－01－16	20：07	58°11.545′W	61°14.55′S	2 750	CTD \ LADCP
7	D1－4	2012－01－17	03：22	57°53.935′W	61°28.145′S	496	CTD \ LADCP
8	D1－5	2012－01－17	06：49	57°12.514′W	61°48.078′S	380	CTD \ LADCP
9	D1－6	2012－01－17	09：49	56°51.743′W	62°4.544′S	501	CTD \ LADCP
10	D1－7	2012－01－17	11：50	56°34.592′W	62°14.596′S	1 053	CTD \ LADCP
11	D1－8	2012－01－17	14：56	56°16.313′W	62°28.344′S	347	CTD \ LADCP
12	D1－9	2012－01－17	17：03	55°59.515′W	62°44.912′S	201	CTD \ LADCP
13	D2－7	2012－01－18	11：42	52°23.145′W	62°51.901′S	309	XCTD
14	D2－8	2012－01－20	00：15	52°44.032′W	62°34.216′S	2 811	CTD \ LADCP

续表

序号	站名	日期	时间	经度	纬度	水深（m）	作业内容
15	D2 - 9	2012 - 01 - 21	05：52	53°9.384′W	62°14.516′S	2 364	XCTD
16	D2 - 4A	2012 - 01 - 21	16：11	54°54.875′W	61°12.343′S	53	CTD \ LADCP
17	D2 - 6	2012 - 01 - 22	04：48	53°40.725′W	61°47.615′S	689	CTD \ LADCP
18	D2 - 5	2012 - 01 - 23	07：50	54°08.834′W	61°35.359′S	463	CTD \ LADCP
19	D2 - 4	2012 - 01 - 23	16：02	54°23.523′W	61°08.770′S	1 128	CTD \ LADCP
20	D2 - 3	2012 - 01 - 23	15：10	54°40.857′W	60°48.085′S	1 976	CTD \ LADCP
21	D2 - 2	2012 - 01 - 23	21：12	55°00.766′W	60°25.642′S	3 535	CTD \ LADCP
22	D3 - 1	2012 - 01 - 24	09：38	51°09.137′W	60°06.009′S	3 391	CTD \ LADCP
23	D3 - 2	2012 - 01 - 24	18：24	51°9.320′W	60°42.496′S	1 309	CTD \ LADCP
24	D3 - 3	2012 - 01 - 24	21：47	50°45.609′W	61°09.446′S	839	CTD \ LADCP
25	D3 - 4	2012 - 01 - 25	01：40	50°36.306′W	61°33.443′S	3 187	CTD \ LADCP
26	D3 - 5	2012 - 01 - 25	06：44	50°21.610′W	62°13.943′S	3 404	CTD \ LADCP
27	D3 - 6	2012 - 01 - 25	14：10	50°15.607′W	62°33.651′S	3 406	CTD \ LADCP
28	D3 - 7	2012 - 01 - 25	19：53	50°11.005′W	62°53.065′S	3 423	CTD \ LADCP
29	D3 - 8	2012 - 01 - 26	00：31	49°57.468′W	63°8.767′S	2 274	CTD \ LADCP
30	D4 - 11	2012 - 01 - 26	09：44	47°09.644′W	62°58.519′S	3 252	CTD \ LADCP
31	D4 - 10	2012 - 01 - 26	13：50	47°0.170′W	62°38.985′S	3 408	CTD \ LADCP
32	D4 - 9	2012 - 01 - 26	16：59	47°11.119′W	62°23.282′S	3 389	CTD \ LADCP
33	D4 - 8	2012 - 01 - 27	01：38	47°09.464′W	62°05.282′S	1 367	CTD \ LADCP
34	D4 - 7	2012 - 01 - 27	12：00	47°10.694′W	61°47.881′S	1 291	CTD \ LADCP
35	D4 - 6	2012 - 01 - 27	16：00	47°10.161′W	61°30.276′S	722	CTD \ LADCP
36	D4 - 5	2012 - 01 - 27	18：27	47°10.888′W	61°12.397′S	1 676	CTD \ LADCP
37	D4 - 4	2012 - 01 - 27	21：10	47°11.185′W	60°53.984′S	1 178	CTD \ LADCP
38	D4 - 3	2012 - 01 - 28	00：01	47°10.801′W	60°35.846′S	430	CTD \ LADCP
39	D4 - 2	2012 - 01 - 28	04：00	47°11.129′W	60°18.927′S	2 483	CTD \ LADCP
40	D4 - 1	2012 - 01 - 28	09：44	47°11.929′W	60°01.005′S	2 851	CTD \ LADCP
41	D5 - 1	2012 - 01 - 28	17：09	44°41.800′W	60°19.012′S	3 196	CTD \ LADCP
42	D5 - 2	2012 - 01 - 28	23：48	44°41.509′W	60°33.471′S	322	CTD \ LADCP
43	D5 - 6	2012 - 01 - 29	08：00	44°40.989′W	61°47.396′S	392	CTD \ LADCP
44	D5 - 7	2012 - 01 - 29	11：21	44°41.294′W	62°05.503′S	487	CTD \ LADCP
45	D5 - 8	2012 - 01 - 29	14：18	44°41.432′W	62°23.262′S	1 545	CTD \ LADCP
46	D5 - 9	2012 - 01 - 29	18：33	44°41.354′W	62°42.042′S	1 962	CTD \ LADCP
47	IS - 1	2012 - 03 - 04	06：11	75°18.838′E	69°24.728′S	805	CTD \ LADCP
48	IS - 2	2012 - 03 - 04	04：03	74°59.938′E	69°14.998′S	824	CTD \ LADCP
49	IS - 3	2012 - 02 - 28	15：25	74°29.628′E	69°16.659′S	795	CTD
50	IS - 4	2012 - 02 - 28	17：16	74°22.408′E	69°04.690′S	762	CTD
51	IS - 5	2012 - 02 - 28	19：12	74°03.006′E	68°53.606′S	669	CTD \ LADCP
52	IS - 6	2012 - 02 - 28	21：09	73°45.605′E	68°45.151′S	706	CTD \ LADCP
53	IS - 7	2012 - 02 - 28	22：44	73°27.707′E	68°36.293′S	784	CTD \ LADCP
54	IS - 8	2012 - 02 - 29	01：00	72°53.371′E	68°28.005′S	636	CTD \ LADCP
55	IS - 9	2012 - 02 - 29	04：47	72°14.939′E	68°27.184′S	483	CTD \ LADCP

续表

序号	站名	日期	时间	经度	纬度	水深（m）	作业内容
56	IS－10	2012－02－29	06：16	71°56.832′E	68°28.819′S	501	CTD \ LADCP
57	IS－11	2012－02－29	08：17	71°25.770′E	68°32.914′S	382	CTD \ LADCP
58	IS－12	2012－02－29	10：05	71°05.140′E	68°33.580′S	513	CTD \ LADCP
59	IS－13	2012－02－29	11：46	70°40.172′E	68°28.822′S	881	CTD \ LADCP
60	IS－14	2012－02－29	13：48	70°27.457′E	68°29.681′S	1 054	CTD \ LADCP
61	P1－2	2012－02－29	22：15	72°58.718′E	68°01.481′S	641	CTD \ LADCP
62	P1－3	2012－03－01	01：47	73°0.144′E	67°29.930′S	593	CTD \ LADCP
63	P1－4	2012－03－01	03：57	72°59.586′E	67°15.148′S	540	CTD \ LADCP
64	P1－5	2012－03－01	06：06	73°0.153′E	66°59.897′S	507	CTD \ LADCP
65	P1－6	2012－03－01	07：47	73°0.338′E	66°50.070′S	501	CTD \ LADCP
66	P1－7	2012－03－01	09：27	73°1.347′E	66°40.283′S	932	CTD \ LADCP
67	P1－8	2012－03－01	11：29	72°59.592′E	66°29.597′S	1 540	CTD \ LADCP

说明：（1）站位信息为到站时记录，表中日期和时间均为世界时（UTC）；（2）水深是在测深仪显示的深度上加上船吃水深度（8 m）。

按照第28次南极考察现场实施计划大洋考察普里兹湾海域37个定点站位的要求，其中14个重点站位，23个备选站位，大洋队完成了21个定点站位。其中P1断面7个站位，埃默里冰架14个站位，共计21个作业站的海洋环境综合考察。由于时间紧，任务重，直到3月6日考察队计划做余下P1断面6个站位的大洋调查，由于受气旋影响，风大涌高，船舶无法停船作业，也没有时间停留等待好天气，西风带气旋也在影响“雪龙”船返航，经考察队研究决定放弃站位，提前穿越西风带返航，避开强气旋的影响。具体考察站位见图3－3。

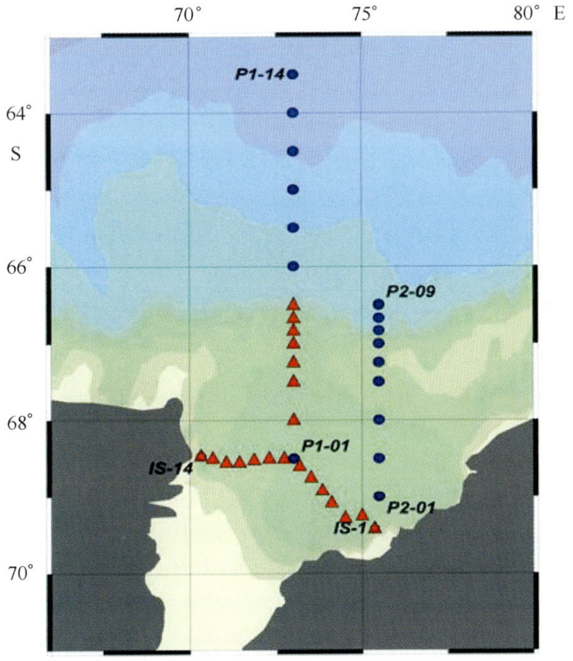

图3－3　普里兹湾海域的作业站位

红色三角为完成的站位；蓝色圆点为未完成站位

2）湍流观测

第 28 次南极考察未进行湍流观测。

3.2.1.2 南大洋走航断面调查

1）XBT/XCTD 观测

在第 28 次南极科学考察期间，国家海洋局第一海洋研究所联合其他单位共同开展了 XBT、XCTD 观测。在澳大利亚至中山站航渡期间、阿根廷至长城站航渡期间、南极半岛海域观测期间和中山站至澳大利亚航渡观测期间共进行了 86 个 XBT 站点观测和 42 个 XCTD 站点观测。第 28 次南极科学考察采用的 XBT 为 Tsurumi－Seiki 公司生产的 T－7 型。第 28 次南极科学考察采用的 XCTD 为 Tsurumi－Seiki 公司 XCTD－1 型。站位分布如图 3－4 所示。

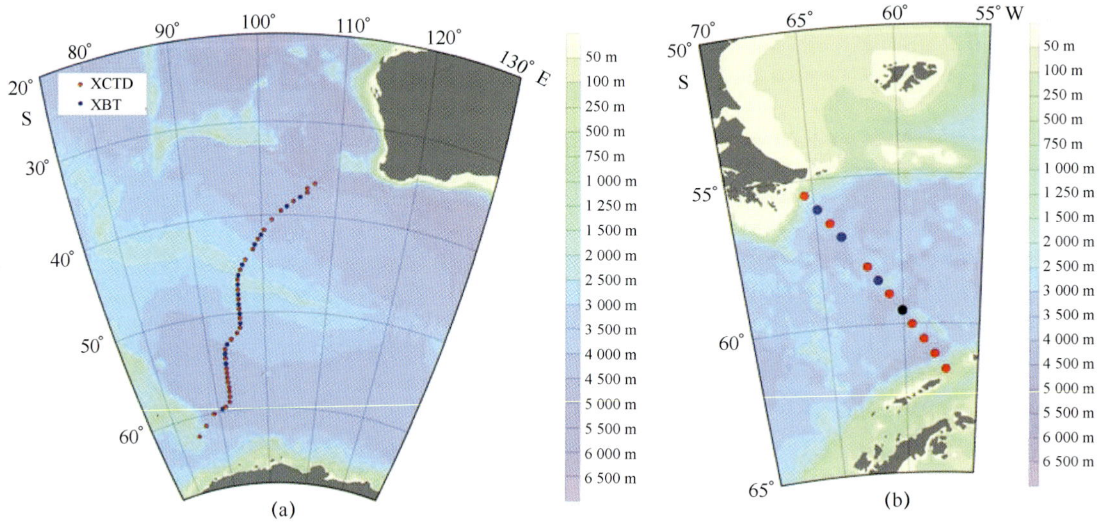

图 3－4　第 28 次南极考察 XBT/XCTD 站位

（a）中山站至澳大利亚航渡期间走航站位；（b）阿根廷至长城站走航观测站位

红色为 XBT；蓝色为 XCTD；黑色为 XBT＋XCTD

2）GPS 探空观测

在中山站至澳大利亚往返走航过程中和长城站至阿根廷走航过程中，共完成探空气球观测站点 28 个，图 3－5 为观测站位。本航次所用仪器，所测温度精度为 0.2℃，所测湿度精度为 3%，风速、风向和高度由 GPS 数据获得。

在第 28 次南极科学考察中共完成 28 个探空气球观测站点，所获得的数据质量较好。

3.2.1.3 定点长期观测

锚碇潜标观测对于观测普里兹湾冰架水的运移和混合过程及可能的南极底层水形成过程十分重要。第 28 次南极科学考察顺利布放了潜标 4 套，是我国首次在南极批量进行潜标观测（图 3－6），站位如表 3－2 所示。潜标系统中包括声学剖面海流计（ADCP 150K / 300K），温－盐－深测量仪（RBR XR－420 CTD），温－深测量仪（RBR TDR－2050），温－盐测量仪（RBR XR－420 CT），捕获器，声学释放器等仪器。这 4 套潜标进行了 1 周年以上观测，观测的物理海洋学要素包括温度、盐度、压强、海流等。这些观测和数据不仅对未来南极科考的

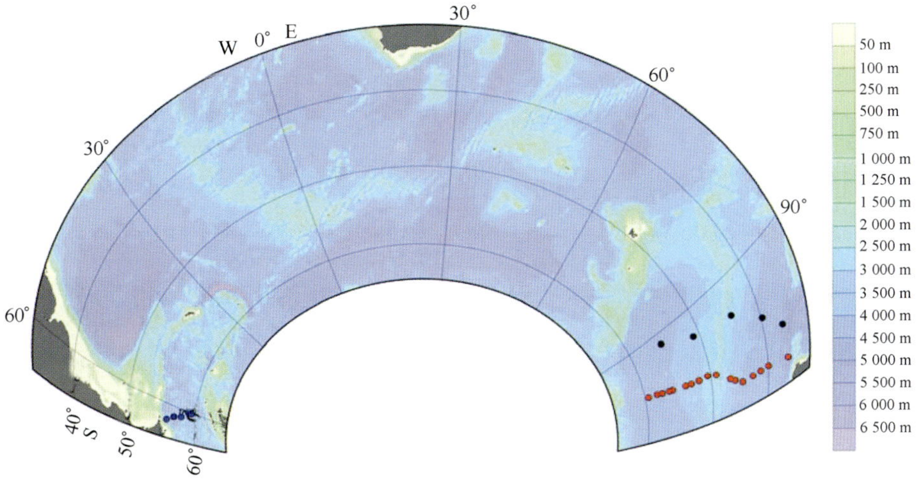

图 3－5　第 28 次南极考察航次探空气球站位

（红点为澳大利亚－中山站；蓝点为长城站－阿根廷；黑点为中山站－澳大利亚）

潜标布放站位选择提供了宝贵的经验，也为南极普里兹湾物理海洋学研究奠定了基础。

表 3－2　第 28 次南极科考锚碇潜标布放站位

	M1	M2	M3	M4
经度	72°39′12.6″E	73°12′14.5″E	72°0.418′E	76°38′01.8″E
纬度	67°12′45.3″S	67°12′04.0″S	67°12.285′S	68°25′51.0″S
现场水深（m）	550	558	542.5	585

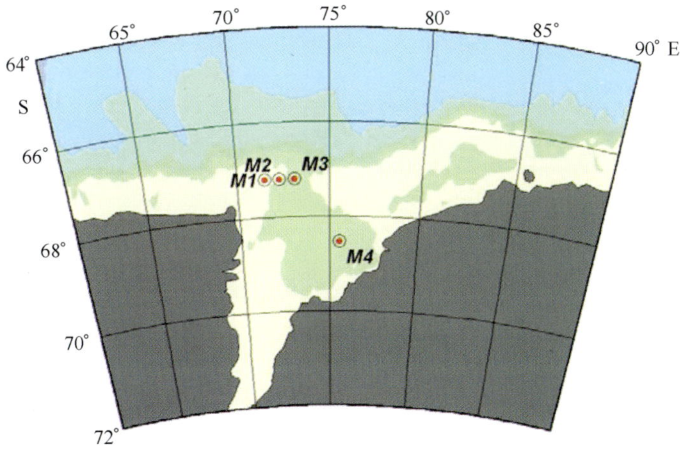

图 3－6　第 28 次南极考察潜标布放站位

3.2.2　第 29 次南极科学考察

3.2.2.1　重点海域断面调查

1）CTD/LADCP 联合观测

第 29 次南极考察是“南北极环境综合考察与评估”专项的第一个正式航次，开展日期从 2012 年 10 月 28 日至 2013 年 4 月 10 日。根据极地专项办公室的总体部署和参加单位的协商，第 29 次南极考察执行了“一船一站”的考察任务。

按照第 29 次南极考察现场实施计划普里兹湾海域 107 个定点站位的要求，其中包括 6 条重点断面（61 个重点站位），4 条备选断面（46 个备选站位）。现场作业中，大洋队在 6 条重点断面上，完成了共计 66 个定点站位，其中 911CTD 站位 63 个，XCTD 站位 3 个（图3－7）。由于受气旋影响，风大涌高，船舶无法到达 P7－1、P7－2、P7－3 站位，故将该 3 个站位调整到浅水区。在 P7 断面的南部，由于海冰非常密集，无法在预计站位进行 CTD 作业，所以将站位依次向西移动。

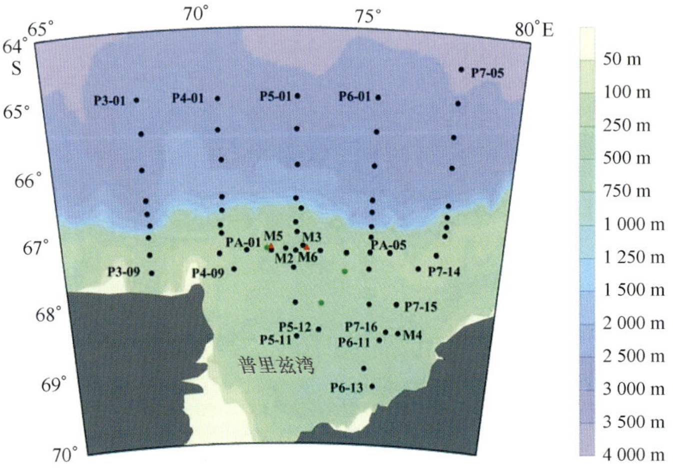

图 3－7　第 29 次南极考察普里兹湾实际作业站位

6 条重点断面的实际作业顺序为 P7、P6、P5、PA、P3、P4，由于在个别站位需要二次采水，所以在 66 个实际站位取得了共计 71 个 CTD 剖面数据。具体站位信息见表 3－3。

表 3－3　第 29 次南极考察大洋作业调查站位

站号	纬度	经度	现场水深（m）
M2	67. 22°S	72. 66°E	547
M3	67. 18°S	73. 25°E	527
M4	68. 39°S	76. 65°E	580
P3－01	64. 99°S	67. 97°E	2 864
P3－02	65. 49°S	68. 03°E	2 710
P3－03	66. 02°S	67. 96°E	2 663
P3－04	66. 47°S	68. 01°E	2 652
P3－05	66. 66°S	68. 02°E	2 122
P3－06	66. 83°S	68. 08°E	1 958
P3－07	67. 00°S	68. 00°E	1 650
P3－08	67. 25°S	68. 00°E	173
P3－09	67. 51°S	68. 01°E	250
P4－01	65. 03°S	70. 51°E	3 123
P4－02	65. 49°S	70. 48°E	2 927

续表

站号	纬度	经度	现场水深（m）
P4－03	65.93°S	70.56°E	2 667
P4－04	66.47°S	70.54°E	2 108
P4－05	66.66°S	70.53°E	1 880
P4－06	66.87°S	70.46°E	405
P4－07	66.99°S	70.49°E	300
P4－08	67.28°S	70.40°E	159
P4－09	67.51°S	70.87°E	285
P5－01	65.01°S	73.01°E	3 361
P5－02	65.49°S	73.00°E	2 918
P5－03	66.01°S	73.03°E	2 569
P5－04	66.50°S	72.99°E	1 539
P5－05	66.64°S	73.17°E	1 198
P5－06	66.84°S	72.99°E	512
P5－07	66.98°S	73.04°E	502
P5－08	67.25°S	73.00°E	543
P5－09	67.49°S	72.93°E	596
P5－10	68.00°S	73.00°E	642
P5－11	68.48°S	73.06°E	678
P5－12	68.38°S	73.83°E	658
P6－01	65.00°S	75.50°E	3 172
P6－02	65.50°S	75.51°E	3 217
P6－03	66.00°S	75.50°E	2 969
P6－04	66.50°S	75.50°E	2 436
P6－05	66.67°S	75.50°E	2 257
P6－06	66.88°S	75.51°E	1 042
P6－07	67.03°S	75.51°E	372
P6－08	67.25°S	75.50°E	390
P6－09	67.49°S	75.49°E	406
P6－10	68.00°S	75.56°E	484
P6－11	68.50°S	76.00°E	602
P6－12	68.91°S	75.49°E	699
P6－13	69.16°S	75.84°E	641
P7－05	64.50°S	78.00°E	3 549
P7－06	65.00°S	78.00°E	3 477
P7－07	65.50°S	77.97°E	3 250
P7－08	65.95°S	78.01°E	3 200
P7－09	66.50°S	78.01°E	1 628
P7－10	66.67°S	78.01°E	960
P7－11	66.81°S	78.02°E	339

续表

站号	纬度	经度	现场水深（m）
P7－12	66.94°S	77.99°E	228
P7－13	67.23°S	77.76°E	250
P7－14	67.44°S	77.18°E	313
P7－15	67.98°S	76.52°E	436
P7－16	68.38°S	76.21°E	560
PA－01	67.24°S	71.32°E	525
PA－02	67.25°S	72.16°E	561
PA－03	67.25°S	73.82°E	486
PA－04	67.27°S	74.70°E	432
PA－05	67.24°S	76.18°E	356

2）湍流观测（VMP 观测）

普里兹湾内的湍流观测使用垂向微结构剖面仪 VMP－200（Vertical Micro－structure Profiler－200）进行。该仪器由加拿大 Rockland Scientific International 公司生产，用于 500 m 以上的海洋微结构湍流观测。在第 29 次南极考察期间，我们对该海域的微结构湍流过程进行了观测，观测时使用的 VMP－200 安装了温度、盐度和两个剪切探头。普里兹湾海域湍流观测重点区域为陆坡海区和冰架前缘海域（图 3－8）。

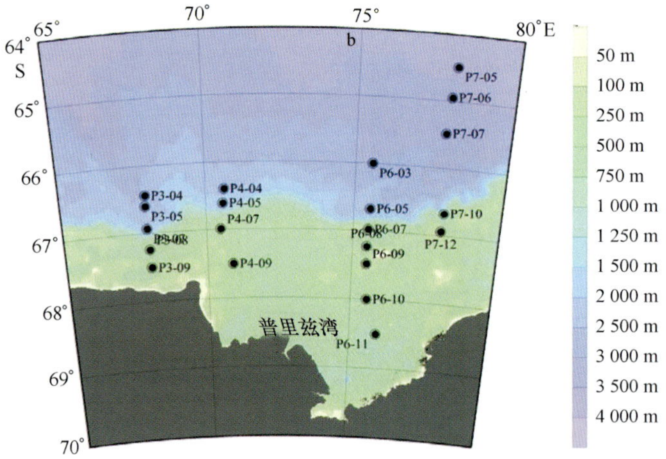

图 3－8　第 29 次南极考察 VMP 站位

由于普里兹湾内的风浪较大，湍流观测相对困难，第 29 次南极考察在普里兹湾内的 VMP 观测为试验性观测，只在海况和冰情允许的情况下进行。第 29 次南极考察大洋作业期间，共获得了 21 个站位的微结构观测剖面，根据海况尽量每个站位下放 2 次，下放深度在 200 m 左右。但在 P6－07 站观测之后，仪器的信号传输受到了绞车通电的影响，数据无法正常接收。从 P3－04 站位开始，改为手动下放，每个站位下放 1 次，下放深度 150 m 左右。表 3－4 给出了湍流各站位的观测信息。本次观测初始阶段由于绞车放缆速度过慢，仪器自身受到了缆绳的拉力，数据质量受到了影响。在手动观测时保证了缆绳下放速度，数据质量得到了保证。

表 3-4 第 29 次南极科学考察 VMP 观测信息

序号	站名	日期	时间	经度	纬度	投放深度（m）	投放次数（次）
1	P7-07	2013-01-31	14：04	77°52.444′E	65°29.479′S	200	1
2	P7-06	2013-01-31	21：43	77°57.932′E	64°57.070′S	100	2
3	P7-05	2013-02-01	03：36	78°03.451′E	64°29.275′S	200	1
4	P7-10	2013-02-01	23：42	78°02.603′E	66°40.544′S	100	2
5	P7-12	2013-02-02	05：36	77°59.625′E	66°56.361′S	100	2
6	P6-11	2013-02-11	17：42	75°58.308′E	68°30.057′S	200	2
7	P6-10	2013-02-12	06：43	75°34.481′E	68°0.039′S	200	2
8	P6-09	2013-02-12	10：33	75°30.270′E	67°29.071′S	150	2
9	P6-08	2013-02-12	14：49	75°29.303′E	67°13.794′S	300	2
10	P6-03	2013-02-15	06：46	75°33.625′E	66°0.033′S	200	2
11	P6-05	2013-02-15	17：30	75°32.993′E	66°40.317′S	200	2
12	P6-07	2013-02-15	23：23	75°30.715′E	66°58.814′S	200	2
13	P3-04	2013-03-01	13：34	67°56.905′E	66°26.256′S	140	1
14	P3-05	2013-03-01	17：55	67°55.656′E	66°35.898′S	150	1
15	P3-07	2013-03-02	03：53	67°56.469′E	66°56.085′S	137	1
16	P3-08	2013-03-02	06：29	67°59.270′E	67°14.455′S	125	1
17	P3-09	2013-03-02	09：13	68°00.803′E	67°30.173′S	135	1
18	P4-04	2013-03-02	18：39	70°37.931′E	66°23.862′S	110	1
19	P4-05	2013-03-02	22：42	70°35.064′E	66°36.520′S	110	1
20	P4-07	2013-03-03	06：08	70°29.107′E	66°59.342′S	130	1
21	P4-09	2013-03-03	11：34	70°53.340′E	67°30.130′S	140	1

3.2.2.2 南大洋走航断面调查

1）XBT/XCTD 观测

在澳大利亚至南极之间的绕极流区设置走航断面实施多要素综合调查，利用“雪龙”船为平台，在经过南大洋期间进行抛弃式 XCTD 和 XBT 观测。观测海域可以分为两大区域：一是弗里曼特尔至南极普里兹湾之间的断面，范围在 35°—65°S，60°—120°E，二是塔斯马尼亚及新西兰至南极罗斯海之间的断面，范围在 42°—65°S，150°—180°E。

抛弃式观测采用的 XCTD-1 在 12 kn 船速下可以观测至 1 000 m，深度测量精度 2%，温度测量范围 -2～35℃，温度测量精度 ±0.02℃，电导率测量范围 0～60 mS/cm，精度为 ±0.03 mS/cm。XBT 型号为 T-7，在 15 kn 船速下可以观测至 760 m，深度测量精度为 ±2% 或 5 m，温度测量范围为 -2～35℃，温度测量精度 ±0.1℃。

考察期间共执行了 2 个南大洋断面的抛弃式 XCTD 观测，共计获得 56 个数据集，其中获取数据水深大于 900 m 的共 50 个。

2012 年 11 月 20—27 日，在“雪龙”船从弗里曼特尔前往中山站的途中共计投放 31 枚

XCTD，水深大于900 m 的共计25 枚。2013 年1 月10—14 日，在“雪龙”船从罗斯海前往澳洲霍巴特的途中共计投放25 枚 XCTD，全部水深大于900 m。

考察期间共执行了2 个南大洋断面的抛弃式 XBT 观测，共计获得65 个数据集，其中获取数据水深大于750 m 的共60 个。

2012 年11 月20—27 日，在“雪龙”船从弗里曼特尔前往中山站的途中共计投放36 枚 XBT，水深大于750 m 的共计31 枚。2013 年1 月10—14 日，在“雪龙”船从罗斯海前往澳洲霍巴特的途中共计投放29 枚 XBT，全部水深大于750 m。各断面的站位分布见图3 -9 至图3 -11，观测信息见表3 -5。

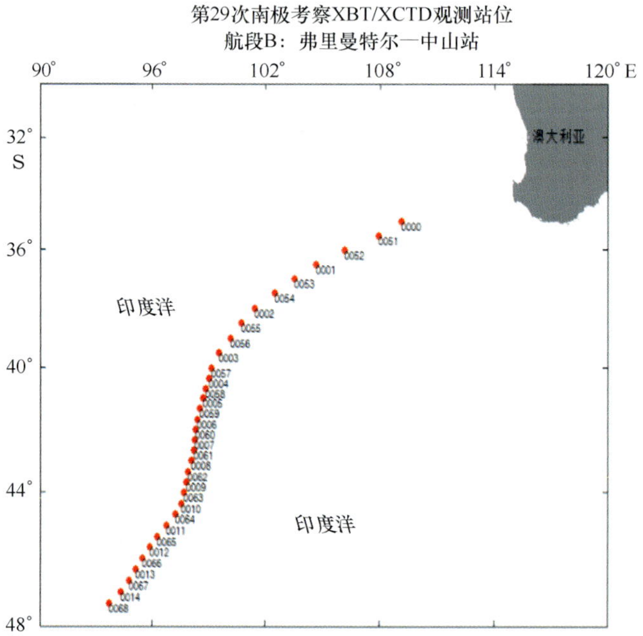

图3 -9　澳大利亚弗里曼特尔至中山站之间走航观测站位

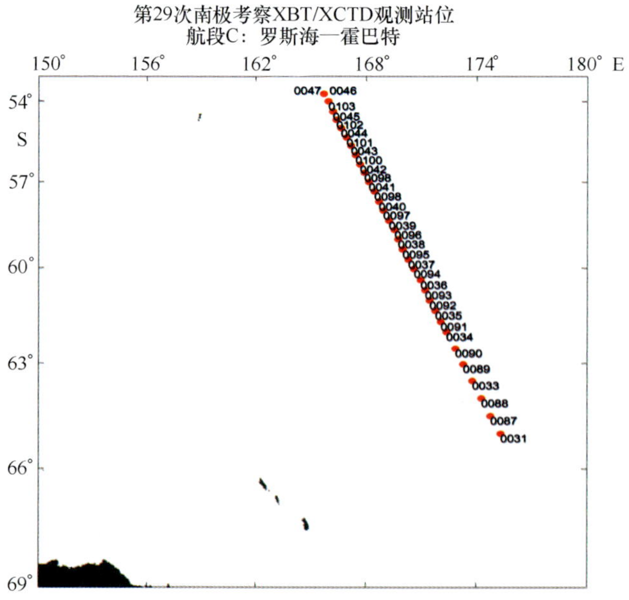

图3 -10　罗斯海至澳大利亚霍巴特之间走航观测站位

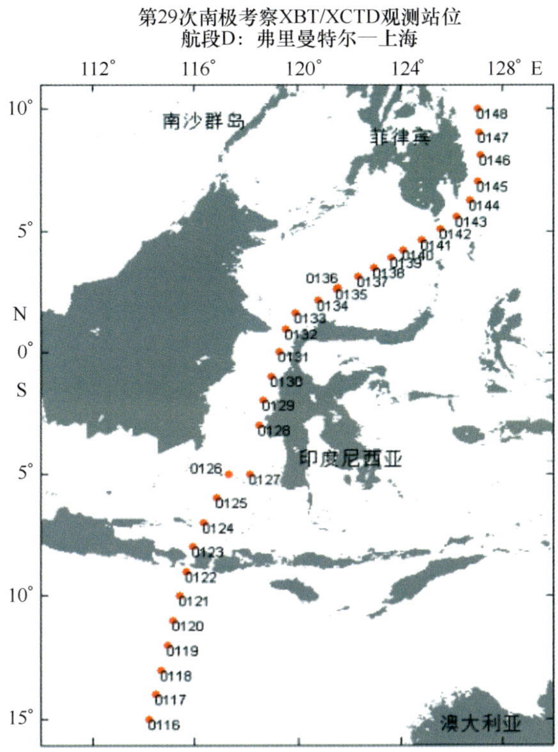

图 3－11　澳大利亚弗里曼特尔至上海航段南海及邻近海域走航观测站位

表 3－5　第 29 次南极科学考察 XBT/XCTD 观测信息

序号	类型	序列号	日期	时间	纬度	经度
1	C	12068376	2012－11－20	13：54	35°00′00″S	109°05′00″E
2	B	075914	2012－11－20	19：58	35°30′00″S	107°54′30″E
3	B	1097284	2012－11－21	04：12	35°59′24″S	106°06′54″E
4	C	12078492	04：12	11：05	36°30″00″S	104°36′40″E
5	B	075913	2012－11－21	15：20	37°00′00″S	103°32′00″E
6	B	1097281	2012－11－21	19：32	37°29′12″S	102°28′54″E
7	C	12078494	2012－11－21	23：57	37°59′45″S	101°26′42″E
8	B	075912	2012－11－22	03：52	38°29′55″S	100°43′24″E
9	B	075916	2012－11－22	07：10	39°00′00″S	100°10′18″E
10	C	12078493	2012－11－22	10：46	39°29′36″S	99°32′30″E
11	B	075917	2012－11－22	13：50	39°59′50″S	99°08′42″E
12	C	12078496	2012－11－22	15：30	40°20′00″S	98°59′06″E
13	B	075919	2012－11－22	17：06	40°40′00″S	98°49′42″E
14	C	12068378	2012－11－22	18：42	40°59′40″S	98°40′48″E
15	B	075920	2012－11－22	20：18	41°19′50″S	98°31′35″E
16	C	12068374	2012－11－22	21：51	41°40′00″S	98°22′24″E
17	B	075922	2012－11－22	23：25	42°00′40″S	98°16′43″E
18	C	12078495	2012－11－23	00：44	42°19′30″S	98°15′06″E
19	B	075915	2012－11－23	02：26	42°39′42″S	98°10′54″E

续表

序号	类型	S/N	日期	时间	纬度	经度
20	C	12068377	2012－11－23	03：56	42°59′00″S	98°03′18″E
21	B	075918	2012－11－23	05：49	43°20′42″S	97°54′20″E
22	C	12068375	2012－11－23	07：10	43°39′12″S	97°47′54″E
23	B	075923	2012－11－23	08：56	43°59′00″S	97°39′24″E
24	C	12078502	2012－11－23	10：46	44°20′42″S	97°31′54″E
25	B	075921	2012－11－23	12：36	44°40′00″S	97°14′00″E
26	C	12078505	2012－11－23	15：06	44°59′50″S	96°45′00″E
27	B	075720	2012－11－23	18：11	45°20′00″S	96°15′40″E
28	C	12078508	2012－11－23	20：38	45°39′00″S	95°51′00″E
29	B	075728	2012－11－23	22：56	45°59′18″S	95°28′06″E
30	C	12078500	2012－11－24	01：23	46°19′48″S	95°05′06″E
31	B	075725	2012－11－24	03：29	46°39′36″S	94°45′18″E
32	C	12078499	2012－11－24	06：03	47°00′00″S	94°18′55″E
33	B	075722	2012－11－24	10：01	47°20′00″S	93°40′30″E
34	C	12078509	2012－11－24	14：19	47°39′30″S	92°50′00″E
35	B	075727	2012－11－24	18：27	48°00′18″S	92°00′18″E
36	C	12078501	2012－11－24	20：54	48°19′54″S	91°39′00″E
37	B	075731	2012－11－24	22：51	48°40′00″S	91°17′37″E
38	C	12078506	2012－11－25	01：13	48°59′50″S	90°54′00″E
39	C	12078504	2012－11－25	01：23	49°00′43″S	90°52′48″E
40	B	075724	2012－11－25	03：14	49°19′56″S	90°36′42″E
41	C	12078507	2012－11－25	05：02	49°40′00″S	90°23′14″E
42	B	075721	2012－11－25	06：30	50°00′00″S	90°17′20″E
43	C	12078510	2012－11－25	07：59	50°20′00″S	90°16′09″E
44	B	075730	2012－11－25	09：21	50°40′00″S	90°15′06″E
45	C	12078498	2012－11－25	10：44	50°59′30″S	90°14′24″E
46	B	075723	2012－11－25	12：13	51°20′06″S	90°12′18″E
47	C	12078537	2012－11－25	13：40	51°39′30″S	90°10′36″E
48	B	075726	2012－11－25	15：50	52°00′00″S	90°09′18″E
49	C	12078536	2012－11－25	17：14	52°20′20″S	90°07′30″E
50	B	075729	2012－11－25	18：31	52°40′01″S	90°06′00″E
51	C	12078538	2012－11－25	19：47	53°00′00″S	90°05′20″E
52	B	078000	2012－11－25	21：07	53°19′45″S	90°03′24″E
53	C	12078520	2012－11－25	22：26	53°40′00″S	90°03′18″E
54	B	077999	2012－11－25	23：48	54°00′00″S	90°02′18″E

续表

序号	类型	S/N	日期	时间	纬度	经度
55	C	12078497	2012－11－26	01：15	54°20′00″S	90°01′10″E
56	B	078003	2012－11－26	02：44	54°40′00″S	90°01′48″E
57	C	078002	2012－11－26	04：06	54°59′00″S	90°00′30″E
58	C	12078522	2012－11－26	06：08	55°30′42″S	90°00′54″E
59	B	078006	2012－11－26	08：08	55°59′18″S	90°00′00″E
60	B	077998	2012－11－26	09：58	56°29′18″S	89°58′18″E
61	C	12078517	2012－11－26	12：00	57°00′00″S	89°57′42″E
62	B	078009	2012－11－26	14：00	57°30′00″S	89°58′48″E
63	B	078001	2012－11－26	16：00	58°00′10″S	89°59′20″E
64	C	12078521	2012－11－26	17：54	58°30′00″S	89°59′30″E
65	B	078004	2012－11－26	19：50	59°00′00″S	89°59′27″E
66	B	078005	2012－11－26	21：49	59°30′00″S	90°00′36″E
67	C	12078514	2012－11－27	00：00	59°59′48″S	89°57′18″E
68	C	12078519	2013－01－10	23：47	65°01′00″S	175°17′24″E
69	B	078007	2013－01－11	01：56	64°30′48″S	174°43′24″E
70	B	078008	2013－01－11	04：06	64°00′00″S	174°14′06″E
71	C	12078535	2013－01－11	06：12	63°30′00″S	173°45′09″E
72	B	076017	2013－01－11	08：21	63°00′00″S	173°16′06″E
73	B	076018	2013－01－11	10：22	62°31′48″S	172°50′24″E
74	C	12078511	2013－01－11	12：35	62°01′00″S	172°21′42″E
75	B	076015	2013－01－11	14：02	61°41′00″S	172°02′42″E
76	C	12078512	2013－01－11	15：30	61°20′30″S	171°45′45″E
77	B	076019	2013－01－11	16：56	61°00′40″S	171°27′25″E
78	B	076016	2013－01－11	18：22	60°40′54″S	171°10′36″E
79	C	12078518	2013－01－11	19：52	60°20′40″S	170°54′30″E
80	B	076014	2013－01－11	21：25	60°00′00″S	170°34′54″E
81	C	12078515	2013－01－11	22：59	59°40′00″S	170°14′20″E
82	B	076013	2013－01－12	00：29	59°20′00″S	169°56′30″E
83	C	12078516	2013－01－12	01：56	59°00′00″S	169°43′20″E
84	B	076012	2013－01－12	03：23	58°41′00″S	169°30′12″E
85	C	12078531	2013－01－12	04：57	58°21′00″S	169°13′06″E
86	B	076010	2013－01－12	06：27	58°00′00″S	168°56′20″E
87	C	12078534	2013－01－12	07：49	57°40′48″S	168°41′42″E
88	B	076009	2013－01－12	09：11	57°19′00″S	168°25′40″E
89	C	12078533	2013－01－12	10：34	56°59′36″S	168°09′06″E

续表

序号	类型	S/N	日期	时间	纬度	经度
90	B	076011	2013－01－12	12：00	56°38′54″S	167°52′06″E
91	C	12078532	2013－01－12	13：20	56°20′00″S	167°39′00″E
92	B	076008	2013－01－12	14：42	56°00′00″S	167°25′00″E
93	C	12078513	2013－01－12	16：07	55°40′00″S	167°09′06″E
94	B	075633	2013－01－12	17：36	55°20′00″S	166°52′20″E
95	C	12078528	2013－01－12	19：03	55°00′00″S	166°36′40″E
96	B	075634	2013－01－12	20：31	54°40′00″S	166°21′06″E
97	C	12078530	2013－01－12	21：57	54°21′00″S	166°08′36″E
98	B	075631	2013－01－12	23：38	53°58′54″S	165°53′24″E
99	C	12078527	2013－01－13	00：58	53°41′00″S	165°40′54″E
100	C	12078529	2013－01－13	01：00	53°41′00″S	165°40′54″E
101	B	075628	2013－01－13	02：25	53°21′00″S	165°26′42″E
102	C	12078525	2013－01－13	03：50	53°01′00″S	165°12′30″E
103	B	075630	2013－01－13	05：16	52°41′00″S	164°57′54″E
104	C	12078526	2013－01－13	06：39	52°21′00″S	164°44′00″E
105	B	075627	2013－01－13	08：02	52°01′00″S	164°30′06″E
106	C	12078524	2013－01－13	09：31	51°40′00″S	164°16′12″E
107	B	075624	2013－01－13	10：57	51°20′00″S	164°03′04″E
108	C	12078527	2013－01－13	12：22	51°00′00″S	163°49′40″E
109	B	075625	2013－01－13	13：48	50°40′00″S	163°35′42″E
110	C	12078523	2013－01－13	15：15	50°20′30″S	163°22′30″E
111	B	075635	2013－01－13	16：40	50°00′00″S	163°09′12″E
112	C	07116351	2013－01－13	18：43	49°30′30″S	162°50′00″E
113	B	075632	2013－01－13	20：50	49°00′30″S	162°30′40″E
114	C	08080591	2013－01－13	23：02	48°30′42″S	162°10′18″E
115	B	075629	2013－01－14	01：10	48°00′30″S	161°51′30″E
116	B	075626	2013－01－14	03：20	47°30′00″S	161°31′40″E
117	C	08080606	2013－01－14	05：29	47°00′00″S	161°11′20″E
118	B	074402	2013－01－14	07：55	46°30′00″S	160°42′10″E
119	B	074405	2013－01－14	10：23	46°00′30″S	160°10′48″E
120	C	08080604	2013－01－14	12：49	45°30′00″S	159°41′00″E
121	B	074403	2013－01－14	15：10	45°00′24″S	159°09′48″E
122	C	07116628	2013－01－14	20：25	44°41′30″S	157°26′00″E
123	C	08080599	2013－02－16	03：42	67°32′00″S	74°39′42″E
124	C	07116625	2013－02－16	05：41	68°00′00″S	73°54′18″E

续表

序号	类型	S/N	日期	时间	纬度	经度
125	C	07116639	2013－02－20	09：32	67°12′24″S	72°00′42″E
126	B	074411	2013－03－28	09：36	15°00′00″S	114°14′00″E
127	B	074408	2013－03－28	13：36	13°57′24″S	114°28′54″E
128	B	074412	2013－03－28	17：16	13°00′00″S	114°42′30″E
129	B	074409	2013－03－28	21：10	12°00′00″S	114°57′00″E
130	B	074406	2013－03－29	01：20	11°00′00″S	115°10′48″E
131	B	074404	2013－03－29	05：24	10°00′00″S	115°25′10″E
132	B	074520	2013－03－29	09：51	09°00′00″S	115°40′00″E
133	B	075421	2013－03－29	14：51	08°00′00″S	115°57′30″E
134	B	074407	2013－03－29	18：54	07°00′00″S	116°22′00″E
135	B	075422	2013－03－29	23：15	06°00′00″S	116°52′06″E
136	B	075425	2013－03－30	03：28	05°00′42″S	117°21′43″E
137	B	075431	2013－03－30	08：21	05°00′00″S	118°10′35″E
138	B	075428	2013－03－30	12：38	03°00′00″S	118°33′00″E
139	B	075430	2013－03－30	16：52	02°00′00″S	118°41′20″E
140	B	075427	2013－03－30	20：59	01°00′00″S	119°00′00″E
141	B	075429	2013－03－31	01：01	00°00′50″N	119°16′54″E
142	B	075424	2013－03－31	05：13	00°59′06″N	119°34′12″E
143	B	074413	2013－03－31	08：19	01°37′20″N	119°55′00″E
144	B	075426	2013－03－31	12：12	02°10′00″N	120°47′20″E
145	B	075423	2013－03－31	15：14	02°35′40″N	121°30′00″E
146	B	074410	2013－03－31	15：36	02°38′50″N	121°35′00″E
147	B	075674	2013－03－31	19：03	03°06′57″N	122°20′59″E
148	B	075676	2013－03－31	22：00	03°29′14″N	122°56′45″E
149	B	075673	2013－04－01	01：07	03°54′00″N	123°37′40″E
150	B	075677	2013－04－01	04：00	04°12′30″N	124°07′48″E
151	B	075672	2013－04－01	08：00	04°39′00″N	124°51′00″E
152	B	075680	2013－04－01	12：03	05°07′00″N	125°33′00″E
153	B	075683	2013－04－01	16：05	05°36′12″N	126°11′55″E
154	B	075675	2013－04－01	20：00	06°16′12″N	126°40′27″E
155	B	075679	2013－04－02	00：00	07°04′06″N	127°00′42″E
156	B	075682	2013－04－02	04：42	08°06′43″N	127°07′43″E
157	B	075678	2013－04－02	08：35	09°02′30″N	127°04′20″E
158	B	075681	2013－04－02	12：33	10°02′00″N	127°00′50″E

2）GPS 探空观测

2012 年 11 月 20—29 日进行南印度洋中澳大利亚弗里曼特尔至中山站的走航观测：完成 26 个 GPS 探空观测。

2013 年 3 月 13—19 日进行中山站至澳大利亚弗里曼特尔之间的走航观测：完成 19 个 GPS 探空观测。

2013 年 3 月 28 日至 4 月 2 日进行澳大利亚弗里曼特尔至上海之间的走航观测：完成 7 个 GPS 探空观测。

本航次所用仪器所测温度精度为 0.2℃，所测湿度精度为 3%，风速、风向和高度由 GPS 数据获得。站位分布如图 3－12，站位信息见表 3－6。

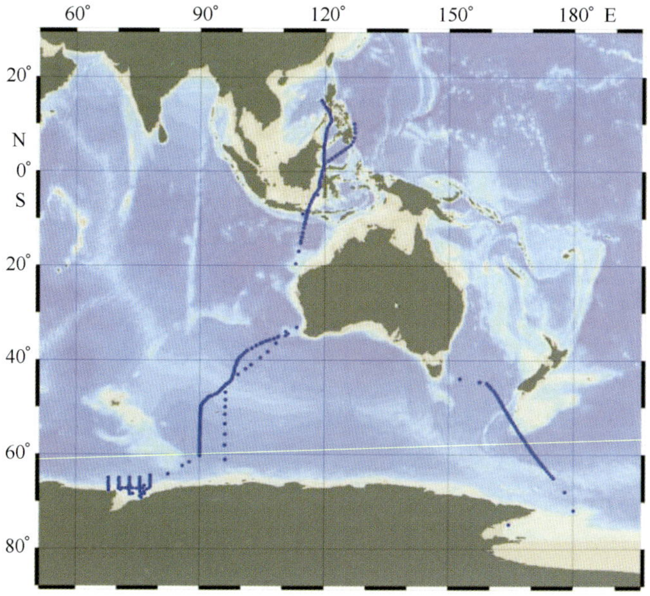

图 3－12　第 29 次南极考察探空气球及 XBT 站位

表 3－6　第 29 次南极考察 GPS 探空观测信息

序号	日期	时间	起始经度	起始纬度
1	2012－11－07	15：35	121.297 5°E	10.396 97°N
2	2012－11－08	02：02	120.229 9°E	8.033 06°N
3	2012－11－08	10：58	119.827 0°E	5.734 935°N
4	2012－11－08	17：58	119.714 5°E	3.864 718°N
5	2012－11－09	04：43	119.544 6°E	0.900 957°N
6	2012－11－10	04：16	117.682 3°E	4.614 22°S
7	2012－11－11	05：40	115.190 7°E	10.725 0°S
8	2012－11－11	14：39	115.078 6°E	11.266 0°S
9	2012－11－12	01：06	114.510 8°E	13.849 6°S
10	2012－11－12	06：47	114.170 8°E	15.249 7°S
11	2012－11－12	14：30	113.726 0°E	17.042 9°S

续表

序号	日期	时间	起始经度	起始纬度
12	2012-11-13	01：53	113.085 8°E	19.662 2°S
13	2012-11-20	06：00	110.737 2°E	34.007 1°S
14	2012-11-20	15：05	108.817 2°E	35.164 5°S
15	2012-11-21	00：29	106.884 4°E	35.771 7°S
16	2012-11-21	08：04	105.284 4°E	36.222 4°S
17	2012-11-21	14：45	103.650 5°E	36.941 7°S
18	2012-11-22	00：32	101.285 7°E	38.076 4°S
19	2012-11-22	10：12	99.618 78°E	39.431 9°S
20	2012-11-22	16：32	98.873 00°E	40.567 0°S
21	2012-11-23	03：08	98.110 17°E	42.849 1°S
22	2012-11-23	07：55	97.731 53°E	43.848 6°S
23	2012-11-23	10：18	97.544 36°E	44.284 0°S
24	2012-11-23	16：00	96.602 4°E	45.094 6°S
25	2012-11-24	00：21	95.174 81°E	46.235 1°S
26	2012-11-24	06：37	94.197 08°E	47.090 9°S
27	2012-11-24	16：46	92.246 53°E	47.849 0°S
28	2012-11-25	00：12	91.051 57°E	48.875 7°S
29	2012-11-25	05：44	90.309 14°E	49.854 9°S
30	2012-11-25	15：05	90.160 92°E	51.865 4°S
31	2012-11-25	23：09	90.048 38°E	53.855 2°S
32	2012-11-26	06：33	90.016 75°E	55.667 6°S
33	2012-11-26	16：08	89.989 91°E	58.107 0°S
34	2012-11-26	16：55	89.989 43°E	58.328 0°S
35	2012-11-27	01：00	89.964 78°E	60.321 6°S
36	2012-11-27	08：38	87.543 94°E	61.655 4°S
37	2012-11-27	15：50	85.867 88°E	62.435 1°S
38	2012-11-28	04：13	82.366 25°E	64.196 7°S
39	2012-11-29	04：45	76.561 13°E	66.691 4°S
40	2013-01-07	12：26	164.495 2°E	74.922 2°S
41	2013-01-08	13：35	179.994 2°E	71.926 2°S
42	2013-01-09	16：42	177.966 4°E	67.921 2°S
43	2013-01-11	00：16	175.135 1°E	64.883 0°S
44	2013-01-11	10：31	172.792 8°E	62.477 2°S
45	2013-01-11	20：36	170.747 3°E	60.171 9°S
46	2013-01-12	06：25	168.928 0°E	57.999 2°S
47	2013-01-12	13：42	167.587 0°E	56.211 1°S
48	2013-01-12	23：25	165.911 4°E	54.011 2°S
49	2013-01-13	10：31	164.110 3°E	51.435 0°S
50	2013-01-13	21：53	162.343 4°E	48.770 9°S

续表

序号	日期	时间	起始经度	起始纬度
51	2013－01－14	11：10	160.054 4°E	45.887 9°S
52	2013－01－14	20：07	157.529 0°E	44.707 0°S
53	2013－01－15	10：30	152.761 2°E	44.046 6°S
54	2013－03－13	16：17	96.093 66°E	61.143 5°S
55	2013－03－14	04：16	96.031 22°E	58.055 4°S
56	2013－03－14	13：00	96.058 41°E	55.814 7°S
57	2013－03－14	22：01	96.061 90°E	53.604 5°S
58	2013－03－15	06：19	96.072 81°E	51.558 5°S
59	2013－03－15	12：13	96.111 76°E	50.007 5°S
60	2013－03－15	18：05	96.150 65°E	48.494 7°S
61	2013－03－16	00：17	96.160 73°E	46.942 9°S
62	2013－03－16	06：50	96.187 71°E	45.228 8°S
63	2013－03－16	12：30	97.556 31°E	44.109 9°S
64	2013－03－16	18：40	99.161 54°E	43.072 4°S
65	2013－03－17	01：42	101.004 2°E	41.875 3°S
66	2013－03－17	06：44	102.328 3°E	41.008 6°S
67	2013－03－17	15：28	104.575 6°E	39.513 0°S
68	2013－03－17	22：30	106.410 5°E	38.249 7°S
69	2013－03－18	14：45	108.424 1°E	36.472 2°S
70	2013－03－19	07：28	110.734 4°E	34.816 5°S
71	2013－03－19	09：42	111.328 4°E	34.436 8°S
72	2013－03－19	17：48	113.380 3°E	33.124 1°S
73	2013－03－28	16：33	114.303 2°E	14.701 0°S
74	2013－03－29	11：41	115.441 2°E	9.941 68°S
75	2013－03－29	14：35	115.604 8°E	9.270 19°S
76	2013－03－30	12：02	117.787 8°E	4.499 88°S
77	2013－03－31	10：55	119.552 2°E	0.923 657°N
78	2013－04－02	11：24	127.116 5°E	8.277 582°N

3.2.2.3 定点长期观测

锚碇潜标观测对于观测普里兹湾冰架水的运移和混合过程及可能的南极底层水形成过程十分重要。第29次南极考察潜标站位见图3－13。潜标系统中包括声学剖面海流计（300K ADCP），温－盐－深测量仪，温－深测量仪，温－盐测量仪，单点海流计，捕获器，声学释放器等仪器。图3－14为M1潜标的仪器结构示意图。观测的物理海洋学要素包括温度、盐度、压强、海流等。

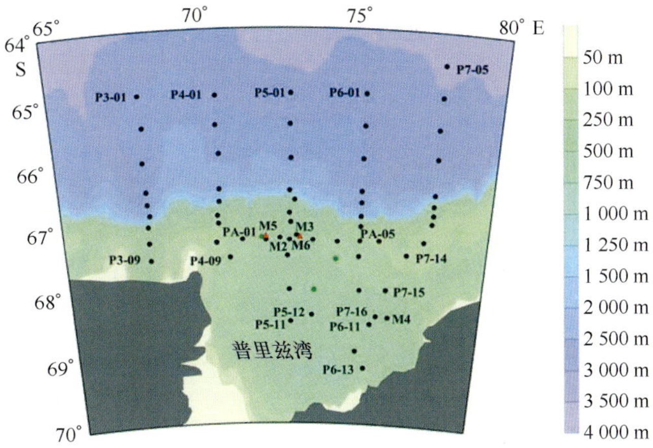

图 3－13 第 29 次南极考察潜标站位

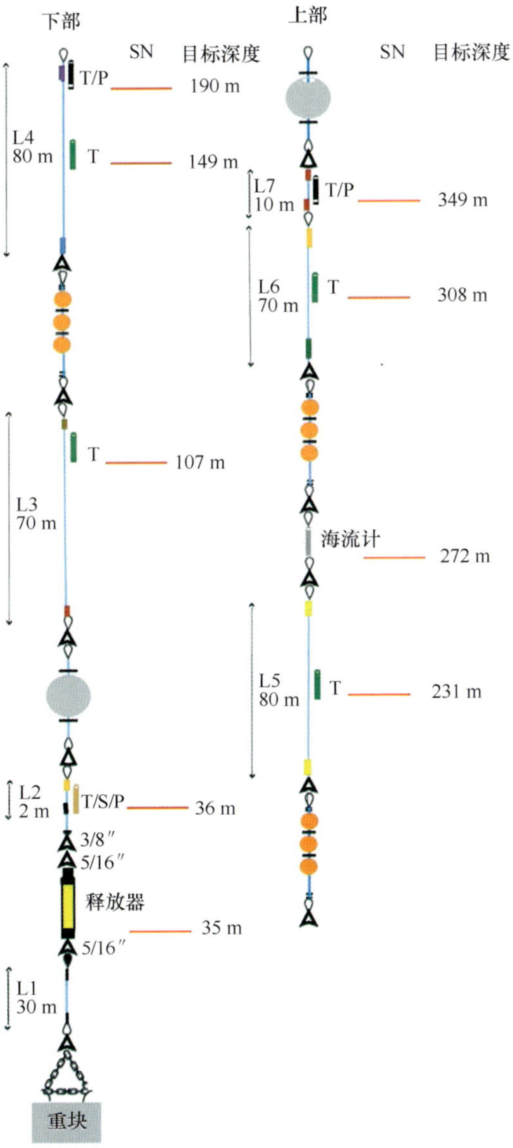

图 3－14 第 29 次南极考察 M1 潜标结构

其中 M1 和 M3 顺利回收，其余 2 套释放信号不稳定未能顺利回收（表 3 -7）。在普里兹湾湾口 540 m 水深的 M5、M6 站点上布放潜标 2 套，重点用于观测冰架水的运移和混合过程及可能的南极底层水形成过程，全年的海温、盐度、海流等数据完好。潜标均设计进行 1 周年以上观测，观测要素主要包括温度、盐度、海流，其中 M6 潜标加载了沉积物捕捉器。这些观测和数据不仅对未来南极科学考察的潜标布放站位选择提供了宝贵的经验，也为南极普里兹湾物理海洋学研究奠定了基础。

表 3 -7　第 29 次南极考察锚碇潜标回收站位

站位	M1	M2	M3	M4
纬度	67°12. 285′S	67°12′45. 3″S	67°12′04. 0″S	68°25′51. 0″S
经度	72°0. 418′E	72°39′12. 6″E	73°12′14. 5″E	76°38′01. 8″E
现场水深（m）	542. 5	550	558	585

3. 2. 3　第 30 次南极科学考察

3. 2. 3. 1　重点海域断面调查

1）CTD/LADCP 联合观测

在第 30 次南极考察中，测区的物理海洋观测以海鸟 911PlusCTD 剖面观测为主，部分站位由于大风、海况条件差，无法下放 911PlusCTD，使用走航 XCTD 探头进行补测。在海鸟 911CTD 出现故障检修过程中，使用备用海鸟 19V2CTD 剖面仪，共计完成了计划中的 47 个重点站位。

按照第 30 次南极考察现场实施计划大洋考察南极半岛海域 33 个重点站位，8 个备选站位。考察队全部完成了 31 个定点站位和 2 个走航站位共计 33 个作业站的海洋环境综合考察。由于受气旋影响，风大涌高，船舶无法停船作业，D1 -2、D2 -8 站位采取走航 XCTD 观测。而 D3 -5 至 D3 -8 共 5 站为放弃站（因大气旋影响），补充到 D5 断面 5 个站。即南极半岛 D1 断面完成 8 个站位，D2 断面完成 9 个站位，D3 断面完成 3 个站位，D4 断面 4 个站位，DA 断面完成 4 个站位，D5 断面完成 5 个站位，完成 2 个站位 XCTD 探头投放。这是我国极地考察以来，第二次在南极半岛海域进行的海洋综合考察，并且各专业学科获取了宝贵的数据和样品（站位见图 3 -15）。

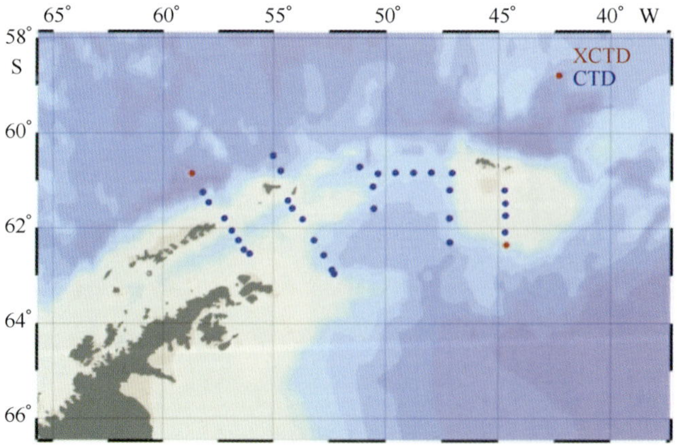

图 3 -15　第 30 次南极考察南极半岛海域的 CTD 观测站位

普里兹湾海域CTD/XCTD测站14个（站位见图3－16），获得高纬度水深3 350 m的海洋温－盐－深、溶解氧和叶绿素水文资料，由于安装了双温双导高精度传感器，数据质量得到了保证，获取了宝贵的高质量数据110M。7个站位的XCTD投放，数据量200K。站位信息见表3－8。

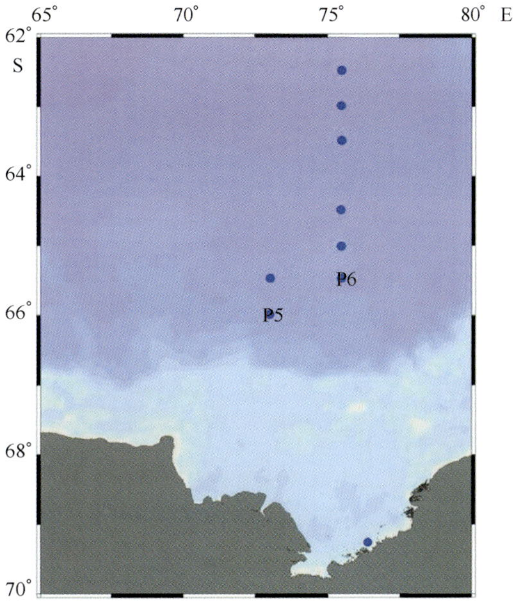

图3－16 第30次南极考察普里兹湾海域的CTD观测站位

表3－8 第30次南极考察大洋作业调查站位

序号	站名	日期	时间	经度	纬度	水深（m）
1	D1－02	2014－02－08	00：30	58°58′12″W	60°51′00″S	4 248
2	D1－03	2014－02－08	03：10	58°11′10″W	61°14′46″S	2 783
3	D1－04	2014－02－08	06：37	57°54′55″W	61°28′5″S	552
4	D1－05	2014－02－08	09：50	57°12′16″W	61°47′56″W	380
5	D1－06	2014－02－08	11：54	56°52′17″W	62°3′19″S	711
6	D1－07	2014－02－08	14：54	56°34′41″W	62°15′43″S	1 063
7	D1－08	2014－02－08	20：55	56°19′53″W	62°27′32″S	419
8	D1－09	2014－02－08	22：29	56°3′43″W	62°32′47″S	397
9	D2－10	2014－02－09	17：58	52°16′0″W	62°57′36″S	974
10	D2－09	2014－02－09	20：33	52°21′42″W	62°52′41″S	1 712
11	D2－08	2014－02－09	23：18	52°44′15″W	62°34′19″S	2 733
12	D2－07	2014－02－10	05：02	53°9′45″W	62°15′42″S	2 331
13	D2－06	2014－02－10	08：55	53°42′2″W	61°49′17″S	588
14	D2－05	2014－02－10	13：08	54°8′58″W	61°35′7″S	450
15	D2－04	2014－02－10	16：33	54°20′28″W	61°25′29″S	800

续表

序号	站名	日期	时间	经度	纬度	水深（m）
16	D2－03	2014－02－10	22：04	54°41′3″W	60°47′50″S	1 938
17	D2－02	2014－02－11	04：06	55°1′13″W	60°28′38″S	3 392
18	D3－02	2014－02－11	12：47	51°9′33″W	60°42′32″S	1 270
19	D3－03	2014－02－11	17：22	50°34′43″W	61°7′33″S	600
20	D3－04	2014－02－11	20：35	50°32′6″W	61°35′42″S	3 078
21	DA－01	2014－02－12	04：14	50°21′44″W	60°51′12″S	1 326
22	DA－02	2014－02－12	08：23	49°34′53″W	60°50′9″S	2 592
23	DA－03	2014－02－12	16：38	48°46′25″W	60°50′3″S	1 068
24	DA－04	2014－02－12	19：07	47°58′51″W	60°49′59″S	2 270
25	D4－02	2014－02－12	22：15	47°3′50″W	60°50′11″S	432
26	D4－03	2014－02－13	00：59	47°10′51″W	61°12′12″S	1 648
27	D4－04	2014－02－13	06：10	47°10′29″W	61°47′53″S	1 297
28	D4－05	2014－02－13	11：22	47°9′22″W	62°18′20″S	3124
29	D5－08	2014－02－13	19：48	44°40′53″W	62°23′22″S	1 559
30	D5－07	2014－02－13	23：10	44°41′16″W	62°5′31″S	336
31	D5－06	2014－02－14	02：03	44°40′32″W	61°44′23″S	394
32	D5－05	2014－02－14	05：50	44°39′30″W	61°29′38″S	376
33	D5－04	2014－02－14	09：42	44°41′44″W	61°12′0″S	324
34	IS－00	2014－02－26	15：15	76°25′14″E	69°15′57″S	355
35	P1－05	2014－03－01	10：42	72°09′57″E	66°40′15″S	526
36	P1－04	2014－03－01	13：36	72°57′43″E	66°30′00″S	1 490
37	P1－03	2014－03－02	03：59	72°58′43″E	66°00′03″S	2 531
38	P1－02	2014－03－02	11：18	72°56′34″E	65°29′05″S	2 860
39	PA－01	2014－03－03	10：01	74°16′04″E	65°33′28″S	2 799
40	P2－02	2014－03－04	09：59	75°29′29″E	65°28′24″S	3 183
41	P2－01	2014－03－04	15：09	75°32′07″E	65°01′16″S	3 126
42	P2－A1	2014－03－04	23：59	75°31′46″E	64°30′44″S	3 404
43	P2－A2	2014－03－05	05：08	75°30′37″E	63°57′00″S	3 635
44	P2－A3	2014－03－05	06：25	75°29′36″E	63°30′13″S	3 673
45	P2－A4	2014－03－05	11：28	75°29′59″E	62°59′57″S	3 733
46	P2－A5	2014－03－05	14：34	75°29′56″E	62°29′49″S	3 820
47	P2－A6	2014－03－05	17：46	75°35′27″E	61°59′31″S	3 832

2）湍流观测

本项观测使用的垂向微结构剖面仪（VMP－200）由加拿大公司 Rockland Scientific International 生产，用于 500 m 以浅的海洋微结构湍流观测。在本次观测中 VMP－200 安装了温度、盐度和两个剪切探头，对南极周边海域的微尺度海洋湍流过程进行观测。

第30次南极考察期间在南极半岛海域完成16个站位的湍流观测（图3－17、图3－18），在时间和海况允许的情况下部分站位湍流计下放两次以保证数据质量。对湍流计获得的流速剪切数据进行谱分析，可以得到各站的湍耗散率和湍扩散率 K，结合CTD数据可以分析不同区域混合强度和水文特征之间的关系。站位信息见表3－9。

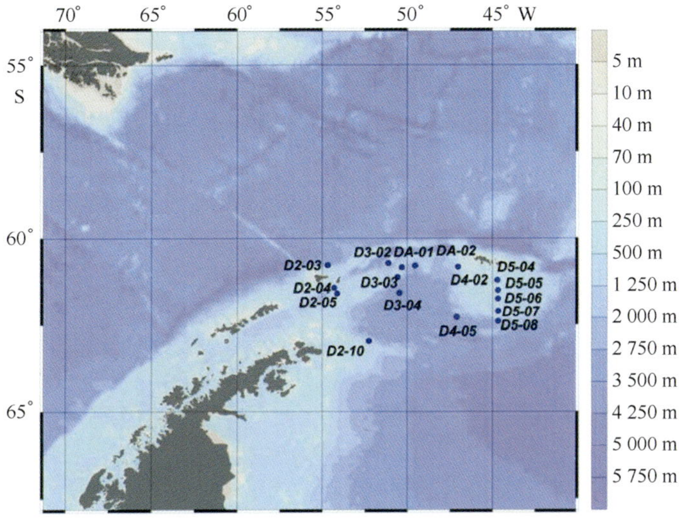

图3－17　第30次南极考察湍流观测站位

图3－18　湍流观测作业现场

表3－9　第30次南极考察VMP观测站位信息

序号	站名	日期	时间	经度	纬度	投放深度（m）	投放次数（次）
1	D2－10	2014－02－09	19：15/19：34	52°16′11″W	62°57′26″S	200/200	2
2	D2－05	2014－02－10	13：39/13：49	54°07′57″W	61°34′53″S	200/200	2
3	D2－04	2014－02－10	17：04	54°18′58″W	61°25′04″S	200	1
4	D2－03	2014－02－10	23：33/23：41	54°41′32″W	60°46′31″S	150/218	2
5	D3－02	2014－02－11	11：37	51°07′07″W	60°42′42″S	218	1

续表

序号	站名	日期	时间	经度	纬度	投放深度（m）	投放次数（次）
6	D3－03	2014－02－11	17：53	50°33′22″W	61°07′08″S	210	1
7	D3－04	2014－02－11	22：46	50°27′28″W	61°33′55″S	220	1
8	DA－01	2014－02－12	5：36	50°19′30″W	60°49′56″S	205	1
9	DA－02	2014－02－12	10：18	49°32′32″W	60°47′17″S	215	1
10	D4－02	2014－02－12	22：48	47°02′36″W	60°49′26″S	160	1
11	D4－05	2014－02－13	12：52	47°07′08″W	62°15′58″S	208	1
12	D5－08	2014－02－13	20：08	44°39′52″W	62°23′08″S	210	1
13	D5－07	2014－02－13	23：20	44°40′02″W	62°05′43″S	220	1
14	D5－06	2014－02－14	1：42	44°40′31″W	61°44′07″S	250	1
15	D5－05	2014－02－14	6：16	44°40′30″W	61°29′11″S	245	1
16	D5－04	2014－02－14	10：00/10：12	44°42′17″W	61°12′13″S	220/245	2

3.2.3.2　南大洋走航断面调查

1）XBT/XCTD 观测

第 30 次南极科学考察完成走航观测 XBT/XCTD 观测共有 5 个航段（图 3－19 至图 3－23、表 3－10 至表 3－14），航段 A 为由上海至澳大利亚的弗里曼特尔航段，共有 32 个测站；航段 B 为澳大利亚弗里曼特尔至南极中山站航段，共有 61 个测站；航段 C 为德雷克海峡航段，共有 21 个测站；航段 D 为南极中山站至澳大利亚弗里曼特尔航段，共有 42 个测站；航段 E 为澳大利亚的弗里曼特尔至上海航段，共有 36 个测站。

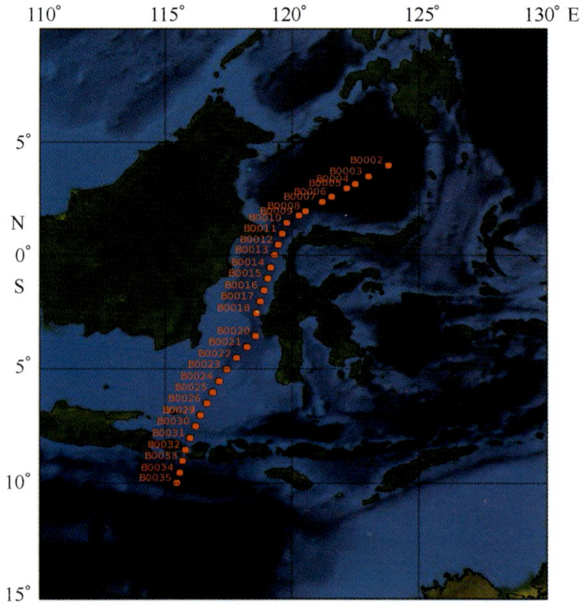

图 3－19　第 30 次南极考察上海至澳大利亚弗里曼特尔之间走航观测站位

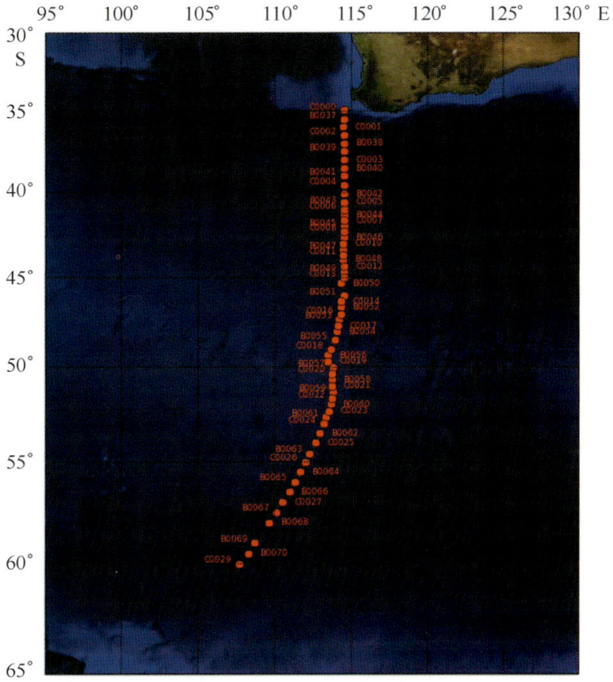

图 3-20 第 30 次南极考察澳大利亚弗里曼特尔至南极中山站走航观测站位

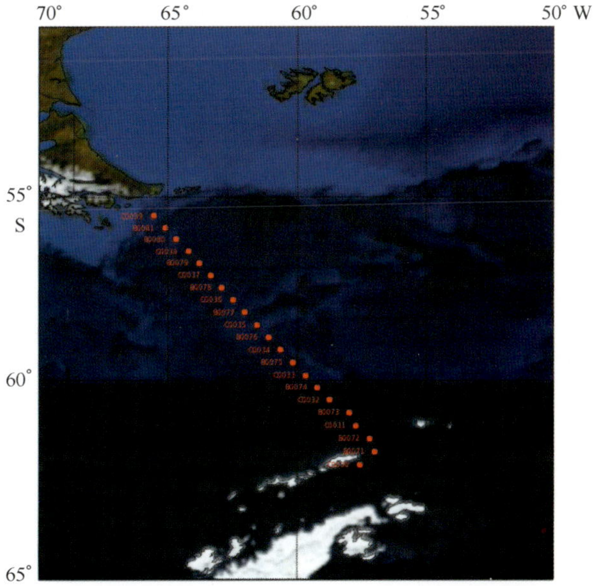

图 3-21 第 30 次南极考察智利至南极长城站德雷克海峡走航观测站位

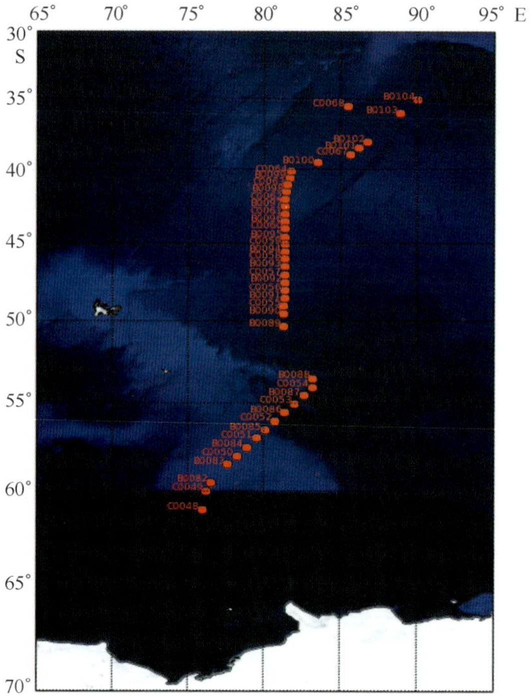

图 3－22　第 30 次南极考察南极中山站至澳大利亚弗里曼特尔走航观测站位

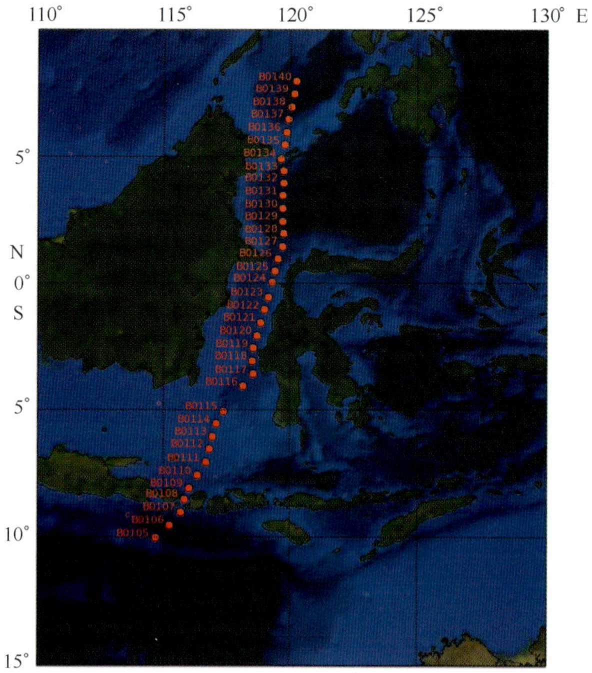

图 3－23　第 30 次南极考察澳大利亚弗里曼特尔至上海航段南海及邻近海域走航观测站位

表 3-10 航段 A 实测站位

第 30 次南极考察 XBT/XCTD 观测记录

航段/海区：A　　　　考察船：雪龙　　　　2013 年 11 月

序号	站号	类型	日期	纬度	经度	备注
1	B0002	B	2013-11-12	4.002 0°N	123.792 0°E	
2	B0003	B	2013-11-12	3.510 0°N	122.986 0°E	
3	B0004	B	2013-11-12	3.186 0°N	122.460 0°E	
4	B0005	B	2013-11-12	2.986 9°N	122.135 4°E	
5	B0006	B	2013-11-13	2.632 0°N	121.560 3°E	
6	B0007	B	2013-11-13	2.387 2°N	121.164 7°E	
7	B0008	B	2013-11-13	1.986 0°N	120.516 0°E	
8	B0009	B	2013-11-13	1.783 3°N	120.231 7°E	
9	B0010	B	2013-11-13	1.475 0°N	119.767 0°E	
10	B0011	B	2013-11-13	1.000 0°N	119.566 7°E	
11	B0012	B	2013-11-13	0.498 0°N	119.428 0°E	
12	B0013	B	2013-11-13	0.066 7°N	119.266 7°E	
13	B0014	B	2013-11-13	0.500 0°S	119.130 0°E	
14	B0015	B	2013-11-13	1.000 0°S	119.001 7°E	
15	B0016	B	2013-11-13	1.500 0°S	118.851 7°E	
16	B0017	B	2013-11-13	2.000 0°S	118.700 0°E	
17	B0018	B	2013-11-14	2.530 0°S	118.550 0°E	数据摆动
18	B0019	B	2013-11-14	3.000 0°S	118.548 3°E	数据摆动
19	B0020	B	2013-11-14	3.528 0°S	118.549 0°E	数据摆动
20	B0021	B	2013-11-14	4.014 0°S	118.193 0°E	
21	B0022	B	2013-11-14	4.502 0°S	117.802 0°E	
22	B0023	B	2013-11-14	4.992 0°S	117.404 0°E	
23	B0024	B	2013-11-14	5.517 0°S	117.111 0°E	
24	B0025	B	2013-11-14	6.010 0°S	116.874 0°E	
25	B0026	B	2013-11-14	6.504 0°S	116.638 0°E	
26	B0027	B	2013-11-14	7.000 0°S	116.384 0°E	B0027 数据摆动，B0028 坏数据
27	B0029	B	2013-11-14	7.041 7°S	116.361 7°E	
28	B0030	B	2013-11-14	7.491 0°S	116.181 0°E	水深浅，数据需要截取
29	B0031	B	2013-11-14	7.992 0°S	115.978 0°E	文件中纬度记录错误
30	B0032	B	2013-11-15	8.532 0°S	115.772 0°E	
31	B0033	B	2013-11-15	9.007 0°S	115.668 0°E	
32	B0034	B	2013-11-15	9.528 0°S	115.541 0°E	
33	B0035	B	2013-11-15	9.968 0°S	115.438 0°E	XBT 文件中调整时间、经纬度

表 3－11　航段 B 实测站位

第 30 次南极考察 XBT/XCTD 观测记录表

航段/海区：B　　　　考察船：雪龙　　　　2013 年 11 月

序号	站号	类型 B/C	日期	纬度	经度	备注
34	C0000	C	2013－11－22	34. 942 0°S	114. 507 0°E	
35	B0037	B	2013－11－22	35. 509 0°S	114. 497 0°E	B0036 为坏数据，没有记录 B0037 经度与文件不一致
36	C0001	C	2013－11－22	36. 000 0°S	114. 496 7°E	
37	C0002	C	2013－11－22	36. 500 0°S	114. 500 0°E	
38	B0038	B	2013－11－23	37. 000 0°S	114. 500 0°E	
39	B0039	B	2013－11－23	37. 500 0°S	114. 500 0°E	
40	C0003	C	2013－11－23	38. 006 0°S	114. 502 0°E	
41	B0040	B	2013－11－23	38. 532 0°S	114. 499 0°E	
42	B0041	B	2013－11－23	39. 006 0°S	114. 502 0°E	
43	C0004	C	2013－11－23	39. 564 0°S	114. 501 0°E	
44	B0042	B	2013－11－23	40. 063 0°S	114. 499 0°E	
45	C0005	C	2013－11－23	40. 549 0°S	114. 499 0°E	
46	B0043	B	2013－11－23	40. 659 0°S	114. 503 0°E	
47	C0006	C	2013－11－23	41. 007 0°S	114. 503 0°E	
48	B0044	B	2013－11－23	41. 309 0°S	114. 498 0°E	
49	C0007	C	2013－11－23	41. 666 7°S	114. 500 0°E	
50	B0045	B	2013－11－23	42. 000 0°S	114. 494 0°E	
51	C0008	C	2013－11－23	42. 333 3°S	114. 487 0°E	
52	B0046	B	2013－11－23	42. 666 7°S	114. 487 0°E	
53	C0010	C	2013－11－23	43. 005 0°S	114. 479 0°E	C0009 废弃，C0010 重测
54	B0047	B	2013－11－24	43. 339 0°S	114. 476 0°E	
55	C0011	C	2013－11－24	43. 674 0°S	114. 476 0°E	
56	B0048	B	2013－11－24	43. 939 0°S	114. 483 0°E	
57	C0012	C	2013－11－24	44. 333 3°S	114. 500 0°E	
58	B0049	B	2013－11－24	44. 718 0°S	114. 504 0°E	
59	C0013	C	2013－11－24	45. 000 0°S	114. 500 0°E	
60	B0050	B	2013－11－24	45. 333 3°S	114. 500 0°E	
61	B0051	B	2013－11－24	46. 000 0°S	114. 466 7°E	
62	C0014	C	2013－11－24	46. 333 3°S	114. 383 3°E	
63	B0052	B	2013－11－24	46. 666 7°S	114. 341 0°E	
64	C0015	C	2013－11－24	47. 000 0°S	114. 282 0°E	C0015 坏，C0016 重测
65	B0053	B	2013－11－24	47. 346 7°S	114. 224 0°E	
66	C0017	C	2013－11－24	47. 662 7°S	114. 152 0°E	
67	B0054	B	2013－11－24	48. 009 0°S	114. 035 0°E	
68	B0055	B	2013－11－24	48. 500 0°S	113. 896 7°E	
69	C0018	C	2013－11－25	49. 000 0°S	113. 716 7°E	

续表

序号	站号	类型 B/C	日期	纬度	经度	备注
70	B0056	B	2013 - 11 - 25	49.333 3°S	113.770 0°E	
71	C0019	C	2013 - 11 - 25	49.666 7°S	113.770 0°E	
72	B0057	B	2013 - 11 - 25	50.000 0°S	113.777 0°E	
73	C0020	C	2013 - 11 - 25	50.333 3°S	113.772 2°E	
74	B0058	B	2013 - 11 - 25	50.666 7°S	113.776 0°E	
75	C0021	C	2013 - 11 - 25	51.000 0°S	113.779 0°E	
76	B0059	B	2013 - 11 - 25	51.333 3°S	113.784 0°E	
77	C0022	C	2013 - 11 - 25	51.666 7°S	113.783 3°E	
78	B0060	B	2013 - 11 - 25	51.984 0°S	113.680 0°E	
79	C0023	C	2013 - 11 - 25	52.345 0°S	113.511 0°E	
80	B0061	B	2013 - 11 - 25	52.666 7°S	113.354 0°E	
81	C0024	C	2013 - 11 - 25	53.005 0°S	113.194 0°E	
82	B0062	B	2013 - 11 - 25	53.500 0°S	112.953 3°E	
83	C0025	C	2013 - 11 - 25	54.000 0°S	112.656 7°E	
84	B0063	B	2013 - 11 - 25	54.550 0°S	112.170 0°E	
85	C0026	C	2013 - 11 - 26	55.083 3°S	112.000 0°E	
86	B0064	B	2013 - 11 - 26	55.500 0°S	111.633 3°E	
87	B0065	B	2013 - 11 - 26	55.995 0°S	111.301 0°E	
88	B0066	B	2013 - 11 - 26	56.492 0°S	110.956 0°E	
89	C0027	C	2013 - 11 - 26	56.998 0°S	110.531 0°E	
90	B0067	B	2013 - 11 - 26	57.500 0°S	110.105 0°E	
91	B0068	B	2013 - 11 - 26	58.000 0°S	109.665 0°E	
92	C0028	C	2013 - 11 - 26	58.500 0°S	109.166 0°E	问题数据
93	B0069	B	2013 - 11 - 26	59.000 0°S	108.741 0°E	问题数据
94	B0070	B	2013 - 11 - 26	59.500 0°S	108.304 0°E	问题数据
95	C0029	C	2013 - 11 - 26	60.000 0°S	107.710 0°E	

表 3 - 12　航段 C 实测站位

第 30 次南极考察 XBT/XCTD 观测记录表

航段/海区：C　　　　考察船：雪龙　　　　2014 年 2 月

序号	站号	类型 B/C	日期	纬度	经度	备注
96	C0030	C	2014 - 02 - 02	62.171 0°S	57.587 0°W	
97	B0071	B	2014 - 02 - 02	61.835 0°S	57.003 0°W	
98	B0072	B	2014 - 02 - 02	61.507 0°S	57.243 0°W	
99	C0031	C	2014 - 02 - 02	61.166 7°S	57.740 0°W	
100	B0073	B	2014 - 02 - 02	60.833 3°S	58.246 0°W	
101	C0032	C	2014 - 02 - 02	60.479 0°S	58.773 0°W	

续表

序号	站号	类型 B/C	日期	纬度	经度	备注
102	B0074	B	2014－02－02	60. 147 0°S	59. 258 0°W	
103	C0033	C	2014－02－02	59. 845 0°S	59. 688 0°W	
104	B0075	B	2014－02－02	59. 508 0°S	60. 160 0°W	
105	C0034	C	2014－02－02	59. 171 0°S	60. 643 0°W	
106	B0076	B	2014－02－02	58. 839 0°S	61. 105 0°W	
107	C0035	C	2014－02－03	58. 504 0°S	61. 564 0°W	
108	B0077	B	2014－02－03	58. 167 0°S	62. 022 0°W	
109	C0036	C	2014－02－03	57. 833 3°S	62. 466 0°W	
110	B0078	B	2014－02－03	57. 500 0°S	62. 916 0°W	
111	C0037	C	2014－02－03	57. 166 7°S	63. 346 0°W	
112	B0079	B	2014－02－03	56. 833 3°S	63. 798 0°W	
113	C0038	C	2014－02－03	56. 500 0°S	64. 205 0°W	数据下半部分错误
114	B0080	B	2014－02－03	56. 164 0°S	64. 689 0°W	
115	B0081	B	2014－02－03	55. 845 0°S	65. 105 0°W	
116	C0039	C	2014－02－03	55. 506 0°S	65. 535 0°W	数据下半部分错误
117	C0030	C	2014－02－08	60. 850 0°S	58. 970 0°W	
118	B0071	C	2014－02－08	62. 538 0°S	56. 099 0°W	
119	B0072	C	2014－02－13	62. 360 0°S	44. 646 0°W	

表 3－13　航段 D 实测站位

第 30 次南极考察 XBT/XCTD 观测记录表

航段/海区：D　　　　考察船：雪龙　　　　2014 年 3 月

序号	站号	类型 B/C	日期	纬度	经度	备注
125	C0048	C	2014－03－05	61. 002 0°S	75. 903 0°E	
126	C0049	C	2014－03－06	59. 976 0°S	76. 208 0°E	数据有误
127	B0082	B	2014－03－06	59. 941 0°S	76. 223 0°E	
128	B0083	B	2014－03－06	58. 502 0°S	77. 619 0°E	
129	C0050	C	2014－03－06	58. 036 0°S	78. 193 0°E	
130	B0084	B	2014－03－06	57. 522 0°S	78. 842 0°E	
131	C0051	C	2014－03－06	57. 012 0°S	79. 471 0°E	
132	B0085	B	2014－03－06	56. 553 0°S	80. 023 0°E	
133	C0052	C	2014－03－06	56. 021 0°S	80. 705 0°E	
134	B0086	B	2014－03－07	55. 538 0°S	81. 360 0°E	
135	C0053	C	2014－03－07	55. 001 0°S	81. 987 0°E	
136	B0087	B	2014－03－07	54. 516 0°S	82. 556 0°E	

续表

序号	站号	类型 B/C	日期	纬度	经度	备注
137	C0054	C	2014－03－07	54. 020 0°S	83. 125 0°E	
138	B0088	B	2014－03－07	53. 506 0°S	83. 167 0°E	
139	B0089	B	2014－03－08	50. 304 0°S	81. 268 0°E	
140	B0090	B	2014－03－08	49. 427 7°S	81. 261 0°E	
141	C0055	C	2014－03－08	49. 066 0°S	81. 278 0°E	
142	B0091	B	2014－03－08	48. 567 0°S	81. 287 0°E	
143	C0056	C	2014－03－08	48. 049 7°S	81. 305 0°E	
144	B0092	B	2014－03－08	47. 525 0°S	81. 316 0°E	
145	C0057	C	2014－03－08	47. 030 0°S	81. 303 0°E	
146	B0093	B	2014－03－08	46. 512 0°S	81. 298 0°E	
147	C0058	C	2014－03－08	46. 006 0°S	81. 304 0°E	
148	B0094	B	2014－03－08	45. 531 0°S	81. 298 0°E	
149	C0059	C	2014－03－08	45. 011 0°S	81. 328 0°E	
150	B0095	B	2014－03－08	44. 568 0°S	81. 333 0°E	
151	C0060	C	2014－03－09	44. 008 3°S	81. 347 0°E	
152	B0096	B	2014－03－09	43. 525 0°S	81. 360 0°E	
153	C0061	C	2014－03－09	43. 033 0°S	81. 359 0°E	
154	B0097	B	2014－03－09	42. 509 0°S	81. 362 0°E	
155	C0062	C	2014－03－09	42. 019 0°S	81. 357 0°E	
156	B0098	B	2014－03－09	41. 514 0°S	81. 413 0°E	
157	C0063	C	2014－03－09	41. 033 3°S	81. 513 1°E	
158	B0099	B	2014－03－09	40. 580 0°S	81. 608 0°E	
159	C0064	C	2014－03－09	40. 115 0°S	81. 699 0°E	C0065 废弃
160	B0100	B	2014－03－10	39. 512 0°S	83. 437 0°E	
161	C0067	C	2014－03－10	38. 945 7°S	85. 623 3°E	C0066 废弃，C0067 重测
162	B0101	B	2014－03－10	38. 496 0°S	86. 156 0°E	
163	B0102	B	2014－03－10	38. 020 0°S	86. 697 0°E	
164	B0103	B	2014－03－10	35. 989 0°S	88. 899 0°E	
165	C0068	C	2014－03－10	35. 508 0°S	85. 432 8°E	
166	B0104	B	2014－03－11	35. 021 0°S	89. 980 0°E	

表 3－14 航段 E 实测站位

第 30 次南极考察 XBT/XCTD 观测记录表

航段/海区：E　　考察船：雪龙　　2014 年 4 月

序号	站号	类型 B/C	日期	纬度	经度	备注
167	B0105	B	2014－04－03	10. 013 0°S	114. 653 0°E	
168	B0106	B	2014－04－03	9. 510 0°S	115. 234 0°E	
169	B0107	B	2014－04－04	9. 005 0°S	115. 665 0°E	
170	B0108	B	2014－04－04	8. 487 0°S	115. 797 0°E	
171	B0109	B	2014－04－04	8. 037 0°S	115. 982 0°E	
172	B0110	B	2014－04－04	7. 554 0°S	116. 317 0°E	
173	B0111	B	2014－04－04	7. 030 0°S	116. 648 0°E	
174	B0112	B	2014－04－04	6. 510 3°S	116. 803 6°E	
175	B0113	B	2014－04－04	6. 028 0°S	116. 934 0°E	
176	B0114	B	2014－04－04	5. 516 0°S	117. 075 0°E	
177	B0115	B	2014－04－04	5. 016 0°S	117. 352 0°E	
178	B0116	B	2014－04－05	4. 029 0°S	118. 147 0°E	
179	B0117	B	2014－04－05	3. 564 0°S	118. 537 0°E	
180	B0118	B	2014－04－05	3. 026 0°S	118. 529 0°E	
181	B0119	B	2014－04－05	2. 538 0°S	118. 562 0°E	
182	B0120	B	2014－04－05	2. 035 0°S	118. 710 0°E	
183	B0121	B	2014－04－05	1. 523 0°S	118. 860 0°E	
184	B0122	B	2014－04－05	1. 017 0°S	118. 988 0°E	
185	B0123	B	2014－04－05	0. 518 0°S	119. 141 0°E	
186	B0124	B	2014－04－05	0. 050 0°N	119. 272 0°E	
187	B0125	B	2014－04－05	0. 050 0°N	119. 383 0°E	
188	B0126	B	2014－04－05	1. 000 0°N	119. 563 0°E	
189	B0127	B	2014－04－05	1. 487 0°N	119. 714 0°E	
190	B0128	B	2014－04－06	1. 986 0°N	119. 721 0°E	
191	B0129	B	2014－04－06	2. 485 0°N	119. 711 0°E	
192	B0130	B	2014－04－06	2. 982 0°N	119. 706 0°E	
193	B0131	B	2014－04－06	3. 487 0°N	119. 712 0°E	
194	B0132	B	2014－04－06	3. 985 0°N	119. 717 0°E	
195	B0133	B	2014－04－06	4. 459 0°N	119. 716 0°E	
196	B0134	B	2014－04－05	4. 951 0°N	119. 635 0°E	
197	B0135	B	2014－04－06	5. 488 0°N	119. 772 0°E	
198	B0136	B	2014－04－06	5. 990 0°N	119. 833 0°E	
199	B0137	B	2014－04－06	6. 494 0°N	119. 918 0°E	
200	B0138	B	2014－04－06	6. 980 0°N	120. 021 0°E	
201	B0139	B	2014－04－07	7. 483 0°N	120. 133 0°E	
192	B0140	B	2014－04－07	7. 994 4°N	120. 222 2°E	

2）GPS 探空观测

第 30 次南极考察在南大洋共释放探空气球 40 个来获得 2 条剖面的探空数据，其中一条位于澳大利亚和中山站之间，另一条位于阿根廷和长城站之间。探空观测站位分布见图 3－24，探空气球的时间、位置信息见表 3－15。

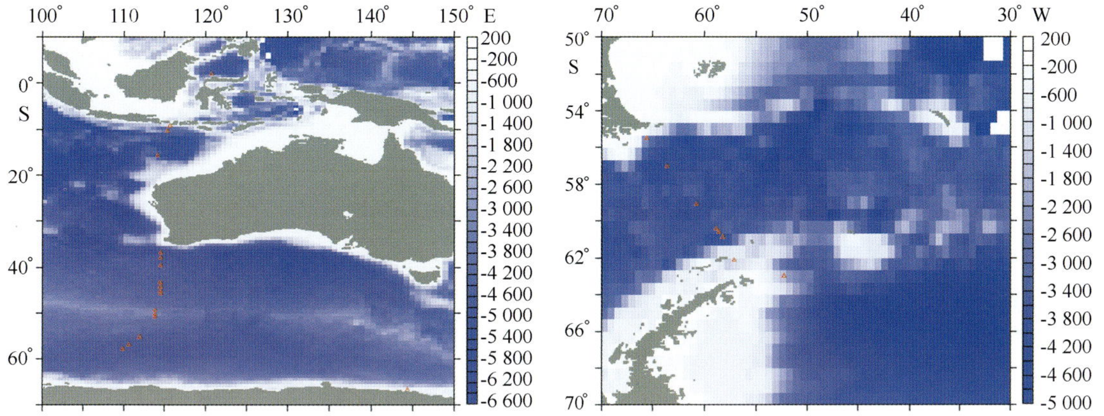

图 3－24　中国第 30 次南极考察探空断面

表 3－15　第 30 次南极考察探空站位

序号	数据号	日期	时间	经度	纬度	船速（kn）	风速（m/s）	风向（°）
1	1245W039	2013－11－13	4：50	120.737 31°E	2.118 05°N	15.1	0.67	141.7
2	1235R032	2013－11－15	4：00	115.628 75°E	9.164 39°S	16.3	1.14	112.3
3	1304H008	2013－11－15	9：00	115.369 178°E	10.246 800°S	16	2.2	139.3
4	1238P002	2013－11－16	5：20	114.099 953°E	15.531 490°S	15.7	4.24	125
5	1238E029	2013－11－23	0：27	114.501 541°E	36.759 270°S	15	8.06	40.9
6	1235R015	2013－11－23	5：00	114.500 061°E	37.856 750°S	16	8.32	27.2
7	1304H083	2013－11－23	10：43	114.501 740°E	39.510 040°S	16	10.33	350.5
8	1235R001	2013－11－24	0：30	114.477 119°E	43.161 930°S	16	10.67	283.5
9	1238G005	2013－11－24	4：30	114.489 632°E	44.134 071°S	15.8	11.92	265.8
10	1304H004	2013－11－24	8：00	114.498 367°E	45.034 359°S	16	12.43	274.8
11	1304H032	2013－11－24	10：04	114.502 403°E	45.533 119°S	15.8	14.01	252.6
12	1245J038	2013－11－25	1：20	113.779 793°E	49.323 849°S	16	13.22	277.5
13	1238P025	2013－11－25	4：00	113.778 961°E	50.111 271°S	16	12.22	313.9
14	1304D010	2013－11－25	6：27	113.776 871°E	50.765 339°S	16	13.8	324.8
15	1302M025	2013－11－26	1：15	111.898 666°E	55.118 031°S	15.2	17.56	305.8
16	1302M002	2013－11－26	8：46	110.613 297°E	56.904 011°S	15.4	17.19	333
17	1302Y083	2013－11－26	12：40	109.874 390°E	57.740 280°S	14.9	16.44	323.9
18	1304H038	2014－01－06	8：00	144.416 534°E	66.656 158°S	0	5.8	111.1
19	1245Z087	2014－02－02	8：34	57.145 809°W	62.105 789°S	15.5	6.03	328.8
20	1304H079	2014－02－02	14：30	58.235 939°W	60.842 411°S	15.9	11.6	51.7
21	1245R043	2014－02－02	15：30	58.612 37°W	60.585 98°S	15.9	11.78	－0.8

续表

序号	数据号	日期	时间	经度	纬度	船速（kn）	风速（m/s）	风向（°）
22	1235Y025	2014－02－02	16：50	58.885 159°W	60.405 460°S	15.9	12.2	68.9
23	1304H067	2014－02－02	23：29	60.790 920°W	59.062 340°S	15.4	7.05	282
24	1304H082	2014－02－03	9：10	63.585 300°W	57.004 551°S	15.8	12.3	221
25	1245L014	2014－02－03	17：00	65.592 880°W	55.482 899°S	0	3.8	254
26	1302M041	2014－02－09	19：05	52.269 409°W	62.960 300°S	0	3.5	231
27	1302M020	2014－03－06	1：30	76.168 030°E	60.068 039°S	15.4	10.8	210
28	1302M001	2014－03－06	13：03	78.482 880°E	57.813 709°S	14.4	8.1	309
29	1235U021	2014－03－07	2：14	81.869 591°E	55.112 122°S	15.8	8.8	323
30	1304H066	2014－03－07	5：45	82.669 273°E	54.419 842°S	15.3	8.4	268
31	1304H069	2014－03－07	10：41	83.140 663°E	53.439 838°S	13.6	18.8	323
32	1304H057	2014－03－08	1：31	81.256 088°E	50.127 838°S	15.8	12.5	270
33	1302M007	2014－03－08	5：11	81.272 758°E	49.182 579°S	15.1	15.4	317
34	1302M022	2014－03－08	11：33	81.315 849°E	47.634 338°S	15.9	15.6	269
35	1238D031	2014－03－09	00：12	81.336 281°E	44.424 992°S	15.4	15.7	309
36	1304H053	2014－03－09	3：41	81.359 016°E	43.609 589°S	14.1	10.25	267
37	1304H052	2014－03－09	3：59	81.359 596°E	43.543 400°S	14.1	10.25	267
38	1304H016	2014－03－09	10：03	81.359 329°E	42.085 381°S	15.1	7.93	302
39	1304H064	2014－03－09	10：19	81.356 682°E	42.026 440°S	12.2	7.93	302
40	1304H007	2014－03－09	10：31	81.355 469°E	41.981 941°S	12.2	8.0	308

3.2.3.3 定点长期观测

锚碇潜标观测对于观测普里兹湾冰架水的运移和混合过程及可能的南极底层水形成过程十分重要。项目原本预计在普里兹湾内部布放潜标1～2套，但由于海冰覆盖的影响，“雪龙”船不能进入普里兹湾内部作业，所以第30次南极考察在湾口外部布放了潜标1套。观测的物理海洋学要素包括温度、盐度、压强、海流等。

另外以中国海洋大学为主在普里兹湾东南部布放潜标1套，并搭载了国家海洋局第二海洋研究所的生物捕捉器。因此，本航次共布放潜标2套（图3－25）。

2014年2月26日，在普里兹湾内（68°29′S，75°22′E）布放了1套带有破断装置的海洋潜标，编号为M9。如果冰山将潜标上部刮住并拖动，在拉力大于200 kg时，位于300 m处的破断装置将被拉断，以保证300 m水下的仪器和缆绳安然无恙（图3－26、表3－16）。

该潜标主要配有温度仪、温－盐－深仪，记录的数据可用于分析普里兹湾的冰间湖过程、陆架水季节变化等。国家海洋局第二海洋研究所在潜标上加装了沉积物捕获器，主要用于采集海洋中的颗粒有机物样本，旨在研究海洋中的碳循环过程。该潜标在第31次南极考察中回收。

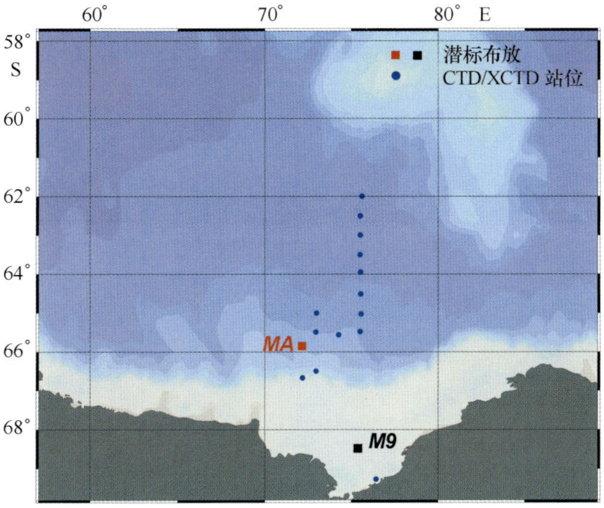

图 3－25 普里兹湾锚碇潜标布放位置

MA 站为国家海洋局第一海洋研究所布放的潜标；M9 站为以中国海洋大学为主布放的潜标

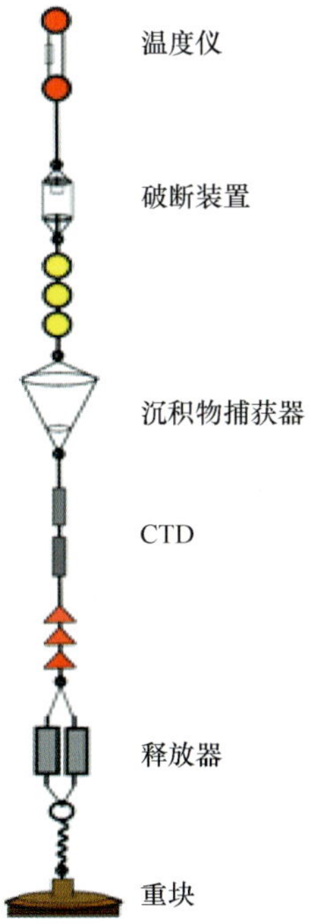

图 3－26 M9 潜标配置示意

表 3－16 M9 潜标配置仪器

仪器名称	型号	仪器编号	数量
温－盐－深仪	SBE37		1
温度仪	RBRsolo T		4
沉积物捕获器	ML12252－3	12724－03	1
破断器	HDBRK－1	201310	1
声学释放器	ORE		1
实心浮球	HF22		3

第 30 次南极考察为“一船三站”航次，时间紧任务重。2013 年年底在救援俄罗斯客船过程中消耗掉 10 来天时间。从中山站出来开始大洋作业的时候已经是 2 月底至 3 月初。2014 年 2—3 月普里兹湾的海冰异常严重，湾口海冰密集度达到了 90%，密集度异常超过了 60%（图 3 - 27、图 3 - 28），使得“雪龙”船不能进入普里兹湾内部作业，所以第 29 航次布放的 2 套潜标当时没法回收。

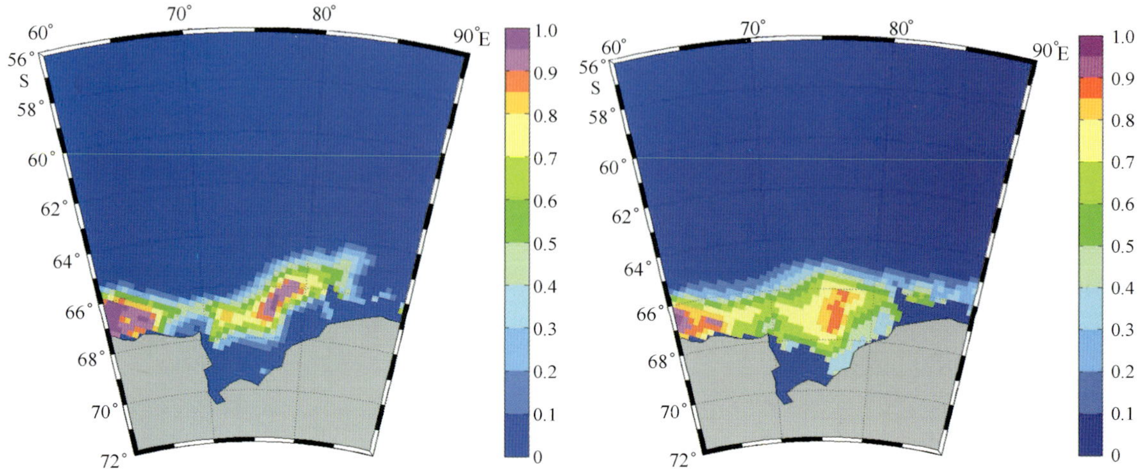

图 3 - 27　2014 年 2 月和 3 月普里兹湾海冰密集度

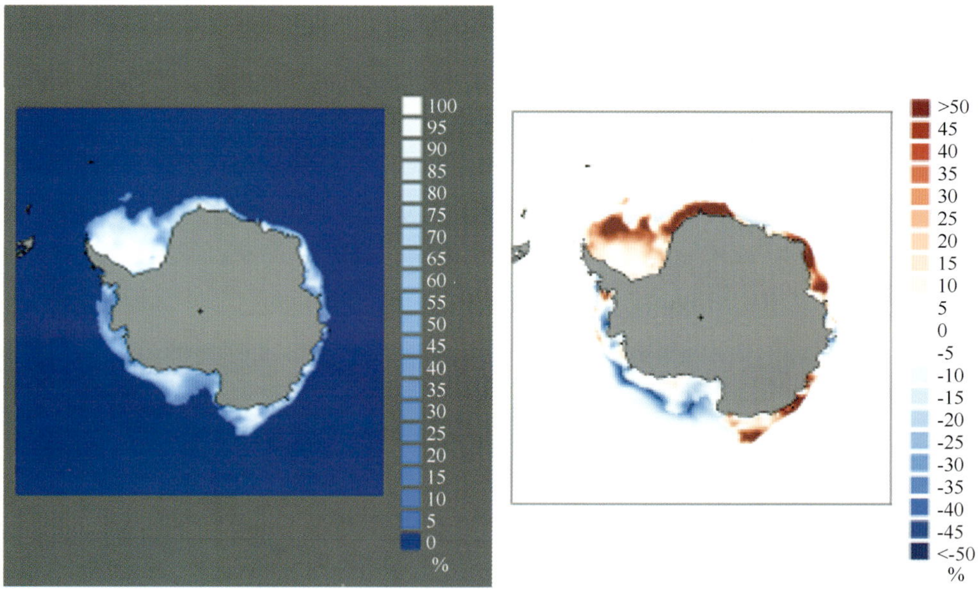

图 3 - 28　2014 年 3 月南极海冰密集度及其异常

3.2.4　第 31 次南极科学考察

3.2.4.1　重点海域断面调查

1）CTD/LADCP 联合观测

第 31 次南极考察在普里兹湾海域的调查分两个阶段（2015 年 2 月 1—12 日，2015 年 2

月26日至3月2日）进行。第一阶段主要在北侧和西侧海域开展，包括P2、P3和P5断面的全部重点站位，P4断面的北部深水区重点站位，以及P9断面的3个备选站位，共完成35个站的观测。第二阶段主要完成P4（南段）、PA、P6和IS共4条断面总计33个站位的作业。两个阶段总计完成68个站位的观测（图3－29、表3－17）。在所有站位上均开展了CTD观测，共计完成68个站位的全深度观测。在第一阶段的作业中，“雪龙”船CTD的两套传感器（温度、电导率和溶解氧）数据质量稳定，之间的偏差在合理范围内；采水器正常运作，采水全部成功。第二阶段，由于受到低温（最低－17℃）的影响，个别站位的温度、电导率和溶解氧数据出现异常，采水器不能正常工作。

在回收M5潜标后进行CTD观测时未安排采水作业；在IS－06站因软件故障只采到2瓶底层水。总计完成66个站位的全深度采水作业，另外在7个站位上进行了二次采水。

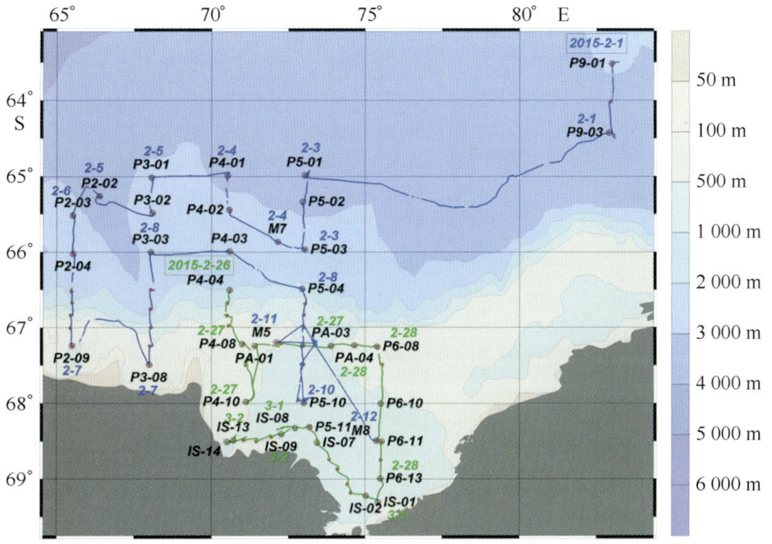

图3－29 CTD/采水/LADCP站位

表3－17 物理海洋站位信息

序号	站名	日期	时间	经度	纬度	水深（m）	作业内容*
1	P9－01	2015－02－01	12：50	83°00′12″E	63°30′28″S	2 839	CWL
2	P9－02	2015－02－01	16：26	83°00′04″E	64°00′04″S	3 693	CWL
3	P9－03	2015－02－01	21：47	83°00′29″E	64°25′12″S	3 621	CWL
4	P5－01	2015－02－03	05：15	73°00′13″E	65°00′00″S	3 417	CWLKTMS
5	P5－02	2015－02－03	14：13	72°57′50″E	65°20′38″S	2 991	CWLT
6	P5－03	2015－02－03	23：05	73°02′38″E	65°58′37″S	2 560	CWLSV
7	M7	2015－02－04	12：08	72°09′34″E	65°52′2″4S	2 585	CWL
8	P4－02	2015－02－04	18：47	70°35′02″E	65°27′18″S	2 940	CWLM
9	P4－01	2015－02－05	01：23	70°30′22″E	65°00′11″S	3 122	CWLSKTM
10	P3－01	2015－02－05	11：19	68°02′46″E	65°01′16″S	2 813	CWLKVT
11	P3－02	2015－02－05	16：27	68°04′26″E	65°29′31″S	2 743	CWLK
12	P2－02	2015－02－05	23：02	66°22′20″E	65°15′36″S	3 482	CWLT

续表

序号	站名	日期	时间	经度	纬度	水深（m）	作业内容*
13	P2－03	2015－02－06	04：44	65°30′04″E	65°30′07″S	2 725	CWLV
14	P2－04	2015－02－06	10：01	65°30′36″E	66°00′40″S	2 887	CWLKV
15	P2－05	2015－02－06	14：20	65°28′35″E	66°30′40″S	2 474	CWLTVK
16	P2－06	2015－02－06	18：05	65°30′00″E	66°40′08″S	2 010	CWLV
17	P2－07	2015－02－06	21：04	65°29′13″E	66°50′20″S	481	CWLV
18	P2－08	2015－02－07	00：20	65°27′18″E	67°00′36″S	476	CWLB
19	P2－09	2015－02－07	02：15	65°30′18″E	67°14′36″S	102	CWLVB
20	P3－08	2015－02－07	10：01	67°59′30″E	67°30′48″S	189	CWLBV
21	P3－07	2015－02－07	13：28	67°59′56″E	67°14′46″S	184	CWLKBV
22	P3－06	2015－02－07	16：33	68°01′36″E	67°00′00″S	1 431	CWL
23	P3－05	2015－02－07	19：00	68°00′30″E	66°45′00″S	2 221	CWLV
24	P3－04	2015－02－07	22：07	68°00′02″E	66°29′57″S	2 631	CWLSV
25	P3－03	2015－02－08	03：34	68°00′12″E	65°59′57″S	2 660	CWLKVT
26	P4－03	2015－02－08	11：11	70°31′48″E	65°59′04″S	2 600	CWLKV
27	P5－04	2015－02－08	20：18	72°55′12″E	66°28′59″S	1 532	CWLSM
28	P5－05	2015－02－09	09：35	73°03′12″E	66°40′47″S	911	CWLV
29	P5－06	2015－02－09	12：13	73°01′08″E	66°49′52″S	509	CWLTM
30	P5－07	2015－02－09	16：50	73°00′25″S	67°00′18″S	503	CWLKMB
31	P5－08	2015－02－09	21：00	72°57′00″E	67°15′15″S	545	CWLVTK
32	P5－09	2015－02－10	02：40	72°59′49″E	67°29′43″S	581	CWLMB
33	P5－10	2015－02－10	08：31	72°59′38″E	68°00′04″S	632	CWLMBTK
34	M5	2015－02－11	13：57	72°07′16″E	67°11′44″S	547	CLT
35	M8	2015－02－12	10：13	75°21′56″E	68°29′31″S	618	CWL
36	P4－04	2015－02－26	08：02	70°35′38″E	66°30′21″S	2 062	CWLSTKV
37	P4－05	2015－02－26	12：37	70°30′18″E	66°40′44″S	1 830	CWLV
38	P4－06	2015－02－26	16：01	70°30′30″E	66°50′18″S	419	CWLKMT
39	P4－07	2015－02－26	20：34	70°33′33″E	66°58′52″S	351	CWLB
40	P4－08	2015－02－27	00：05	70°59′12″E	67°14′07″S	441	CWLBV
41	P4－09	2015－02－27	03：19	71°04′55″E	67°30′14″S	364	CWLV
42	P4－10	2015－02－27	07：40	71°05′57″E	67°59′36″S	486	CWL
43	PA－01	2015－02－27	11：40	71°22′55″E	67°15′13″S	525	CWLV
44	PA－02	2015－02－27	15：50	72°15′08″E	67°12′56″S	548	CWLV
45	P5－08A	2015－02－27	17：46	72°59′36″E	67°14′58″S	541	CWL
46	PA－03	2015－02－27	20：23	73°53′28″E	67°14′49″E	482	CWLBTK
47	PA－04	2015－02－28	00：42	74°39′00″E	67°14′24″S	431	CWLV
48	P6－08	2015－02－28	03：32	75°23′29″E	67°15′10″E	393	CWL
49	P6－09	2015－02－28	05：59	75°33′28″E	67°29′28″S	404	CWLV
50	P6－10	2015－02－28	10：14	75°30′25″E	68°00′26″S	481	CWLVT

续表

序号	站名	日期	时间	经度	纬度	水深（m）	作业内容*
51	P6－11	2015－02－28	15：48	75°32′38″E	68°30′14″S	627	CWLVT
52	P6－12	2015－02－28	18：32	75°30′10″E	68°45′00″S	673	CWLVT
53	P6－13	2015－02－28	21：16	75°30′18″E	69°00′00″S	720	CWLVTB
54	IS－01	2015－03－01	00：50	75°25′23″E	69°18′52″S	272	CWLVT
55	IS－02	2015－03－01	02：55	75°02′38″E	69°14′10″S	805	CWLT
56	IS－03	2015－03－01	05：29	74°31′05″E	69°11′20″S	806	CWLVT
57	IS－04	2015－03－01	07：51	74°24′51″E	69°04′45″S	781	CWLT
58	IS－05	2015－03－01	10：24	74°05′49″E	68°52′41″S	685	CWLV
59	IS－06	2015－03－01	12：58	74°49′33″E	68°45′02″S	726	CL
60	IS－07	2015－03－01	16：25	73°25′40″E	68°31′57″S	777	CWLVT
61	P5－11	2015－03－01	18：34	73°10′48″E	68°19′35″S	706	CWLM
62	IS－08	2015－03－01	21：53	72°42′07″E	68°20′03″S	774	CWLT
63	IS－09	2015－03－02	02：51	72°16′06″E	68°24′49″S	500	CWL
64	IS－10	2015－03－02	04：12	71°55′47″E	68°26′56″S	483	CWLVTB
65	IS－11	2015－03－02	07：45	71°26′14″S	68°30′31″S	586	CWLVT
66	IS－12	2015－03－02	10：48	71°01′01″E	68°29′31″S	758	CWLT
67	IS－14	2015－03－02	14：38	70°29′17″E	68°31′08″S	1 012	CWL
68	IS－13	2015－03－02	17：15	70°41′43″E	68°29′42″S	949	CWLMTS

* 作业内容代码：C. CTD；W. 采水；L. LADCP；T. 湍流；V. 垂直拖网；M. Multinet；S. 二次采水；K. 磷虾拖网；B. 底栖拖网。

2）湍流观测

第 31 次南极考察湍流观测的重点区域为冰架前缘和普里兹湾湾口海域，根据现场海况和冰情，调整了部分计划站位，在深水海域也进行了部分湍流站位的观测，以获得普里兹湾及其外围海域的湍流混合空间分布状况。根据海况和冰情，本次湍流观测深度一般在 300～400 m 之间，以获得冰架水深度的海水混合状况。表 3－18 给出了各站位的观测信息，本次考察共获得湍流观测站位 29 个（图 3－30）。

表 3－18　第 31 次南极科学考察 VMP 观测信息

序号	站名	日期	时间	经度	纬度	投放深度（m）	投放次数（次）
1	P5_ 01	2015－02－03	07：13	73°04′09″E	64°58′22″S	300	2
2	P5_ 02	2015－02－03	16：30	72°58′41″E	65°20′09″S	300	2
3	P4_ 01	2015－02－05	03：10	70°31′03″E	64°58′48″S	300	2
4	P3_ 01	2015－02－05	13：10	68°05′19″E	65°00′40″S	300	2
5	P2_ 02	2015－02－06	01：05	66°25′37″E	65°16′16″S	300	2
6	P2_ 05	2015－02－06	15：53	65°29′06″E	66°31′24″S	300	2
7	P3_ 03	2015－02－08	05：16	68°05′07″E	66°01′00″S	400	2
8	P5_ 06	2015－02－09	12：49	72°59′23″E	66°49′46″S	400	1

续表

序号	站名	日期	时间	经度	纬度	投放深度（m）	投放次数（次）
9	P5_ 07	2015 - 02 - 09	17：29	72°59′16″E	66°59′23″S	400	1
10	P5_ 08	2015 - 02 - 09	22：14	72°55′23″E	67°13′58″S	400	2
11	P5_ 10	2015 - 02 - 10	09：27	72°59′55″E	67°58′29″S	300	2
12	M_ 005	2015 - 02 - 11	14：30	72°06′24″E	67°11′54″S	400	2
13	P4_ 04	2015 - 02 - 26	09：34	70°34′06″E	66°30′27″S	300	2
14	P4_ 06	2015 - 02 - 26	16：33	70°29′00″E	66°50′06″S	300	2
15	PA_ 03	2015 - 02 - 27	20：56	73°53′28″E	67°14′20″S	300	1
16	P6_ 10	2015 - 02 - 28	10：53	75°31′04″E	68°00′09″S	200	2
17	P6_ 11	2015 - 02 - 28	16：34	75°32′15″E	68°30′16″S	300	2
18	P6_ 12	2015 - 02 - 28	19：19	75°30′04″E	68°44′50″S	300	2
19	P6_ 13	2015 - 02 - 28	22：16	75°29′04″E	68°59′30″S	400	2
20	IS_ 01	2015 - 03 - 01	01：34	75°24′40″E	69°18′45″S	180	2
21	IS_ 02	2015 - 03 - 01	03：48	74°59′48″E	69°13′14″S	300	2
22	IS_ 03	2015 - 03 - 01	06：24	74°31′53″E	69°10′23″S	300	2
23	IS_ 04	2015 - 03 - 01	08：30	74°25′15″E	69°03′39″S	300	2
24	IS_ 06	2015 - 03 - 01	11：19	74°06′34″E	68°51′21″S	400	2
25	IS_ 07	2015 - 03 - 01	14：57	73°29′33″E	68°32′52″S	400	1
26	IS_ 10	2015 - 03 - 02	05：10	71°55′57″E	68°26′03″S	300	1
27	IS_ 11	2015 - 03 - 02	08：44	71°27′00″E	68°29′06″S	400	2
28	IS_ 12	2015 - 03 - 02	23：33	71°02′22″E	68°28′24″S	300	2
29	IS_ 13	2015 - 03 - 02	18：04	70°42′59″E	68°28′27″S	300	2

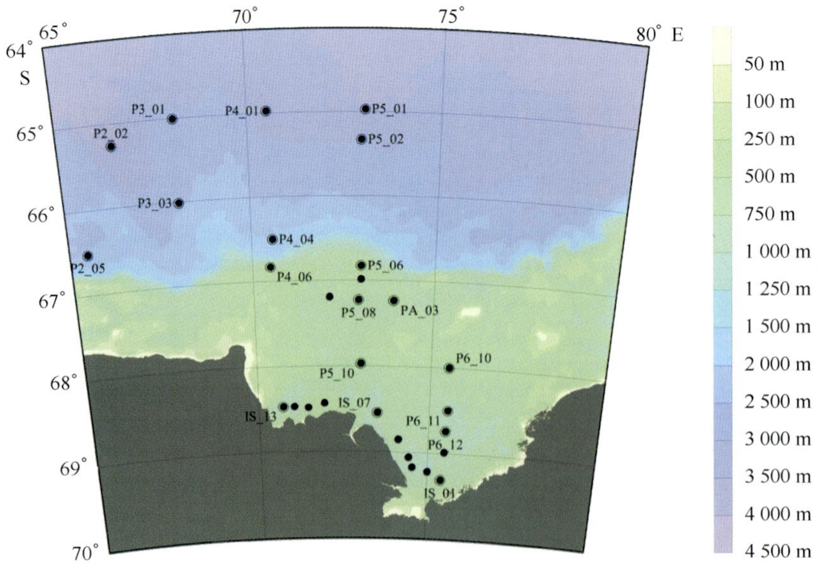

图 3 - 30　第 31 次南极考察 VMP 站位

3.2.4.2 南大洋走航断面调查

1）XBT/XCTD 观测

考察期间共执行了3个南大洋断面的抛弃式XCTD观测，共计获得59个数据集，其中获取数据水深大于900 m的共58个。

2014年11月20—24日，在“雪龙”船从霍巴特前往中山站的途中共计投放21枚XCTD，水深大于900 m的共计21枚；2015年1月21—26日，在“雪龙”船从新西兰基督城前往罗斯海的途中共计投放13枚XCTD，水深大于900 m的共计13枚；2015年3月9—15日，在“雪龙”船从普里兹湾返回弗里曼特尔途中共计投放25枚XCTD，水深大于900 m的共计24枚。

考察期间共执行了3个南大洋断面的抛弃式XBT观测，共计获得98个数据集，其中获取数据水深大于750 m的共97个。

2014年11月20—24日，在“雪龙”船从霍巴特前往中山站的途中共计投放22枚XBT，水深大于750 m的共计22枚；2015年1月21—26日，在“雪龙”船从新西兰基督城前往罗斯海的途中共计投放30枚XBT，水深大于750 m的共计29枚；2015年3月9—15日，在“雪龙”船从普里兹湾返回弗里曼特尔途中共计投放46枚XBT，水深大于750 m的共计46枚。表3－19为第31次南极考察XBT/XCTD观测站位信息。

表3－19 第31次南极考察XBT/XCTD观测站位信息

序号	站号	类型 B/C	序列号	日期	时间	纬度	经度
1	0001	B	089267	2014－10－31	22：15	22°00′40″N	125°59′54″E
2	0002	B	089272	2014－11－01	01：54	20°59′12″N	125°59′12″E
3	0003	B	089264	2014－11－01	05：07	20°01′18″N	125°59′12″E
4	0004	B	089261	2014－11－01	08：50	19°01′15″N	125°41′54″E
5	0005	B	089270	2014－11－01	12：32	18°01′06″N	125°22′42″E
6	0006	B	089271	2014－11－01	16：12	17°01′24″N	125°07′18″E
7	0007	B	089265	2014－11－01	20：16	15°56′12″N	125°02′12″E
8	0008	B	089269	2014－11－01	23：27	15°01′24″N	125°06′00″E
9	0009	B	089266	2014－11－02	03：14	14°05′40″N	125°30′40″E
10	0010	B	089263	2014－11－02	07：46	13°00′42″N	126°06′24″E
11	0011	B	089262	2014－11－02	11：45	12°00′54″N	126°35′10″E
12	0012	B	089268	2014－11－02	16：36	11°01′45″N	127°30′00″E
13	0013	B	089225	2014－11－02	21：41	10°03′30″N	128°31′01″E
14	0014	B	089231	2014－11－03	03：20	09°00′30″N	129°35′06″E
15	0015	B	089227	2014－11－03	08：53	08°00′54″N	130°35′54″E
16	0016	B	089236	2014－11－03	13：40	07°03′46″N	131°34′24″E
17	0017	B	089230	2014－11－03	19：02	06°02′00″N	132°37′2″E
18	0018	B	089233	2014－11－04	00：02	05°00′54″N	133°39′42″E
19	0019	B	089226	2014－11－04	04：50	04°00′06″N	134°40′25″E

续表

序号	站号	类型 B/C	序列号	日期	时间	纬度	经度
20	0020	B	089228	2014 - 11 - 04	09：47	03°00′24″N	135°42′00″E
21	0021	B	089229	2014 - 11 - 04	15：09	02°00′24″N	136°42′48″E
22	0022	B	089232	2014 - 11 - 04	19：56	01°01′42″N	137°30′30″E
23	0023	B	089235	2014 - 11 - 05	00：50	00°01′54″N	138°19′42″E
24	0024	B	089234	2014 - 11 - 20	05：30	43°59′48″S	147°30′00″E
25	0001	C	14067414	2014 - 11 - 20	08：00	44°35′18″S	147°30′06″E
26	0025	B	093028	2014 - 11 - 20	09：25	44°59′36″S	147°29′48″E
27	0026	B	093032	2014 - 11 - 20	11：22	45°29′55″S	147°30′13″E
28	0002	C	14067421	2014 - 11 - 20	13：18	46°00′00″S	147°31′06″E
29	0027	B	093025	2014 - 11 - 20	15：13	46°29′54″S	147°32′24″E
30	0003	C	14067424	2014 - 11 - 20	17：09	47°00′06″S	147°33′30″E
31	0028	B	093031	2014 - 11 - 20	19：04	47°29′48″S	147°32′36″E
32	0004	C	14067418	2014 - 11 - 20	20：59	47°59′24″S	147°31′06″E
33	0005	C	14067408	2014 - 11 - 20	22：20	48°19′06″S	147°30′06″E
34	0006	C	14067417	2014 - 11 - 20	23：40	48°39′03″S	147°29′54″E
35	0029	B	093029	2014 - 11 - 21	01：01	49°00′03″S	147°30′20″E
36	0007	C	14067420	2014 - 11 - 21	02：16	49°19′30″S	147°30′36″E
37	0030	B	093026	2014 - 11 - 21	03：33	49°39′57″S	147°31′49″E
38	0008	C	14067416	2014 - 11 - 21	04：45	49°58′57″S	147°33′60″E
39	0031	B	093022	2014 - 11 - 21	06：03	50°19′40″S	147°34′54″E
40	0009	C	14067427	2014 - 11 - 21	07：18	50°39′18″S	147°33′30″S
41	0032	B	093023	2014 - 11 - 21	08：33	50°59′02″S	147°32′06″E
42	0010	C	14067423	2014 - 11 - 21	09：48	51°19′24″S	147°31′04″E
43	0033	B	093033	2014 - 11 - 21	11：03	51°39′36″S	147°30′33″E
44	0011	C	14067426	2014 - 11 - 21	12：14	52°00′06″S	147°29′54″E
45	0034	B	093030	2014 - 11 - 21	13：25	52°20′30″S	147°29′12″E
46	0021	C	14067404	2014 - 11 - 21	14：37	52°40′26″S	147°28′26″E
47	0035	B	093027	2014 - 11 - 21	15：54	53°01′12″S	147°28′06″E
48	0013	C	14067419	2014 - 11 - 21	17：05	53°20′27″S	147°28′12″E
49	0036	B	093024	2014 - 11 - 21	18：16	53°29′12″S	147°28′01″E
50	0014	C	14067411	2014 - 11 - 21	19：30	53°59′48″S	147°28′12″E
51	0037	B	092813	2014 - 11 - 21	20：40	54°19′18″S	147°28′36″E
52	0015	C	14067422	2014 - 11 - 21	21：51	54°39′04″S	147°23′49″E
53	0038	B	092816	2014 - 11 - 21	23：25	55°03′54″S	147°16′06″E
54	0016	C	14067415	2014 - 11 - 22	01：01	55°29′12″S	147°06′54″E
55	0039	B	092815	2014 - 11 - 22	03：05	55°99′55″S	146°49′12″E
56	0017	C	14067407	2014 - 11 - 22	05：07	56°30′03″S	146°32′12″E
57	0040	C	14067401	2014 - 11 - 22	07：04	56°59′12″S	146°14′12″E

续表

序号	站号	类型 B/C	序列号	日期	时间	纬度	经度
58	0018	C	14067410	2014－11－22	09：05	57°29′06″S	145°54′07″E
59	0041	B	092814	2014－11－22	12：09	57°59′42″S	144°42′46″E
60	0019	C	14067425	2014－11－22	15：19	58°29′12″S	143°23′12″E
61	0042	B	092811	2014－11－22	18：40	58°59′42″S	142°02′06″E
62	0043	B	092808	2014－11－22	21：52	59°29′20″S	140°41′37″E
63	0020	B	14067429	2014－11－23	01：10	59°59′12″S	139°18′54″E
64	0044	B	092809	2014－11－23	04：27	60°29′18″S	137°55′54″E
65	0045	B	092810	2014－11－23	04：70	60°58′42″S	136°30′48″E
66	0021	C	14067430	2014－11－23	11：05	61°29′30″S	134°58′36″E
67	0046	B	092807	2015－01－20	23：26	48°29′13″S	168°32′17″E
68	0047	B	094441	2015－01－21	02：08	48°59′03″S	167°51′50″E
69	0048	B	094446	2015－01－21	04：46	49°29′00″S	167°10′48″E
70	0022	C	14067439	2015－01－21	09：51	50°29′32″S	165°46′12″E
71	0049	B	094442	2015－01－21	20：36	50°59′06″S	165°10′48″E
72	0050	B	094443	2015－01－22	06：47	51°29′36″S	164°26′06″E
73	0051	B	094447	2015－01－22	13：38	51°58′48″S	162°13′40″E
74	0052	B	094439	2015－01－22	18：08	52°29′06″S	161°32′36″E
75	0023	C	14067438	2015－01－22	21：17	53°00′18″S	160°57′16″E
76	0053	B	093105	2015－01－22	23：35	53°29′36″S	160°28′00″E
77	0054	B	093102	2015－01－23	01：57	54°00′00″S	159°52′00″E
78	0055	B	093099	2015－01－23	03：30	54°19′32″S	159°23′30″E
79	0056	B	093096	2015－01－23	05：12	54°39′17″S	158°58′48″E
80	0024	C	14067434	2015－01－25	05：58	55°00′24″S	158°53′12″E
81	0057	B	093104	2015－01－25	07：38	55°20′00″S	158°39′54″E
82	0025	C	14067437	2015－01－25	09：53	55°39′10″S	157°51′36″E
83	0058	B	093101	2015－01－25	12：03	55°59′54″S	157°07′18″E
84	0026	C	14067435	2015－01－25	14：12	56°19′12″S	156°24′25″E
85	0059	B	093098	2015－01－25	16：11	56°40′00″S	155°52′30″E
86	0027	C	14067431	2015－01－25	17：50	57°00′00″S	155°24′18″E
87	0060	B	093095	2015－01－25	19：38	57°20′00″S	154°50′24″E
88	0028	C	14067436	2015－01－25	21：30	57°39′24″S	154°15′12″E
89	0061	B	093103	2015－01－25	23：36	59°59′03″S	153°34′54″E
90	0029	C	14067433	2015－01－26	01：37	58°19′24″S	153°00′42″E
91	0062	B	093100	2015－01－26	03：28	58°39′36″S	152°27′18″E
92	0030	C	14067432	2015－01－26	05：20	58°59′12″S	151°52′24″E
93	0063	B	093097	2015－01－26	07：16	59°20′00″S	151°16′24″E
94	0031	C	14067428	2015－01－26	08：51	59°39′54″S	150°40′30″E
95	0064	B	089335	2015－01－26	11：00	60°00′00″S	150°03′00″E

续表

序号	站号	类型 B/C	序列号	日期	时间	纬度	经度
96	0032	C	14036223	2015－01－26	12：59	60°20′00″S	149°23′30″E
97	0065	B	089338	2015－01－26	14：51	60°39′48″S	148°44′54″E
98	0033	C	14036226	2015－01－26	16：36	61°00′06″S	148°07′42″E
99	0066	B	093094	2015－01－26	18：12	61°19′24″S	147°35′00″E
100	0034	C	14067412	2015－01－26	19：53	61°39′54″S	146°58′12″E
101	0067	B	089341	2015－01－26	21：35	61°58′30″S	146°25′36″E
102	0068	B	089334	2015－01－26	23：25	62°19′30″S	145°46′56″E
103	0069	B	089344	2015－01－27	01：10	62°39′42″S	145°07′48″E
104	0070	B	089337	2015－01－27	03：00	63°00′00″S	144°26′18″E
105	0071	B	089340	2015－01－27	05：40	63°30′00″S	143°27′54″E
106	0072	B	089333	2015－01－27	05：45	63°30′00″S	143°27′54″E
107	0073	B	089336	2015－01－27	08：09	64°00′36″S	142°26′48″E
108	0074	B	089343	2015－01－27	11：15	64°31′48″S	141°24′00″E
109	0075	B	089339	2015－01－27	13：34	64°59′00″S	140°27′18″E
110	0035	C	14067409	2015－03－09	20：35	62°00′18″S	81°18′00″E
111	0076	B	089342	2015－03－10	22：13	61°30′48″S	81°57′24″E
112	0077	B	093058	2015－03－10	01：06	61°00′54″S	82°36′48″E
113	0078	B	093061	2015－03－10	03：28	60°30′54″S	83°19′55″E
114	0036	C	14036216	2015－03－10	05：45	60°00′30″S	83°58′00″E
115	0079	B	093064	2015－03－10	07：55	59°31′00″S	84°32′18″E
116	0080	B	093067	2015－03－10	10：13	59°01′00″S	85°09′50″E
117	0081	B	093059	2015－03－10	12：41	59°30′54″S	85°56′06″E
118	0037	C	14067406	2015－03－10	14：54	58°00′42″S	86°29′02″E
119	0082	B	093062	2015－03－10	17：12	57°30′48″S	87°06′48″E
120	0083	B	093065	2015－03－10	19：25	57°02′00″S	87°35′17″E
121	0084	B	093068	2015－03－10	21：40	56°31′50″S	88°15′00″E
122	0038	C	14036215	2015－03－10	23：53	56°01′30″S	88°49′20″E
123	0085	B	093069	2015－03－11	02：19	55°30′07″S	89°27′00″E
124	0086	B	093063	2015－03－11	04：20	55°00′18″S	89°59′00″E
125	0039	C	14036217	2015－03－11	05：45	54°40′40″S	90°20′45″E
126	0087	B	093066	2015－03－11	07：16	54°20′48″S	90°41′20″E
127	0088	B	093060	2015－03－11	08：49	54°00′42″S	91°01′48″E
128	0040	C	14036220	2015－03－11	10：15	53°41′00″S	91°20′42″E
129	0089	B	092853	2015－03－11	11：43	53°21′30″S	91°41′50″E
130	0041	C	14036222	2015－03－11	13：10	53°01′00″E	92°01′40″E
131	0090	B	092854	2015－03－11	14：37	52°42′00″S	92°22′14″E
132	0042	C	14036219	2015－03－11	16：10	52°21′30″S	92°42′13″E
133	0091	B	092855	2015－03－11	17：42	52°00′24″S	93°03′51″E

续表

序号	站号	类型 B/C	序列号	日期	时间	纬度	经度
134	0043	C	14036225	2015－03－11	19：06	51°40′56″S	93°22′40″E
135	0092	B	092856	2015－03－11	20：31	51°20′56″S	93°42′20″E
136	0044	C	14036218	2015－03－11	21：54	51°00′54″E	94°02′06″E
137	0093	B	092857	2015－03－11	23：18	50°40′50″S	94°27′00″E
138	0045	C	14036221	2015－03－12	01：00	50°16′15″S	94°44′42″E
139	0094	B	092858	2015－03－12	02：03	50°01′00″S	94°59′30″E
140	0046	C	14036224	2015－03－12	03：22	49°41′00″S	96°17′40″E
141	0095	B	092861	2015－03－12	04：42	49°21′00″S	95°36′00″E
142	0047	C	14036190	2015－03－12	06：10	49°01′00″S	95°59′00″E
143	0096	B	092860	2015－03－12	07：40	48°41′00″S	96°20′30″E
144	0048	C	14036189	2015－03－12	09：10	48°21′00″S	96°41′30″E
145	0097	B	092859	2015－03－12	10：51	48°00′02″S	97°04′03″E
146	0046	C	14036180	2015－03－12	12：11	47°40′45″S	97°22′40″E
147	0098	B	092862	2015－03－12	12：44	47°33′06″S	97°30′30″E
148	0099	B	092863	2015－03－12	13：40	47°42′25″S	97°42′25″E
149	0050	C	14036184	2015－03－12	15：11	47°00′42″S	98°02′52″E
150	0100	B	092964	2015－03－12	16：42	46°40′30″S	98°22′51″E
151	0051	C	14036181	2015－03－12	18：03	46°22′00″S	98°40′00″E
152	0101	B	093021	2015－03－12	19：38	46°02′00″S	98°59′00″E
153	0052	C	14036187	2015－03－12	21：13	45°41′20″S	99°19′00″E
154	0102	B	093020	2015－03－12	22：47	45°21′50″S	99°39′00″E
155	0053	C	14036186	2015－03－13	00：20	45°02′00″S	99°58′00″E
156	0103	B	093019	2015－03－13	03：02	44°40′54″S	100°51′39″E
157	0054	C	14036188	2015－03－13	05：40	44°21′30″S	101°44′24″E
158	0104	B	093018	2015－03－13	08：33	44°00′36″S	102°40′51″E
159	0055	C	14036183	2015－03－13	11：04	43°42′50″S	103°28′00″E
160	0105	B	093017	2015－03－13	14：17	43°21′30″S	103°35′30″E
161	0106	B	093016	2015－03－13	17：36	43°00′43″S	103°36′19″E
162	0056	C	14036182	2015－03－13	20：46	42°40′44″S	103°36′18″E
163	0107	B	093015	2015－03－14	00：05	42°20′34″S	103°35′45″E
164	0108	B	093014	2015－03－14	03：31	42°00′00″S	103°35′30″E
165	0109	B	093013	2015－03－14	06：28	41°34′00″S	103°35′38″E
166	0057	C	14036179	2015－03－14	07：23	41°20′30″S	103°35′00″E
167	0110	B	093012	2015－03－14	08：45	41°01′30″S	103°35′06″E
168	0111	B	093011	2015－03－14	10：09	40°39′54″S	103°35′09″E
169	0112	B	093010	2015－03－14	11：40	40°16′48″S	103°36′28″E
170	0058	C	14036185	2015－03－14	14：18	40°00′50″S	103°36′42″E
171	0113	B	092937	2015－03－14	19：41	39°30′48″S	103°35′56″E

续表

序号	站号	类型 B/C	序列号	日期	时间	纬度	经度
172	0114	B	092936	2015－03－15	00：40	39°00′36″S	103°35′31″E
173	0115	B	092806	2015－03－15	20：07	38°31′30″S	104°19′40″E
174	0116	B	092805	2015－03－15	16：42	38°02′30″S	105°05′20″E
175	0117	B	092935	2015－03－15	19：47	37°30′57″S	105°52′58″E
176	0059	C	14067413	2015－03－15	22：51	37°00′54″S	106°38′36″E
177	0118	B	092934	2015－03－16	01：40	36°31′00″S	107°22′00″E
178	0119	B	092933	2015－03－16	04：32	36°01′30″S	108°04′40″E
179	0120	B	092932	2015－03－16	08：34	35°31′30″S	108°52′30″E
180	0121	B	092929	2015－03－17	00：44	35°10′15″S	109°58′40″E

2）GPS 探空观测

第 31 次南极考察在南大洋进行了 4 条断面的探空观测，即 P6、P7、P8、P9，共计获得有效探空气球观测 40 个。探空气球的时间、位置信息见表 3－20。

表 3－20　第 31 次南极考察 GPS 探空观测信息

序号	日期	时间	起始经度	起始纬度
1	2014－11－05	09：32	140.32514°E	1.04780 °S
2	2014－11－20	07：31	147.53431°E	44.52125°S
3	2014－11－20	23：19	147.51077°E	48.55177°S
4	2014－11－21	05：25	140.58525°E	50.15621°S
5	2014－11－22	03：09	146.81198°E	56.01006°S
6	2014－11－22	10：03	145.55696°E	57.65290°S
7	2014－11－22	20：21	141.34105°E	59.25360°S
8	2014－11－23	02：53	138.60589°E	60.25320°S
9	2014－11－23	10：39	135.17590°E	61.43060°S
10	2015－01－10	07：26	169.44584°E	66.44370°S
11	2015－01－10	22：17	168.09073°E	66.26277°S
12	2015－01－11	07：41	168.03408°E	65.67002°S
13	2015－01－11	23：06	166.11350°E	63.56167°S
14	2015－01－12	07：35	164.40949°E	62.26560°S
15	2015－01－12	22：36	164.47447°E	59.21878°S
16	2015－01－13	23：55	165.27406°E	54.08214°S
17	2015－01－14	08：09	167.10530°E	52.17468°S
18	2015－01－21	00：25	168.29225°E	48.67390°S
19	2015－01－21	07：26	166.44550°E	50.01010°S
20	2015－01－21	21：31	165.16845°E	51.02070°S

续表

序号	日期	时间	起始经度	起始纬度
21	2015-01-22	15:08	161.84598°E	52.19962°S
22	2015-01-23	02:03	160.22096°E	53.71916°S
23	2015-01-25	06:58	158.74385°E	55.24511°S
24	2015-01-25	18:14	155.19114°E	57.11710°S
25	2015-01-26	04:38	152.02003°E	58.90343°S
26	2015-01-26	18:07	148.07041°E	61.04151°S
27	2015-03-10	05:46	83.99161°E	60.01592°S
28	2015-03-11	00:03	88.87382°E	55.99419°S
29	2015-03-11	08:30	90.95922°E	54.08146°S
30	2015-03-11	19:03	93.38083°E	51.68735°S
31	2015-03-12	09:22	96.74120°E	48.31418°S
32	2015-03-12	17:03	98.45535°E	46.59355°S
33	2015-03-12	20:31	99.17350°E	45.83724°S
34	2015-03-12	23:56	99.88712°E	45.11100°S
35	2015-03-13	09:33	102.99474°E	43.88860°S
36	2015-03-13	17:42	103.59080°E	43.00510°S
37	2015-03-14	09:15	103.58279°E	40.89759°S
38	2015-03-14	18:16	103.59244°E	39.63945°S
39	2015-03-15	19:20	105.75601°E	37.59744°S
40	2015-03-16	11:59	109.28792°E	35.26231°S

3）海表漂流浮标观测

第29航次布放的浮标中，123222号浮标自2013年2月2日布放开始接收数据，7月6日失联，2014年1月18日重新接收到数据，全部存活周期430天，123216号浮标存活周期582天，其余浮标存活周期不足百天。

第30航次布放的浮标中，114568号浮标维持了14天，114580号浮标维持了8天，该两个浮标死亡，其余浮标至今仍存活，存活周期已超过400天。

第31航次布放的浮标中，127207号和127209号浮标至今仍存活，存活周期超过100天，其他浮标可能已死亡，还需观察数月后确认。

表3-21所示为第29至31航次投放浮标编号，漂流轨迹起止时刻与位置见表3-22，漂流终止位置见图3-31。

表3-21 第29至31航次投放浮标编号

航次	浮标编号
第29航次	123214、123215、123216、123217、123218、123219、123220、123222
第30航次	109553、109579、114568、114580、114584、114585、114586
第31航次	127205、127206、127207、127208、127209、127210、127211

表 3-22　漂流轨迹起止时刻与位置（截至 2015 年 3 月 16 日）

浮标编号	终止			起始			持续时间 (d)
	时间	纬度	经度	时间	纬度	经度	
123214	2013-02-17 18：13	67°29′58″S	72°58′42″E	2013-05-28 5：10	64°30′17″S	48°20′27″E	100
123215	2013-02-11 18：43	68°30′18″S	75°57′08″E	2013-03-07 22：11	66°59′16″S	69°05′32″E	18
123216	2013-02-16 17：27	67°57′31″S	72°45′16″E	2014-9-21 7：01	68°05′49″S	46°36′30″W	582
123217	2013-02-16 10：05	68°27′49″S	73°00′50″E	2013-04-04 16：44	65°21′56″S	53°33′36″E	47
123218	2013-02-12 7：26	68°00′06″S	75°33′30″E	2013-03-10 16：35	67°16′52″S	66°51′48″E	21
123219	2013-02-12 10：49	67°28′53″S	75°30′57″E	2013-04-06 9：44	64°55′06″S	72°33′31″E	53
123220	2013-02-07 15：04	68°57′14″S	75°26′20″E	2013-02-18 19：50	68°08′53″S	72°52′50″E	11
123222	2013-02-02 7：33	66°52′30″S	78°04′39″E	2014-04-08 23：27	65°10′27″S	54°33′01″E	430
109553	2014-03-05 4：10	64°27′35″S	75°26′32″E	2015-06-07 22：12	64°42′11″S	178°39′22″ W	459+
109579	2014-03-07 7：52	54°15′22″S	82°52′23″E	2015-06-07 22：50	60°24′39″S	163°29′19″E	457+
114568	2014-03-02 4：08	65°58′42″S	72°53′52″E	2014-03-16 14：34	65°26′47″S	70°08′04″E	14
114580	2014-03-02 13：41	65°28′14″S	73°04′50″E	2014-03-10 1：33	65°24′57″S	71°44′10″E	8
114584	2014-03-09 9：07	42°30′48″S	81°22′13″E	2015-06-07 22：46	43°55′33″S	155°4′13″E	455+
114585	2014-03-06 4：37	59°26′00″S	76°34′50″E	2015-06-07 22：51	62°13′27″S	161°29′16″E	458+
114586	2014-03-08 9：18	48°32′02″S	81°17′44″E	2015-06-07 20：12	61°5′41″S	149°29′6″W	456+
127205	2015-02-28 21：11	68°55′08″S	75°29′25″E	2015-03-23 19：01	67°41′50″S	70°15′23″E	23
127206	2015-02-28 10：12	67°54′29″S	75°31′33″E	2015-04-10 21：00	66°24′54″S	72°49′47″E	41
127207	2015-02-28 0：19	67°13′52″S	74°31′46″E	2015-06-07 14：22	65°18′59″S	59°4′42″E	99+
127208	2015-02-28 4：11	67°15′20″S	75°23′41″E	2015-05-01 2：48	64°48′46″S	64°55′56″E	62
127209	2015-02-28 8：53	67°35′42″S	75°32′42″E	2015-06-08 0：16	65°11′41″S	59°47′11″E	100+
127210	2015-02-28 8：54	67°34′12″S	75°32′43″E	2015-05-28 13：53	65°37′21″S	63°1′43″E	89
127211	2015-02-28 14：29	68°28′44″S	75°21′23″E	2015-03-20 16：58	67°37′23″S	70°48′19″E	20

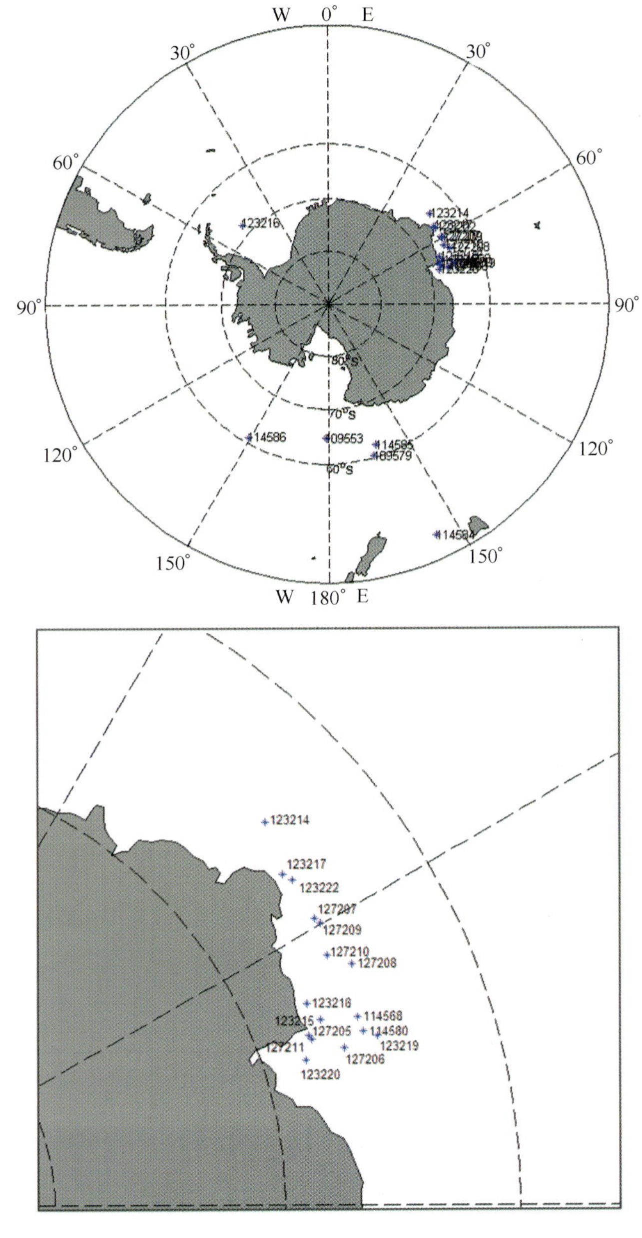

图 3－31 漂流终止位置示意（截至 2015 年 6 月 8 日）

3.2.4.3 定点长期观测

在第一阶段顺利回收第 30 航次布放的 M7 深水潜标和 M8 湾内潜标、第 29 航次布放的 M5 湾口潜标，潜标上各仪器的数据完好。其中，M7 潜标是我国布放在南大洋的首台水深超过 1 000 m 的潜标，获取的数据对进一步分析普里兹湾底层水的形成问题具有重要的参考价值；M5 潜标是我国第一次在南极海域成功回收工作长达 2 年的潜标；M8 潜标是首套带有破断保护装置的防冰山碰撞潜标，记录的数据表明该装置确实起到了保护潜标的作用。第 29 航次布放的 M6 湾口潜标，由于没有测到有效的信号，最终未能回收。

在第二阶段成功布放了 3 套潜标，其中 M9 是位于普里兹湾外陆坡区的深水潜标，主要开展底层水团性质和海流观测，希望能够获得普里兹湾陆架水贡献于南极底层水的直接观测证据；M10 位于湾内东侧，是在回收 30 航次潜标的原址布放，目的是对普里兹湾冰间湖开展长期连续观测和多年变化研究；M11 位于埃默里冰架前缘西侧，这是我国在冰架前缘海域布放的第一套潜标，主要目的在于观测冰架下海洋出流水的季节变化，加深对冰架 - 海洋相互作用过程的认识。M10 和 M11 潜标均带有减少冰山破坏的破断器。

M9 潜标由国家海洋局第一海洋研究所负责布放，于 2015 年 2 月 26 日 4：18—4：38 布放于普里兹湾西北部外陆坡区的深水海域，水深 1 611 m。该潜标主要包括 150kHz ADCP、SBE CTD 和 SBE TD，所有仪器的开始采样时间为 2015 年 2 月 26 日的 00：00，TD 的采样间隔为 15 min，CTD 的采样间隔为 30 min，位于 68.68°S，75.76°E 附近。

M10 潜标由国家海洋局第二海洋研究所和中国海洋大学联合布放，于 2015 年 2 月 28 日布放，与第 30 次南极考察布放的 M8 潜标位置接近，水深为 618 m。该潜标包含沉积物捕获器（图 3 - 32）。RBR T/CT 记录起始时间为 2015 年 2 月 28 日 8：00，时间间隔为 30 min。SBE CTD 记录起始时间为 2015 年 2 月 28 日 5：30，时间间隔为 1 800 s，位于 75°22.73′E，68°28.58′S附近。

表 3 - 23 至表 3 - 26 为 M5、M6、M7、M8 潜标回收记录。

表 3 - 23　M5 潜标回收记录

潜标编号	M5	经度	72.15°E	纬度	67.19°S
布放时间	2013 - 03 - 03	释放器型号	ORE	释放器个数	1
开始回收时间	2015 - 02 - 11 13：10	结束回收时间	2015 - 02 - 11 15：00	是否顺利回收	是
潜标包含主要仪器	SBE37、SBE39、SBE56、CM				
回收现场主要工作人员	高立宝、史久新、吴林、于龙、郭桂军、刘晨光、段永亮、杨扬、夏寅月等				
现场海冰情况	少量小块浮冰				
到达现场信号情况	有稳定信号，顺利释放				
具体步骤及措施	1. 靠近潜标位置 2. 测量到稳定斜距 3. 多次测量斜距，准确定位 4. 放橡皮艇，释放潜标 5. 顺利回收				
如果没有顺利回收，可能原因分析及后续打算					
领队签字		首席签字		船长签字	
队长签字		项目负责人签字		现场负责人签字	

表 3－24　M6 潜标回收记录

潜标编号	M6	经度	73.37°E	纬度	67.21°S
布放时间	2014－03－03	释放器型号	IXSEA Benthos	释放器个数	2
开始回收时间	2015－02－11 07：45	结束回收时间	2015－02－12 2：00	是否顺利回收	否
潜标包含主要仪器	CT、TD、300KADCP、生物捕捉器				
回收现场主要工作人员	高立宝、史久新、吴林、于龙、郭桂军、刘晨光、段永亮、杨扬、夏寅月等				
现场海冰情况	共三时段测量信号： 2015－02－11 07：45－11：30（3 成浮冰） 2015－02－11 16：00－02：00（3 成浮冰） 2015－03－06 00：45－01：55（8 成冰莲叶冰）				
到达现场信号情况	无信号				
具体步骤及措施	1. 靠近潜标位置 2. 未能测量到稳定斜距 3. 在潜标定位位置的西北方向尝试寻找信号 4. 然后在其他方向寻找信号，寻找距离在 3～9 km 5. 共由三个时段测量信号：第一次是 2015－02－11 的 07：45－11：30 将近 4 h；第二次是 2015－02－11 的 16：00 至次日凌晨 2：00 将近 10 h；第三次是返程过程中 2015－03－06 的 00：45－1：55 将近 1 h，总共寻找时间累计 15 h，未能测量到有效信号 6. 多次尝试了两个释放器的释放操作 7. 释放器的各种操作未能收到回馈信号，未能回收 8. 具体寻找路线可以查看现场轨迹图				
如果没有顺利回收，可能原因分析及后续打算	冰山挂断的可能性最大				
领队签字		首席签字		船长签字	
队长签字		项目负责人签字		现场负责人签字	

表 3－25　M7 潜标回收记录

潜标编号	M7	经度	72.137°E	纬度	65.86°S
布放时间	2014－03－02	释放器型号	IXSEA	释放器个数	1
开始回收时间	2015－02－03 9：00	结束回收时间	2015－02－03 10：18	是否顺利回收	是
潜标包含主要仪器	SBE37、SBE39				
回收现场主要工作人员	高立宝、史久新、吴林、于龙、郭桂军、刘晨光、段永亮、杨扬、夏寅月等				
现场海冰情况	无				
到达现场信号情况	有稳定信号，顺利释放				
具体步骤及措施	1. 靠近潜标位置 2. 测量到稳定斜距 3. 多次测量斜距，准确定位 4. 放橡皮艇，释放潜标 5. 顺利回收				
如果没有顺利回收，可能原因分析及后续打算					
领队签字		首席签字		船长签字	
队长签字		项目负责人签字		现场负责人签字	

表 3－26　M8 潜标回收记录

潜标编号	M8	经度	75.38°E	纬度	68.485°S
布放时间	2014－02－26	释放器型号	ORE	释放器个数	1
开始回收时间	2015－02－12 9：00	结束回收时间	2015－02－12 11：00	是否顺利回收	是
潜标包含主要仪器	2 个 T、1 个 CTD				
回收现场主要工作人员	史久新、高立宝、吴林、于龙、郭桂军、段永亮、杨扬、夏寅月等				
现场海冰情况	3 成海冰				
到达现场信号情况	有稳定距离信号				
具体步骤及措施	1. 靠近潜标位置 2. 测量到稳定斜距 3. 多次测量斜距，准确定位 4. 放橡皮艇，释放潜标 5. 顺利回收				
如果没有顺利回收，可能原因分析及后续打算					
领队签字		首席签字		船长签字	
队长签字		项目负责人签字		现场负责人签字	

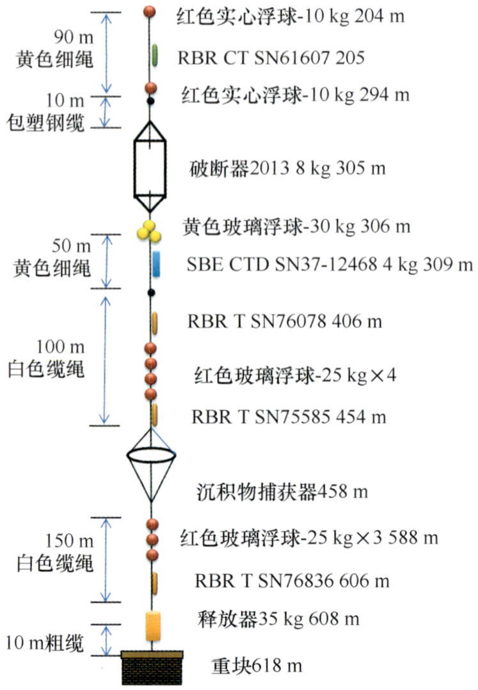

图 3－32　M10 潜标配置

M11 潜标（图 3－33）由中国海洋大学负责布放，于 2015 年 3 月 2 日布放在埃默里冰架前缘西侧的麦肯齐湾冰间湖中，水深为 1 001 m。RBR T/CT 记录起始时间为 2015 年 2 月 28 日 8：00，时间间隔为 30 min。SBE TD 记录时间间隔为 15 min，位于 68°30.4′S，70°30.9′E 附近。

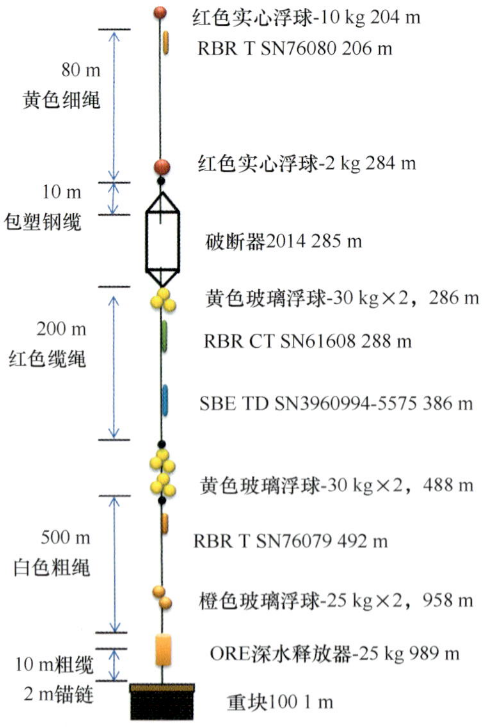

图 3－33　M11 潜标配置

3.3 考察内容

在重点调查海域以及南大洋航渡所经海区，主要采用断面调查、走航观测和定点长期观测3类调查方式，调查对象分为水体、海冰（雪）、海洋气象三部分，有利于从不同角度更加清楚地认识普里兹湾及其邻近海域物理海洋和海洋气象的综合环境概况。

（1）重点海域断面调查。物理海洋和海洋气象大面站调查，包括大深度水温、盐度、深度、流速、流向、溶解氧、叶绿素等要素的CTD/LADCP全剖面、同步、综合观测和海况、气压、气温、相对湿度、风速、风向、能见度、云、天气现象等要素的海洋气象观测，并实现对指定深度的水样采集。在冰情允许的情况下，进行海洋上层的湍流观测。

（2）锚碇长期观测。包含锚碇潜标观测、海冰漂移卫星跟踪浮标、海-冰-气联合连续观测、站基观测4种。

（3）在南极绕极流区设置2个走航断面实施多要素综合调查。走航过程中主要的观测内容包括：走航海表温盐观测、走航气象观测、抛弃式观测、走航海冰观测等。

按照“雪龙”船航行计划，普里兹湾及邻近海域的大洋考察作业安排在1—2月之间进行，大洋考察将和中山站补给穿插进行。考虑到海冰、天气及“雪龙”船航行等因素对现场实施计划的影响，大洋考察中设有重点考察站位和备选站位。

3.4 考察设备

本项考察的各项观测按照“南北极环境综合考察与评估”专项“极地海洋水文气象、化学和生物调查技术规程”的要求而开展。物理海洋和海洋气象的现场观测基本上是利用各类电子设备开展，在此主要介绍各类设备的技术指标和观测方式。

3.4.1 重点海域断面调查设备

1）CTD/采水观测设备

大多数航次的CTD/采水作业采用“雪龙”船的SBE 911plus CTD，配有两套温度、电导率和溶解氧传感器：一套压强、叶绿素和高度计传感器；一套采水控制系统及24瓶10 L采水瓶。采样频率为24 Hz，最大观测深度为6 800 m，内置NMEA0183接口接入实时GPS数据（表3-27、图3-34）。

表3-27 SBE 911plus CTD主要技术指标

参数	温度（℃）	电导率（S/m）	压强
测量范围	-5~35	0~7	0~6 800 m
实际精度	0.001	0.000 3	0.015% FS
特殊稳定度/月	0.000 2	0.000 3	0.001 5% FS
分辨率（24 Hz）	0.000 2	0.000 04	0.001% FS

在“雪龙”船到达站位停稳后，首先进行CTD/采水作业。先将CTD放至10 m左右深度

图 3 - 34　SBE 911plus CTD 的甲板单元与观测单元

浸泡，待确认水泵启动且两套传感器的温度、盐度等数值为正常值且稳定不变后，再提升至接近海面；然后先以低速下放，至 200 m 深度之后，以 1 m/s 的速度下放至距离海底 10 m 左右；在上升阶段进行采水。

2）LADCP 观测设备

用于 LADCP 观测的设备是由美国 RD 公司生产的，型号为 Workhorse Sentinel（表 3 - 28）。

表 3 - 28　LADCP 性能参数

性能	参数
层厚	0.2 ~ 16 m
层数	1 ~ 128 层
工作频率	300 kHz
测量流速范围	±5 m/s（缺省）；±20 m/s（最大）
精度	±0.5%；±5 mm/s
速度分辨率	1 mm/s
最大倾角	15°
最大耐压深度	6 000 m

该 LADCP 为自容式，数据存储于仪器内部记忆卡内，下放中由仪器内部电池提供工作电源。在作业中，LADCP 固定在采水器保护架上，与 CTD 一起从船上施放，从海表面下到距海底 10 m 的深度，以实现底跟踪（图 3 - 35、图 3 - 36）。观测设置层厚为 8 m（WS800），层数为 20（WN20）。

3）湍流观测设备

湍流观测使用垂向微结构剖面仪 VMP - 200 进行，测量海洋上层 500 m 以浅的微尺度结

图 3 – 35　CTD 作业

图 3 – 36　LADCP 作业

（a）LADCP 的安装位置；（b）更换 LADCP 电池

构。该仪器为加拿大 Rockland 公司生产的直读式产品，作业时通过线缆将仪器直接连接到计算机设备上进行显示和数据的存储，通过绞车收放线缆（表 3 – 29、图 3 – 37）。

所用的 VMP – 200 应配备 1 个温度探头、1 个盐度探头和 2 个水平剪切探头，同时进行温度、盐度和水平剪切的测量。

表 3 – 29　VMP – 200 微结构剖面仪的技术指标

参数	采样频率（Hz）	测量范围	精度
湍流切变	512	0 ~ 10 s^{-1}	5%
超高速响应温度	512	−5 ~ 45℃	±0.01℃
常规温度	64	−5 ~ 45℃	±0.05℃
电导率	64	0 ~ 7 S/m	±0.005 S/m
压强	64	0 ~ 500 db	±0.2% FS
加速度	256	±2g	±0.1% FS

第 31 次南极科学考察准备了两台同型号的设备，分别来自中国海洋大学和上海海洋大学。为了保障数据的可靠性，在一个站位上通常下放两次设备，最大下放深度通常为300 m。仅在下放期间记录数据。

图 3－37　湍流观测

3.4.2　走航观测设备

1）走航表层海水温盐观测

走航表层海水温盐观测采用 SBE 21 SEACAT 温盐计（表 3－30）。该设备接入“雪龙”船的表层海水自动采集系统，自动观测温度和盐度，在取水口处还装有一个温度探头（SBE 38）。

表 3－30　SBE 21 SEACAT 温盐计主要技术指标

传感器	量程	分辨率	精度
电导率（S/m）	0～7	0.000 1	0.001
温度（℃）	－5～35	0.001	0.01
取水口温度（℃）	－5～35	0.000 3	0.001

2）走航 ADCP 观测

“雪龙”船装有 2 台走航 ADCP 用于观测上层海流，即 38 kHz Ocean Surveyor（简称 OS38）和 300 kHz Workhorse Mariner（简称 WH300），其最大测量深度分别为 1 000 m 和 150 m（与层厚设置有关）。二者比较，300 kHz 的 ADCP 测量的现场流速更加准确，38 kHz 的 ADCP 的数据需要认真分析校准。

自本航次起航即开始观测，数据分别保存在两台计算机中。为了避免与工作频率相同的鱼探仪发生冲突，OS38 ADCP 是在 575－8 型声学同步器的控制下工作的。

3）走航气溶胶采样与气态汞监测

工作内容主要包括：①生物气溶胶前导气体：采用采样罐采集，回国后分析 VOC 等气体；②生物气溶胶：采用撞击分级采样器采集生物颗粒，分析颗粒微形貌等物理特征；③总悬浮颗粒物：采用2台大流量总悬浮颗粒采样器采集气溶胶样品，分析生物成因气溶胶化学成分；④气态汞在线监测：采用TEKRAN2537高分辨率分析仪（每5 min一个数据）在线获取边界层气态汞的浓度，了解汞的海气交换及时空分布特征。

4）走航XBT/XCTD观测

本航次采用日本TSK公司的TS－MK－150型XCTD/XBT数字转换器采集数据。XBT探头为TSK公司生产的T－7型，船速为15 kn时，可以观测到760 m深度的温度数据（表3－31）。

表3－31　XBT主要技术指标

传感器	量程	精度
温度	－2～35℃	±0.1℃
深度	760 m	2%或5 m

XCTD探头也是TSK公司产品，一部分为XCTD－1型（表3－32），船速12 kn时，可以观测到1 000 m深度的温度和盐度数据。一部分为XCTD－4型，船速6 kn时，可以观测到1 850 m深度。

表3－32　XCTD－1主要技术指标

传感器	量程	分辨率	精度	响应时间
电导率	0～7 S/m	0.0017 S/m	±0.003 S/m	0.04 s
温度	－2～35℃	0.01℃	±0.02℃	0.1 s
深度	1 000 m	0.17 m	2%	－

5）走航GPS探空观测

GPS－1型探空系统是专门的探测大气垂直剖面的气象仪器，测量要素包括气温、湿度、风速、风向。测量系统主要包括两个：一个是GPS－1型接收机，用于接收各要素的实时观测数据；另一个是GPS－TK探空仪（表3－33），是随探空气球仪器上升的探头集成部分。

表3－33　探空仪技术指标

参数	气温（℃）	湿度	风向（°）	风速（m/s）
测量范围	－40～60	0～100%	0～360	0.2～60
分辨率	0.1	0.1%	0.5	0.1
精度	±0.2	±2%		

测量过程中，先连接GPS－1型接收机和计算机，并固定于室外开阔区域以便接收GPS－TK探空仪发回的各种气象要素数据。室外释放挂有探空仪的探空气球，接收测量数据（图3－38）。随着气球逐渐升高，气压逐渐降低，最后气球自爆，观测结束，GPS－TK探空仪不可回收。

图 3 - 38　GPS 探空观测

6）表层漂流浮标观测

采用 MetOcean 漂流浮标系统，主要包括浮体、水帆、钢缆等部件。浮标数据通过卫星每天定时采集，短期数据可以免费下载。浮标在船尾投放。表面指定深度获取洋流数据和提供环境数据。浮标上的卫星发射机通过双向传输的 ARGSO 卫星系统分程传递数据（图 3 - 39）。

图 3 - 39　投放表层漂流浮标

7）冰情拍照与冰厚摄像观测

冰情拍照采用 NIKON P6000 数码相机，安装于驾驶台平台右舷，每隔 1 min 拍摄一幅冰情照片。冰厚摄像使用 JVC40G 硬盘录像机和专门用于“雪龙”船上安装的支撑钢架，安装在主甲板中部右舷。“雪龙”船进入浮冰区时开始拍照和摄像（图 3 - 40）。

8）海冰（水）皮温观测（图 3 - 41）

观测设备为红外辐射计 KT19. 85IIP，以及室内数据采集单元，船舶 GPS 数据支持。仪器安装在船顶甲板右舷，探出船舷。自起航开始观测，数据记录时间间隔为 1 s，每 3 天检查一次设备工作状态。

9）大气化学观测

（1）在线气态总汞分析仪：Tekran2537（加拿大 Tekran 公司）。

图 3－40 海冰冰情拍照与冰厚摄像装置

图 3－41 海冰（水）皮温测量

（2）大流量总悬浮颗粒采样器：TH－1000 型（武汉天虹仪表有限责任公司）。

（3）密闭真空气罐：美国实验室提供。

（4）分级微生物采样器：FA－1 型撞击式空气微生物分级采样器。

（5）VOC 样品分析：样品分析系统由预浓缩仪（Entech7100，Entech Instruments Inc.，California，USA）和气相色谱/质谱（GC－MSD/FID/ECD，6890/Agilent 5973N 及 6890/Agilent 5975）构成。VOC 定量分析由 3 个检测器同时进行：质量选择检测器（mass selective detector，MSD）、火焰离子化检测器（flame ionization detector，FID）和电子捕获检测器（electron capture detector，ECD）。

3.4.3 定点长期观测设备

1）潜标观测（图 3－42、图 3－43）

应用到潜标观测的仪器设备种类很多，包括自容的 CTD、CT、TD、单点海流计、ADCP、释放器、玻璃浮球、主浮球、生物捕捉器等。

2）海－冰－气联合连续观测

此项观测主要包括表面辐射观测、上层海洋温盐和海流观测。所用设备均由中国海洋大

图 3－42　布放潜标

学提供。

表面辐射观测使用 CNR4 辐射计（图 3－44），通过三脚架将其固定在平整冰上，探头一般高于雪表面 1 m 左右，通过一根可伸缩的长杆将其伸至平整雪面之上进行观测。

CNR4 辐射计由 Campbell Scientific 电子公司生产，为自容式，数据通过数据采集箱连接计算机，用 PC400 软件获取。该仪器除了测量太阳短波辐射、长波辐射以外，还可以测量空气中的温度，输出净短波辐射、净长波辐射、净辐射以及反照率，仪器观测的采样时间间隔可以根据需要修改，最小设置为 1 s。

图 3－43 回收潜标

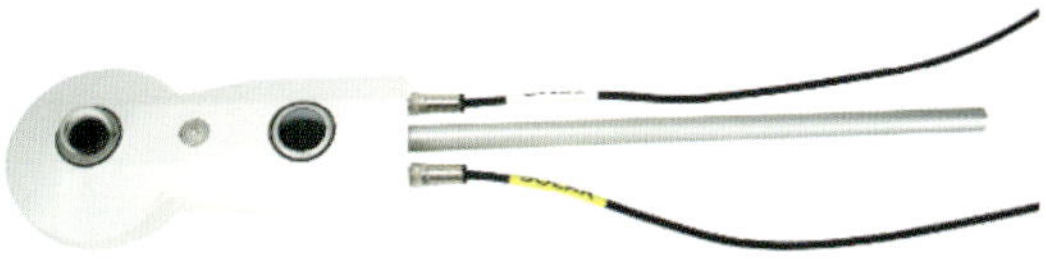

图 3－44 CNR4 探头

CNR4 辐射计的主要技术指标如下。

测量光谱范围：305～2 800 nm，测量温度范围：－40～80℃，湿度范围：0～100% RH，调节水平的气泡灵敏度：小于 0.5°，探头类型：热电堆，灵敏度：10～20 μV/（W·m^2），反应时间：小于 18 s，向上探头测量视野：180°，向下探头测量视野：150°，测量太阳辐照度范围：0～2 000 W/m^2。

上层海洋温盐观测采用 XR－620 CTD（表 3－34），是加拿大 RBR 公司生产的一种微型温－盐－深测量仪，最大测量深度可达 740 m。该 CTD 为自容式，通过连接到计算机的 Ruskin 软件回收数据。该 CTD 由程控绞车牵引，穿过冰洞，每 2 h 升降 1 次，进行剖面观测。CTD 由压强阈值控制，仅在小于 200 db 时记录数据。

表 3－34 RBR CTD（XR－620）主要技术指标

传感器	量程	精度
深度	0～740 m	0.05FS
温度	－5～35℃	±0.002℃
电导率	0～70 ms/cm	±0.003 S/m

上层海流观测采用 ADCP，型号为 Workhorse Sentinel 300k Hz，与 LADCP 是同一型号。该 ADCP 布放在另外一个冰洞中进行连续观测。层厚设为 2 m，层数为 55，采样间隔时间为 300 s（图 3－45）。

图 3－45 冰上 CTD 和 ADCP 观测现场

3.5 考察人员及分工

第 28 次南极科学考察海洋水文组共 6 人，其中：国家海洋局第一海洋研究所 4 人，中国海洋大学 2 人。考察作业人员信息如表 3－35 所示。

表 3－35 第 28 次南极科学考察水文组作业人员名单

序号	姓名	承担考察任务	工作单位
1	矫玉田	物理海洋、冰上观测、湍流	中国海洋大学
2	郝光华	物理海洋、冰上观测、湍流	中国海洋大学
3	王海员	物理海洋、潜标、探空	国家海洋局第一海洋研究所
4	杨效东	物理海洋、潜标、探空	国家海洋局第一海洋研究所
5	连　展	物理海洋、潜标、探空	国家海洋局第一海洋研究所
6	冯　颖	物理海洋、潜标、探空	国家海洋局第一海洋研究所

第 29 次南极科学考察海洋水文组共 9 人，其中：国家海洋局第一海洋研究所 4 人，中国海洋大学 2 人，大连理工大学 2 人，国家海洋局南海分局 1 人。考察作业人员信息如表3－36 所示。

表3－36 第29次南极科学考察水文组作业人员名单

序号	姓名	承担考察任务	工作单位
1	高立宝	物理海洋、潜标、探空	国家海洋局第一海洋研究所
2	薛　亮	物理海洋、潜标、探空	国家海洋局第一海洋研究所
3	曲大鹏	物理海洋、潜标、探空	国家海洋局第一海洋研究所
4	宋新新	物理海洋、潜标	国家海洋局第一海洋研究所
5	郭桂军	物理海洋、冰上观测、湍流	中国海洋大学
6	张庆力	物理海洋、冰上观测、湍流	中国海洋大学
7	韩红卫	物理海洋、海冰观测	大连理工大学
8	程　鹏	物理海洋、海冰观测	大连理工大学
9	杨　威	物理海洋、XBT/XCTD	国家海洋局南海分局

第30次南极科学考察海洋水文组共8人，其中：国家海洋局第一海洋研究所3人，中国海洋大学2人，中国极地研究中心1人，中国科学技术大学1人，大连理工大学1人。考察作业人员信息如表3－37所示。

表3－37 第30次南极科学考察水文组作业人员名单

序号	姓名	承担考察任务	工作单位
1	王海员	物理海洋、潜标、探空	国家海洋局第一海洋研究所
2	刘建军	物理海洋、潜标、探空	国家海洋局第一海洋研究所
3	郭延亮	物理海洋、潜标、探空	国家海洋局第一海洋研究所
4	矫玉田	物理海洋、潜标、湍流	中国海洋大学
5	姚文俊	物理海洋、冰上观测、湍流	中国海洋大学
6	李明广	物理海洋、冰上观测	中国极地研究中心
7	乔　然	物理海洋、浮标	大连理工大学
8	孙　晨	大气化学观测	中国科学技术大学

第31次南极科学考察海洋水文组共9人，其中：国家海洋局第一海洋研究所3人，中国海洋大学2人，极地考察办公室1人，大连理工大学1人，中国科学技术大学1人，泰国Burapha大学1人。考察作业人员信息如表3－38所示。

表3－38 第31次南极科学考察水文组作业人员名单

序号	姓名	承担考察任务	工作单位
1	高立宝	物理海洋、潜标、探空、漂流浮标	国家海洋局第一海洋研究所
2	段永亮	物理海洋、潜标、探空	国家海洋局第一海洋研究所
3	于　龙	物理海洋、潜标、探空	国家海洋局第一海洋研究所
4	史久新	物理海洋、潜标	中国海洋大学
5	郭桂军	物理海洋、冰上观测、湍流	中国海洋大学
6	杨　扬	物理海洋、探空	极地考察办公室
7	孔　帅	物理海洋、海冰观测	大连理工大学
8	王建成	物理海洋、海冰观测	中国科学技术大学
9	Anukul Buranapratheprat	物理海洋、探空	泰国 Burapha 大学

3.6 考察完成工作量

极地专项“十二五”期间主要完成了包括第 28 次、29 次、30 次、31 次南极科学考察，4 个航次的工作量完成情况如下。

依托第 28 次南极科学考察，完成了重点海域断面调查 7 条断面、67 个站位的 CTD/LADCP 观测，其中包括：南极半岛 5 条断面，46 个站位；普里兹湾 2 条断面，21 个站位。回收锚系潜标 1 套，布放锚系潜标 4 套。投放 XBT/XCTD 共计 128 枚、探空气球 28 个、海冰漂移浮标 1 套。全程开展了走航海表温盐、气象要素、海（冰）－气界面通量观测和卫星遥感数据接收，开展了两站站基海冰和气象要素观测。获取了大量宝贵数据（合计约 15GB），编制了有关图集，进行了资料初步分析，编写了考察报告。

依托第 29 次南极考察，物理海洋考察进行了 159 站次 XBT/XCTD、78 站次探空气球、66 站次 CTD、66 站次 LADCP、2 套海冰漂移浮标、全程走航海表温盐和气象要素，以及站基海冰和能见度等观测，共获取数据、图件约 16 GB。在普里兹湾分别回收和投放了各 2 套潜标系统。

依托第 30 次南极考察完成了如下观测：CTD/LADCP 站位 47 个，湍流站位 16 个，192 站次 XBT/XCTD 观测（68 枚 XCTD、124 枚 XBT），35 站次探空气球观测，布防了 2 套海冰漂移浮标，1 套海－气界面 CO_2 浮标，接收 15 个漂流浮标的历史数据，海豹 CTD 标记 4 套，大气汞数据 18 000 个，气溶胶样品 110 份，大气采样 80 份，长城站、中山站站基观测全年进行全程走航海表温盐和气象要素以及站基海冰和能见度等观测。共获取数据、图件约 1 212 GB。

依托第 31 次南极考察完成了如下观测：CTD/LADCP 站位 68 个，湍流站位 29 个，156 站次 XBT/XCTD 观测（56 枚 XCTD、100 枚 XBT），40 站次探空气球观测，布放漂流浮标 7 枚，布放和回收潜标各 3 套，大气汞数据 20 000 个，气溶胶样品 142 份，大气采样 48 份，长城站、中山站站基观测全年进行全程走航海表温盐和气象要素以及站基海冰和能见度等观测。

表 3－39 至表 3－46 为各航次工作量完成情况统计。

表 3－39　CTD/LADCP 站位统计

	第 28 航次	第 29 航次	第 30 航次	第 31 航次	合计
普里兹湾	21 个	66 个	14 个	68 个	169 个
南极半岛	46 个	–	33 个	–	79 个
合计	67 个	66 个	47 个	68 个	248 个

表 3－40　湍流观测站位统计

	第 29 航次	第 30 航次	第 31 航次	合计
普里兹湾	21 个	–	29 个	50 个
南极半岛	–	16 个	–	16 个
合计	21 个	16 个	29 个	66 个

表 3－41　XBT/XCTD 观测站位统计

	第 29 航次	第 30 航次	第 31 航次	合计
XBT	98 个	124 个	100 个	322 个
XCTD	61 个	68 个	56 个	185 个
合计	159 个	192 个	156 个	507 个

表 3－42　GPS 探空观测站位统计

第 29 航次	第 30 航次	第 31 航次	合计
78 个	35 个	40 个	153 个

表 3－43　漂流浮标观测统计

	第 29 航次	第 30 航次	第 31 航次	合计
普里兹湾	14 枚	7 枚	7 枚	28 枚

表 3－44　潜标观测统计

	第 28 航次	第 29 航次	第 30 航次	第 31 航次	合计
布放	4 套	2 套	2 套	3 套	11 套
回收	–	2 套	–	3 套	5 套（另外 3 套待回收）

注释：第 28 航次布放的 4 套回收了 2 套；第 29 次、第 30 航次布放的 4 套回收了 3 套。

表 3－45　大气化学观测统计

	第 28 航次	第 29 航次	第 30 航次	第 31 航次	合计
气态总汞浓度	10 000 个	10 000 个	18 000 个	20 000 个	58 000 个
气溶胶样品	100 份	100 份	110 份	142 份	452 份
大气样品	96 份	70 份	80 份	48 份	294 份
细菌和真菌样	56 组	72 组	–	–	128 组

表 3－46　海冰观测统计

考察航次	工作量统计					
	海冰形态观测系统	SBE 21	KT19. 85IIP	海冰漂移浮标	站基冰厚雪厚	站基反照率和辐射
第 28 次	–	全程走航观测	–	–	越冬观测	越冬观测
第 29 次	冰区走航观测	全程走航观测	全程走航观测	2 套	越冬观测	越冬观测
第 30 次	冰区走航观测	全程走航观测	全程走航观测	2 套	越冬观测	越冬观测
第 31 次	冰区走航观测	全程走航观测	全程走航观测	2 套	越冬观测	越冬观测

第4章 考察获得的主要数据

4.1 数据获取的方式

4.1.1 重点海域断面调查

在南极半岛邻近海域和普里兹湾及其邻近水域进行过断面考察，在所有断面作业站上，进行全要素、全剖面的物理海洋学调查和全要素的海洋气象调查。作业方式主要有两种：一种是采取 SBE911 - CTD 与 LADCP 联合下放，获得全深度的温度、盐度、海流、溶解氧等海洋要素的剖面资料，并在不同层次进行海水采样，为生物、化学等学科的观测提供支撑；另一种是在冰情和海况允许的情况下，利用湍流仪进行海洋上层的湍流观测。

湍流观测使用垂向微结构剖面仪 VMP - 200 进行，测量海洋上层 500 m 以浅的微尺度结构。该仪器为加拿大 Rockland 公司生产的直读式产品，作业时通过线缆将仪器直接连接到计算机设备上进行显示和数据的存储，通过绞车收放线缆。VMP - 200 配备 1 个温度探头、1 个盐度探头和 2 个水平剪切探头，同时进行温、盐和水平剪切的测量。

4.1.2 南大洋走航断面调查

在澳大利亚 - 中山站之间南极绕极流区设置 2 个走航断面实施多要素综合调查，走航过程中主要的观测内容包括：走航海表温盐观测、走航气象观测、抛弃式观测、走航海冰观测等。

（1）走航海表温盐观测：在“雪龙”船航渡期间，开启船载 SBE21 进行海表温盐观测，以获取走航断面的 SST、SSS 特征。

（2）走航气象观测：利用船舶自动气象仪进行走航气象观测；利用船载通量观测系统进行海（冰） - 气界面湍流通量观测。利用安装在“雪龙”船顶层甲板的大气汞在线监测仪，在南极考察航线上（含澳大利亚至中山站断面）开展连续监测；采用大流量总悬浮颗粒物采样器，在考察航线上（含澳大利亚至中山站断面）采集气溶胶样品；采用真空罐采集南极考察航线上的大气样品。查明走航及南大洋周边海域大气汞、生物气溶胶前导气体的含量、组成的基本分布特征，进一步探讨时空分布、变化规律、来源和影响因素等。

（3）抛弃式观测：以第 29 次南极科学考察为例，在南大洋航线上，两次经过南大洋期间进行，共计投放 XBT 90 枚（备用 10 枚），XCTD 共 55 枚（备用 5 枚），表面漂流浮标 7 个，GPS 探空气球 30 个（备用 20 个），不同的航次数量不同。

（4）走航海冰观测：利用红外辐射计 KT19. 85IIP 进行海冰（水）皮温观测；利用海冰

钻、冰芯钻、盐度计、温度计等进行冰基海冰物理特征综合观测；“雪龙”船在浮冰区航线期间，通过开展海冰目测、冰情自动拍照观测和海冰厚度自动摄像观测，获得沿航线的南极海冰冰型、积雪、融池等分布信息以及冰密集度、厚度等观测数据；海冰目测每小时进行1次（可根据人员、船速等情况进行适当调整），海冰密集度和厚度自动观测在浮冰区连续自动进行，本项观测不占用船时；开展走航定时海冰观测，人工拍摄海冰照片。

（5）走航大气化学观测：①海洋大气边界层痕量汞：大气汞的监测是使用自动汞检测仪（model 2537 系列，Tekran Inc.，Toronto，Canada）在考察航线上开展连续监测，高分辨率地获取大气痕量汞数据；②气溶胶样品：采用大流量总悬浮颗粒物采样器采集气溶胶样品，冷藏/冻保存后，带回实验室进行化学分析，测试痕量金属元素和水溶性离子含量；③大气样品：采用真空气罐采集大气样品，进行挥发性有机物的测定；④微生物样品：采用分级微生物采样器，利用不同类型的培养基培养细菌/真菌等总菌落及不同级上的菌落，进一步采用奥梅梁斯基公式计算空气中微生物的浓度。

4.1.3 定点长期观测

南极定点长期观测内容主要包括：锚碇潜标观测、海冰漂移卫星跟踪浮标、海－冰－气联合连续观测、站基观测4种。

（1）锚碇潜标观测：计划在普里兹湾西南575 m水深的站点上布放锚系潜标1套，重点用于观测冰架水的运移和混合过程、可能的南极底层水形成过程以及冰间湖上层重要的海洋过程。潜标均设计进行1周年以上观测，观测要素主要包括温度、盐度、海流，可以选择加载溶解氧传感器和沉积物捕捉器，已于第31航次投放，第32航次进行回收，在条件允许时（船时、海况、冰况）尽可能实现长期观测站的多年维持。

（2）海冰漂移卫星跟踪浮标：根据海域的典型性特征选择合适的冰面，借助考察船或者直升机平台，尽可能在调查与航渡后期的结冰期布放海冰浮标，为海冰动力过程及海－冰－气相互作用提供实测数据。基于便于外业实施和数据回收，海冰浮标主要布放在普里兹湾中山站附近海域，通过铱星通信卫星传回。

每个航次共设置海冰浮标2个，该系统主要包括卫星数据发射装置、GPS、温度探头、锂电池等。基于现场观测数据，进行质量控制，提交数据集；对数据进行分析，形成图件和调查分析报告。

（3）海－冰－气联合连续观测：利用“雪龙”船在中山站外沿岸固定冰上卸货的时机，开展海－冰－气联合长期观测，进行上层海洋温度、盐度和海流，海冰和积雪表面辐射、温度和厚度以及气象观测，为评价南极海冰融化期间海－冰－气相互作用过程提供基础数据。作业时间视“雪龙”船在冰上停留时间而定，一般为2周左右。

（4）站基观测：基于南极中山站越冬平台，利用超声测距仪、净辐射仪、电容冰厚观测设备、冰钻、红外辐射计等设备，在邻近海域冰区进行海冰厚度、温度、积雪厚度、短波辐射、长波辐射、反照率等的长期连续观测。根据组队情况，考虑增加中山站夏季高空大气观测，释放探空气球，增派度夏队员1名。在南极长城站开展水温、冰厚和能见度的观测。根据组队情况，考虑增加长城站度夏队员1名，开展夏季站基水文、气象要素观测。

4.2 获得的主要数据

南极科学考察以断面调查、走航观测、抛弃式观测和长期观测等考察方式获得了物理海洋、海洋气象气象、海冰等学科的数据，见表4－1。

表4－1 获得的南极物理海洋和海洋气象数据统计

考察方式	考察仪器	获得的主要数据
断面调查	CTD	海水温度、盐度、深度
	LADCP	海流的流速和流向
	VMP－200	温度、盐度、水平剪切系数
走航海冰观测	红外辐射计	海冰（水）皮温
	EM31	海冰厚度
	目测	海冰冰型、积雪、融池等分布信息以及冰密集度等
走航海洋观测	CTD	海表温度、盐度
走航气象观测	GPS探空气球	经纬度、风速、风向、气温、高度、湿度
	自动气象仪	气温、湿度、风向和风速、气压、雨量
	通量观测系统	CO、CO_2、O_3、CH_4、黑碳等浓度
	目测	风向、风速、海平面气压、相对湿度、能见度等
抛弃式观测	XBT	海水温度、深度
	XCTD	海水温度、盐度、深度
锚碇长期观测	潜标观测系统	海水温度、盐度、流速和流向
海－冰－气联合连续观测	CTD	海水温度、盐度、深度
	ADCP	海流的流速和流向
	冰－气界面涡动通量系统	风速、风向、水汽、CO_2
	辐射观测系统	向上、向下长波/短波辐射
	冰钻	冰芯样品
冰基观测	自动气象站	气温、湿度、风向和风速、气压
	海冰漂流浮标	经纬度
	海冰温度链浮标	经纬度、海水温度

4.3 质量控制与监督管理

4.3.1 质量控制总体方案

1）观测前准备

（1）制定并完善各类观测的技术路线和质量控制方法；

（2）对需要标定的仪器设备进行校准、标定；

（3）所有相关人员参加专项组织的数据质量控制培训（2014，青岛）；

（4）向航次质量监督员提交观测类型、仪器型号、标定证书、预计数据量等信息；

（5）关键仪器配件进行备份，并进行试航测试；

（6）委派质量监督员，每个专业指定质量监督员辅助。

2）观测过程中的质量控制

（1）经验丰富的队员对新科考人员进行现场操作培训；

（2）明确和规范各类操作的详细步骤和注意事项；

（3）认真填写观测记录表，对现场的特殊问题、现象、操作等进行记录；

（4）对相同观测探头进行数据比对。

3）观测后的质量控制

（1）调整因各传感器之间响应时间不同而引起的滞后效应；

（2）去除无用资料、校正压强零点、确定异常值并剔除错误值等；

（3）获得导出量：盐度、密度、位温、位密、声速等；

（4）对处理结果进行可视化，得到各要素的站位剖面分布图。

4.3.2 质量保障实施方案

1）温－盐－深仪（CTD）观测质量控制

海鸟 911 Plus CTD 温－盐－深剖面仪，是本航次主要物理海洋观测仪器之一。该系统是从美国 SBE 公司新引进的一种高精度温－盐－深测量系统。其特点是：设计新颖、操作简便、价格低廉、软件先进，可以带溶解氧、叶绿素、高度计探头。海鸟－911 Plus CTD 系统主要组成：带有双温双导探头，带多种传感器探头的自容式主机系统、带泵循环海水系统、专用通信电缆、固体存储器、RS232 接口和电磁采水系统。

前期标定："雪龙"船上的 2 套 911CTD 系统发回美国海鸟公司进行标定，标定证书由极地研究中心的"雪龙"船实验室保存，以便在之后的数据校准等工作中使用。

测量过程中质量控制：主要包括右舷迎风，保证钢缆安全；双温双导数据比测，增加数据可靠性；放入一定深度进行感温操作，当各个参数数据正常并且双传感器数据精度接近，再进行观测，提高数据质量；收放速度适中（小于 1 m/s），尽量匀速；在安全的情况下，将 CTD 放到离底 10～20 m 的距离；认真填写观测记录表，对现场的特殊问题、现象、操作等进行记录，为后面的数据处理提供更多依据。

后期数据处理：调整因各传感器之间响应时间不同而引起的滞后效应。自行编程进行数据质量控制，去除无用资料、校正压强零点、确定异常值并剔除错误值等。获得导出量：盐度、密度、位温、位密、声速等。对处理结果进行可视化，得到各要素的站位剖面分布图。

2）流速剖面仪（LADCP）观测质量控制

300－kHz 的自容式 LADCP，设置层厚 8 m，共 20 层，第一层中心位于 10 m，每秒发射 1 个声波并接收回声信号，同时记录 1 次。磁偏角仪器设置为 0°，在数据分析中磁偏角根据"GEOMAGIC 6.0"进行了校正。首先对每次剖面观测进行数据质量判断，剔除坏数据。具体参数如表 4－2 所示。设置 LADCP 的倾角 $tilt = \sqrt{pitch^2 + roll^2}$ 阈值为 18°，当 LADCP 在拉力和海流的侧向推力作用下倾角大于 18°，其观测数据被剔除，所保留下来的数据作为 LADCP

的处理目标值。同时，剔除观测中两次观测倾角差（ $\Delta tilt$ ）大于 4°的数据。

表 4－2　LADCP 数据质量控制参数

参数	离底距离	回声强度	垂向速度异常	倾角	误差流速	流速	垂向速度偏离
阈值	130～60 m	10	0.03 m/s	[18°，4°]	0.2 m/s	2.5 m/s	0.1 m/s

根据 Komaki K（2007）的经验，并考虑 300－kHz LADCP 的特点，在离底 60～130 m 范围内计算底跟踪流速。判断声信号是否从海底返回，采用回声强度参数 p. btrk_ ts，它和 RDI 回声强度（count）之间成正比关系，比例系数 0.062，声强大于 10/0.062≈160 counts 的回声被认为是底回声信号，但每次得到的底部深度差不能超过 100 m。剔除采用底跟踪数据计算得到的垂向速度和平均垂向速度差大于 3 cm/s（p. btrk_ wlim）的剖面观测。在一个剖面观测中，剔除误差流速大于 0.2 m/s（p. elim），速度超过 2.5 m/s（p. vlim），以及垂向速度偏离平均速度 0.1 m/s（p. wlim）的观测值。LADCP 第一层的误差流速往往很大，剔除第一层的观测数据（杨成浩，2013；Komaki K，2007）。

LADCP 资料的处理采用仪器匹配软件和自行编程相结合的方式，其主要步骤如下。

（1）对原始资料按采样设置进行分类整理，重命名。

（2）利用仪器自配软件，进行原始资料的测量效果初步检查。

（3）根据回波强度、传感器姿态信息去除 LADCP 在浅水区观测时因二次、三次反射所造成的不良影响。

（4）利用底跟踪信息，通过磁偏差校正和声速剖面校正等，采用前切法获得各水层的流速、流向资料。

（5）对处理结果进行数据可视化，去除异常值，剔除错误值，去除无用资料等。

（6）通过滤波获得站位各水层的海流绝对速度。

3）湍流观测质量控制

湍流观测是利用快速响应的高采样频率传感器观测海洋微小尺度过程，观测的参数主要是速度剪切，这是一项新的观测，目前国际上和国内都没有明确的观测规范和标准。但是，湍流观测实际上对观测条件要求较为苛刻，且观测设备本身也属于高精密设备，很容易受损，因此设定只在较好的海况且无海冰的情况下，才进行湍流观测。

考察中主要采用 VMP－200 型微结构剖面仪进行观测。考察前进行探头的标定和备份。

在进行湍流观测期间，通过操作人员的配合，控制投放缆绳的速度，使水中的仪器一直符合自由下落条件，获得了高质量的数据。在时间充足的站位上，进行了第二次投放，获得比测数据。每一站完成观测后，马上绘制频率谱和波数谱，与理论谱线进行比较，以确定数据质量。经初步分析，本次湍流观测数据质量完好。

4）走航气象观测质量控制

针对南极走航气象观测数据的质量控制主要包括传感器标定、观测规范和数据处理 3 部分，具体如下。

（1）传感器标定。“雪龙”船上目前所用的气象观测设备是天诺公司集成组装的自动气象站，安装时间是 2013 年 9—10 月，安装前主要的传感器，如温度、湿度、气压、风向风速传感器在出厂时都已进行相应的标定（表 4－3），标定证明详见对应章节。

(2) 观测规范。人工正点气象观测主要依照中国气象局气象出版社 2003 年出版的《地面气象观测规范》一书，正点海冰观测主要依照国家海洋局南极考察办公室 1995 年翻译出版的美国海军极地海洋中心编的《海冰观测手册》一书。

(3) 数据处理。在对自动站观测数据进行处理时，主要采用以下几方面的质量控制。

首先，剔除超过气候极值的异常数据。

表 4-3　各气象要素允许范围值

要素名称	允许范围值
气压	870 ~ 1 100 hPa
温度	-80 ~ +60℃
相对湿度	0 ~ 100 %
风速	0 ~ 75 m/s
风向	0 ~ 360°
能见度	0 ~ 20 000 m

其次，依据时间一致性剔除奇异值。“雪龙”船自动气象站观测大多数气象要素（风向、风速除外）都是连续变化的，它们随时间的变化应该是连续的，在一定的时间间隔，同一要素的前后波动应是在一定范围内，依据此原则剔除前后时刻变化较大的数据。

再次，依据时间变化性排查故障。大多数气象要素都是随时间变化的，某一气象要素长时间维持某一固定值说明该传感器可能发生故障，依据此原则对“雪龙”号船载自动气象站走航数据进行了检查。

最后，对一些数据记录格式出现明显错误的数据进行了更正。

5) 走航海表温盐观测质量控制

表面温盐数据与 GPS 数据存储在同一个文件夹中，记录间隔为 30 s，观测的水文变量包括温度、盐度、荧光、有色溶解有机物。由于这个数据文件中的信息均按照时间倒序存储，为了方便，首先将时间及其相应的其他参数进行顺序排列，数据中的时间均为世界标准时。对于海表面温度（SST）和海表面盐度（SSS）数据的处理步骤如下。

(1) 通过画图分析盐度数据，将低盐（低于 20）和盐度负值数据标记为噪声；

(2) 通过进一步对比有色溶解有机物数据和步骤（1）处理后的盐度时间序列分布图，发现与高有色溶解有机物浓度（大于 0）对应的盐度数据只是突然出现，且持续时间均小于 2 min，将此部分数据标记为噪声；

将步骤（1）和步骤（2）中标记为噪音的时间段内的时间、纬度、经度、温度、盐度数据剔除。

6) 走航海冰观测质量控制

红外辐射皮温观测数据，剔除相邻观测点温度差绝对值大于 0.5℃ 的数据，消除由于船体倾斜造成仪器采集的皮温数据异常。海冰冰芯温度、盐度、密度测量过程，手工作业较多，质量控制主要为规范作业标准和流程。钻取冰芯后，即用钻头大小为 3 mm 的手电钻对应不同深度钻出深 4 cm 的小孔，然后用热电偶温度计插入小孔中并用冰屑覆盖在小孔周边以降低温度传感器受外界的影响，待温度计读数稳定后记录冰芯的温度。现场完成海冰温度测量后，用手锯将冰芯锯成长 5 ~ 10 cm 的冰芯段装入密封容器中，4℃ 黑暗环境下融化后利用 WTW

Cond 3210 盐度计测定海冰盐度。海冰冰芯的密度测量采用重量体积法测定。先用电锯将冰芯切割成 10 cm 长的冰芯段，对应每一段冰芯再切割成 4 块规则的矩形块体，利用游标卡尺测量其尺寸，再用精度为 0.01 g 的电子天平测量其质量，从而计算得到其密度，将 4 块矩形冰块的密度测量值求平均作为该段冰芯的密度。

7）海冰漂移浮标观测质量控制

海冰浮标在南极周边海域冰区通常于 5—7 月布放，正常工作时间多在 5 ~ 6 个月，数据通过铱星传回。浮标每天观测 4 次，每次观测温度廓线 1 个，首先剔除空值数据；此外，若某点温度比邻近 2 个点的温度绝对值差超过 1℃，则剔除该数据点；若该点温度持续比邻近 2 个点的温度绝对值差超过 4 个廓线，则判定该点的温度传感器发生故障，永久剔除该点观测数据。

8）抛弃式 XBT/XCTD 观测质量控制

在整个设计、外业工作及资料整理中，均根据《极地专项技术规程》，进行航次准备，使用的仪器均进行过鉴定；在出测前，对参加本次调查的人员均进行了强化培训。

严格按照 XBT/XCTD 投放标准进行操作，每次投放前检查数据采集软件工作正常，发射枪工作正常，地线连接合适准确，在到达指定站位点时进行投放，并严格按照格式记录投放站位的详细信息，包括仪器序列号、经纬度、投放日期及时间、船速、水深、风速、风向、海况、海冰、操作人、备注等。

在航次开始前，对所有参与抛弃式观测的科考人员进行质量培训和操作自查，由经验丰富的科考队员亲自讲授，并在前几个站位的投放过程中进行监督，确保投放规范标准。

数据处理过程：

（1）利用采集软件打开原始 RAW 观测数据，保存成 txt 文件待处理，对于明显错误的站位，如无数据站位，或数据呈完全无序分布的站位，该原始 RAW 观测数据直接舍弃。在第 30 次南极科学考察中，在总计 69 个 XCTD 数据集中，共有 4 个这样的站位。

（2）对于保存的 txt 文件，在 matlab 中打开，并读取站位信息、投放时间、水深、温度、盐度、密度、声速等信息，保存为 mat 格式待处理。

（3）分别对表层（如 10 m 以浅）和底层（800 m 以深）的数据进行判断筛选，对于温度、盐度出现的异常值进行舍弃。

（4）对筛选过的垂向数据进行平滑处理，此时的数据垂向分辨率为每米层上约 8 个观测值。

（5）最后将平滑后的数据垂向插值成 1 m 的数据进行绘图分析。

9）探空气球观测质量控制

GPS 探空观测使用的探空剖面仪由北京长丰微电有限公司生产，该仪器是国产探空仪中最好的，在国际评比中名列第四。主要用于在南大洋的走航断面上进行风速、风向、气压、温度、湿度的测量。一般高度在几千米到 20 km 不等，是探测低空大气剖面的有效手段之一。

甲板单元固定在驾驶室内，通信天线位于驾驶室左侧室外，在 5 层甲板进行充气、测试和释放操作。

释放前先对探空仪进行温度和湿度的校准，与标准校准箱的对比误差不超过 1%；等待卫星信号稳定，定位卫星不少于 6 个；温度和湿度传感器的度数与“雪龙”船的船载传感器比较，数据差距较大的情况下，更换传感器再次进行比测，当数据没有问题，信号稳定之后才能释放。做好现场记录，为后面的数据处理提供更多依据。

10）海表漂流浮标观测质量控制

（1）准备阶段质量控制：是指项目实施前对所需要的人员、仪器设备、耗材、作业指导书等的配置。包括测量人员的资质审核和培训；测量仪器的采购、检定、校准、自校和比对；耗材的补充；仪器使用说明书、操作指南等。

本项目采购的表面漂流浮标在采购前完成了政府采购进口产品专家论证，按规范程序进行了招标，采购到位后进行了自校和测试，测试结果和技术指标满足项目开展的需求。

参加外业布放、内业数据处理分析的人员经过相关技术培训、考核、持证上岗。外业布放和内业分析严格按照仪器使用说明书和相关作业指导书执行。

（2）外业阶段质量控制：本项目外业限于“雪龙”号科学考察船人数限制，委托国家海洋局第一海洋研究所安排专人实施。外业过程接受船上质量监督员的监督，作业规范，符合要求。

（3）内业阶段质量控制：本项目内业主要是对南极考察所获取的观测数据进行初步处理分析，整理数据集、图件，编写数据报告。

首先由项目负责人组织技术人员对接收的数据进行审查，剔除无效数据、异常数据后，方可进行内业处理；其次处理前及时备份原始数据，备份数据属性设置为只读，不允许直接进行修改、删除；最后数据处理严格按照规范执行，每次数据处理须经审核合格后方可进行下一个工作流程。

根据收集到的浮标数据，采用 matlab 编程，对 84 个原始数据 excel 表中的数据进行分类整合，剔除空数据、无效单元和重复单元，分别整理出 22 个浮标各自的有效路径点文件，累计 143 046 条。表 4 – 4 为漂流浮标有效数据量统计。

（4）表层海流通过浮标在表层漂流的轨迹定位点和定位时间来推断，由于获取到的定位点时间间隔不均匀，短到几分钟，长达数小时，对轨迹和流速处理资料进行了进一步检验，主要包括以下几个方面：①异常定位点约束。如果一个定位点距离同一条轨迹上其他点的位置过远（$>2°$），则将其剔除；②相邻定位点间的时间差约束。如果两次定位的时间差小于 10 min，则会造成流速误差过大，将该定位点剔除；③表层流速约束。因为海流的速度有限，对速度采用 2 m/s 作为纬向和经向速度分量大小的上限剔除个别不规则点。

表 4 – 4　漂流浮标有效数据量统计

序号	浮标编号	原始数据量（条）	有效数据量（条）	有效率（%）
1	123214	47 513	5 458	11.5
2	123215	13 734	1 319	9.6
3	123216	163 164	21 851	13.4
4	123217	23 146	2 568	11.1
5	123218	16 603	1 511	9.1
6	123219	21 212	2 167	10.2

续表

序号	浮标编号	原始数据量（条）	有效数据量（条）	有效率（%）
7	123220	9 076	646	7.1
8	123222	101 420	11 460	11.3
9	109553	54 513	18 534	34.0
10	109579	49 668	15 153	30.5
11	114568	1 176	663	56.4
12	114580	894	446	49.9
13	114584	36 467	10 773	29.5
14	114585	52 438	16 814	32.1
15	114586	49 290	16 018	32.5
16	127205	2 613	1 197	45.8
17	127206	6 806	2 336	34.3
18	127207	10 993	2 590	23.6
19	127208	2 901	631	21.8
20	127209	16 782	5 272	31.4
21	127210	15 444	4 551	29.5
22	127211	2 431	1 088	44.8

11）站基观测质量控制

第30次南极越冬期间不仅延续了以往的定点观测，还增加了EM31断面观测。其中，定点长期观测为站基观测，即基于南极中山站越冬平台，利用超声测距仪、净辐射仪、电容和电阻丝式冰厚观测设备、冰钻、红外辐射计等各种水文气象设备，在邻近海域冰区进行海冰厚度、表层海温、积雪厚度、短波辐射、长波辐射、反照率、表面温度、不同波谱的反射特征等长期连续观测。

12）海洋边界层大气成分观测质量控制

（1）仪器校准

①用于监测航线上大气中气态汞的TEKRAN2537X仪器，经过上一个航次运行后，带回实验室，分别用丙酮和MILLIQ水对管路和金管进行清洗，在仪器公司技术支持的帮助下，对仪器按照说明书要求进行了外部校准工作，使得仪器保持稳定的工作状态。

②大流量气溶胶采样器，主要是对其泵流量进行校准，运用同公司生产的流量校准器进行校准。

③真空气罐按照三步清洗，由中国科学院广州地球化学研究所辅助完成48只真空气罐的清洗工作。

（2）测试方法和数据分析原则

①大气汞数据，采用文献（Yu et al.，2014）数据处理的原则，根据相对风向和风速，

剔除受船排放影响的数据，将有效数据进行分析和讨论。

②气溶胶样品采样后冷藏保存，按照质量控制的要求保存（Wu et al.，2011），带回实验室进行化学分析。

③密闭真空气罐采集的大气样品主要分析挥发性有机气体，如卤代烃等（Chan et al.，2006）。样品已带回实验室，正在进行 VOC 的成分和含量分析。

VOC 样品分析的样品分析系统由预浓缩仪（Entech7100，Entech Instruments Inc.，California，USA）和气相色谱/质谱（GC－MSD/FID/ECD，6890/Agilent 5973N 及 6890/Agilent 5975）构成。VOC 定量分析由 3 个检测器同时进行：质量选择检测器（mass selective detector，MSD）、火焰离子化检测器（flame ionization detector，FID）和电子捕获检测器（electron capture detector，ECD）。

（3）样品采集质量控制

大气汞：气体进样口前放有 0.45 μm 的特氟龙膜阻挡海洋气溶胶对仪器测试的影响；采样管放在船头迎风处以避免船尾来风的影响。

气溶胶样品：为了避免船尾来风的污染，我们采用风向和风速控制器，只有当风向为船头来风（风向范围在 0～120°或 240°～360°）和风速大于 5 m/s 时，采样器才进行采样工作。采样结束后，根据样品膜的种类分别放于密封袋或锡纸袋中冷藏或冷冻保存。同时还采集空白样品为样品分析提供质量控制。

大气样品：在制备不锈钢采样罐时，其内壁经过特殊处理，使 VOC 不会吸附在罐内壁且不会改变其化学性质。采样前，每个采样罐都要用高纯氮气进行 5 次以上反复充气和抽真空清洗，清洗之后按 20% 比例将清洗好的采样罐充满高纯氮气放置 24 h 以上，并按样品分析标准流程进行分析，保证采样罐内目标化合物不被检出或低于检测限值。并用清洗后的不锈钢压力表对清洗好的采样罐进行检漏，确保全部检查合格后将所有采样罐抽真空备用。为了避免船尾本身释放的污染及人为源可能产生的污染，采样时迎风采样。

微生物样品：为避免可能的人为污染，将采样仪器放在“雪龙”船头，避免人为干扰，同时采集空白样品。

（4）样品分析质量控制

大气汞：该汞分析仪每隔 24 h 进行内部汞源自动校准，最低检测线可达到 0.1 ng/m^3，在野外采样前后注射标准汞源进行人工校准，自动校准和人工校准的误差小于 2%，重复样品间的相对误差小于 2%。

气溶胶样品：采样空白按照与真实样品相同的方法处理，此外，进行实验回收率及平行样品的测试。

大气样品：建立工作曲线，将标准样品用动态稀释系统稀释不同浓度，通过与大气样品同样的分析方法对这 5 个标准样品和 1 个零空气样品进行分析，建立每种物质工作曲线。为保证标准曲线定量的有效性，在分析大气样品前先分析标准样品，用已有的标准曲线定量，定量结果与理论浓度值偏差要小于 5%。此外，进行空白试验，确保空白中没有目标物检出。

微生物样品：采样的微生物样品和空白样品要根据微生物种类采用不同培养温度和培养时间，空白样品培养后要确保没有微生物存在，最后根据奥梅梁斯基公式进行微生物样品浓度分析。

4.4 数据评价情况

按照《“南北极环境综合考察与评估”专项质量控制与监督管理办法》的要求，对观测过程进行全程质量控制。

观测中使用的温度和盐度测量设备，除了新购设备之外，均在航次前的 1 年之内进行了校准。海流、湍流、辐射计等无法进行校准的观测仪器，则通过在观测过程对数据进行分析和比对，以确保数据质量。

4.4.1 SBE 911plus CTD（数据情况）

在极地专项执行期间，“雪龙”船的 SBE911 plus CTD 从原先的单独 1 台 CTD 配置 1 套传感器，发展成为 2 台 CTD 且均分别配置 2 套温度、盐度和溶解氧传感器的组合，达到国际标准。坚持在南极考察航次前后送回原厂进行校准，并按照规范的程序，对数据进行处理，尤其是利用航次前后的校准系数，对传感器随时间的漂移进行了有效的订正，确保观测数据的精度达到仪器标称精度。随着对仪器本身认识的深入、考察期间的操作方式的改进以及数据后处理能力的提高，在极地专项期间获得的 CTD 数据质量逐年提高。

1）第 28 次南极考察的 CTD 数据后处理

通过处理前后的数据发现，处理之前的 2 套 CTD 温度差值较小，在 -0.001 5 ~ -0.001 之间，略大于仪器测量的准确度；处理后差值进一步减小，基本位于 -0.000 4 ~ -0.000 8 之间，说明温度传感器相对稳定（图 4-1）。2 套 CTD 盐度在处理前差值较大，基本大于 0.01 且随时间增大，到观测结束时增大至 0.015，远大于仪器测量的准确度；处理后差值减小为 0.004 左右，最大不超过 0.006，虽然这一差别仍然大于仪器的准确度，但是数据质量明显提高（图 4-2）。根据航次前后的标定，2 套 CTD 均只发生了漂移，未出现明显的损坏，但第二套传感器的漂移较大，因此建议采用第一套的数据。该航次处理前 2 套 CTD 温盐差值较大，在处理后数据质量得到了明显的提高，说明了质量控制中数据处理的重要性。但数据质量仍有提高的空间，建议在今后的考察现场需随时观察 2 套 CTD 的温盐差值，如果现场发现差值较大，应该立即进行比测确定测量不够准确的 CTD，并使用备用 CTD 进行更换。

2）第 29 次南极考察的 CTD 数据后处理

利用航次前后的校准系数，采用 SBE 公司的标准处理程序，对第 29 次南极考察获得的全部 82 个站位的 CTD 数据进行处理，并对数据质量进行了细致的分析。

该航次共使用了 2 台 CTD，在 2013 年 2 月 10 日左右的 P6-08 至 P6-13 站以及 M4 站，使用了压强传感器编号为 SN1113 的“雪龙”船 2012 年新购的 CTD；其余的站位则使用了压强传感器编号为 SN0880 的旧 CTD。2 套 CTD 均配备两套温度、盐度和溶解氧传感器，但是由于仪器故障，旧的 CTD 在 2013 年 2 月 20 日的 PA-01 站之后只配有 1 个溶解氧传感器。

通过处理前后的数据对比发现，处理之前 2 套 CTD 的温度差值很小，在 0.000 4 左右，处理后的差值进一步减小，接近 0，说明温度传感器非常稳定；处理前，新购 CTD 的盐度差值基本为 0，比较稳定。而旧 CTD 的盐度差值较大，在大部分时段为 0.005 左右，从 2013 年

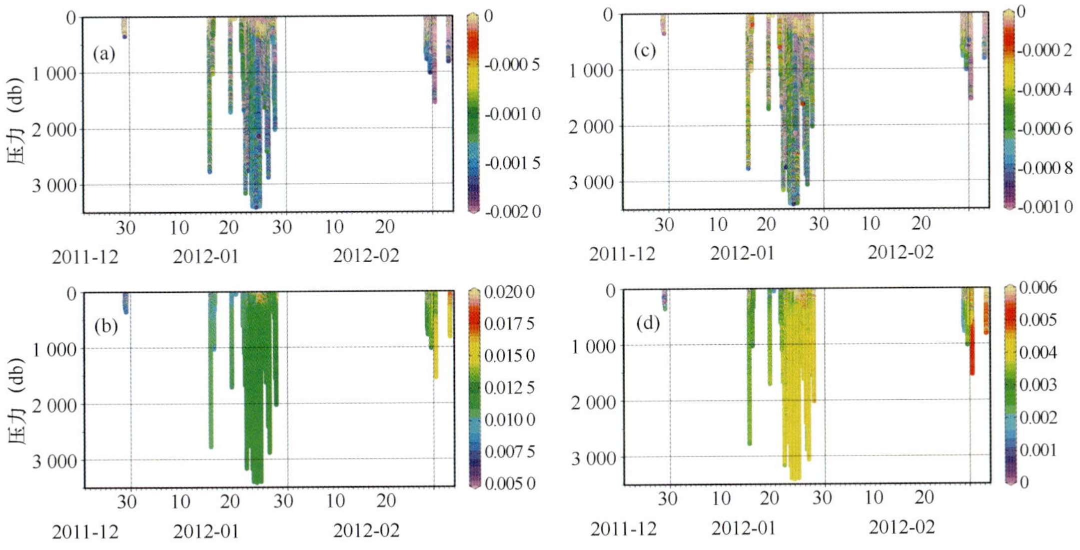

图4－1　第28次南极考察2套CTD传感器

（a）处理前的温度差值；（b）处理前的盐度差值；（c）处理后的温度差值；（d）处理后的盐度差值

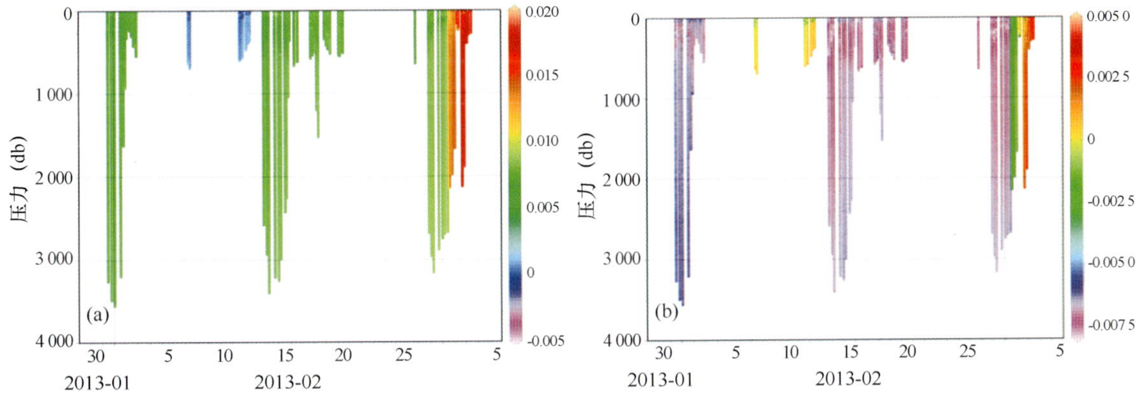

图4－2　数据处理前（a）与处理后（b）2套传感器得到的盐度差别

3月开始，突然增大0.02；通过分析判定是哥伦比亚大学提供的电导率传感器出现了故障，应采用“雪龙”船原配电导率传感器测得的数据。在以后的考察中，建议优先采用“雪龙”船新购CTD，而将旧的CTD作为备用。

3）第30次南极考察的CTD数据的现场比对及后处理

本次考察使用了同1台CTD，即“雪龙”船的第一台CTD（压强传感器编号0880）。该CTD配备2套温度、电导率和溶解氧传感器，两套传感器的数据之间存在较大的差距，温度和盐度在1 000 db以浅的差别，在0.1的量级，远远超过了仪器正常的观测误差（图4－3、图4－4）。

发现两套温度数据的差别，主要是由于第二套温度数据存在大量毛刺。这一异常从D1－07站开始，出现于多数站位。由于航次后的返场标定没有提到温度传感器存在问题，说明这些毛刺应该不是传感器本身的问题，怀疑是连接线路造成的。数据毛刺的问题，在考察期间也引起了注意，曾经砍去一段钢缆，之后数据质量有所改善。

在没有出现毛刺的站，温盐差也很大。两条温度曲线的变化趋势基本一致，只是压力有偏移，可能是由于延时造成的。

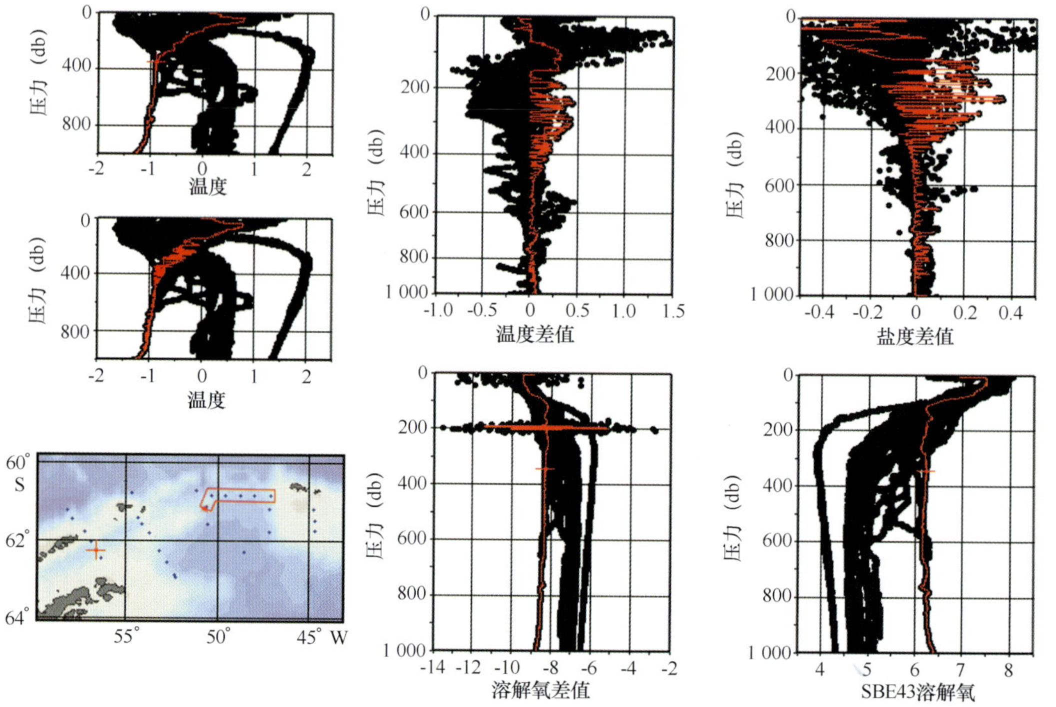

图 4－3　第 30 次南极考察南极半岛海域 CTD 两套传感器数据的对比（一）

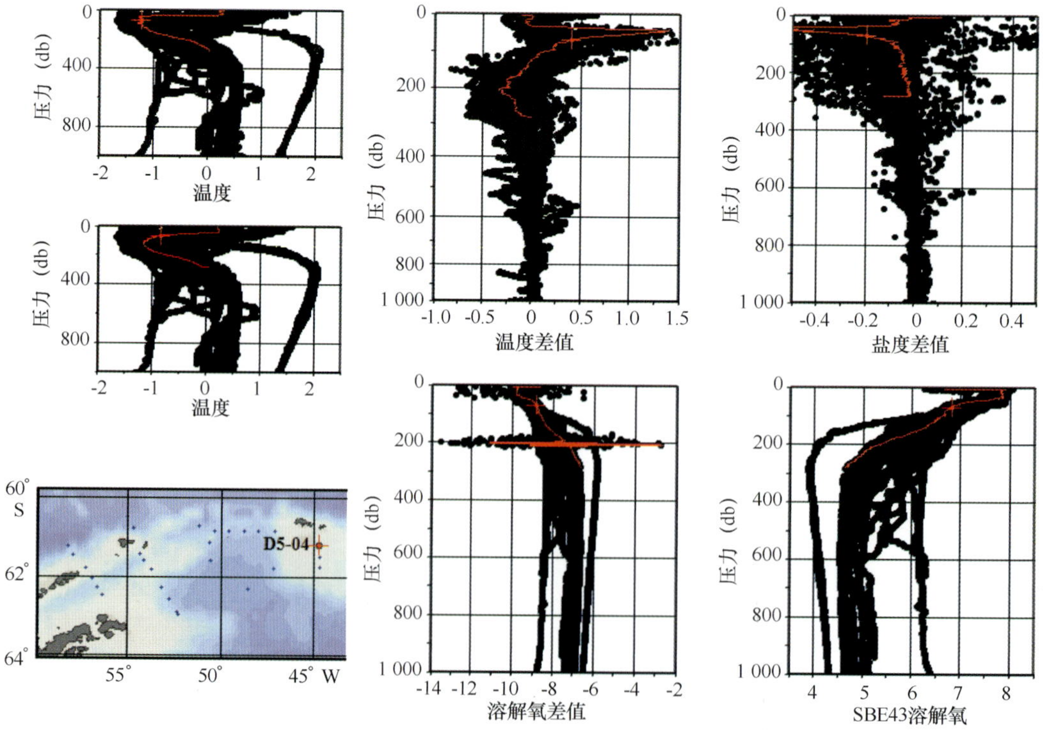

图 4－4　第 30 次南极考察南极半岛海域 CTD 两套传感器数据的对比（二）

因计算盐度需要用温度数据，该问题也造成了第二套盐度数据质量较差。第二套溶解氧数据为一接近常数的负值，说明该传感器可能已损坏。

上述第二套数据存在的问题，无法通过后处理来订正，因而本次考察只能用第一套数据。航次后（2014 年 5 月）在原厂的标定结果表明，该温度传感器发生了漂移，达到 -0.000 35℃，且在低温区域的漂移更大，约为 -0.000 5℃。这一漂移在后处理时进行订正，可以使数据达到标称的精度。

4）第 31 次南极考察的 CTD 数据情况

“雪龙”船现有 2 套 SBE 911plus CTD，均于 2014 年在国家标准计量中心对温度和电导率传感器进行了校准，但是只有旧的 CTD 送回 SBE 公司对全部传感器进行了校准，故选用旧的 CTD。表 4 -5 为 CTD 传感器参数。

表 4 -5　CTD 传感器参数

传感器	序列号	校准日期
温度 T1	2332	2014 年 5 月 22 日
电导率 C1	1823	2014 年 5 月 22 日
溶解氧 O1	1309	2014 年 5 月 28 日
压强 P	0880	2014 年 6 月 13 日
温度 T2	4822	2014 年 6 月 13 日
电导率 C2	3362	2014 年 6 月 13 日
溶解氧 O2	1413	2014 年 6 月 13 日
叶绿素 F	2917	2013 年 8 月 1 日

在考察期间利用航次前的校准系数计算变量。由于该 CTD 有 2 套温度、电导率和溶解氧传感器，可以通过对比 2 套传感器数据之间的差别，来判断数据质量。经过对若干站位观测结果的比较，发现两套传感器的温度差别在 0.004℃以下，盐度差别在 0.004 以下，认定温度和电导率传感器性能稳定，在所有站位上均有高质量的数据。

溶解氧传感器出现了较多的问题。自 IS -07 站开始，低温造成损伤，溶解氧数据出现一定的漂移或错乱，两套溶解氧数据质量均有疑问。自 IS -12 站开始，2 号溶解氧传感器已损坏，没有有效数据。除此之外，P4 -09 和 PA -01 站仅 1 号溶解氧数据可用；P5 -09 和 P5 -10 仅 2 号溶解氧数据可用；P4 -10 站的 2 号溶解氧数据，仅下降段可用。

4.4.2　LADCP 数据情况

根据前面的质量控制方法，各航次各站位的数据质量情况如下（图 4 -5、图 4 -6、表 4 -6至表 4 -10）。

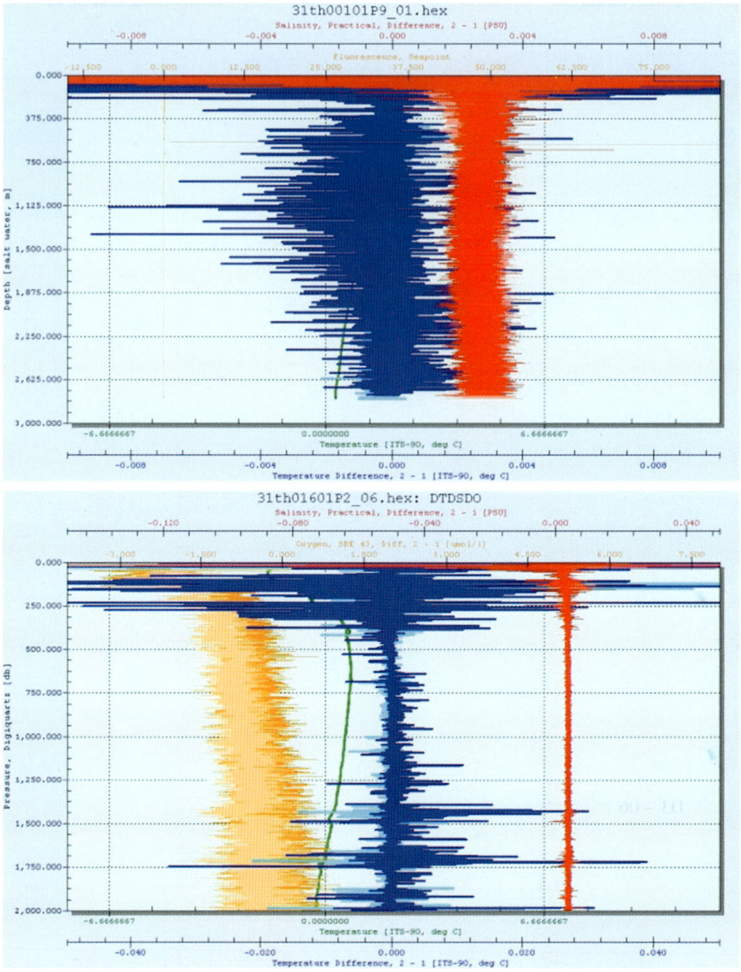

图 4－5　两套传感器的差值（以 P9－01 站和 P2－06 站为例）

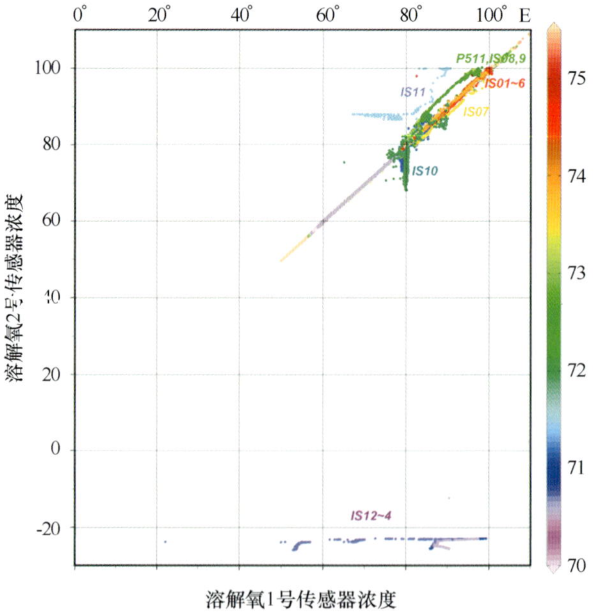

图 4－6　两套溶解氧数据的对比（所有站位）（mL/L）

表 4-6 第28次南极科学考察南极半岛 LADCP 数据处理

序号	站位	更名	底跟踪	备注
1	D1-03	001		坏数据
2	D1-04	002	√	质量好
3	D1-05	003	√	质量好
4	D1-06	004	√	质量好
5	D1-07	005		坏数据
6	D1-08	006	√	质量好
7	D1-09	007	√	质量好
8	D2-02	008	×	质量差
9	D2-03	009	×	质量差
10	D2-04	010		坏数据
11	D2-05	011	√	质量好
12	D2-06	012	√	质量好
13	D2-08	013	×	质量好
14	D3-01	014	×	质量好
15	D3-02	015	×	质量好
16	D3-03	016	×	质量差
17	D3-04	017	×	质量好
18	D3-05	018	×	质量好
19	D3-06	019	×	质量差
20	D3-07	020	×	质量差
21	D3-08	021	×	质量好
22	D4-01	022	×	质量好
23	D4-02	023		坏数据
24	D4-03	024	×	质量差
25	D4-04	025	×	质量差
26	D4-05	026	×	坏数据
27	D4-06	027	×	质量好
28	D4-07	028	○	质量好
29	D4-08	029	×	质量差
30	D4-09	030	×	质量好
31	D4-10	031		坏数据
32	D4-11	032	×	质量差
33	D5-01	033	×	质量差
34	D5-02	034		坏数据
35	D5-03	035	√	质量好
36	D5-04	036	√	质量好
37	D5-05	037	√	质量好
38	D5-06	038	×	质量差
39	D5-07	039		坏数据
40	D5-08	040		坏数据
41	D5-09	041		坏数据

注：符号"√"表示有效底跟踪；符号"○"表示没有实现有效的底跟踪，需要给定地形；符号"×"表示未观测到底部，没有实现底跟踪。

表 4－7　第 28 次南极科学考察普里兹湾 LADCP 数据处理

序号	站位	更名	底跟踪	备注
1	IS－01	001	√	质量好
2	IS－02	002	√	质量好
3	IS－05	003	√	质量好
4	IS－06	004	√	质量好
5	IS－07	005	√	质量好
6	IS－08	006	√	质量好
7	IS－09	007	√	质量好
8	IS－10	008	√	质量好
9	IS－11	009	√	质量好
10	IS－12	010	√	质量好
11	IS－13	011	×	质量好
12	IS－14	012	√	质量好
13	P1－02	013		坏数据
14	P1－03	014	√	质量好
15	P1－04	015	√	质量好
16	P1－05	016		坏数据
17	P1－06	017	√	质量差
18	P1－07	018		坏数据
19	P1－08	019	×	质量差

注：符号“√”表示有效底跟踪；符号“○”表示没有实现有效的底跟踪，需要给定地形；符号“×”表示未观测到底部，没有实现底跟踪。

表 4－8　第 29 次南极科学考察普里兹湾 LADCP 数据处理

序号	站位	更名	底跟踪	备注
1	M2	001	√	质量好
2	M3	002	×	质量好
3	M4	003	×	质量好
4	P3_ 01	004	○	质量差
5	P3_ 02	005	×	质量好
6	P3_ 03	006	×	质量好
7	P3_ 04	007	×	质量好
8	P3_ 05	008	√	质量好
9	P3_ 06	009		坏数据
10	P3_ 07	010		坏数据
11	P3_ 08	011	×	质量好
12	P3_ 09	012	×	质量好
13	P4_ 01	013	×	质量好
14	P4_ 02	014	×	质量好
15	P4_ 03	015		坏数据
16	P4_ 04	016	×	质量好
17	P4_ 05	017	×	质量好
18	P4_ 06	018	×	质量好
19	P4_ 07	019	○	质量好

续表

序号	站位	更名	底跟踪	备注
20	P4_ 08	020	×	质量好
21	P4_ 09	021	×	质量好
22	P5_ 01	022	×	质量好
23	P5_ 02	023	×	质量好
24	P5_ 03	024	×	质量好
25	P5_ 04	025	×	质量好
26	P5_ 05	026	×	质量好
27	P5_ 06	027	×	质量好
28	P5_ 07	028	×	质量好
29	P5_ 08	029	×	质量好
30	P5_ 09	030	×	质量好
31	P5_ 10	031	×	质量好
32	P5_ 11	032	×	质量好
33	P5_ 12	033	√	质量好
34	P6_ 01	034	×	质量好
35	P6_ 02	035	×	质量好
36	P6_ 03	036	√	质量好
37	P6_ 04	037	√	质量好
38	P6_ 05	038	√	质量好
39	P6_ 06	039	√	质量好
40	P6_ 07	040	○	质量好
41	P6_ 08	041	√	质量好
42	P6_ 09	042	√	质量好
43	P6_ 10	043	√	质量好
44	P6_ 11	044	√	质量好
45	P6_ 12	045	×	质量好
46	P6_ 13	046	√	质量好
47	P7_ 05	047	×	质量差
48	P7_ 06	048	×	质量好
49	P7_ 07	049	×	质量好
50	P7_ 08	050	√	质量好
51	P7_ 09	051	√	质量好
52	P7_ 10	052	√	质量好
53	P7_ 11	053	√	质量好
54	P7_ 12	054	√	质量好
55	P7_ 13	055	√	质量好
56	P7_ 14	056	√	质量好
57	P7_ 15	057	√	质量好
58	P7_ 16	058	○	质量好
59	PA_ 01	059	○	质量好
60	PA_ 02	060	√	质量好
61	PA_ 03	061	√	质量好
62	PA_ 04	062	√	质量好
63	PA_ 05	063	√	质量好

注：符号“√”表示有效底跟踪；符号“○”表示没有实现有效的底跟踪，需要给定地形；符号“×”表示未观测到底部，没有实现底跟踪。

表 4-9　第 30 航次南极考察南极半岛 LADCP 数据处理

序号	站位	更名	底跟踪	备注
1	D1-03	001	√	质量好
2	D1-04	002	√	质量好
3	D1-05	003	√	质量好
4	D1-06	004	√	质量好
5	D1-07	005	√	质量好
6	D1-08	006		坏数据
7	D1-09	007		坏数据
8	D2-02	008		坏数据
9	D2-03	009	√	质量好
10	D2-04	010	×	质量差
11	D2-05	011	√	质量好
12	D2-06	012	√	质量好
13	D2-07	013	√	质量好
14	D2-08	014	×	质量好
15	D2-09	015	×	质量好
16	D2-10	016	√	质量好
17	D3-02	017	×	质量差
18	D3-03	018	×	质量差
19	D3-04	019	×	质量差
20	D4-02	020	√	质量好
21	D4-03	021		坏数据
22	D4-04	022	○	质量好
23	D4-05	023	×	质量好
24	D5-04	024	×	质量好
25	D5-05	025	×	质量差
26	D5-06	026	○	质量差
27	DA-01	027		坏数据
28	DA-02	028	×	质量好
29	DA-03	029	√	质量好
30	DA-04	030	×	质量好

注：符号“√”表示有效底跟踪；符号“○”表示没有实现有效的底跟踪，需要给定地形；符号“×”表示未观测到底部，没有实现底跟踪。

表 4-10　第 31 航次南极考察普里兹湾 LADCP 数据处理

序号	站位	更名	底跟踪	备注
1	IS_ 01	001	×	质量好
2	IS_ 02	002	√	质量好
3	IS_ 03	003	√	质量好
4	IS_ 04	004	√	质量好
5	IS_ 05	005	√	质量好
6	IS_ 06	006	√	质量好

续表

序号	站位	更名	底跟踪	备注
7	IS_ 07	007		坏数据
8	IS_ 08	008	√	质量好
9	IS_ 09	009	√	质量好
10	IS_ 10	010	√	质量好
11	IS_ 11	011	√	质量好
12	IS_ 12	012	√	质量好
13	IS_ 13	013	√	质量好
14	IS_ 14	014	√	质量好
15	M005	015	√	质量好
16	M007	016	√	质量好
17	M008	017	√	质量好
18	P2_ 02	018	√	质量好
19	P2_ 03	019	√	质量好
20	P2_ 04	020	√	质量好
21	P2_ 05	021	√	质量好
22	P2_ 06	022	√	质量好
23	P2_ 07	023	√	质量好
24	P2_ 08	024	√	质量好
25	P2_ 09	025	×	质量好
26	P3_ 01	026	√	质量好
27	P3_ 02	027	√	质量好
28	P3_ 03	028	√	质量好
29	P3_ 04	029	√	质量好
30	P3_ 05	030	√	质量好
31	P3_ 06	031	×	质量好
32	P3_ 07	032	×	质量好
33	P3_ 08	033	×	质量好
34	P4_ 01	034	√	质量好
35	P4_ 02	035	√	质量好
36	P4_ 03	036	√	质量好
37	P4_ 04	037	√	质量好
38	P4_ 05	038	√	质量好
39	P4_ 06	039	×	质量好
40	P4_ 07	040	√	质量好
41	P4_ 08	041	√	质量好
42	P4_ 09	042	√	质量好
43	P4_ 10	043	√	质量好
44	P5_ 01	044	√	质量好
45	P5_ 02	045	√	质量好

续表

序号	站位	更名	底跟踪	备注
46	P5_ 03	046	√	质量好
47	P5_ 04	047	√	质量好
48	P5_ 05	048	√	质量好
49	P5_ 06	049	√	质量好
50	P5_ 07	050	√	质量好
51	P5_ 08	051	√	质量好
52	P5_ 08	052	√	质量好
53	P5_ 09	053	√	质量好
54	P5_ 10	054	√	质量好
55	P5_ 11	055	√	质量好
56	P6_ 08	056	√	坏数据
57	P6_ 09	057	√	质量好
58	P6_ 10	058	√	质量好
59	P6_ 11	059	√	质量好
60	P6_ 12	060	√	质量好
61	P6_ 13	061	√	质量好
62	P9_ 01	062	√	质量好
63	P9_ 02	063	√	质量好
64	P9_ 03	064	√	质量好
65	PA_ 01	065	√	质量好
66	PA_ 02	066	√	质量好
67	PA_ 03	067	√	质量好
68	PA_ 04	068	×	质量好

注：符号“√”表示有效底跟踪；符号“○”表示没有实现有效的底跟踪，需要给定地形；符号“×”表示未观测到底部，没有实现底跟踪。

表4－11给出了LADCP观测质量的评价，随着观测经验的丰富，LADCP的观测质量也越来越高，第29航次和第31航次的观测数据质量良好率都超过90%。

表4－11　LADCP观测质量评价

	第28航次	第29航次	第30航次	第31航次
观测站次	60	63	30	68
质量好	36	58	19	66
质量差	11	2	6	0
坏数据	13	3	5	2
数据良好率（质量好/总站次）	60%	92%	63%	97%

4.4.3　走航ADCP

走航ADCP曾在2014年6月21日试航期间通过了海试验收。当时的观测结果显示

WH300k 与 OS38 测量的海流结果基本一致（图 4 - 7）。

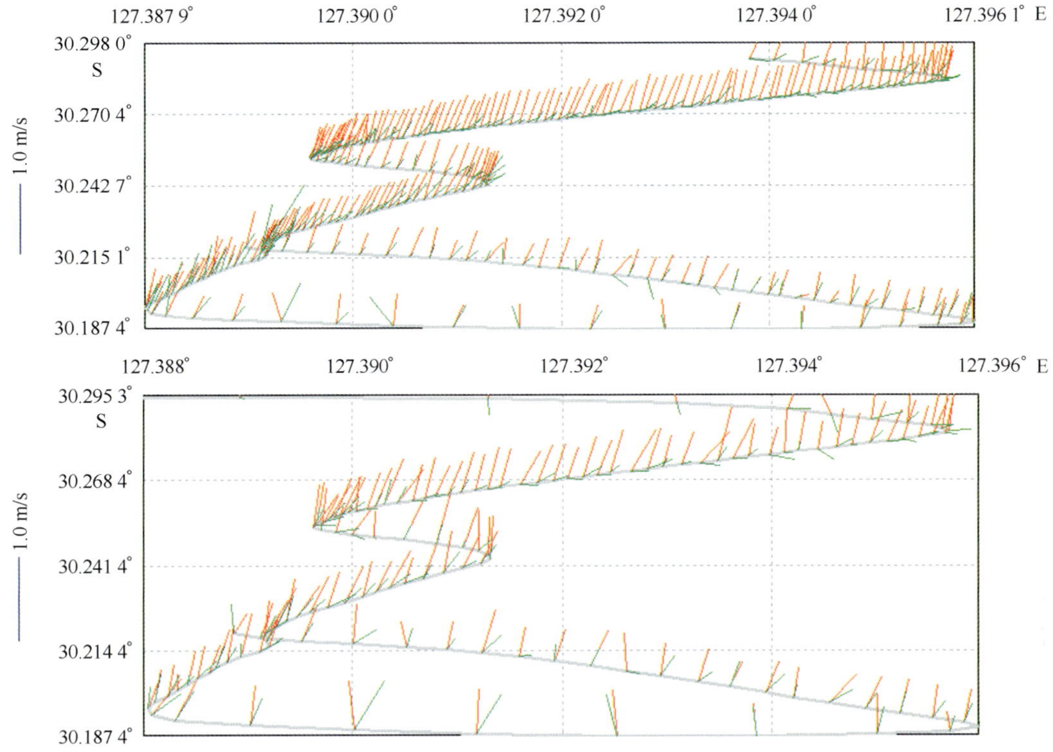

图 4 - 7　2014 年 6 月试航期间的走航 ADCP 海流观测结果

图 4 - 8 为“雪龙”船从澳大利亚霍巴特前往南极，穿越南极绕极流时的观测。绕极流应该是向东的，因而判断 WH300（图 4 - 8a）的流向是正确的，OS38 的流向有误（图 4 - 8b）。目前仍在与生产厂商合作查找出现问题的原因。

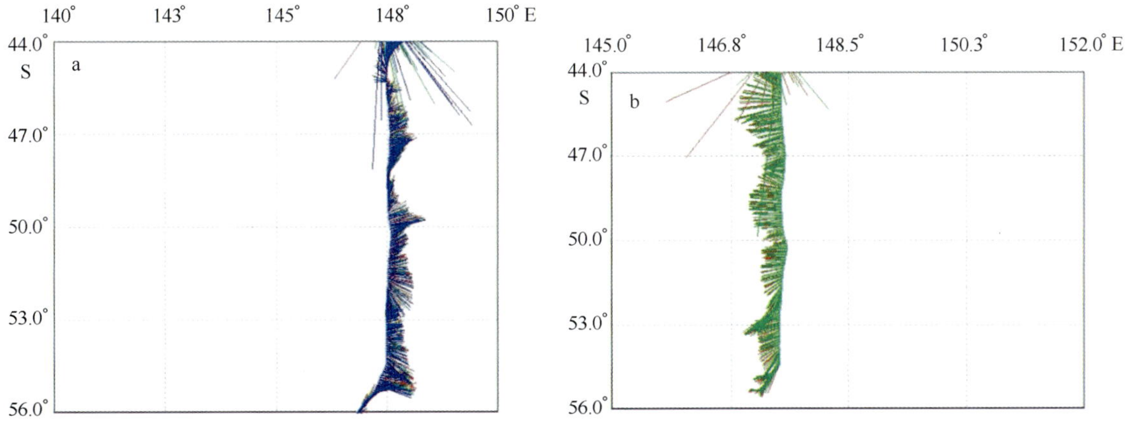

图 4 - 8　2014 年 11 月从澳大利亚霍巴特至南极航段的走航 ADCP 海流观测结果

4.4.4　湍流观测

湍流观测是利用快速响应的高采样频率传感器观测海洋微小尺度过程，观测的参数主要是速度剪切，这是一项新的观测，目前国际上和国内都没有明确的观测规范和标准。但是，湍流观测实际上对观测条件要求较为苛刻，且观测设备本身也属于高精密设备，很容易受损，因此设定只在较好的海况且无海冰的情况下，才进行湍流观测。湍流观测使用垂向微结构剖面仪 VMP－200 进行。

在第 30 次南极考察之前，利用前往加拿大参加国际会议的机会，负责湍流观测的矫玉田等人拜访了该仪器的生产厂家 Rockland 公司，进一步学习了仪器的使用和数据处理；维修了受损的连接头，并购置了 2 个备用的剪切探头，在仪器操作上和硬件上为取得高质量的数据提供了保障。

第 31 次南极考察准备了 2 台同型号的设备，分别来自中国海洋大学和上海海洋大学。为了保障数据的可靠性，在一个站位上通常下放两次设备，最大下放深度通常为 300 m。仅在下放期间记录数据。湍流仪的两个剪切探头数据存在偏差，虽然尝试了更换备用湍流仪、更新探头、采用旧版本软件等方法，但仍未解决这一问题。目前正在与生产商沟通，以确定存在的问题。

4.4.5 抛弃式温－盐－深数据（XBT/XCTD）

南极科学考察的 XBT/XCTD 观测（表 4－12），主要使用了 2 种抛弃式传感器：XBT T－7 型、XCTD－1 型。XBT T－7 型传感器响应时间为 50 ms，XCTD－1 型传感器响应时间为 40 ms。在投放过程中，传感器初入水时，需要较短的时间来感应环境温度，从所获取的数据来看，在 2 m 深度以下，数据即稳定。

由于天气及海况原因，造成连接传感器和发射枪的信号线与船体发生摩擦时，往往会导致数据产生毛刺或异常，甚至数据中断。在冰区投放时，当海冰密集度较大时，投放传感器偶尔会不慎落至冰面，亦导致观测数据无效。

此外，相比较而言，XCTD－1 型比 XBT T－7 型观测精度高，故障率低，可靠性好；产地为日本的 XBT T－7 型要比产地为墨西哥 XBT T－7 型故障率低，可靠性好。

在第 29 次至第 31 次南极考察期间，共计获取 183 个 XCTD 数据集，其中获取深度在 900 m 以上的共计 167 个，共计获取 231 个 XBT 数据集，其中获取深度在 750 m 以上的共计 222 个。

在航次过程中，观测队员严格按照操作规程进行相关操作，表格记录完整全面，仪器投放过程认真规范，站位设计合理科学，数据获取率高，超额完成专项任务合同要求的 XCTD 和 XBT 相关的观测内容。

表 4－12 XBT/XCTD 观测质量评价

航次	XCTD		XBT	
	数据集	>900 m	数据集	>750 m
第 29 航次	56	50	65	60
第 30 航次	68	59	68	65
第 31 航次	59	58	98	97
合计	183	167	231	222

第5章 考察的主要分析与评价

5.1 南极周边物理海洋数据分析

5.1.1 普里兹湾海域

5.1.1.1 温度、盐度和密度的分布和变化

1）数据介绍

（1）第28航次数据介绍

第28次南极考察在普里兹湾共完成2个断面P5、IS的考察。其中P5断面7个站位，埃默里冰架（IS）14个站位，共计21个作业站的海洋环境综合考察。由于时间紧，任务重，直到3月6日考察队计划做余下P1断面6个站位的大洋调查，由于受气旋影响，风大涌高，船舶无法停船作业，也没有时间停留等待好天气，西风带气旋也在影响“雪龙”船返航，经考察队研究决定放弃站位，提前穿越西风带返航，避开强气旋的影响。观测站位分布见图5－1。

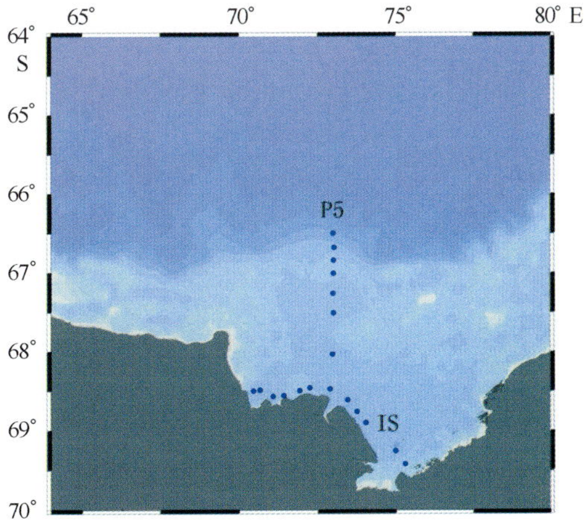

图5－1 第28次南极考察普里兹湾海域CTD站位分布

（2）第29航次数据介绍

第29次南极考察在普里兹湾海域完成6条重点断面，共计完成了66个定点站位，其中911CTD站位63个，3个XCTD站位。由于受气旋影响，风大涌高，船舶无法到达P7－1、P7－2、P7－3站位，故将该3个站位调整到浅水区。在P7断面的南部，由于海冰非常密集，

无法在预计站位进行 CTD 作业，所以将站位依次向西移动。6 条重点断面的实际作业顺序为 P7、P6、P5、PA、P3、P4，由于在个别站位需要二次采水，所以在 66 个实际站位取得了共计 71 个 CTD 剖面数据。观测站位分布见图 5－2。

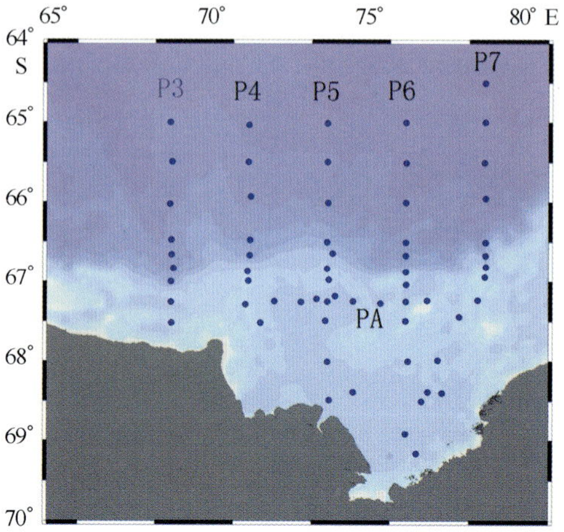

图 5－2　第 29 次南极考察普里兹湾海域 CTD 站位分布

（3）第 30 航次数据介绍

第 30 次南极考察为“一船三站”航次，到达普里兹湾时间较晚，大洋作业时间在 3 月初，再加上普里兹湾海域冰情严重，仅完成了 10 个站位的 SBE 911plus CTD 观测和 4 个站位的 XCTD 观测。观测站位分布见图 5－3。

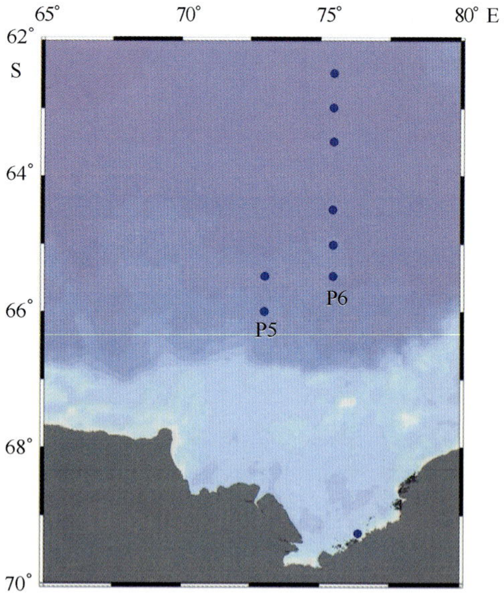

图 5－3　第 30 次南极考察普里兹湾海域 CTD 站位分布

（4）第 31 航次数据介绍

第 31 次南极考察在普里兹湾海域的调查分两个阶段（2015 年 2 月 1 日至 12 日，2015 年 2 月 26 日至 3 月 2 日）进行。第一阶段主要在北侧和西侧海域开展，包括 P2、P3 和 P5 断面的全部重点站位，P4 断面的北部深水区重点站位，以及 P9 断面的 3 个备选站位，共完成 35

个站的观测。第二阶段主要完成 P4（南段）、PA、P6 和 IS 共 4 条断面总计 33 个站的作业。两个阶段总计完成 68 个站的观测。观测站位分布见图 5 – 4。

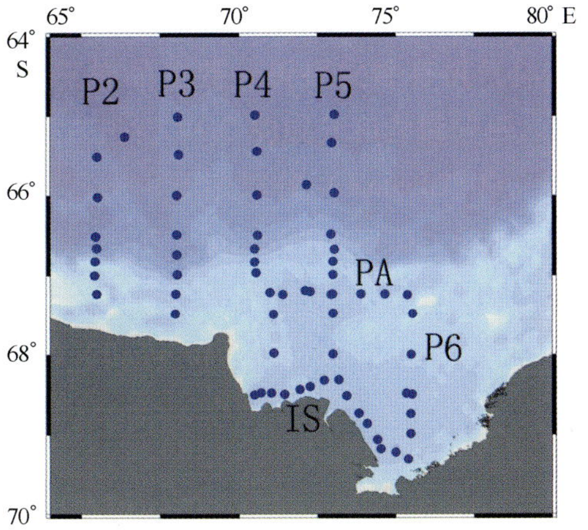

图 5 – 4　第 31 次南极考察普里兹湾海域 CTD 站位分布

（5）海豹 CTD 数据介绍

在极地专项和相关项目的支持下，在第 30 次南极科学考察期间，成功地与法国科学家合作在南极盖尔克朗岛布放 3 枚海豹基 CTD 标记，获得南印度洋温盐剖面 908 条，具体站位如图 5 – 5 所示。同时也成功地参与极区海洋哺乳动物观测计划（MEOP，Marine Mammals Exploring the Oceans Pole to Pole），获得分享各国海豹观测数据。当南极象海豹进入海中觅食和迁徙时，平均每日能够获得 2 ~ 3 条 CTD 剖面（Boehme et al.，2009；Roquet et al.，2011），数据观测平均深度为 500 m，最大可以达到 2 000 m。CTD – SRDLs 由英国圣安德鲁斯大学的海洋哺乳动物研究中心（SMRU）研制，利用海豹返回海面时的短暂瞬间，通过 ARGOS 卫星把剖面观测数据发送到法国 CLS 数据中心。当 SMRU 收到测量数据后，会采用类似于国际 Argo 计划规定的数据质量控制方法，对每个观测剖面进行处理及质量控制。经校正后的水文数据估计温度精度为 ±0. 03℃，盐度精度为 ±0. 05（Ohshima et al.，2013）。下面以 2011 年冬季在普里兹湾的海豹观测数据为例说明相关考察结果。

2011 年普里兹湾海域海豹 CTD 标记数据是由澳大利亚海洋集成观测系统（IMOS，Integrated Marine Observing Systems）计划实施和共享。2011 年 2—6 月期间，澳大利亚在普里兹湾内的戴维斯南极站分批布放了 21 头携带小型 CTD – 卫星中继数据记录器（CTD – Satellite Relay Data Loggers，CTD – SRDLs）的南极象海豹，用来收集南大洋中的水文（温度和盐度）观测剖面。经比较和客观分析，对那些带有异常数据点的剖面或温度（或盐度）值明显偏低或偏高的剖面进行了筛选，同时对十分接近海岸的观测剖面或超出本研究区域的观测剖面，也做了剔除处理。另外，还去掉了有效观测剖面数量不足 15 个的 CTD 标记（这里把每头携带 CTD – SRDLs 的南极象海豹，根据其编号以“CTD 标记”称之）。最终，选取了 17 个 CTD 标记，其活动轨迹如图 5 – 6 所示。在研究海域中，2011 年的 17 个 CTD 标记累计获得了 4 426个观测剖面。这些 CTD 标记最早是在 2011 年 2 月 26 日布放的，最迟为 3 月 29 日；观测结束或离开研究海域的时间，最早为 4 月 2 日，最迟为 7 月 1 日。最大观测深度达到了 1 832 m，最浅仅为 54 m；最多获得了 655 个观测剖面，最少也有 53 个。

由于携带 CTD 标记的象海豹是在不同时间段进入海洋的，且其迁徙路径也是随机的，所

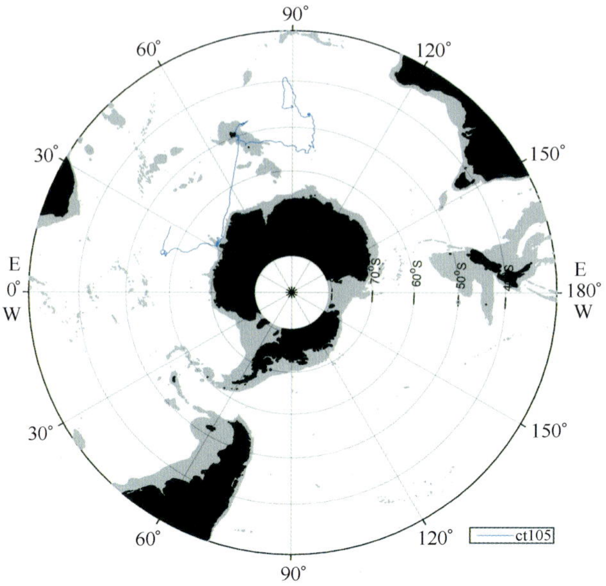

图 5－5　第 30 次南极考察国际合作海豹 CTD 标记轨迹分布

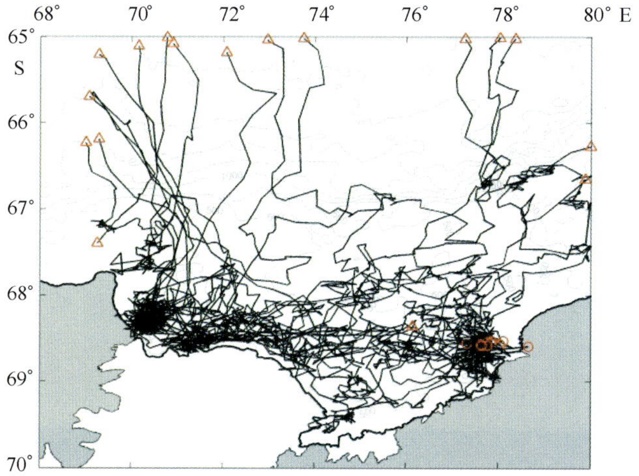

图 5－6　南极普里兹湾及其附近海域象海豹（CTD 标记）迁徙路径（轨迹）

以其观测剖面会出现一些海域比较密集，而在另一些海域又十分稀疏的状况。总体而言，观测剖面在 3 月和 4 月要明显多于 2 月和 5 月、6 月，且普里兹湾内区域多于陆架/陆坡区和大洋深海区。根据象海豹的活动习性，CTD 剖面的最浅观测深度为 6 m，最大观测深度尽管可以达到 2 000 m，但大部分仅限于 400 m 以浅。

2）空间分布

（1）第 28 次南极考察普里兹湾 CTD 观测

P5 断面的观测时间为 2012 年 2 月 29 日和 3 月 1 日，是位于观测区域最中间的断面，也是历次南极考察重复观测频率最高的断面，位于 66.5°—68.5°S，73°E 之间，是普里兹湾与南大洋水交换的主要通道。该断面在普里兹湾内部水深在 500～640 m 之间，外部陆坡地形变化剧烈。P5 断面的温度、盐度和密度分布如图 5－7 所示。在普里兹湾内部，200 m 以深存在大量的低温水团，以冰架水和陆架水为主体，温度在－1.5℃以下，盐度在 34.4～34.6 之间，密度在27.7~27.8之间，靠近最南端的400 m深处温度接近-2℃，符合过冷却水的特征。在67°S以北500 m以深的陆坡，存在大量0~0.5℃的高温高盐水，盐度大于34.6，密度高于27.8，符合绕极深层水（CDW）的典型特征。绕极深层水向南涌升与陆架水在湾口处混合，变异的绕极深层水被抬升到100 m的次表层，向南延伸到67.5°S。在68.5°S附近的200 m以浅的温度在-1~-0.5℃之间，盐度低于34.2，该水团一直向北延伸，在68°S以北厚度保持在50 m左右，在67°S以北，在表层暖水与下部的绕极深层水之间，存在温度低于-1.5℃的200 m厚水层，盐度在34.2~34.4之间，密度在27.5~27.7之间，是典型的次表层冷水特征。密度基本上随深度而增加，等密度面呈现南高北低的倾斜，最小的密度出现在最北端站位的表层，湾口附近等密度面上凸。

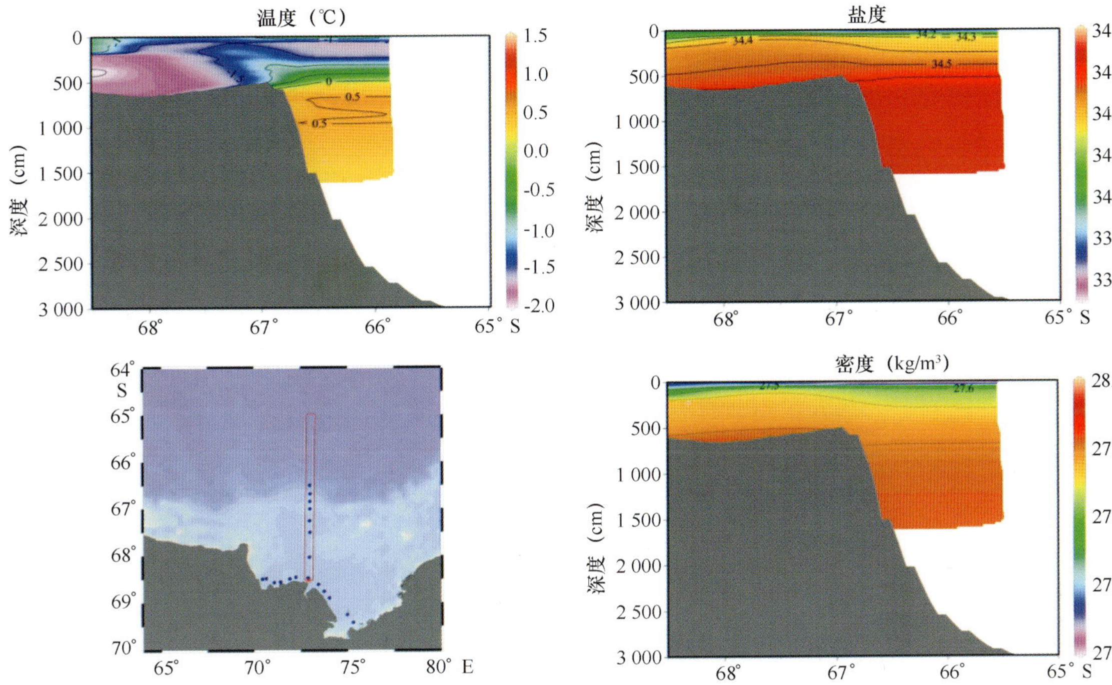

图5-7 第28次南极考察P5断面的温度（a）、盐度（b）和密度（d）分布

IS断面的观测时间为2012年2月28日至3月4日之间，是普里兹湾埃默里冰架前缘的断面，也是历次南极考察重复观测频率较高的断面，在70°—75°E之间，是普里兹湾冰架水形成的主要位置。该断面在普里兹湾内部水深在400~700 m之间。IS断面的温度、盐度和密度分布如图5-8所示。整个断面的温度在0℃以下，200 m以浅的水温在-1~0℃之间，盐度在33.6~34.3之间，密度在27.2~27.6之间，温度的高值中心位于73.4°—74.5°E的表层100 m层，温度高于-0.5℃，200 m深度的温度梯度很大，是温跃层的主要位置，200 m以下的温度小于-1.5℃，盐度在34.3~34.6之间，密度大于27.6，在71°—73°E的200~400 m层，存在大范围温度在-2℃附近的过冷却水。密度基本上随深度而增加，最小的密度出现在最东端站位的表层，等密度面在中间向上凸起。

（2）第29次南极考察普里兹湾CTD观测

P3断面是位于观测区域最西侧的断面，最近几年，在第29次南极考察和第31次南极考察做过两次，位于65°—67.5°S，68°E之间。P3断面的温度、盐度和密度分布如图5-9所

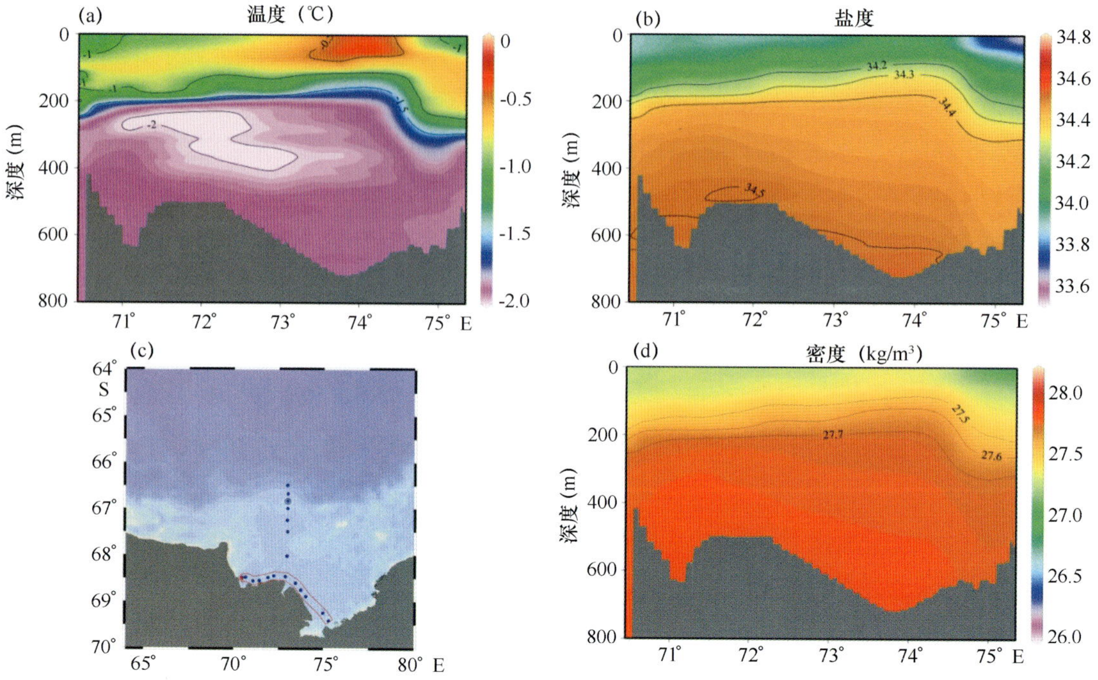

图 5－8　第 28 次南极考察 IS 断面的温度（a）、盐度（b）和密度（d）分布

示。该断面在陆架上的部分很短，只有 67. 2°S 以南一段，水深只有 200 m 左右，67°—67. 2°S 之间地形陡峭，水深迅速变为 2 000 m 以上。陆架上的水温在 －1. 5 ～ －1℃之间，一直延伸到该断面的最北部，盐度小于 34. 5，密度小于 27. 7，在 66. 6°S 以北的表层，覆盖一层 －1 ～ －0. 5℃的表层暖水，厚度只有几十米。绕极深层水的核心位于 200 ～1 000 m的深度，温度在 0. 5 ～1℃之间，盐度在 34. 65 ～34. 75 之间，温度和盐度在 66. 3°S 和 65°S 附近有两个高值中心。在 1 200 m 以深的陆坡上，存在 0℃以下的低温高盐水，沿海底地形延伸到南大洋底部，密度最高达到 27. 9 以上，是典型的南极底层水特性。

P4 断面是位于观测区域最西侧的第 2 条断面，最近几年，在第 29 次南极考察和第 31 次南极考察做过两次，位于 65°—68°S，70. 5°E 之间。P4 断面的温度、盐度和密度分布如图 5－10所示。该断面在陆架上的部分在 67°S 以南，水深只有 400 m 左右，66. 5°—67°S 之间地形陡峭，水深迅速变为 2 000 m 以上。陆架上 150 m 以深的水温在 －2 ～ －1. 5℃之间，该冷水团向北一直延伸到该断面的最北部，盐度小于 34. 5，密度小于 27. 75。在表层的 100 m 覆盖着温度高于 －1℃的暖水层，盐度小于 34. 2，密度小于 27. 5，与 P3 断面类似。绕极深层水的核心位于 400 ～1 200 m 的深度，温度在 0. 5 ～1℃之间，盐度在 34. 65 ～34. 75 之间，温度和盐度分为南北两个高值中心，造成了温度和密度等值线在 66°S 附近向上凸起。在深底层，0℃以下的低温高盐水主要位于 2 200 m 以下，沿海底地形延伸到南大洋底部，密度最高达到 27. 9 左右。

P5 断面是位于观测区域最中间的断面，也是历次南极考察重复观测频率最高的断面，位于 65°—68. 5°S，73°E 之间，是普里兹湾与南大洋水交换的主要通道。该断面在普里兹湾内部水深在 500 ～640 m 之间，外部陆坡地形变化剧烈。P5 断面的温度、盐度和密度分布如图 5－11所示。在该断面的表层覆盖着一层约 80 m 厚的暖水层，温度在 －1 ～ －0. 5℃之间，盐

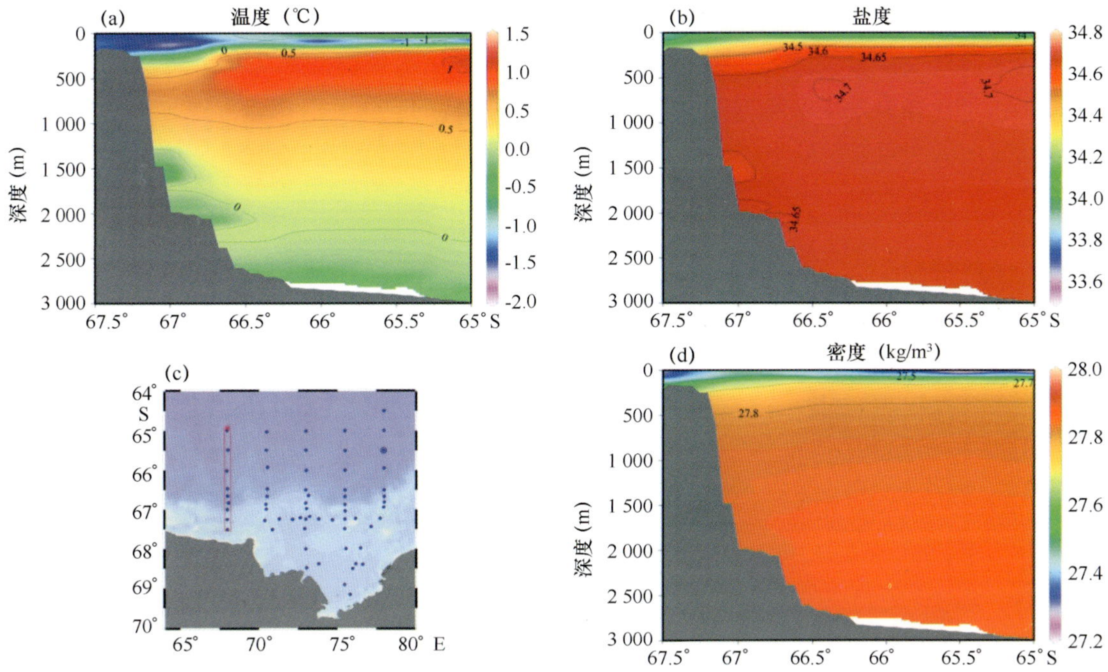

图 5 - 9　第 29 次南极考察 P3 断面的温度（a）、盐度（b）和密度（d）分布

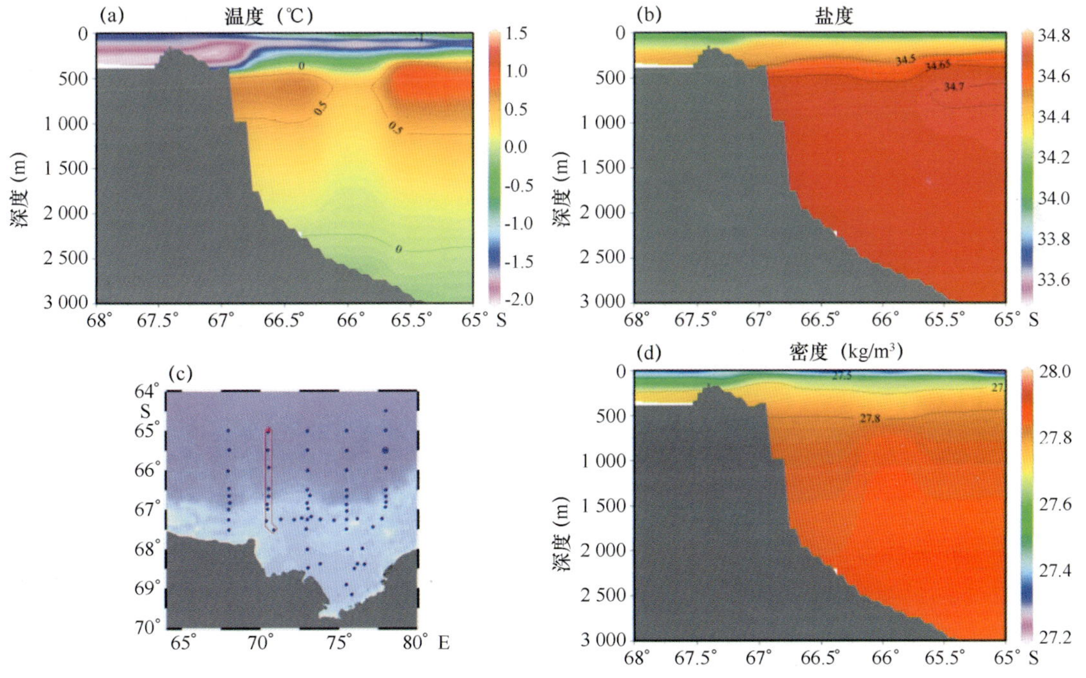

图 5 - 10　第 29 次南极考察 P4 断面的温度（a）、盐度（b）和密度（d）分布

度低于 34.2，该水团一直向北延伸，厚度均匀。在普里兹湾内部的陆架上，80 m 以深存在大量的低温水团，以冰架水和陆架水为主体，温度在 -1.5℃ 以下，盐度在 34.3 ~ 34.6 之间，密度在 27.65 ~ 27.75 之间，该水团在 67.5°S 以南一直到达底部，在 67.5°S 以北主要分布在 80 ~ 300 m 层，是典型的次表层冷水特征。在 66°S 以北 200 m 以深，存在大量 0 ~ 1.2℃ 的高

温高盐水，盐度大于 34.67，密度高于 27.75，符合绕极深层水（CDW）的典型特征。绕极深层水向南涌升与陆架水在湾口处混合，变异的绕极深层水被抬升到 250 m 的次表层，向南延伸到 67.7°S。密度基本上随深度而增加，在 67°S 以北的 200 m 以浅，温度、盐度和等密度面呈现北高南低的倾斜，最小的密度出现在最北端站位的表层，而在 66°S 以南的 500 m 以深，盐度和等密度面则呈现南高北低的倾斜。

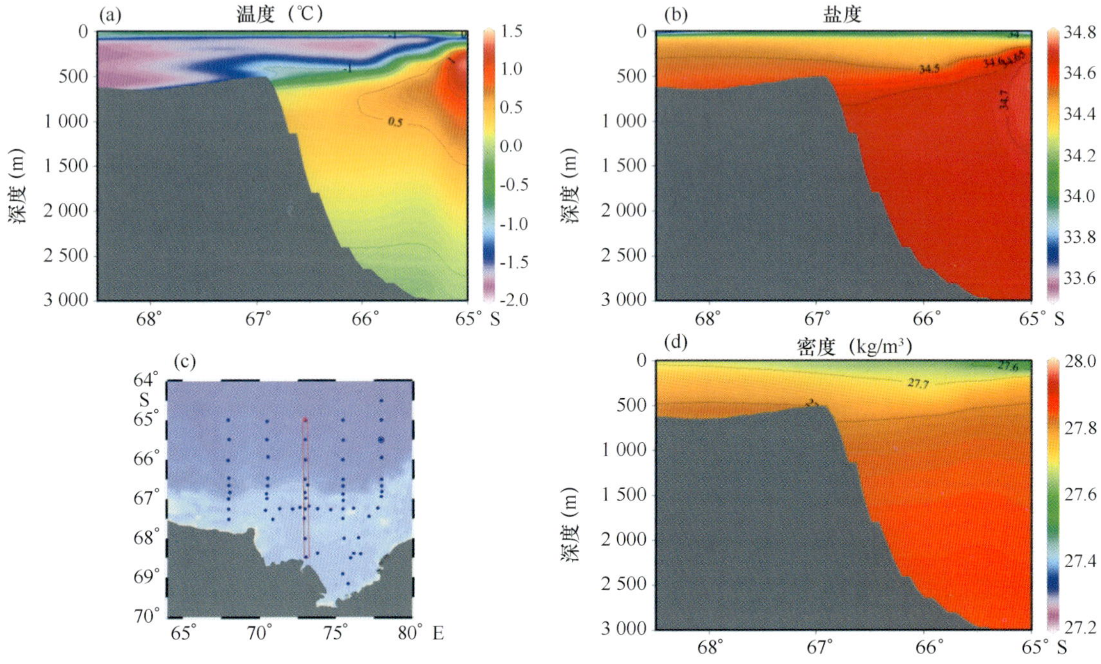

图 5－11　第 29 次南极考察 P5 断面的温度（a）、盐度（b）和密度（d）分布

P6 断面是位于观测区域东侧的断面，位于 65°—69°S，75.5°E 之间，一直延伸到中山站北部。该断面在普里兹湾内部，水深在 400～650 m 之间，外部陆坡地形变化剧烈。P6 断面的温度、盐度和密度分布如图 5－12 所示。在该断面的表层覆盖着一层约 80 m 厚的暖水层，温度在－1～0℃之间，盐度低于 34.2，该水团一直向北延伸，厚度均匀，与 P5 断面类似。在普里兹湾内部的陆架上，80 m 以深存在大量的低温水团，以冰架水和陆架水为主体，温度在－1.5℃以下，盐度在 34.3～34.6 之间，位势密度在 27.65～27.75 之间，该水团在 67°S 以南一直到达底部，在 67°S 以北主要分布在 80～400 m 层，是典型的次表层冷水特征。在 67°S 以北 500 m 以深，存在大量 0.5～1℃的高温高盐水，盐度大于 34.65，位势密度高于 27.75，符合绕极深层水（CDW）的典型特征，其核心位置在 65.5°S 附近。在深底层，0℃以下的低温高盐水主要位于 2 300 m 以下，密度基本上随深度而增加，密度等值线较为平直。

P7 断面是位于观测区域最东侧的断面，位于 64.5°—69°S，78°E 之间，由于冰山影响，该断面的南部逐渐向西偏移，一直延伸到中山站北部。该断面在普里兹湾内部，水深在 200～650 m 之间，外部陆坡地形变化剧烈。P7 断面的温度、盐度和密度分布如图 5－13 所示。在该断面的表层覆盖着一层约 80 m 厚的暖水层，温度在－1℃～0℃之间，盐度低于 34.2，该水团一直向北延伸，厚度均匀，与 P5、P6 断面类似。在普里兹湾内部的陆架上，80 m以深存在大量的低温水团，以冰架水和陆架水为主体，温度在－1.5℃以下，盐度在 34.3～34.55 之间，密度在 27.65～27.75 之间，该水团在 67°S 以南一直到达底部，在 67°S 以北主要分布

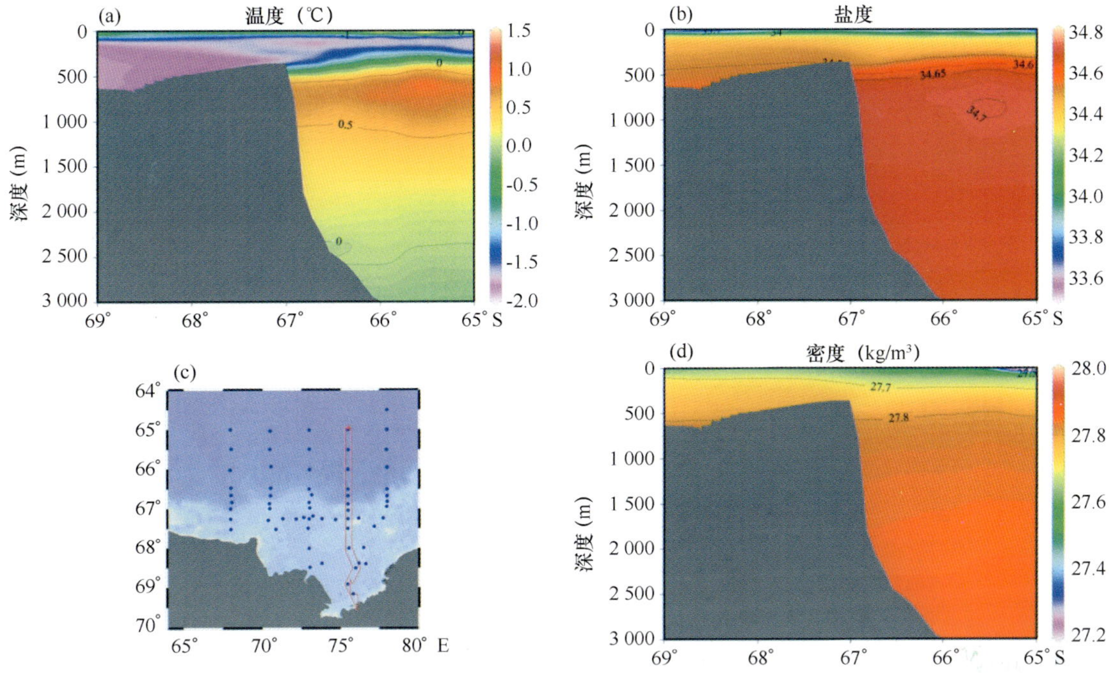

图5-12　第29次南极考察P6断面的温度（a）、盐度（b）和密度（d）分布

在80～450 m层，是典型的次表层冷水特征，在靠近冰架的最南端，250 m以下的温度在－2℃附近，具有冰架水的特性。在67°S以北500 m以深，存在大量0.5～1.5℃的高温高盐水，盐度大于34.65，密度高于27.75，符合绕极深层水的典型特征，其核心位置在65.3°S以北的150～1 000 m层，核心盐度大于34.75。在深底层，0℃以下的低温高盐水主要位于2 500 m以下，密度基本上随深度而增加，密度等值线以65.5°S为中心向上凸起。

PA断面是位于普里兹湾口的纬向断面，位于67.25°S，70.5°—76°E之间，第29次南极考察第一次将该断面纳入观测计划，为普里兹湾与外界的水交换观测提供了新的观测数据。该断面在普里兹湾内部，水深在250～580 m之间，整体呈现“U”型的水交换通道。PA断面的温度、盐度和密度分布如图5－14所示。在该断面的表层覆盖着一层约60 m厚的暖水层，温度在－1～0℃之间，盐度低于34.2，该表层水在P4、P5、P6断面中均有观测，是从南向北的表层出流水。在60 m以深存在大量的低温水团，以陆架水为主体，温度在－1.5℃以下，盐度在34.3～34.7之间，密度在27.6～28之间，最冷的高密度陆架水位于71°—74°E之间的400 m以下的底层。在断面的中部，150～400 m水层存在典型的绕极深层水入侵，变异的绕极深层水温度在－1.5℃以上，中心温度－0.7℃左右，位于73.7°E的300 m深，盐度34.6左右。该断面第一次很好地展示了普里兹湾湾口与南大洋的水交换情况。

（3）第30次南极考察普里兹湾CTD观测

P6断面的观测时间为2014年3月1日和3月5日，是位于观测区域中部偏东的断面，位于62°—65.5°S，75.5°E之间，受普里兹湾内部严重的冰情影响，观测主要集中在陆坡以北的少冰区，水深在3 000 m以深。P6断面的温度、盐度和密度分布如图5－15所示。在64°S以南的表层，观测到了从普里兹湾流出的冷的表层水，温度在－1℃以下，盐度小于34.3，厚度在250 m以浅，自南向北逐渐变薄。大于1℃的绕极深层水占据着1 500 m以浅，在最南端位于480～680 m的深度，厚度仅有200左右，此层厚向北逐渐加厚，在最北端厚度超过

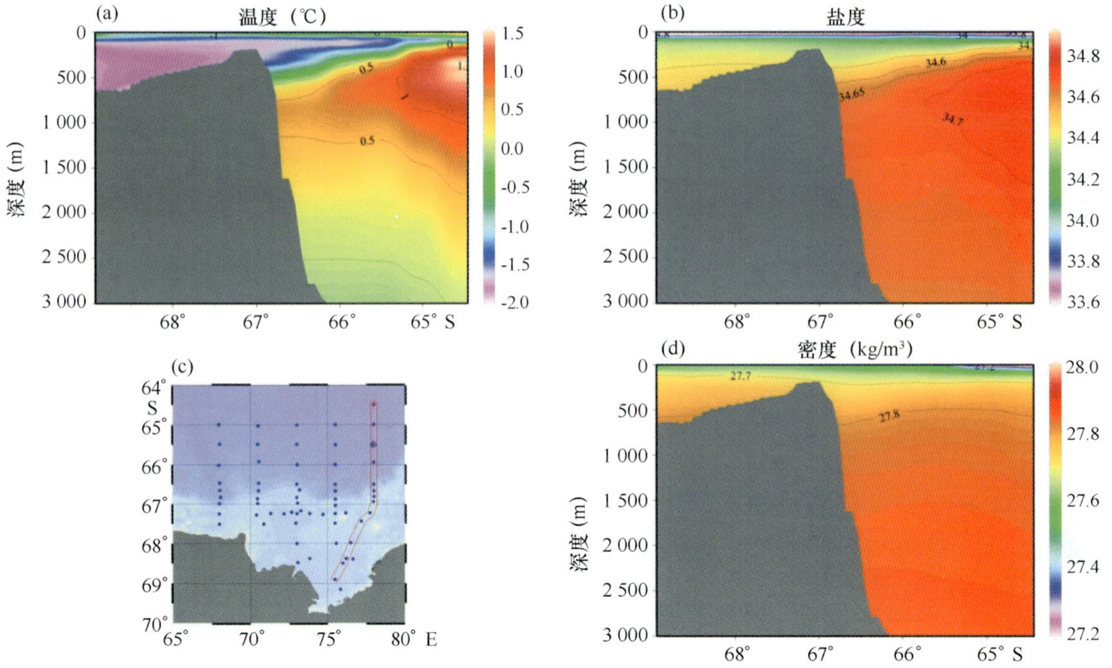

图 5－13　第 29 次南极考察 P7 断面的温度（a）、盐度（b）和密度（d）分布

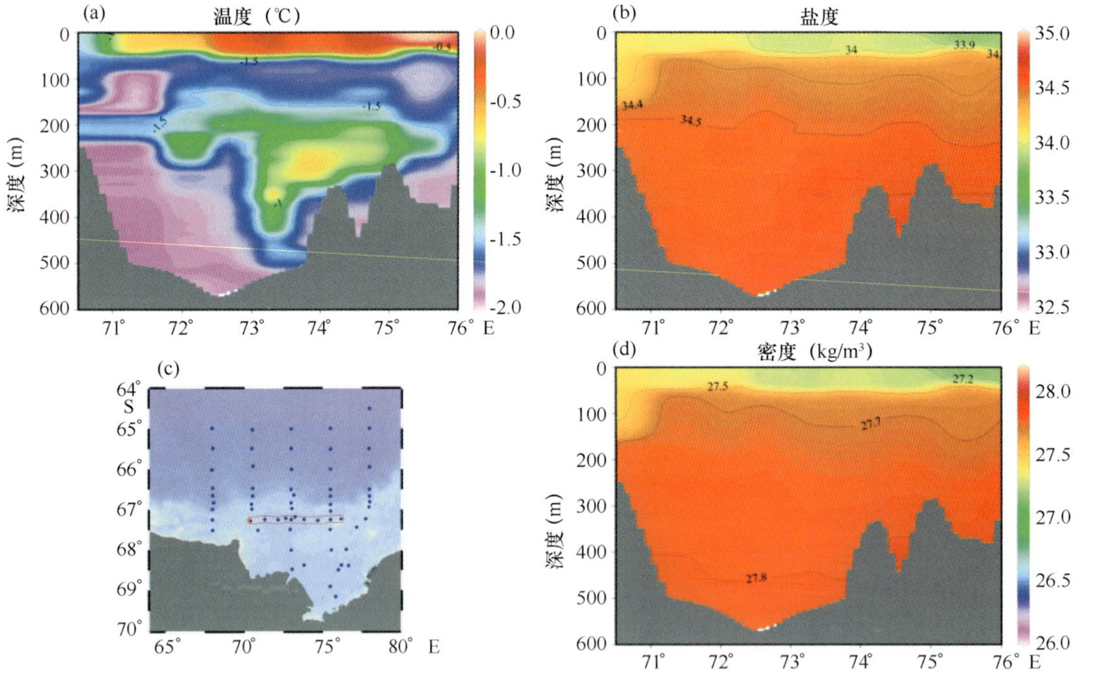

图 5－14　第 29 次南极考察 PA 断面的温度（a）、盐度（b）和密度（d）分布

2 000 m，盐度在 34.65～34.75 之间，密度在 27.6～27.8 之间。由于绕极深层水的分布特征，使得 500 m 以深的温度、盐度、密度等值线呈现南高北低的倾斜。

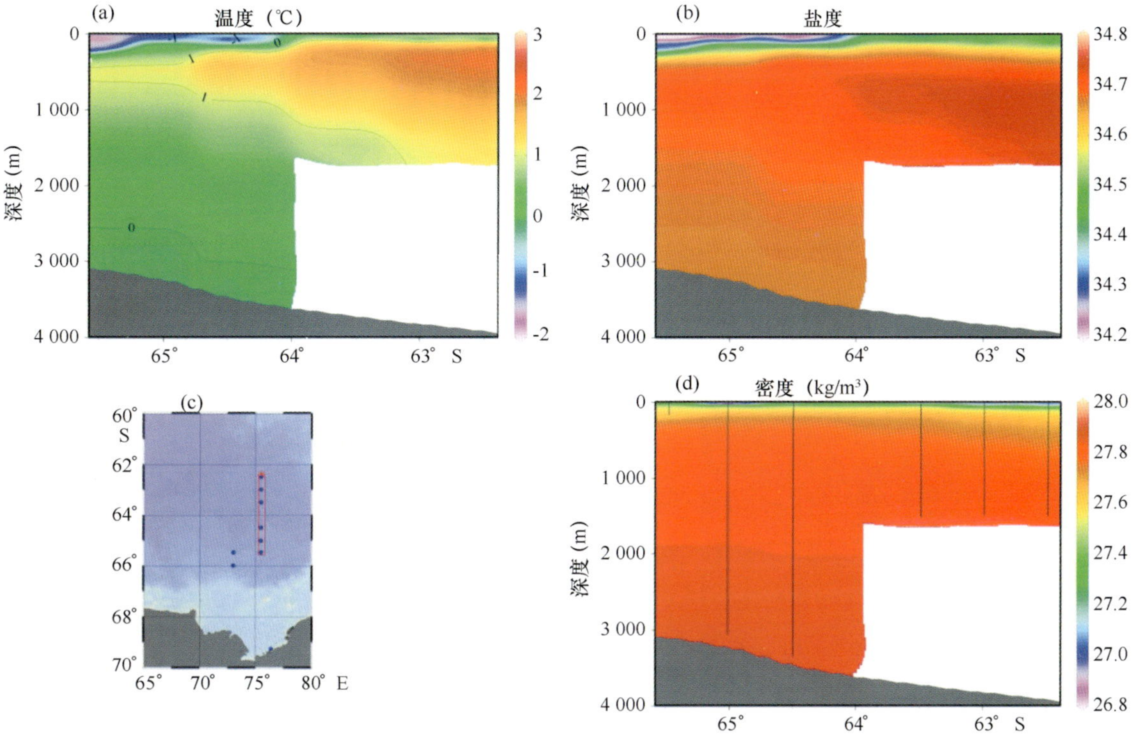

图 5－15　第 30 次南极考察 P6 断面的温度（a）、盐度（b）和密度（d）分布

（4）第 31 次南极考察普里兹湾 CTD 观测

P2 断面是普里兹湾观测区域最东面的断面，位于 65.25°—67.25°S，65.5°E 之间，第 31 次南极考察第一次完成了该断面的观测。该断面在 66.9°S 以南的陆架上，水深在 500 m 以浅，在 66.5°—66.9°S 的陆坡上水深迅速达到 3 000 m 左右。P2 断面的温度、盐度和密度分布如图 5－16 所示。该断面表层的高温低盐水仅有几十米厚，温度在－0.5℃左右，盐度低于34。次表层冷水从陆架上自南向北输运，在 66.75°S 以北与上涌的绕极深层水相遇，次表层冷水的厚度变为 200 m 以浅，盐度小于 34.6。温度高于 0.5℃ 的高温高盐水分布在 200～1 000 m水层，盐度大于 34.6，密度大于 27.75。在深底层，0℃以下的低温高盐水主要位于1 700 m以下，沿陆坡分布，密度基本上随深度而增加，温度、盐度和密度等值线在1 500 m以深呈南高北低倾斜，最北端底部的密度接近 28，具有南极底层水的特征。

P3 断面是位于观测区域西侧第 2 条断面，最近几年，在第 29 次和第 31 次南极考察做过两次，位于 65°—67.5°S，68°E 之间，两次观测位置完全一致。P3 断面的温度、盐度和密度分布如图 5－17 所示。该断面在陆架上的部分很短，只有 67.2°S 以南一段，水深只有 200 m 左右，67°—67.2°S 之间地形陡峭，水深迅速变为 2000 m 以上。陆架上的水温在－1.5～－1℃之间，一直延伸到该断面的最北部，盐度小于 34.4，密度小于 27.7，在 66.6°S 以北的表层，覆盖一层－1～－0.5℃的表层暖水，厚度只有几十米。绕极深层水的核心位于 200～1 200 m的深度，温度在 0.5～1℃之间，盐度在 34.65～34.75 之间，温度和盐度在66°S两侧有两个高值中心。在 1 000 m 以深的陆坡上，存在 0℃以下的低温高盐水，沿海底地形延伸到南大洋底部，位势密度最高达到 27.9 以上，是典型的南极底层水特性。第 29 次和第 30 次南极考察该断面的温盐特征非常接近。

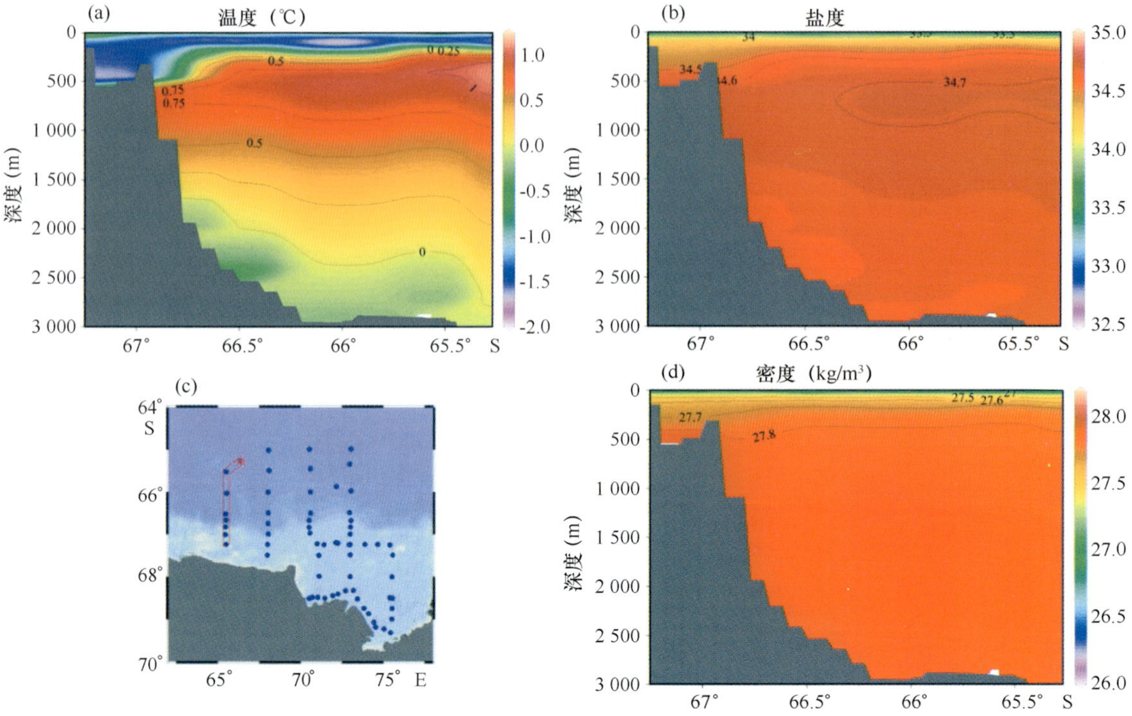

图 5－16　第 31 次南极考察 P2 断面的温度（a）、盐度（b）和密度（d）分布

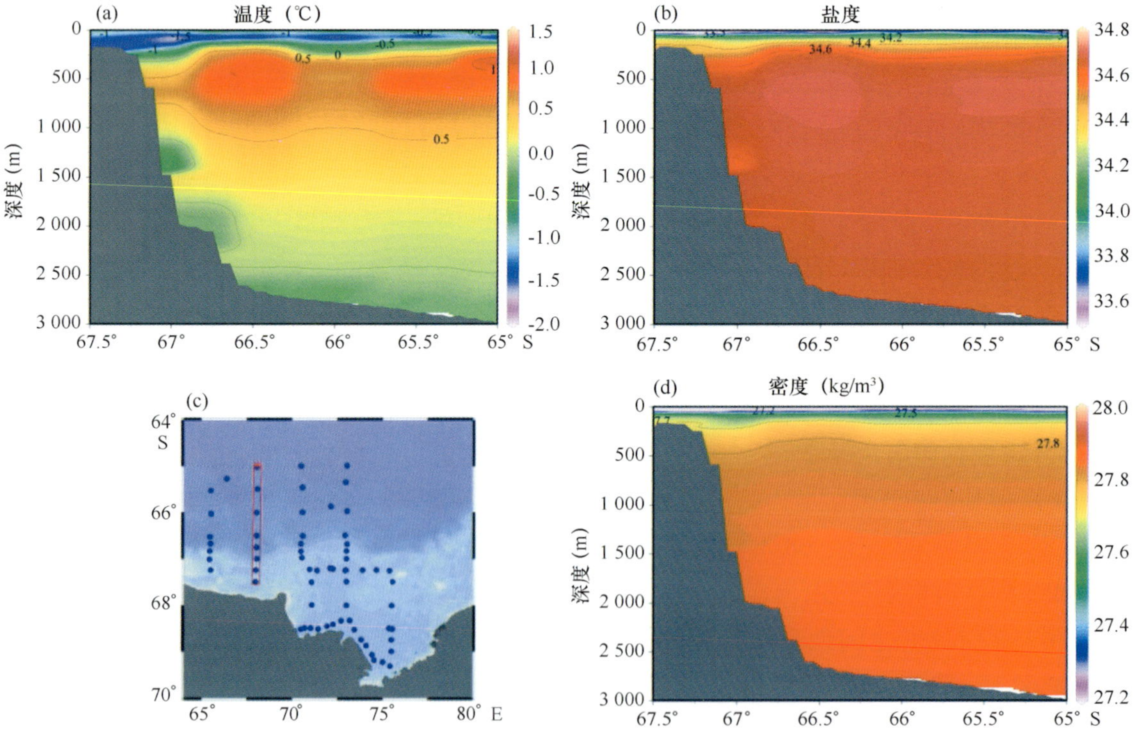

图 5－17　第 31 次南极考察 P3 断面的温度（a）、盐度（b）和密度（d）分布

P4 断面是位于观测区域最西侧的第 3 条断面，最近几年，在第 29 次和第 31 次南极考察做过两次，位于 65°—68°S，70. 5°E 之间，两次观测位置基本一致。P4 断面的温度、盐度和

密度分布如图 5－18 所示。该断面在陆架上的部分在 67°S 以南，水深只有 500 m 左右，66.5°—67°S 之间地形陡峭，水深迅速变为 2 500 m 以上。陆架上 100 m 以深的水温在 －2 ~ －1.5℃之间，该冷水团向北一直延伸到该断面的最北部，盐度小于 34.5，密度小于 27.75。在表层的几十米覆盖着温度高于 －1℃的暖水层，盐度小于 34.2，密度小于 27.5，与 P3 断面类似。绕极深层水的核心位于 200 ~ 1 300 m 的深度，温度在 0.5 ~ 1℃之间，盐度在 34.65 ~ 34.75 之间，温度和盐度在 65°S 附近存在一个高值中心，温度和密度等值线在 66°S 附近向上凸起。在深底层，0℃以下的低温高盐水主要位于 2 500 m 以下，沿海底地形延伸到南大洋底部，位势密度最高达到 27.9 左右，与第 29 次南极考察观测结果类似。

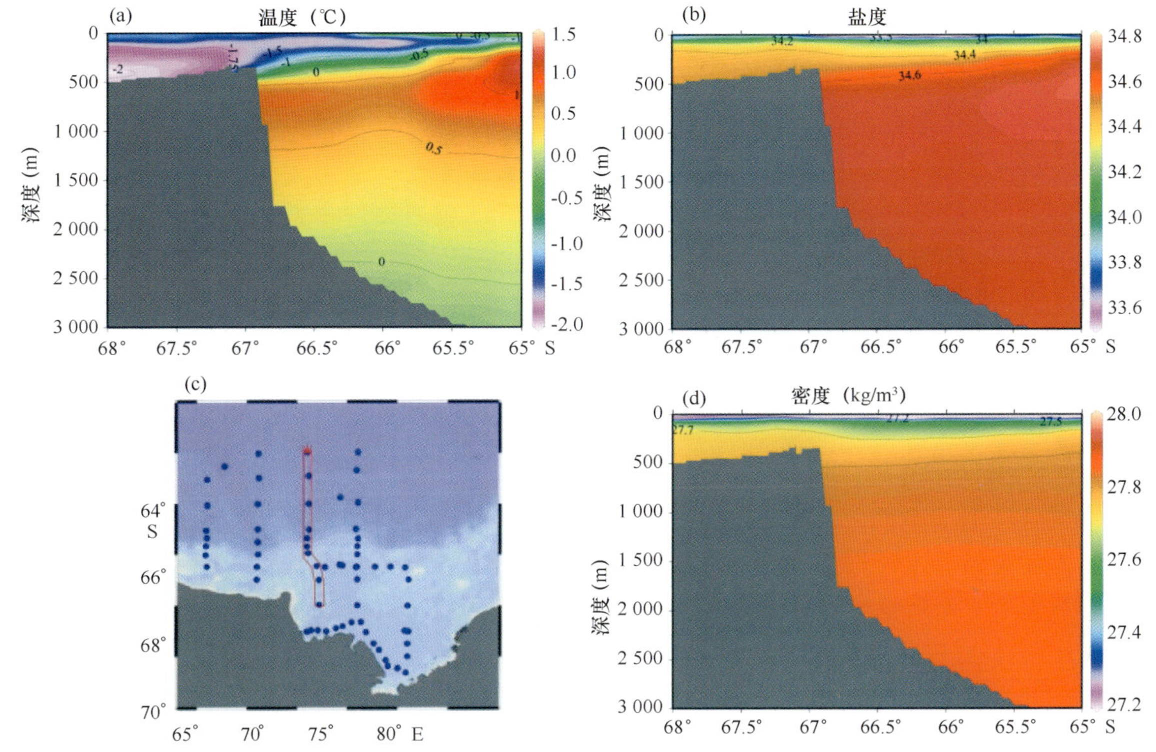

图 5－18　第 31 次南极考察 P4 断面的温度（a）、盐度（b）和密度（d）分布

P5 断面是位于观测区域最中间的断面，也是历次南极考察重复观测频率最高的断面，位于 65°—68.5°S，73°E，是普里兹湾与南大洋水交换的主要通道。该断面在普里兹湾内部水深在 500 ~ 640 m 之间，外部陆坡地形变化剧烈。P5 断面的温度、盐度和密度分布如图 5－19 所示。在该断面的表层覆盖着一层很薄的暖水层，温度在 －1 ~ －0.5℃之间，盐度低于 34.2，该水团一直向北延伸，厚度均匀。在普里兹湾内部的陆架上，表层水以深存在大量的低温水团，以冰架水和陆架水为主体，温度在 －1.5℃以下，盐度在 34.3 ~ 34.6 之间，位势密度在 27.65 ~ 27.75 之间，该水团在 67.5°S 以南一直到达底部，在 67.5°S 以北主要分布在 400 m 以浅，是典型的次表层冷水特征。在 66.7°S 以北 200 m 以深，存在大量 0 ~ 1.2℃的高温高盐水，盐度大于 34.6，密度高于 27.7，符合绕极深层水的典型特征，温度和盐度在 65°S 附近存在一个高值中心。绕极深层水向南涌升与陆架水在湾口处混合，但变异的绕极深层水未能明显地抬升进入到普里兹湾内部，最南仅向南延伸到 67°S 附近，与第 29 次南极考察差别明显。密度基本上随深度而增加，在 67°S 以北的 750 m 以浅，温度、盐度和等密度面呈现

北高南低的倾斜，而在67°S以南的750 m以深，盐度和等密度面则呈现南高北低的倾斜。

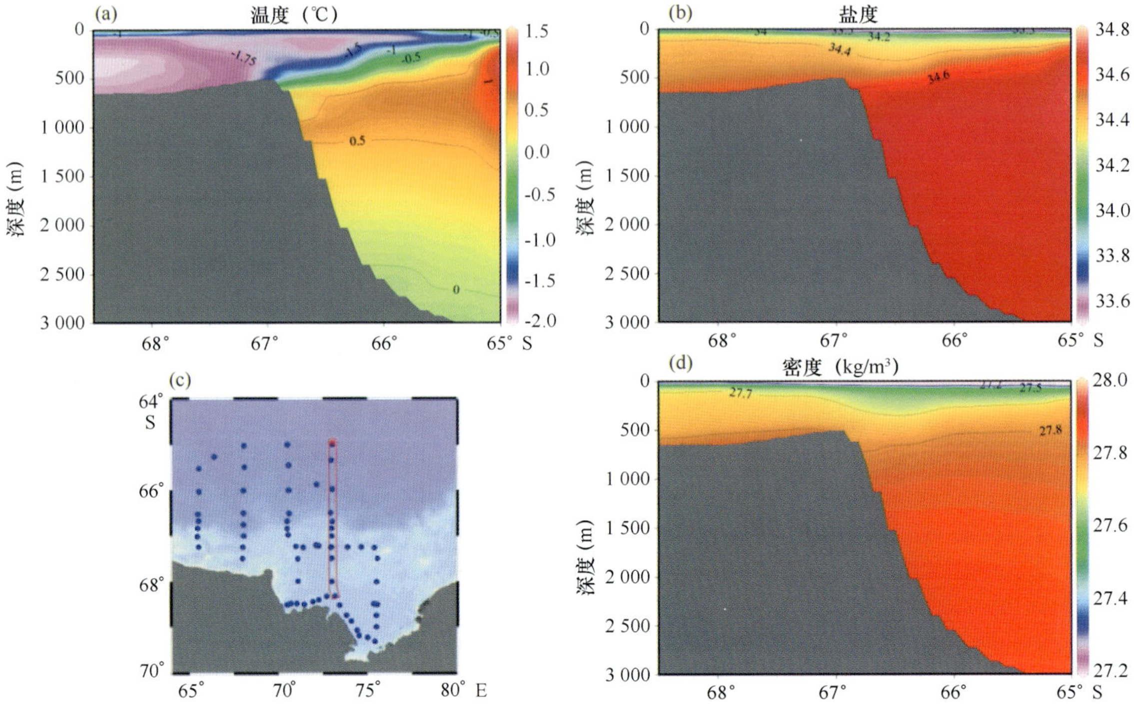

图5－19　第31次南极考察P5断面的温度（a）、盐度（b）和密度（d）分布

P6断面是位于观测区域东侧的断面，位于66°—69°S，75.5°E之间，一直延伸到中山站北部，主要观测了计划P6断面的南半部。该断面在普里兹湾内部水深在400～650 m之间，外部陆坡地形变化剧烈。P6断面的温度、盐度和密度分布如图5－20所示。在该断面的表层覆盖着一层约80 m厚的暖水层，温度在－1～0℃之间，盐度低于34.2，该水团向北延伸至67°S附近消失。在普里兹湾内部的陆架上，80 m以深存在大量的低温水团，以冰架水和陆架水为主体，温度在－1.5℃以下，盐度在34.3～34.5之间，密度在27.6～27.8之间，是典型的次表层冷水特征。在66°S以北没有观测，所以该断面未能观测到绕极深层水和南极底层水的典型特征。密度基本上随深度而增加，密度等值线较为平直。

PA断面是位于普里兹湾湾口的纬向断面，位于70.5°—76°E，67.25°S之间，第29次南极考察第一次将该断面纳入观测计划，第31次南极考察第2次完成了该断面的观测，为普里兹湾与外界的水交换观测提供了新的观测数据。该断面在普里兹湾内部水深在250～580 m之间，整体呈现U型的水交换通道。PA断面的温度、盐度和密度分布如图5－21所示。在该断面74°E以西的表层覆盖着一层约50 m厚的暖水层，温度在－1.5～－0.5℃之间，盐度低于34.2，该表层水在P4和P5断面中均有观测，是从南向北的表层出流水。在50 m以深存在大量的低温水团，以陆架水为主体，温度在－1.5℃以下，盐度大于34.2，位势密度在27.5～28之间，最冷的高密度陆架水位于70.5°—74°E之间的300 m以下的底层。在断面的中部未发现典型的绕极深层水入侵，与P5观测的结果吻合。

IS断面是普里兹湾埃默里冰架前缘的断面，也是历次南极考察重复观测频率较高的断面，在70.5°—75.5°E之间，是普里兹湾冰架水形成的主要位置。该断面在普里兹湾内部水深在500～700 m之间。IS断面的温度、盐度和密度分布如图5－22所示。整个断面的温度在

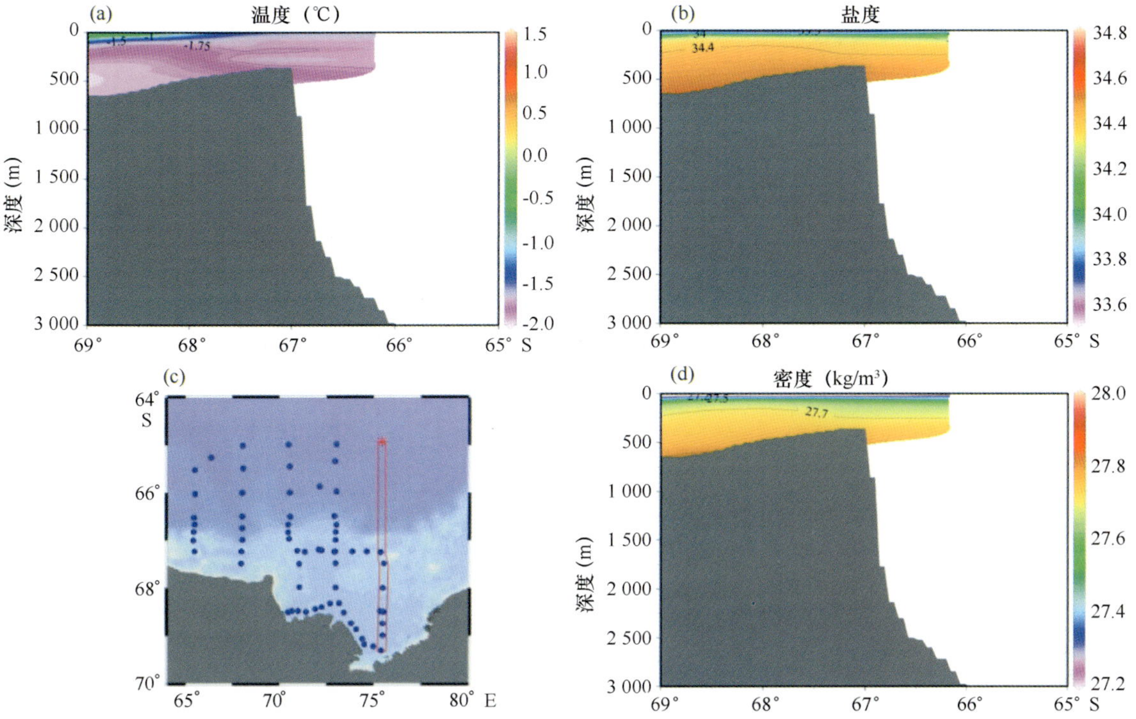

图 5－20 第 31 次南极考察 P6 断面的温度（a）、盐度（b）和密度（d）分布

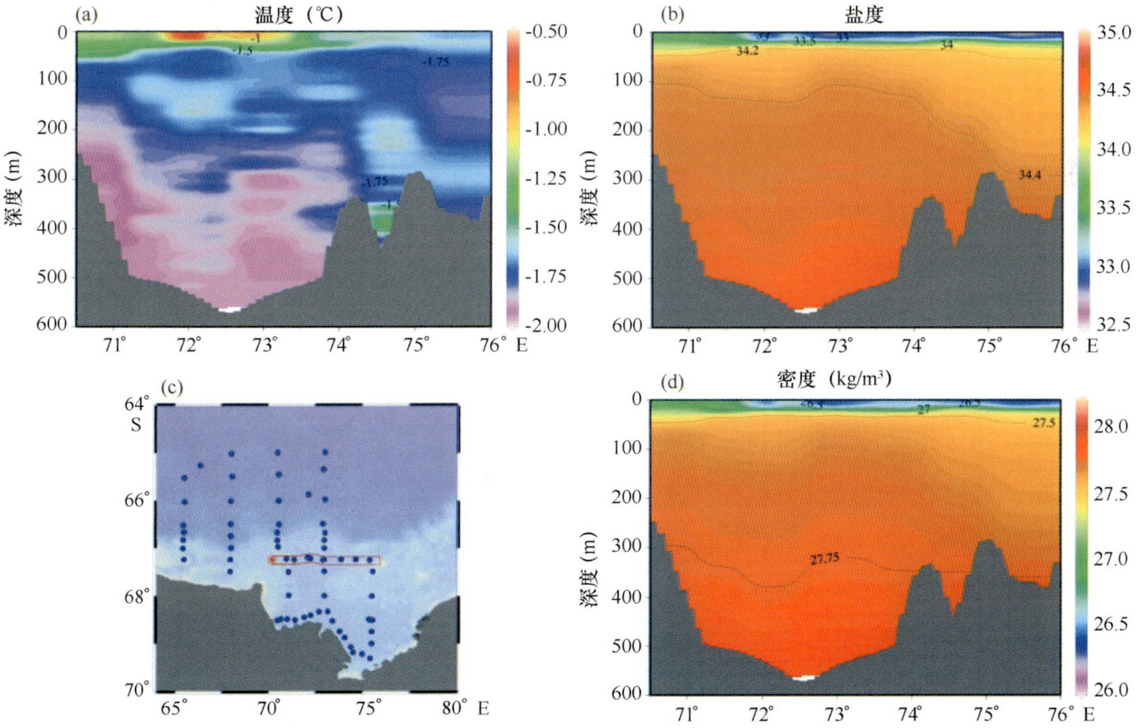

图 5－21 第 31 次南极考察 PA 断面的温度（a）、盐度（b）和密度（d）分布

0℃以下，200 m 以浅的水温在－1.75～0℃之间，盐度在 33.4～34.3 之间，密度在26.7～27.7 之间，温度的高值中心位于 73.5°E 以东的表层 100 m 层，温度高于－0.5℃，150 m深

度的温度梯度很大，是温跃层的主要位置，150 m 以下的温度小于 -1.5℃，盐度在 34.3 ~ 34.7 之间，密度大于 27.7，在 300 ~ 600 m 层，存在大范围温度在 -2℃附近的过冷却水。密度基本上随深度而增加，最大密度出现在 600 m 以深的底层，等密度面在 71°E 和 73.3°E 附近向上凸起。

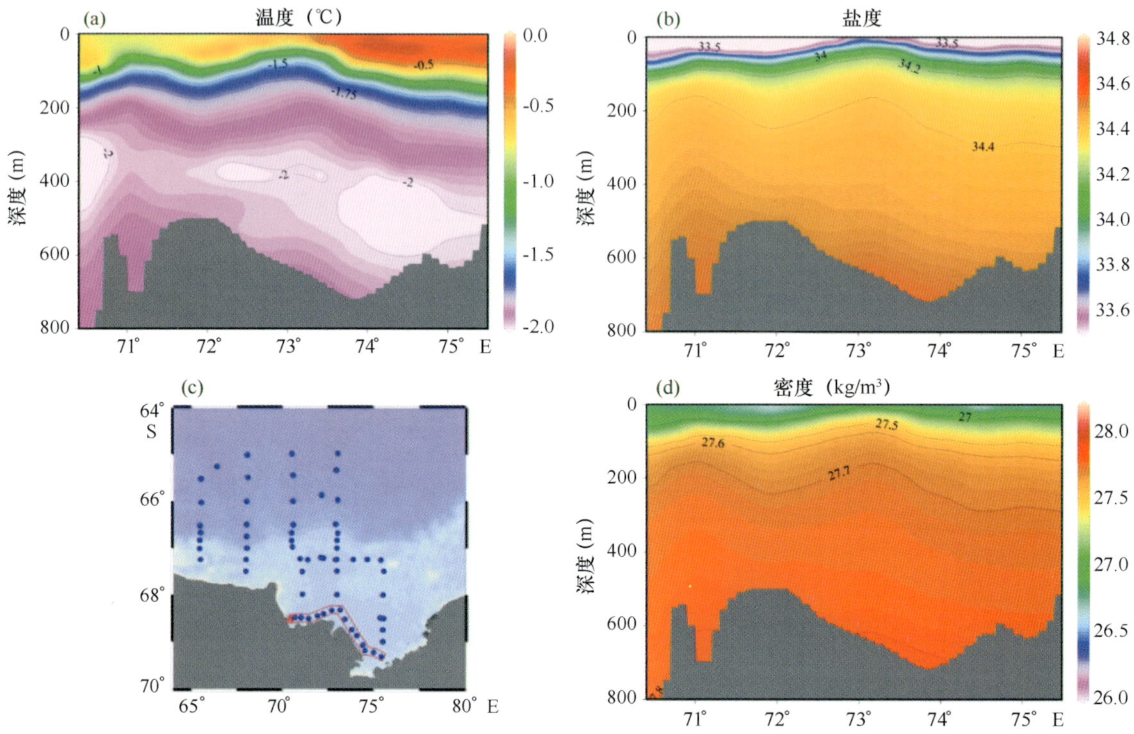

图 5 - 22　第 31 次南极考察 IS 断面的温度（a）、盐度（b）和密度（d）分布

（5）海豹 CTD 观测

普里兹湾海域 2011 年海豹 CTD 标记温盐剖面在 3 月和 4 月较多，其中 3 月主要集中在普里兹湾内，而 4 月则广泛分布于整个研究海域，但相比而言，陆坡外大洋深海区域的观测剖面还是要少于陆架和湾内区域。为此，我们选用这两个月为代表来分析研究海域的温、盐度大面分布。由于观测剖面疏密程度不一，绘制的等值线几无规律可循，为此采用色标来粗略区分不同海域温、盐度的分布概况。由图 5 - 23 不难看出，3 月温度都在 0℃以下，最低温度则在 -2.0℃左右。沿着普里兹湾近岸区域和埃默里冰架前缘（> -1.3℃），温度普遍要高于远离海岸或冰架的区域（< -1.5℃），而且表层（6 m）以下温差（>0.5℃）要更大些。在陆坡以外区域，200 m 水深以下温度（> -1.0℃）也要明显高于表层（< -1.8℃），最大温度值可达 1.0℃以上。特别指出的是，500 m 层温度普遍都在 -1.7℃以下，最低可达 -2.0℃左右，且主要集中分布在埃默里洼地的中南部区域。

在 2011 年 4 月，表层温度普遍下降到 -1.7℃以下，只有在埃默里冰架前缘的北侧和东南端的两个小区域中，有略高于 -1.6℃的海水盘踞（图略）。100 m 层以下（图 5 - 24a），除了埃默里冰架前缘北侧和埃默里洼地北部呈一片过冷却水（< -1.8℃）外，温度普遍都在 -1.7℃以上，靠近陆坡及以外的大洋深海区，温度基本都在 -1.2℃以上，最高可达

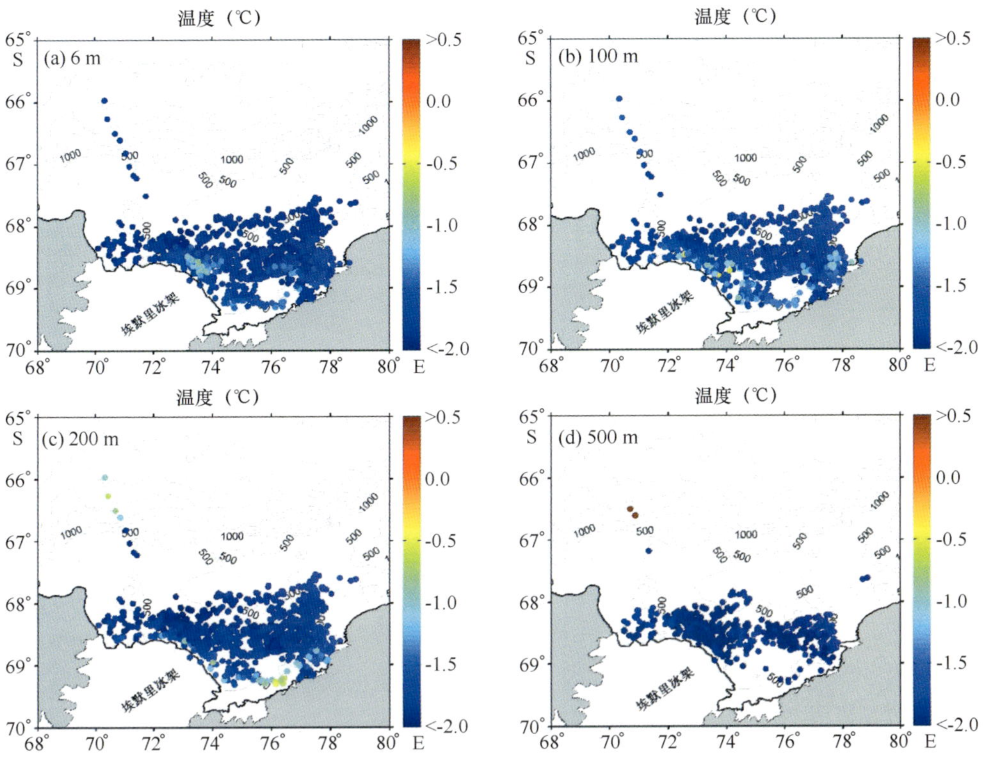

图 5-23　2011 年 3 月 6 m（a）、100 m（b）、200 m（c）和 500 m（d）层温度大面分布

0.5℃以上。到了 500 m 层（图 5-24b），虽然普里兹湾内和湾口陆架上温度已经降至 -1.7℃以下，但陆坡及以外的大洋深海区，温度则反而有升高的趋势，普遍都在 -1.0℃以上，最高温度可达 1.27℃。

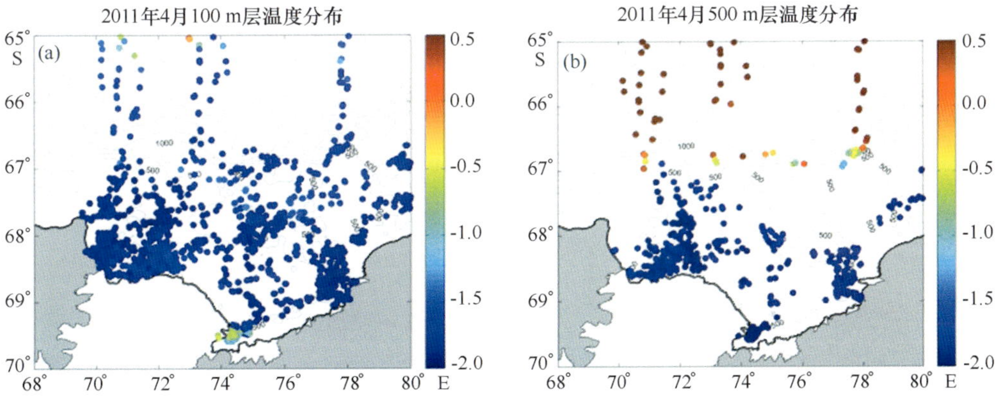

图 5-24　2011 年 4 月 100 m（a）和 500 m（b）层温度大面分布

3 月，表层盐度普遍呈近岸区域或冰架前缘（<34.0）比远离海岸或冰架区域（>34.4）低的分布格局（图 5-25）。6 m 层上盐度在湾口和陆架区域呈现一条高盐带（>34.4），最高盐度在 34.5 以上，而在近岸区域或冰架前缘，以及陆坡及以外的大洋深海区，盐度值为 34.0，最低仅为 33.5 左右。100 m 层以下，盐度基本维持了表层的分布态势，只是盐度值普遍升高，到了 500 m 层，盐度普遍都在 34.3 以上，最高盐度值在 34.7 左右。

4 月，表层盐度依然延续了 3 月一样的分布态势，即湾口和陆架区域呈现一条高盐带，

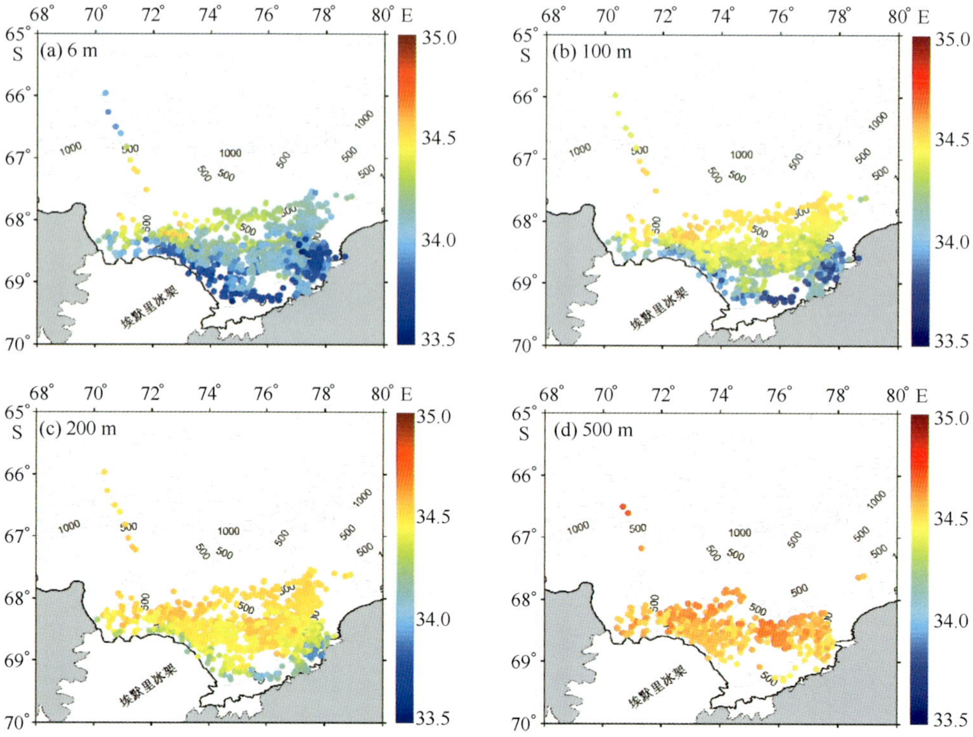

图 5 – 25　2011 年 3 月 6 m（a）、100 m（b）、200 m（c）和 500 m（d）层盐度大面分布

在其南、北两侧盐度普遍较低，最低盐度出现在表层的湾底区域，仅为 33.4 左右（图略）。200 m 层（图 5 – 26a），湾底依然维持了较低盐度（<34.3），但最低盐度区（<34.1）似乎移到了弗拉姆浅滩东北部和戴维斯站附近区域，湾口和陆架区高盐带中的盐度值普遍在 34.5 以上。500 m 层（图 5 – 26b）上，研究区域盐度基本上均在 34.5 以上，大洋深海区域盐度值甚至超过了 34.7，但在 200 m 上呈现的 3 个稍低盐度区域依然出现在 500 m 层上，但盐度差（约 0.2）远不如上层明显。

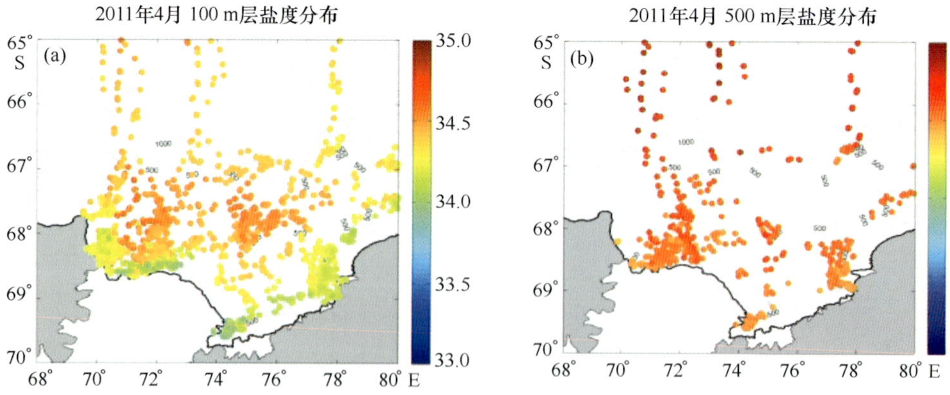

图 5 – 26　2011 年 4 月 100 m（a）和 500 m（b）层盐度大面分布

3）时间变化

断面的时间变化需要以不同年份在同一断面的重复观测为基础，第 29 航次和第 31 航次南极考察期间重复观测的断面主要包括 P3、P4、P5、PA，第 28 航次和第 31 航次重复观测的

断面有 IS 断面。下面以此 4 条断面分析各个断面的时间变化。

P3 断面的时间变化：第 29 航次和第 31 航次南极考察期间观测的 P3 断面的温度和盐度分布如图 5－27，两次观测的温度和盐度结构非常类似，在 250 m 以浅的表层覆盖一层低温低盐的冷淡水，自南向北延伸到最北端，温度在－1.7～－1℃之间，但两次观测的表层盐度不同，第 31 次南极考察该断面的表层盐度比第 29 次南极考察更低。两次观测的大于 0.5℃的高温高盐水层均位于 200～1 200 m 层，不同的是第 29 次南极考察该水层的温度核心为北侧一个，而第 31 次南极考察该水层的温度核心为在南、北有两个。两次盐度分布结构与温度类似。在深底层，0℃等温线均在 1 100 m 以深，但在 66.7°S 以北，第 31 航次的 0℃等温线比第 29 航次要低，两次分别位于 2 500 m 和 2 200 m 深度。两次盐度分布结构与温度类似。

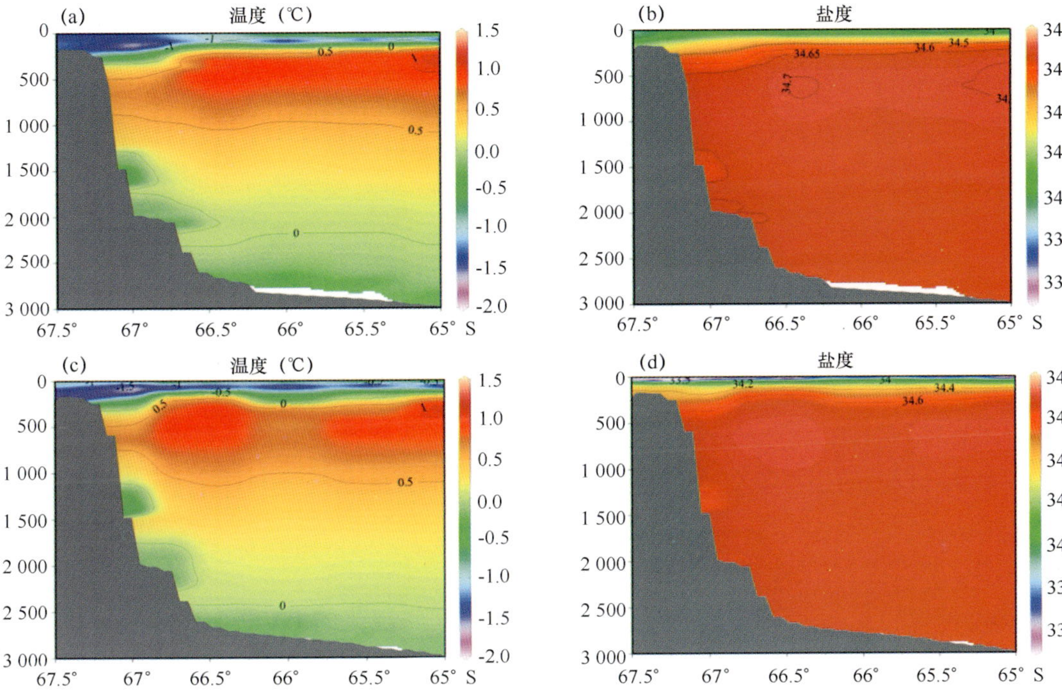

图 5－27　第 29 航次（a，b）和第 31 航次（c，d）南极考察 P3 断面的温度和盐度分布

P4 断面的时间变化：第 29 次和第 31 次南极考察期间观测的 P4 断面的温度和盐度分布如图 5－28，两次观测的温度和盐度结构比较类似，在 80～500 m 层的次表层冷水自南向北延伸到最北端，在陆坡以北该水层厚度变为 200 m 以浅，温度在－2℃～－1℃之间，但两次观测的表层盐度不同，第 31 次南极考察该断面的表层盐度比第 29 次南极考察更低，这点与 P3 类似。两次观测的大于 0.5℃的高温高盐水层均位于 300～1 500 m 层，不同的是第 31 次南极考察该水层的温度核心为北侧一个，而第 29 次南极考察该水层的温度核心为在南、北有两个。在 66.5°S 以北的深底层，第 31 航次的 0℃等温线比第 29 航次要低 200 左右。北部 500 m 附近的等沿线表现不同，第 29 航次为波动曲线，第 31 航次为北高南低的倾斜线。

P5 断面的时间变化：第 29 次和第 31 次南极考察期间观测的 P5 断面的温度和盐度分布如图 5－29，两次观测的温度和盐度结构比较类似，但也存在差别。在 80～600 m 层的次表层冷水自南向北延伸到最北端，在陆坡以北该水层厚度变为 300 m 以浅，温度低于－1℃，盐度低于 34.6，但第 31 次南极考察该断面的陆架上的温度和盐度明显比第 29 次南极考察低，

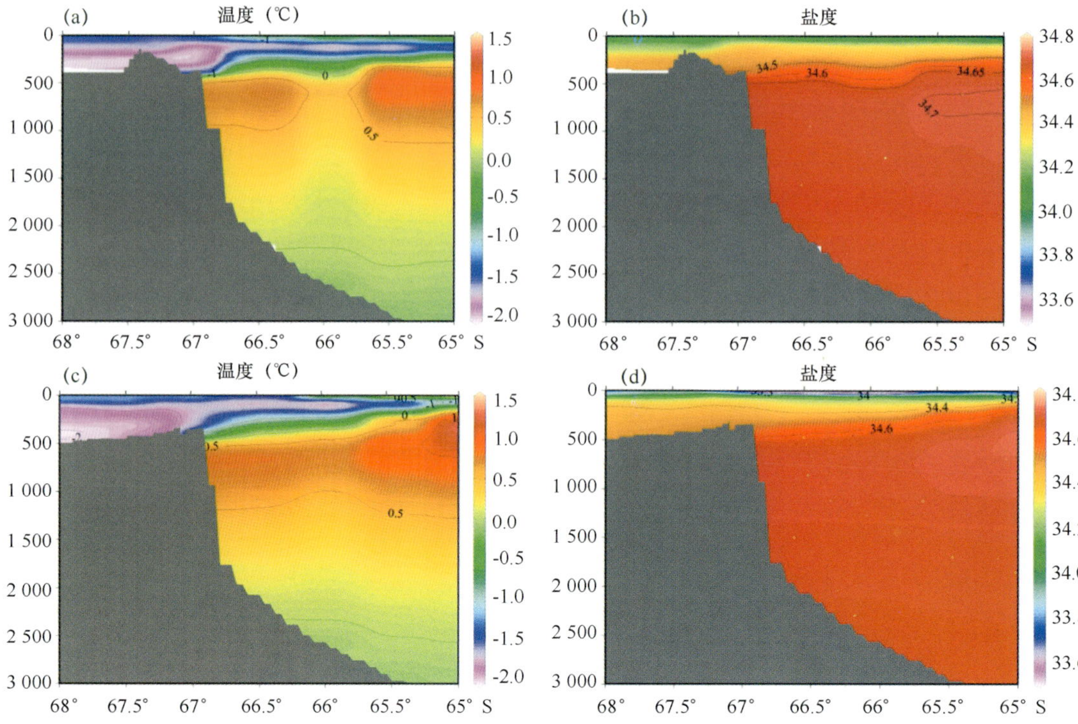

图 5-28　第 29 次（a，b）和第 31 次（c，d）南极考察 P4 断面的温度和盐度分布

而在湾口附近第 29 航次观测的高温高盐绕极深层水向南入侵得更远，达到 67.6°S，第 31 航次未能明显地入侵上陆架。第 29 航次观测的大于 0.5℃的高温高盐水位于 66°S 以北，而第 31 航次向南延伸到 66.7°S 的陆坡上。在 2 500 m 以深的洋底，第 31 航次观测的温度要比第 29 航次偏暖。两次盐度的观测在陆坡以北结构类似。

PA 断面的时间变化：第 29 次和第 31 次南极考察期间观测的 PA 断面的温度和盐度分布如图 5-30，两次观测的温度和盐度结构差别很大。第 29 次南极考察在该断面的表层覆盖着一层约 60 m 厚的暖水层，温度在 -1～0℃之间，盐度低于 34.2。而第 31 次南极考察表层的暖水层约为 50 m 厚，且集中在该断面 74°E 以西，温度和盐度较之第 29 航次均较低。第 29 航次断面的中部，150～400 m 水层存在典型的绕极深层水入侵，变异的绕极深层水温度在 -1.5℃以上，中心温度 -0.7℃左右，位于 73.7°E 的 300 m 深，盐度 34.6 左右，展示了普里兹湾湾口与南大洋的水交换情况。但第 31 航次该断面没有观测到类似的绕极深层水入侵，说明普里兹湾与外界的水交换有明显的时间变化。

IS 断面的时间变化：第 28 次和第 31 次南极考察期间观测的 IS 断面的温度和盐度分布如图 5-31，两次观测的温度和盐度结构类似，但也存在差别。第 28 次南极考察大于 -1℃的表层暖水较之第 31 次南极考察要厚，而且表层盐度要更高。接近 -2℃的过冷却水的分布位置和范围也不一样，第 28 航次的过冷却水主要分布在 71°—73°E 的 200～400 m 层，而第 31 航次的过冷却水主要分布在 72°—75.5°E 的 300～600 m 层。两个航次相比，第 28 航次观测的整个断面的盐度都比较高。

为进一步了解通过海豹 CTD 标记获得的普里兹湾海水温盐随时间的变化情况，根据 CTD 标记的不同时间的空间分布情况，选几个典型的区域分别是戴维斯南极站外海域、埃默里冰架前缘、埃默里洼地及普里兹湾湾底、四女士浅滩（及近岸深槽）等区域分析。

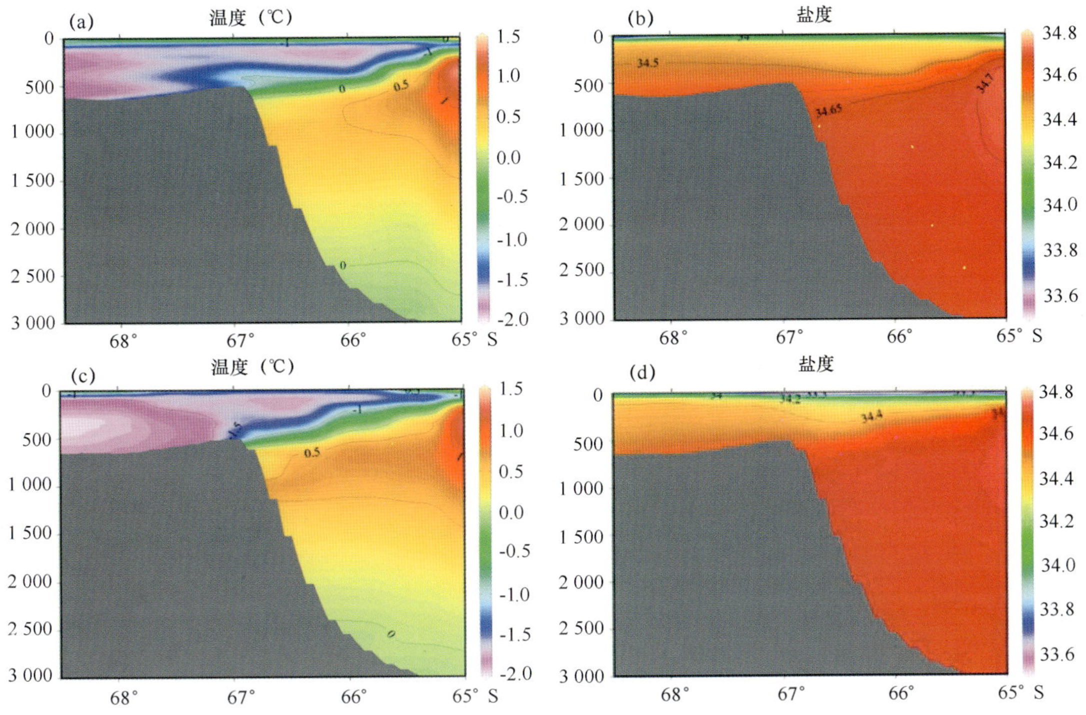

图 5－29　第 29 次（a，b）和第 31 次（c，d）南极考察 P5 断面的温度和盐度分布

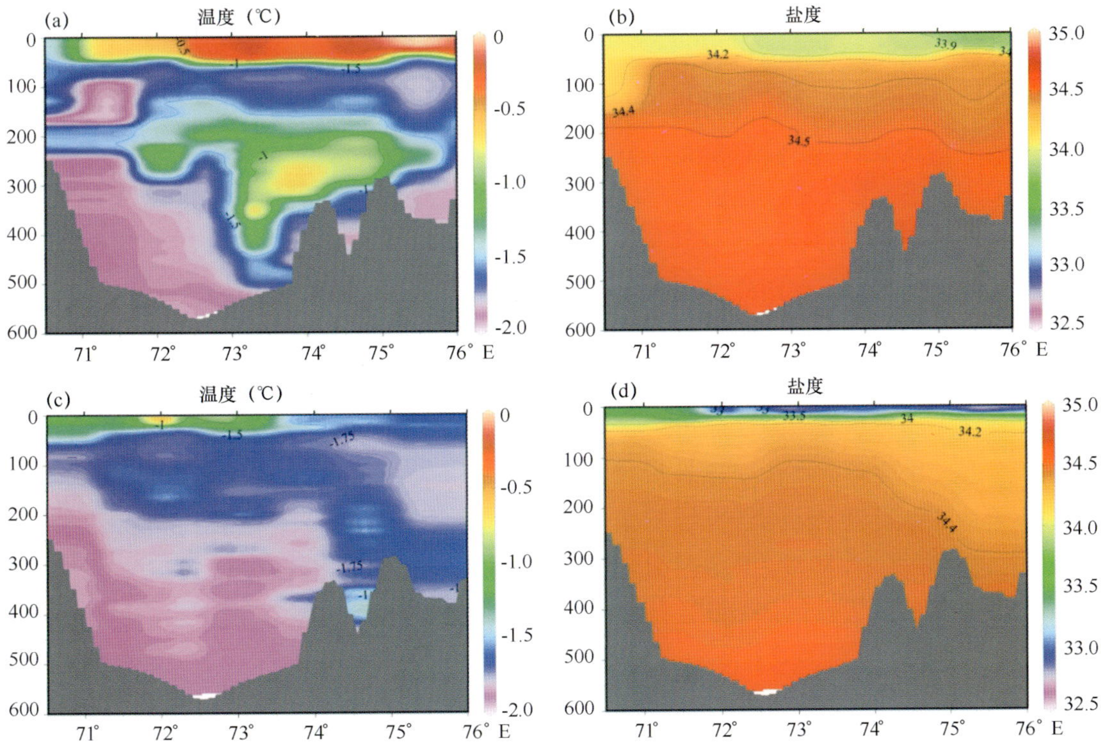

图 5－30　第 29 次（a，b）和第 31 次（c，d）南极考察 PA 断面的温度和盐度分布

在普里兹湾东南海岸处的戴维斯站附近海域不同时期温盐剖面如图 5－32 所示。因为所有的 CTD 标记都在这里投放入海，所以观测剖面特别多。在 2 月下旬至 3 月上旬，几乎所有

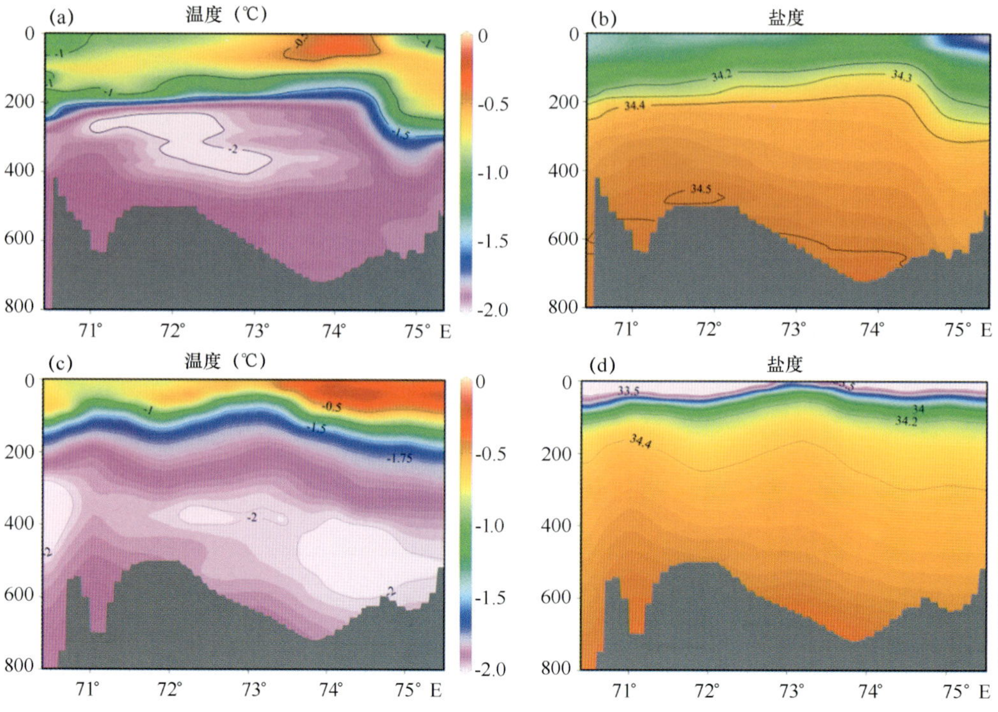

图 5－31　第 28 次（a，b）和第 31 次（c，d）南极考察 IS 断面的温度和盐度分布

的观测剖面在次表层（约 90 m 水深）均呈现较明显的逆温结构（或逆温跃层）和中等强度的盐、密跃层，其强度分别为 0.018℃/m、0.017/ m 和 0.013 kg・m^{-3}/m，上混合层深度浅于 30 m；随着时间推移，混合层深度不断加深，逆温结构或温、盐、密度跃层逐渐消失，进入 4 月下旬后，这里的温、盐、密度几乎呈垂直均匀的分布结构。与此同时，表层温度也从约 －1.60℃下降到 －1.90℃，且随着深度加深，温度略微升高约 0.10℃，底层（约 550 m）温度为 －1.80℃；盐度和密度也分别从 33.64 和 27.11 kg/m^3 上升到 34.35 和 27.66 kg/m^3，且随深度增加，盐度和密度同样略有增大，但增幅不大，仅为 0.04 和 0.02 kg/m^3。

埃默里冰架位于普里兹湾的西侧，呈东南—西北走向。CTD 标记到达冰架前缘通常在 3 月中旬，然后沿冰架由东南向西北移动，并在冰架中、北段会停留较长时间（1～2 个月），观测剖面较多；而在冰架南段（靠近湾底）则相对较少。大约在 3 月中旬到 4 月下旬，冰架前缘的温、盐、密度垂直结构变化较大（图 5－33），尤其是温度，变化比较复杂。大体而言，温度普遍存在逆温层结构，表层温度从 －1.74℃上升到 150 m 层上的 －1.04℃，大约在 250 m 层又急剧降为 －1.89℃，比表层温度还要低约 0.15℃。同样，盐度和密度也分别从表层的 33.79 和 27.19 kg/m^3 上升到 200 m 层上的 34.40 和 27.68 kg/m^3，且随深度增加，盐度和密度值仍略有增加。进入 5 月后，随着海面降温和结冰析盐过程的加剧，海水上下层混合明显加强，随着逆温和盐度、密度跃层由强变弱，直至消失，冰架前缘水体结构变得垂直均匀。

埃默里洼地几乎占据了普里兹湾 2/3 区域，呈东南—西北走向，其北端与陆坡接壤，是普里兹湾与深海大洋水交换的主要通道。埃默里洼地的最南端也就是普里兹湾的湾底，这里离埃默里冰架前缘的东南端十分接近，故水体结构与冰架前缘基本相似，次表层（30～120 m）存在逆温结构，表层温度为 －1.70℃，到了 90 m 层上升为 －1.10℃，而在 120 m 层又降为 －1.76℃，然后随深度增加，温度呈缓慢下降之势，大约在 700 m 水深处降为

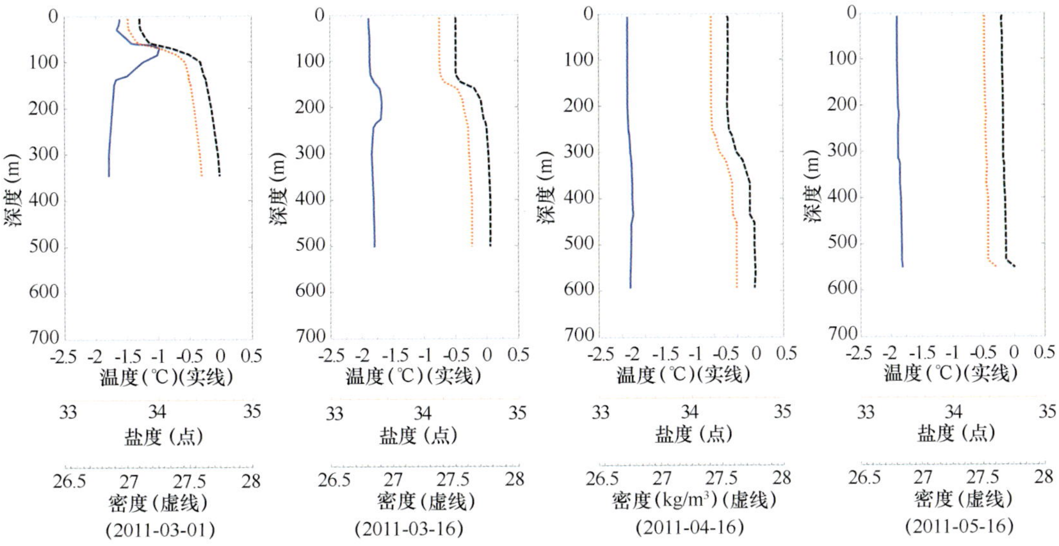

图 5－32　戴维斯南极站附近海域温度、盐度和密度垂直分布

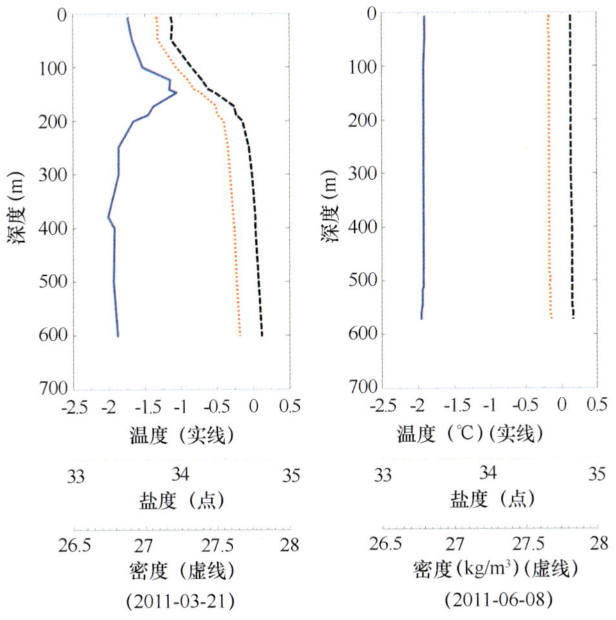

图 5－33　埃默里冰架前缘海域温度、盐度和密度垂直分布

－1.93℃。同样，盐度和密度从表层到 200 m 层间存在弱跃层。200 m 水深以下，盐度值和密度值仍有缓慢增加之势，到 700 m 层分别达到 34.64 和 27.90 kg/m^3，而在表层仅为 34.02 和 27.40 kg/m^3（图 5－34）。水体的这种结构主要出现在湾内的洼地区域，在湾外的洼地西北部，温、盐、密度的垂直结构几乎呈垂直均一的分布态势。温度低于－1.79℃，盐度和密度除表层略低外，50 m 水深以下都在 34.44 和 27.74 kg/m^3 以上。

四女士浅滩分别位于埃默里洼地的西、东两侧，主要盘踞于湾口附近的陆架区域。相比而言，在研究海域内的弗拉姆浅滩范围要比四女士浅滩小得多，前者仅占据研究海域的西侧中部区域，而后者则占据了普里兹湾内的中、东部及其陆坡以南的广阔区域。普里兹湾内的

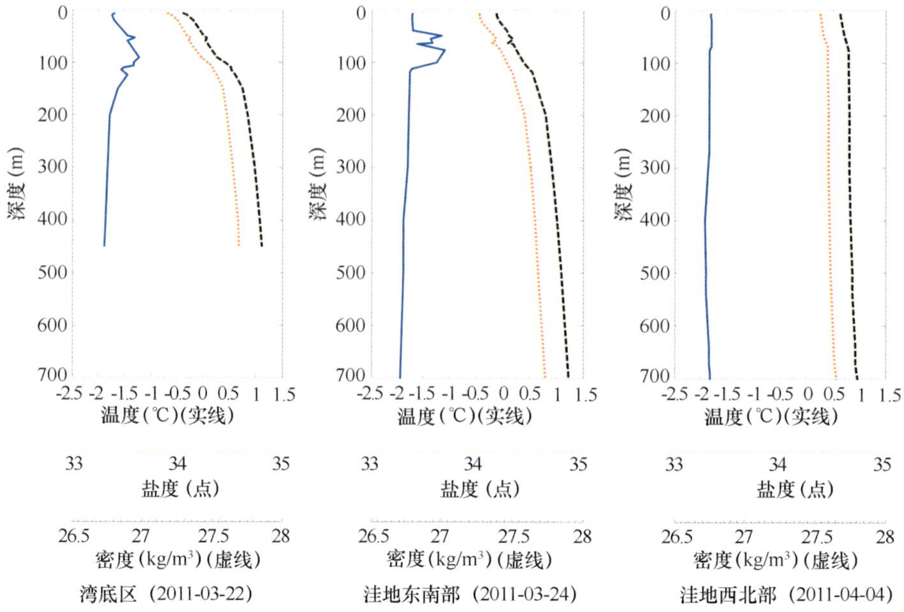

图 5 - 34　埃默里洼地及普里兹湾湾底海域温度、盐度和密度垂直分布

另一个深水槽出现在四女士浅滩东南的近岸区域。复杂的地形和水深变化，导致该区域的水体结构也要相对复杂些，但在弗拉姆浅滩区域，所有观测剖面呈现的水体结构又似乎比较单一，温度从上到下均在 -1.90℃左右，盐度和密度则分别在 34.42 和 27.72 kg/m³ 左右。值得注意的是，这里的温、盐、密度垂直结构与其他区域略有不同，除温度随深度增加略有升温外，盐度和密度却呈略微降低的趋势，即下层密度值要稍低于上层，表明这里的水体正处在一种不稳定状态（图 5 - 35）。然而，在四女士浅滩区域，水体的垂直结构，特别是温度垂直分布要复杂许多。不但在次表层存在逆温结构，而且在下层有时也会出现逆温层，呈双逆温结构，不过强度并没有达到跃层的标准。盐度和密度变化虽没有温度复杂，除了在 80 m 上层出现弱的跃层结构外，80 m 水深以下，盐度和密度在垂向呈“弯曲”分布的趋势，同样表明该区域中下层水体呈不稳定状态。随着时间推移，除了温度依然呈上层低、下层高的逆结构分布外，盐度和密度则已经恢复为正常分布状态，在 75 ~ 220 m 深度范围内，盐度和密度变化相对要大一些，但其强度并未达到跃层标准。

在四女士浅滩东南近岸区域的深水槽内，温、盐、密度垂直结构未见异常。温度从表层到下层的 670 m 水深处，几乎呈铅直分布，温度值在 -1.83℃左右，盐度和密度随深度加大而渐增，分别从表层的 34.09 和 27.43 kg/m³ 增加到 34.54 和 27.80 kg/m³。

4）小结

第 28 次、第 29 次、第 30 次和第 31 次南极考察在普里兹湾海域获得的 CTD 和 XCTD 观测数据，给出了该海域温盐结构的基本特征。

几乎所有普里兹湾的断面观测在表层都存在高温低盐的暖淡水，温度在 -1℃以上，盐度小于 34.2，厚度一般在 50 ~ 200 m 不等。次表层冷水在各个断面均自南向北延伸到陆坡以外，基本可以达到各断面的最北部，陆架水与绕极深层水在湾口的陆坡附近相遇混合，只有水通道所在的 P5 断面，绕极深层水才能入侵到普里兹湾内部，在水通道的东西两侧，绕极深层水很难爬上陆架。冰架前缘断面的 200 m 以深存在大量温度接近 -2℃的过冷却水，是冰架水的

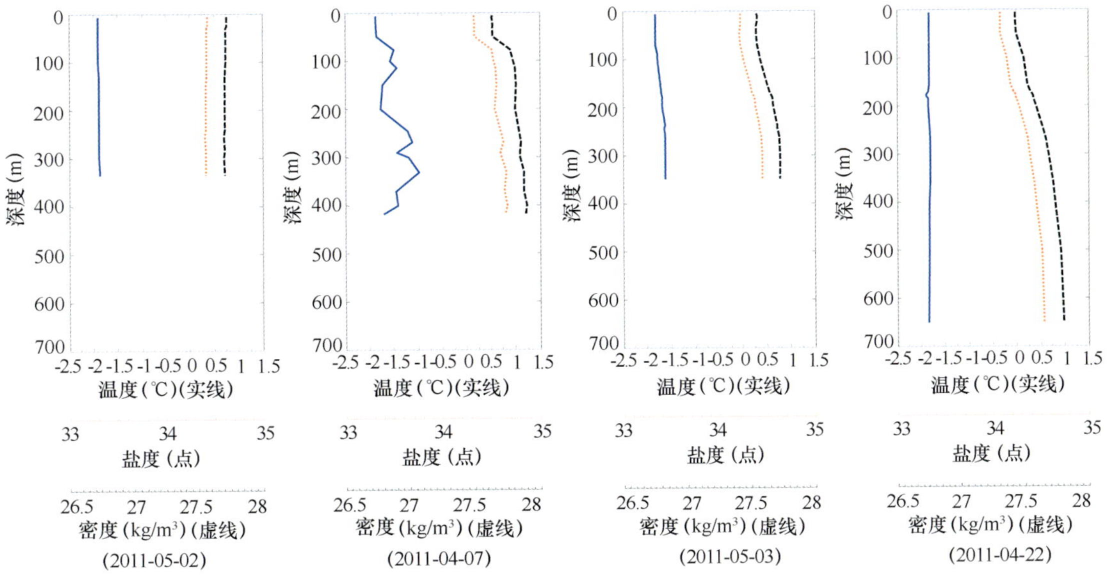

图5-35 弗拉姆和四女士浅滩（及近岸深槽）海域温度、盐度和密度垂直分布

重要组成部分。调查海域的表层温度基本上呈现随着纬度的增大而降低的变化趋势，但盐度的变化比较复杂。湾口断面和冰架前缘断面的温度、盐度具有明显的时间变化。

通过在普里兹湾东南岸戴维斯南极站施放的17头携带小型CTD记录器（CTD-SRDLs）的南极象海豹收集的温、盐度剖面资料，对于揭示普里兹湾及邻近海域冬季的水文结构及水团特征具有重要意义。

（1）在普里兹湾东南海岸处的戴维斯站附近海域，在2月下旬至3月上旬，几乎所有的观测剖面在次表层（约90 m水深）均呈现较明显的逆温结构（或逆温跃层）和中等强度的盐、密跃层，其强度分别为0.018℃/m、0.017℃/m和0.013 $kg \cdot m^{-3}/m$，上混合层深度浅于30 m；随着时间推移，混合层深度不断加深，逆温结构或温、盐、密度跃层逐渐消失，进入4月下旬后，这里的温、盐、密度几乎呈垂直均匀的分布结构。

（2）在埃默里冰架前缘的温、盐、密度垂直结构变化较大，尤其是温度，变化比较复杂。3月中旬到4月下旬，温度普遍存在逆温层结构；进入5月后，随着海面降温和结冰析盐过程的加剧，海水上下层混合加强，逆温和盐度、密度跃层由强变弱，冰架前缘水体结构变得垂直均匀。

（3）在弗拉姆浅滩区域，水体结构比较单一，温度从上到下均在-1.90℃左右，盐度和密度则分别在34.42和27.72 kg/m^3 左右。值得注意的是，这里的温、盐、密度垂直结构除温度随深度增加略有升温外，盐度和密度却呈略微降低的趋势，即下层密度值要稍低于上层，表明这里的水体正处在一种不稳定状态。而在四女士浅滩区域，温度垂直分布比较复杂，不但在次表层存在逆温结构，而且在下层还会出现逆温层，呈双逆温结构。

5.1.1.2 海流的分布和变化

1）数据介绍

（1）第28航次LADCP数据介绍

第28次南极考察在普里兹湾共完成2个断面P5和IS的LADCP观测。其中P5断面7个站位，埃默里冰架（IS）14 个站位，共计 19 个 LADCP 作业站。由于时间紧，任务重，2012 年 3 月 6 日考察队计划做 P1 断面 6 个站位的 LADCP 调查，但受气旋天气的影响，风大涌高，调查船无法停船作业，也没有时间停留等待天气好转，西风带气旋也影响调查船返航，经过考察队的研究决定放弃余下作业站位的观测，提前穿越西风带返航，从而避开强气旋的影响。通过数据处理和质量控制，P5－02、P5－05 和 P5－07 数据质量存在严重问题（坏数据），不予采用，这样，有效观测站位为 16 个，第 28 次南极考察在普里兹湾的 LADCP 观测站位分布见图 5－36。

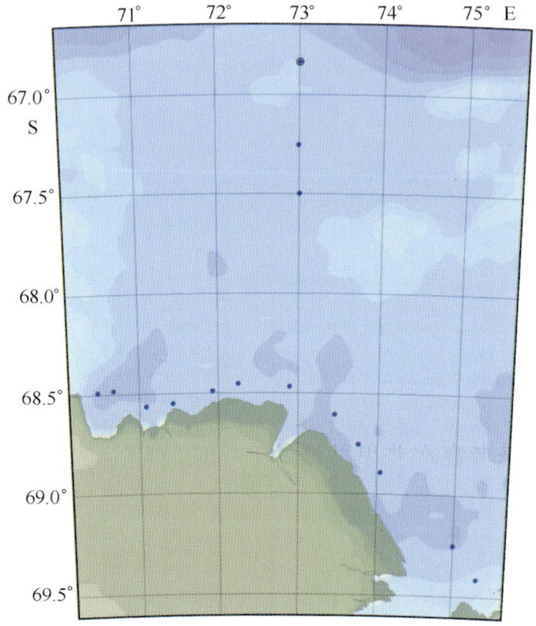

图 5－36　第 28 次南极考察普里兹湾海域 LADCP 观测有效站位分布

（2）第 29 航次 LADCP 数据介绍

第 29 次南极考察在普里兹湾共完成 6 条重点断面，共计 63 个 LADCP 观测站位。受气旋天气的影响，风大涌高，调查船无法到达 P7－1、P7－2、P7－3 站位，故将该 3 个站位调整到浅水区，位于 P7 断面的南部；由于海冰的密集度很大，无法在预设的站位进行 CTD 作业，作业站位依次向西移动。6 条断面的作业顺序为 P7、P6、P5、PA、P3、P4。通过数据处理和质量控制，P3－06、P3－07 和 P4－03 数据质量存在严重问题（坏数据），不予采用，这样，有效观测站位为 60 个，第 29 次南极考察在普里兹湾的 LADCP 观测站位分布见图 5－37。

（3）第 30 航次 LADCP 数据介绍

第 30 次南极考察为“一船三站”航次，到达普里兹湾时间较晚，到达时已是 2014 年 3 月初，再加上普里兹湾海域冰情严重，仅完成了 10 个站位的 CTD 观测和 4 个站位的 XCTD 观测，在普里兹湾未做 LADCP 观测，仅在南极半岛做了 30 个站位的 LADCP 观测。

（4）第 31 次 LADCP 数据介绍

第 31 次南极考察在普里兹湾海域的调查分两个阶段：第一阶段从 2015 年 2 月 1 日至 12 日；第二阶段从 2015 年 2 月 26 日至 3 月 2 日。第一阶段主要在北侧和西侧海域开展，包括 P2、P3 和 P5 断面的全部重点站位，P4 断面的北部深水区重点站位，以及 P6 断面的 3 个备选站位，共计完成 35 个 LADCP 观测站。第二阶段主要完成 P4 南部、PA、P6 和 IS 共 4 条断

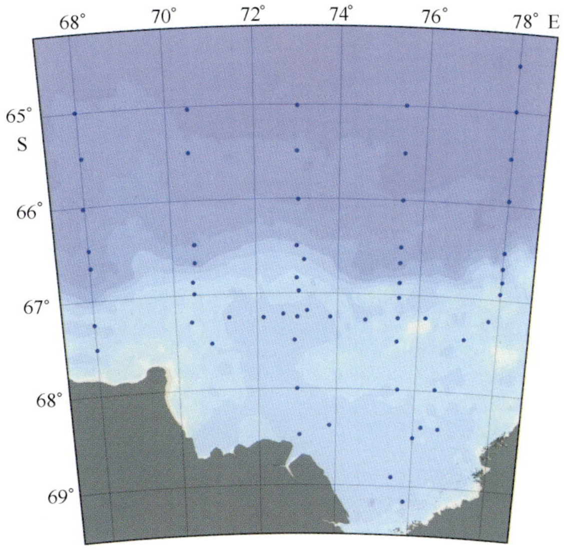

图 5-37　第 29 次南极考察普里兹湾海域 LADCP 观测有效站位分布

面共计 33 个站位的 LADCP 观测。两个阶段共计完成了 68 个站的观测。通过数据处理和质量控制，IS-07 和 P6-08 数据质量存在严重问题（坏数据），不予采用，这样，有效观测站位为 66 个，第 31 次南极考察在普里兹湾的 LADCP 观测站位分布见图 5-38。

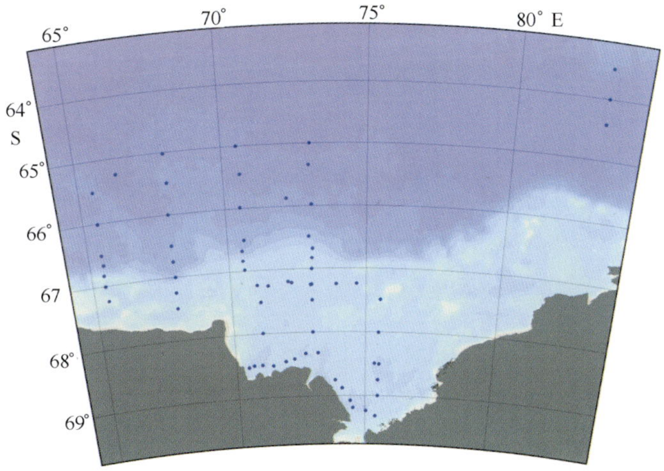

图 5-38　第 31 次南极考察普里兹湾海域 LADCP 观测有效站位分布

（5）漂流浮标数据介绍

第 29 次至第 31 次投放浮标的 143 046 条有效路径点文件，做以下处理：

• 利用前后两个时刻的时间和经纬度，编制程序求出原始数据中每个时刻的流速流向。计算采用 matlab 的 distance 函数，取邻近点的经纬度 lon、lat 和地球半径 R，[distan，ang] = distance（lat1，lon1，lat2，lon2，R），获得两点间的距离 distan 及运动角度 ang，通过两点间距离和时间间隔，求得速度 vel = distan/t。

• 寻找每天 00 时、06 时、12 时、18 时前 6 h 内的有记录时刻的流速和流向，对前 6 h 内的所有流速和流向进行矢量平均作为 00 时、06 时、12 时、18 时的流速和流向。

• 利用计算出来每个时刻的流速流向，按照日为界进行矢量合成流速流向，从而得到逐日的平均流速流向。

2）空间分布

（1）第 28 次南极考察普里兹湾 LADCP 观测

图 5 -39 是第 28 次南极考察普里兹湾 LADCP 观测流速剖面散点图。观测的流速在垂向的分布基本随深度增加而减小，北方向流速大小分布特征如下：表层流速大小范围为 -85.2 ~ 13.2 cm/s；200 m 水层，流速大小范围为 -67.2 ~ 9.9 cm/s；400 m 水层，流速大小范围为 -62.3 ~ 10.4 cm/s；600 m 水层，流速大小范围为 -43.4 ~ 5.0 cm/s；800 m 水层，流速大小范围为 -9.6 ~ 8.7 cm/s。东方向流速大小分布特征如下：表层流速大小范围为 -47.7 ~ 40.1 cm/s；200 m 水层，流速大小范围为 23.0 ~ 68 cm/s；400 m 水层，流速大小范围为 14.9 ~ 18.9 cm/s；600 m 水层，流速大小范围为 -12.7 ~ 14.0 cm/s；800 m 水层，流速大小范围为 -1.5 ~ 15.6 cm/s。

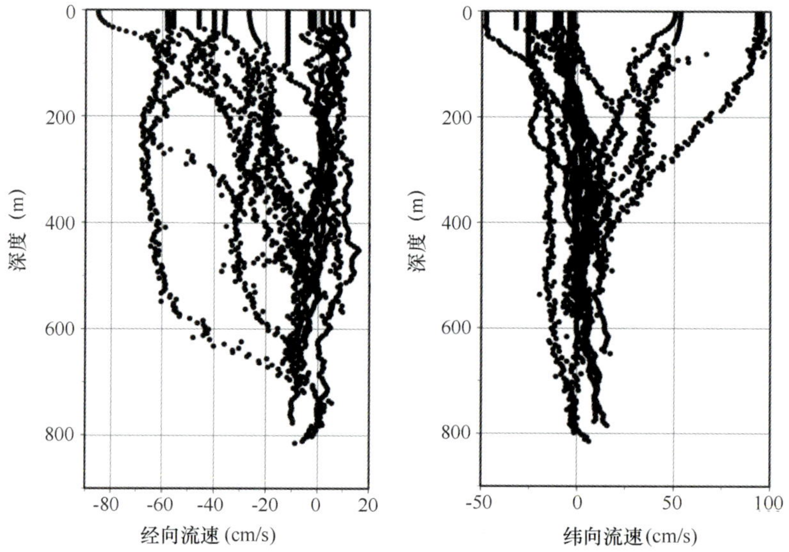

图 5 -39　第 28 次南极考察普里兹湾 LADCP 观测流速剖面散点

图 5 -40 给出了第 28 航次普里兹湾 LADCP 观测站位流速在 30 m 水层、500 m 水层和 1 000 m水层空间分布。图中颜色代表了流速的大小，同时叠加了每个观测站位的流速矢量。本航次 LADCP 观测站位较少，主要是北部沿 72.5°E 经向断面（P5 断面）上 3 个站点和沿着普里兹湾埃默里冰架（IS 断面）上的观测站位组成。从图可知，在 30 m 和 50 m 水层，沿着 72.5°E 的经向断面上流速较大，在表层达到 100 cm/s，流速方向基本为东向，在 1 000 m 水层流速减小到 10 cm/s 左右，且流向与表层不同，变为向西。普里兹湾埃默里冰架断面上，流向基本都是向岸方向，在 30 m 水层流速约为 80 cm/s，随深度增加，流速有所减小，但变化不是很明显。图 5 -41 是埃默里冰架（IS）上断面流速分布，从断面分布图也可以看出在普里兹湾近岸，存在两支较明显的向岸流。

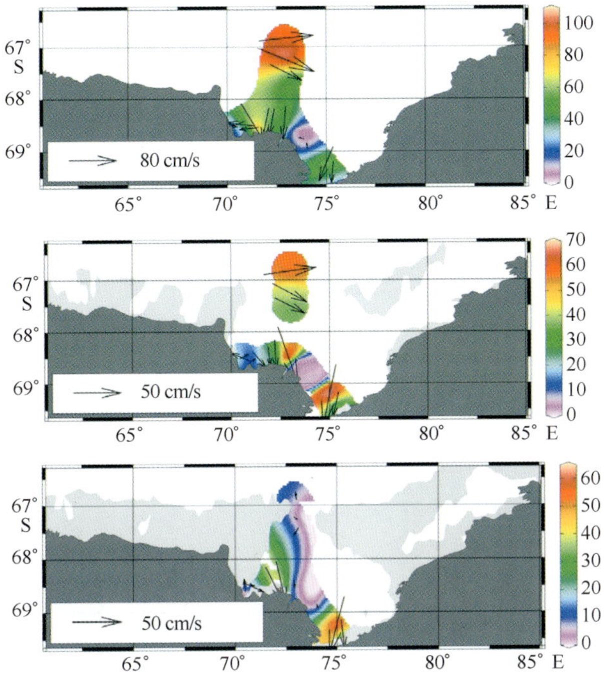

图 5－40　第 28 航次普里兹湾 LADCP 观测站位流速空间分布

从上至下分别为 30 m 水层，250 m 水层，500 m 水层，

颜色代表了流速的大小，同时叠加了个观测站位的流速矢量

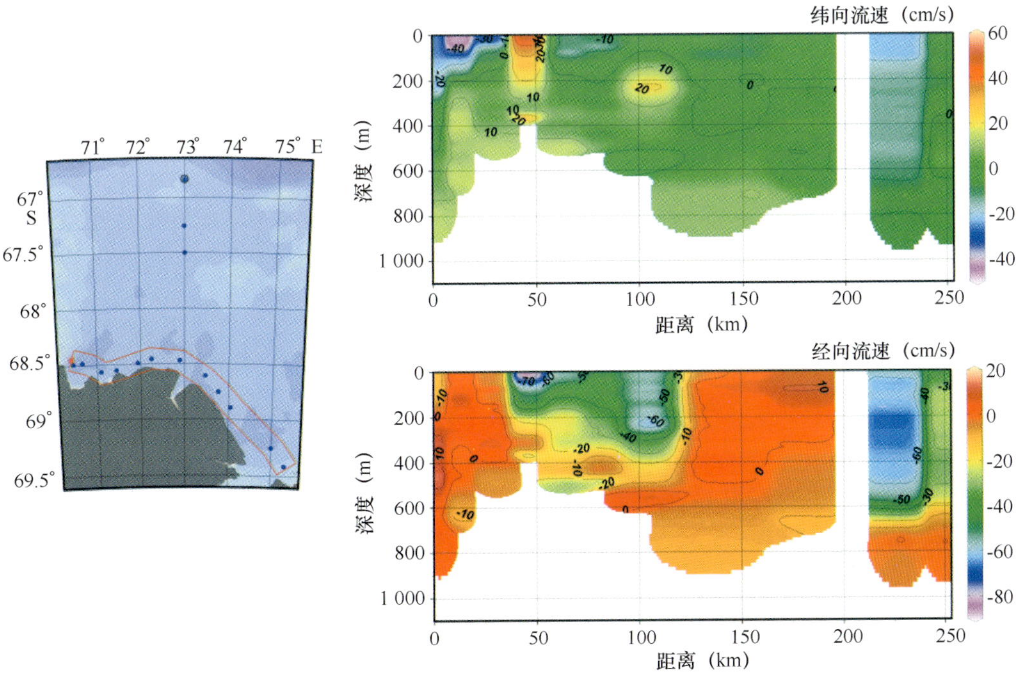

图 5－41　第 28 航次普里兹湾 LADCP 观测 IS 断面流速分布

（2）第 29 次南极考察普里兹湾 LADCP 观测

图 5 – 42 是第 29 次南极考察普里兹湾 LADCP 观测流速剖面散点图。观测的流速在垂向的分布基本随深度增加而减小，北方向流速大小分布特征如下：表层流速大小范围为 – 77.4 ~ 59.6 cm/s；500 m 水层，流速大小范围为 – 51.1 ~ 33.3 cm/s；1 000 m 水层，流速大小范围为 – 50.8 ~ 23.2 cm/s；2 000 m 水层，流速大小范围为 – 40.2 ~ 30.5 cm/s；3 000 m 水层，流速大小范围为 – 6.9 ~ 10.9 cm/s。东方向流速大小分布特征如下：表层流速大小范围为 – 62.8 ~ 46.5 cm/s；500 m 水层，流速大小范围为 43.5 ~ 36.2 cm/s；1 000 m 水层，流速大小范围为 – 39.4 ~ 35.0 cm/s；2 000 m 水层，流速大小范围为 – 26.1 ~ 29.1 cm/s；3 000 m 水层，流速大小范围为 – 1.2 ~ 16.6 cm/s。

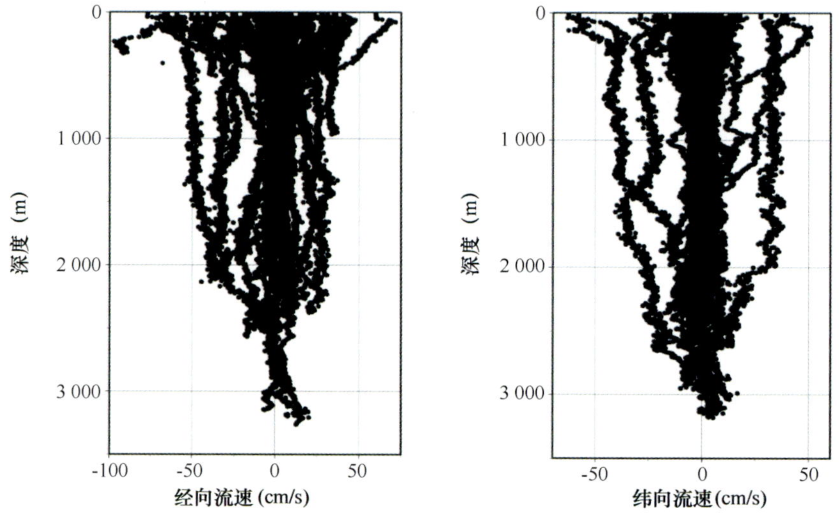

图 5 – 42　第 29 次南极考察普里兹湾 LADCP 观测流速剖面散点

图 5 – 43 给出了第 29 航次普里兹湾 LADCP 观测站位流速在 30 m 水层、500 m 水层和 1 000 m水层空间分布。该航次 LADCP 观测站位较多，且数据质量良好，观测站位主要集中在 P3 – P7、PA 断面以及 3 个锚系站。30 m 水层最大流速约为 80 cm/s，出现在埃默里冰架 70°E 附近；在 70°E 附近，是一只向南的向岸流，而在 75°E 附近，则为向北的离岸流；这两只流在 500 m 水深层依然可见。另外，在 65°S 偏南，观测海域的东西两侧各存在一个高速流核，这两支高速流核在 500 m 和 100 m 水层仍然存在。

图 5 – 44 至图 5 – 49 是 P3 – P7、PA 的断面流速分布。从断面流场空间分布看，本航次观测的流场是比较复杂的。在最西边断面上（P3 断面），北部流速较强，南部流速较弱；最北端流速方向为东南偏东方向，流速大小表层约为 35.0 cm/s，向南则转为西南方向，流速大小表层约为 48.4 cm/s，1 000 m 水层约为 47.6 cm/s，2 000 m 水层约为 44.0 cm/s，再向南，流速减弱，流速大小低于 5 cm/s。P4 和 P5 断面南部流速都较弱，且流向主要为向南方向，P6 断面北部流速又加强，存在一个强的流核，流速大小约为 40 cm/s，P6 断面的南部流速也是较弱，然而在最南部存在较强的北向流，也即前面提到的在普里兹湾内部底层存在一只向北的离岸流。

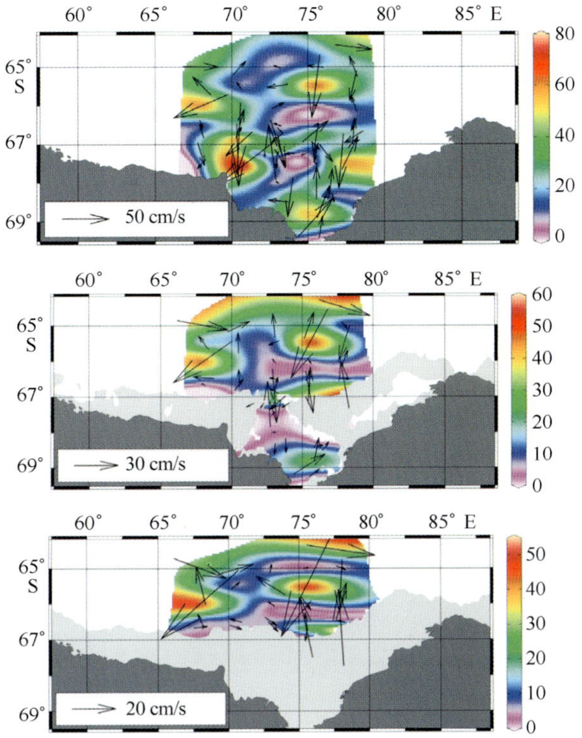

图 5-43　第 29 航次普里兹湾 LADCP 观测站位流速空间分布
从上至下分别为 30 m 水层，500 m 水层，1 000 m 水层

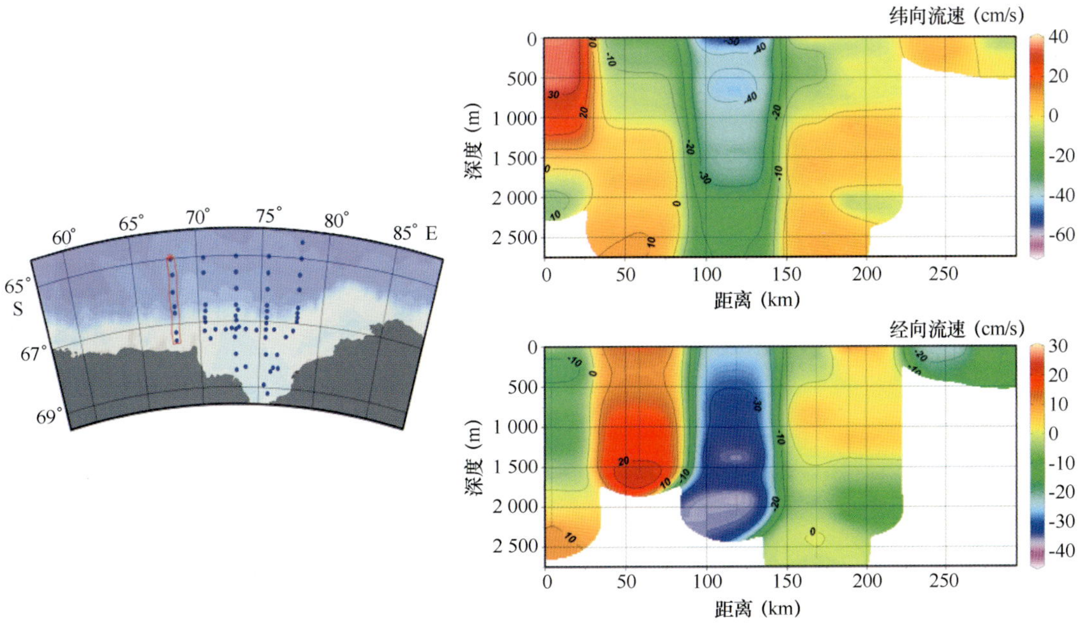

图 5-44　第 29 航次普里兹湾 P3 断面流速分布

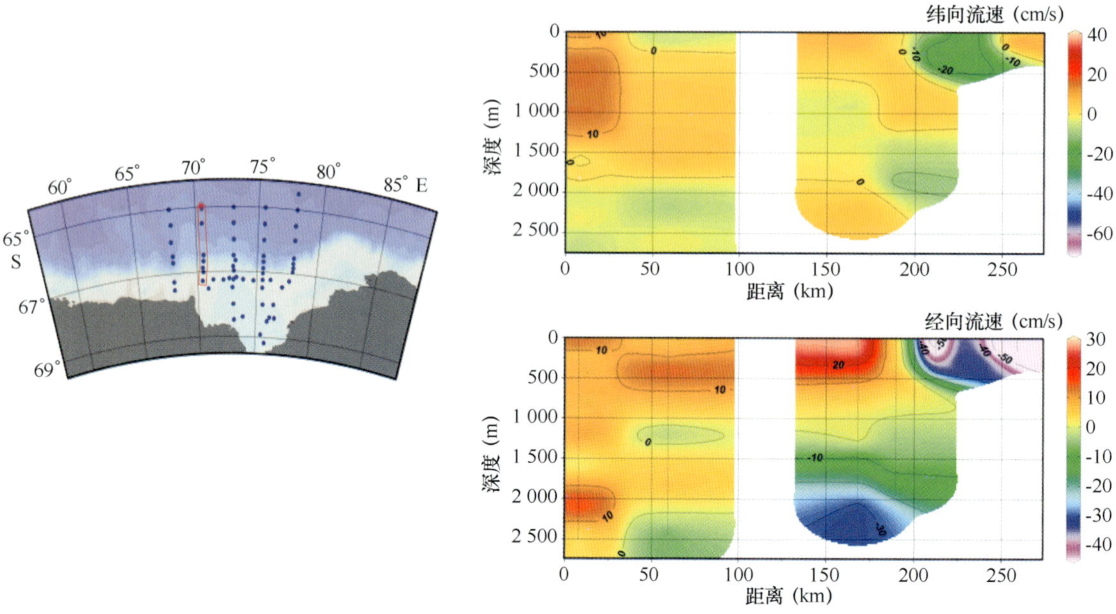

图 5－45　第 29 航次普里兹湾 P4 断面流速分布

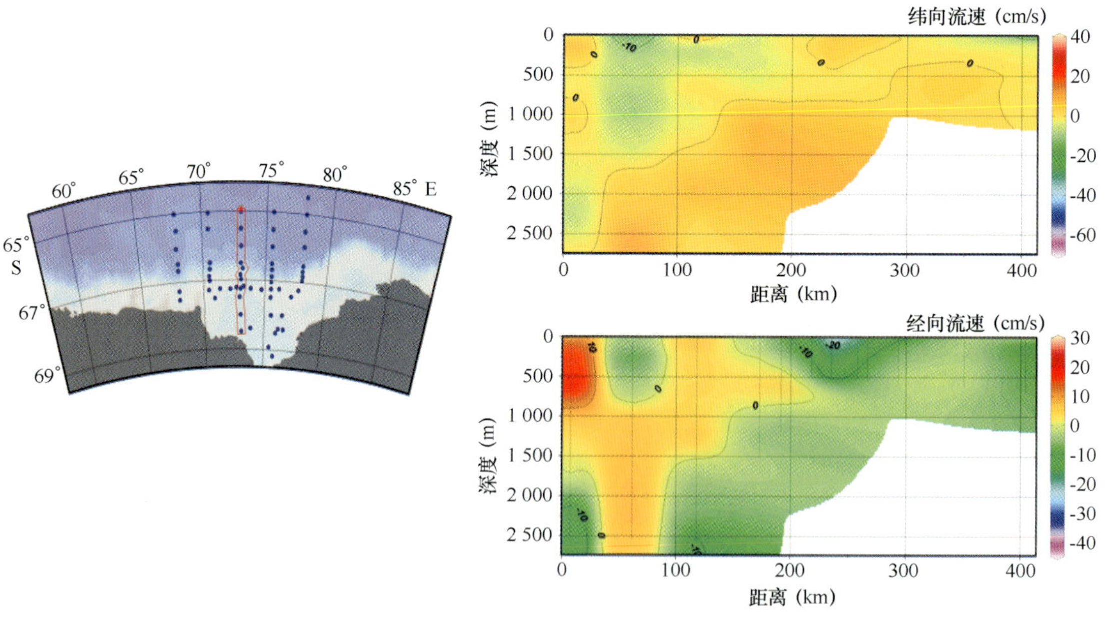

图 5－46　第 29 航次普里兹湾 P5 断面流速分布

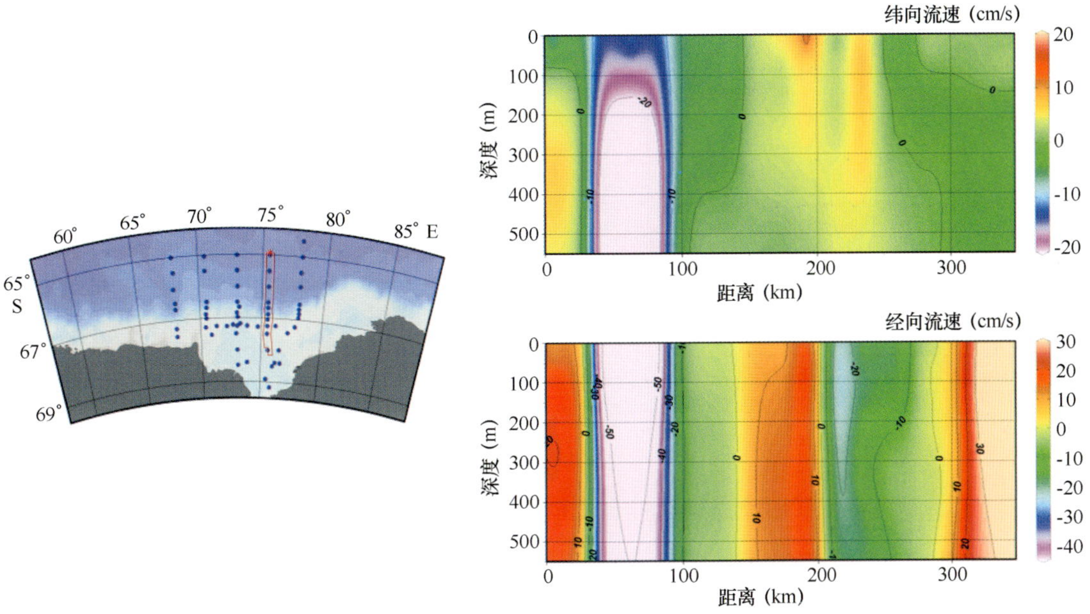

图5－47 第29航次普里兹湾P6断面流速分布

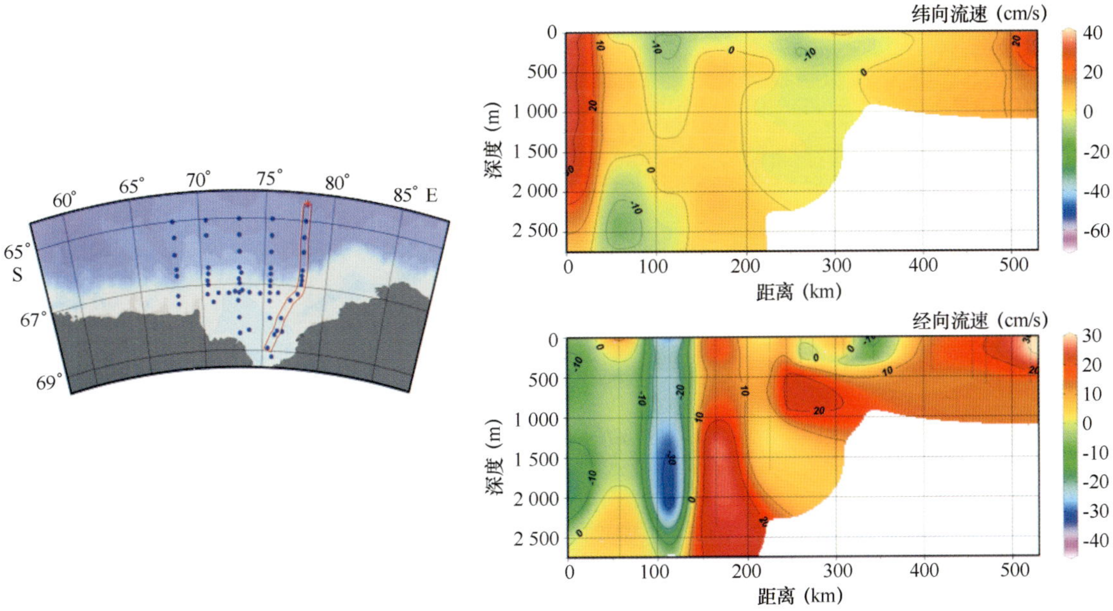

图5－48 第29航次普里兹湾P7断面流速分布

（3）第31次南极考察普里兹湾LADCP观测

图5－50是第31次南极考察普里兹湾LADCP观测流速剖面散点图。观测的流速在垂向的分布基本随深度增加而减小，北方向流速大小分布特征如下：表层流速大小范围为－76.6～46.9 cm/s；500 m水层，流速大小范围为－35.5～26.6 cm/s；1 000 m水层，流速大小范围为－26.7～5.0 cm/s；2 000 m水层，流速大小范围为－18.2～12.8 cm/s；3000 m水层，流速大小范围为－6.2～2.4 cm/s。东方向流速大小分布特征如下：表层流速大小范围为－35.8～26.2 cm/s；500 m水层，流速大小范围为35.2～20.8 cm/s；1 000 m水层，流速大小范围为

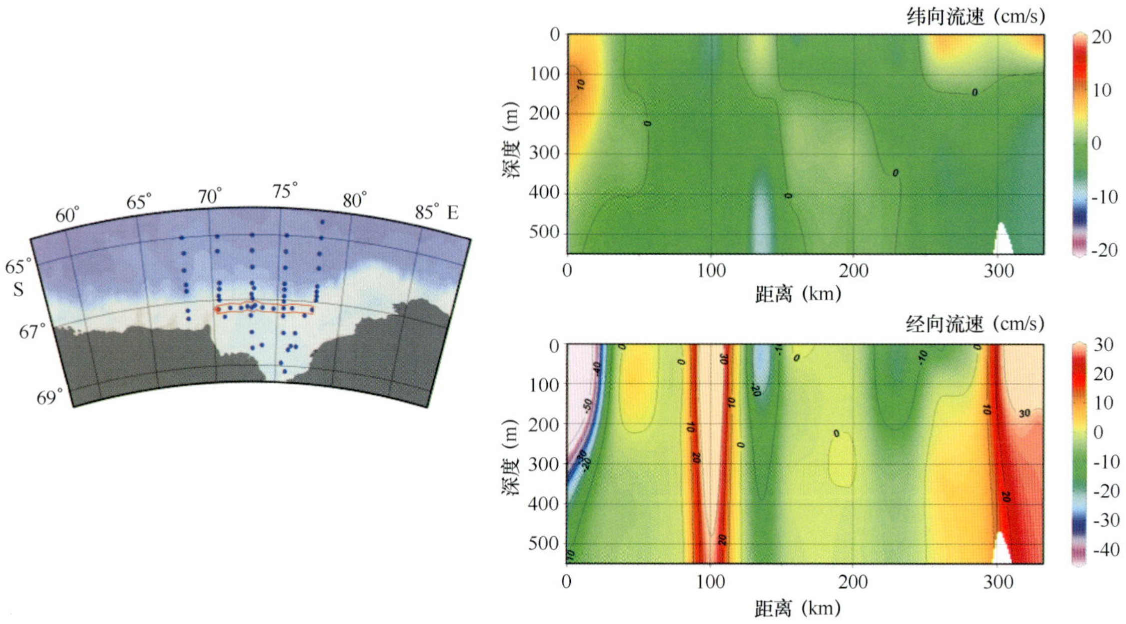

图 5－49　第 29 航次普里兹湾 PA 断面流速分布

－32.8～20.4cm/s；2 000 m 水层，流速大小范围为－22.2～5.9 cm/s；3 000 m 水层，流速大小范围为－6.6～6.7 cm/s。

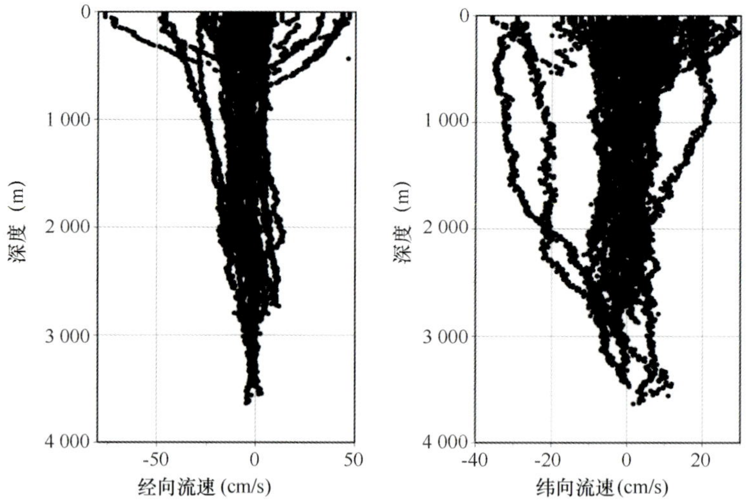

图 5－50　第 31 次南极考察普里兹湾 LADCP 观测流速剖面散点

图 5－51 是第 31 航次普里兹湾 LADCP 观测站位流速在 30 m 水层、500 m 水层和 1 000 m 水层空间分布。本航次 LADCP 观测站位较多，且数据质量良好。主要完成了设计中的 IS 断面、P2～P6 断面、PA 断面、单个锚系站以及部分 P9 断面。30 m 水层最大流速约为 60 cm/s，与第 30 航次观测的结果相似，同样是出现在埃默里冰架 70°E 附近；在 65°S 以南，埃默里冰架以北，70—75°E 之间，是一观测到的高速流核区域，且流态复杂，西边的流向基本为向北，东边流向向南，形成一个顺时针的涡旋（气旋式涡），在 500 m 水层，该反气旋涡更加清楚，但受地形的限制，涡旋尺寸减小。另一个高速流核出现在 65—75°S，65—70°E 之间，

流速基本为向南方向，该高速流核在 500 m 水层仍然存在。

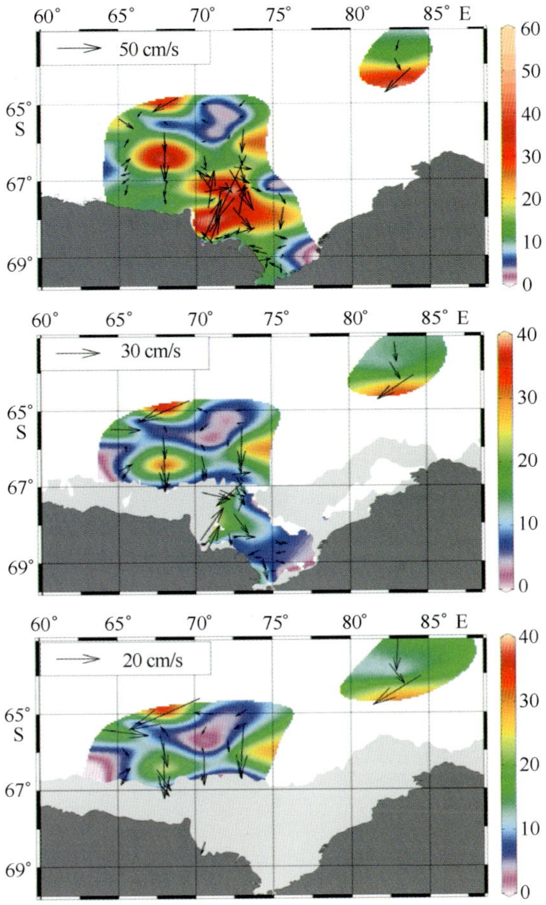

图 5－51　第 31 航次普里兹湾 LADCP 观测站位流速空间分布

从上至下分别为 30 m 水层，500 m 水层，1 000 m 水层

图 5－52 至图 5－58 给出了各观测断面上的流速分布。在最西边断面上（P2 断面），北部流速较大，流向为东南方向，向南流速逐渐较弱，且流向转为西南方向；在 P3 断面上，东方向分量流速很弱，主要是南北方向的流速分量，北端流速为向北（为正值），流速最大出现在底部，约为 10 cm/s；南端流速为南向（为负值），流速表层最大，约为 －20 cm/s，随深度增加流速逐渐减小。在 P4 断面上，与 P3 断面相似，东西方向流速较弱，以南北向流速为主；但是南端流向向北，为反气旋旋的一部分，流速大小约为 20 cm/s。在 P5 断面上，北部流速较弱，流向为西南方向，向南流速是逐渐加强的，且流向转为西南偏南方向，为气旋式中尺度涡旋的一部分；最北端流速方向为东南偏东方向，流速大小表层约为 35.0 cm/s，向南则转为西南方向，流速大小表层约为 48.4 cm/s。PA 断面，位于反气旋涡旋的背部，因此流速主要为东方向，总体来讲，在 P6 断面上，流速较弱。在埃默里冰架断面（IS 断面），除了在 70°E 附近出现强的北向流外（约 15 cm/s，为反气旋涡的一部分），其他观测站位的流速都较弱，在表层仅为 5 cm/s。

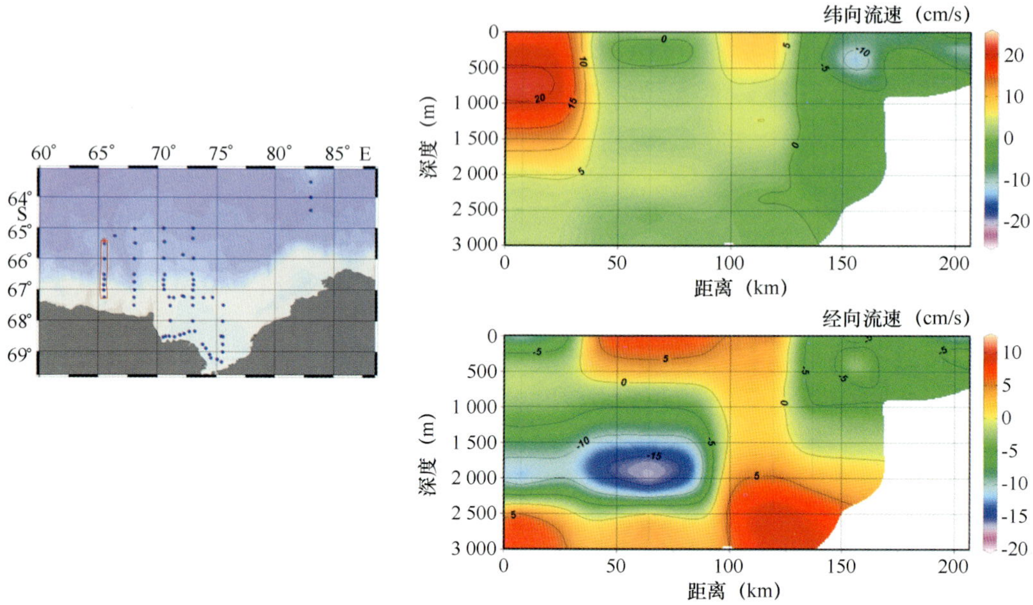

图 5－52 第 31 航次普里兹湾 P2 断面流速分布

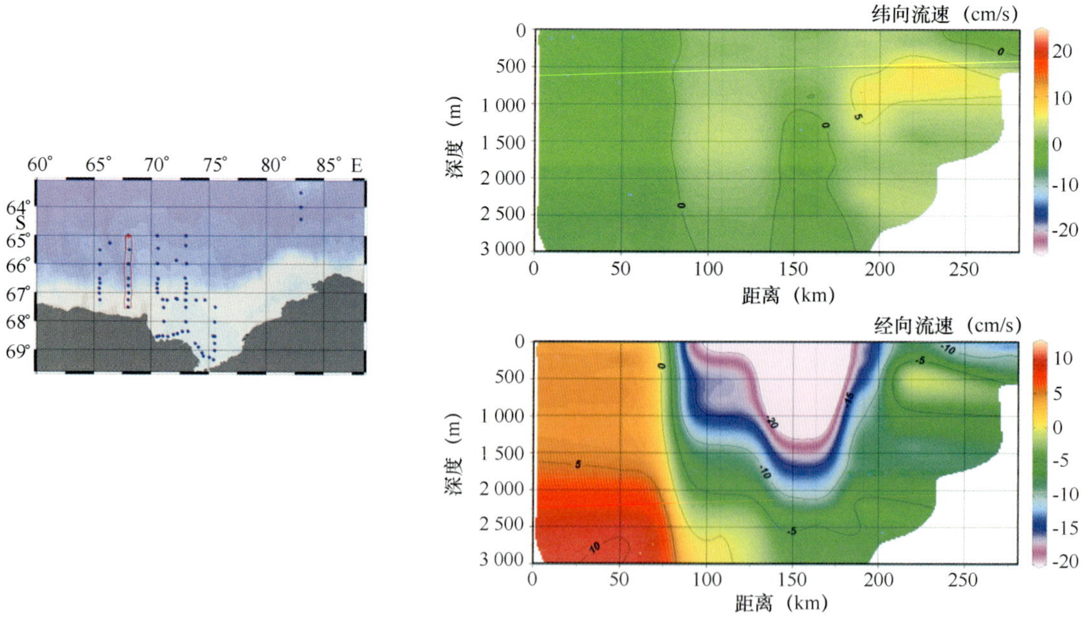

图 5－53 第 31 航次普里兹湾 P3 断面流速分布

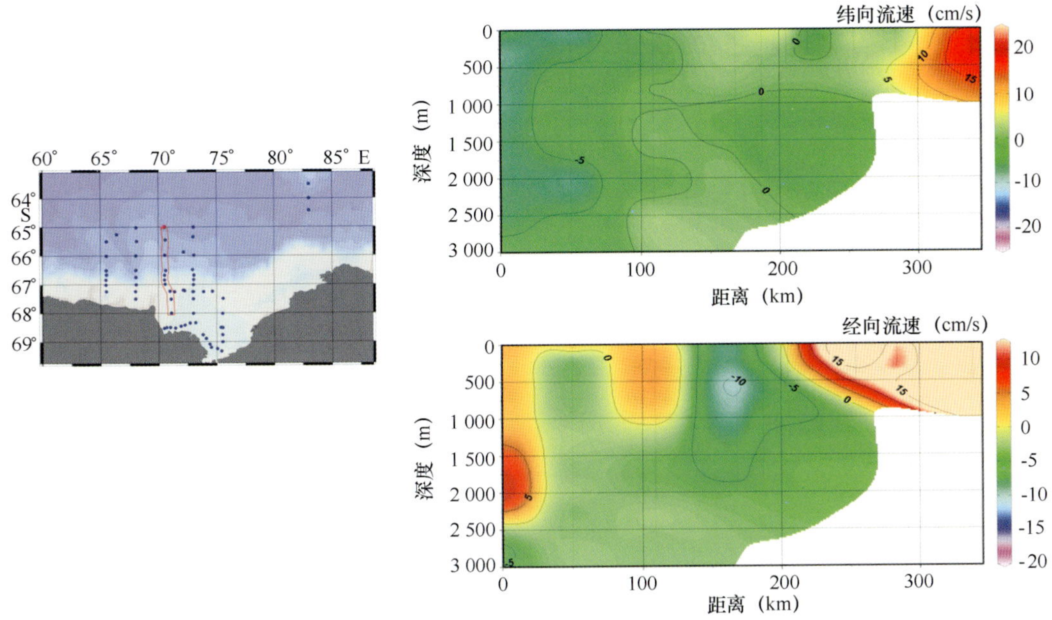

图 5－54　第 31 航次普里兹湾 P4 断面流速分布

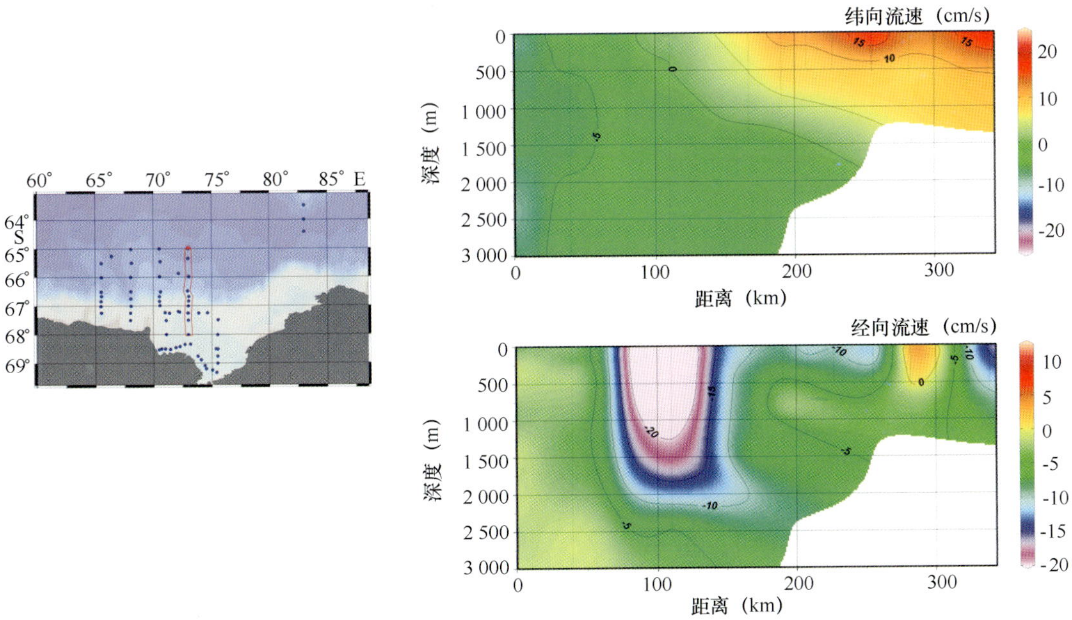

图 5－55　第 31 航次普里兹湾 P5 断面流速分布

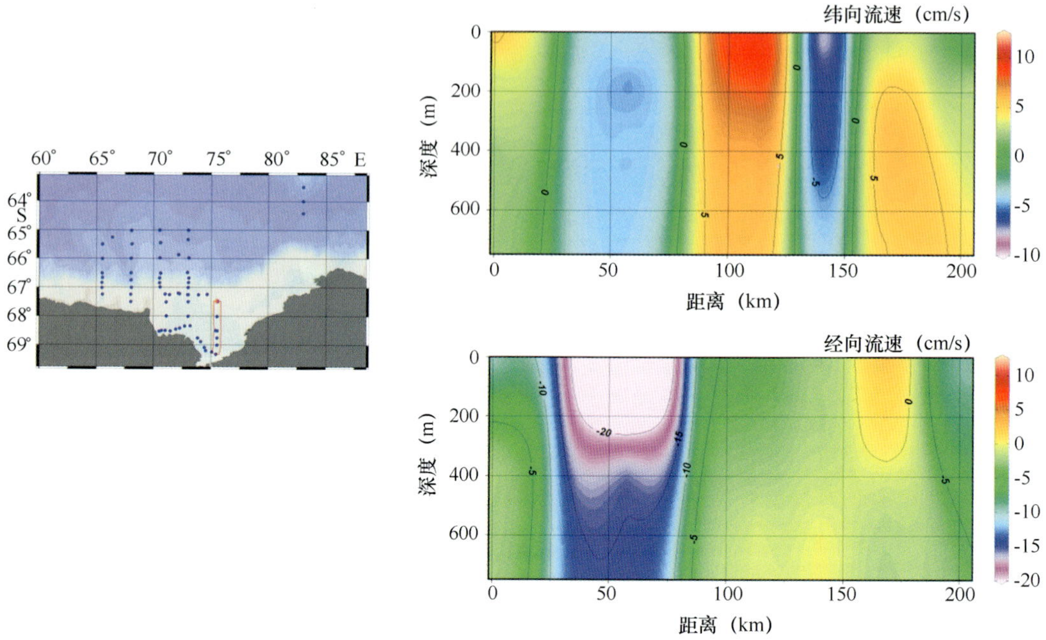

图 5－56　第 31 航次普里兹湾 P6 断面流速分布

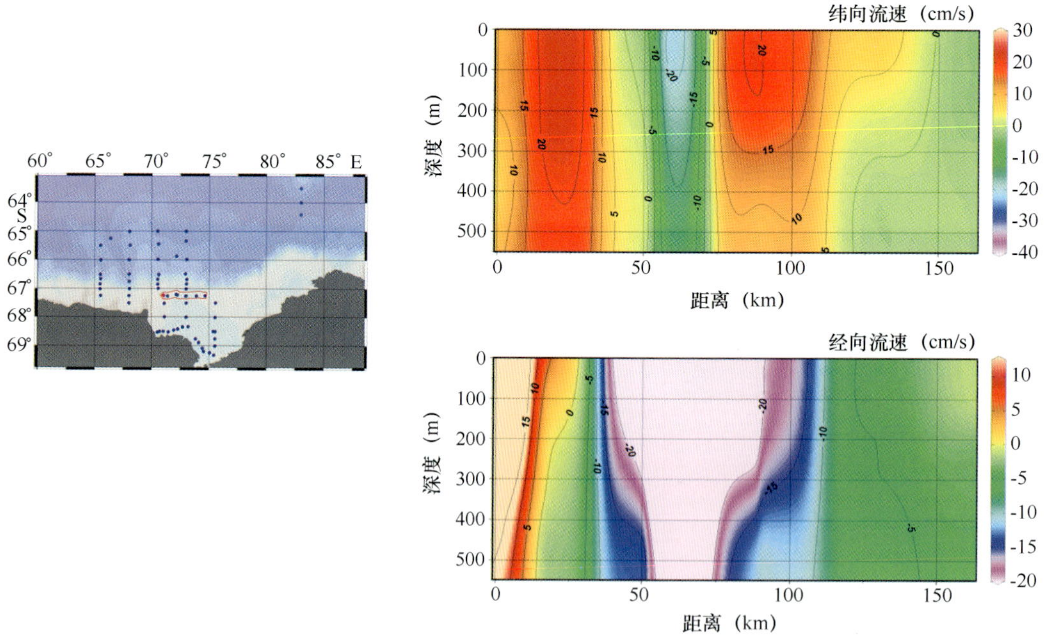

图 5－57　第 31 航次普里兹湾 PA 断面流速分布

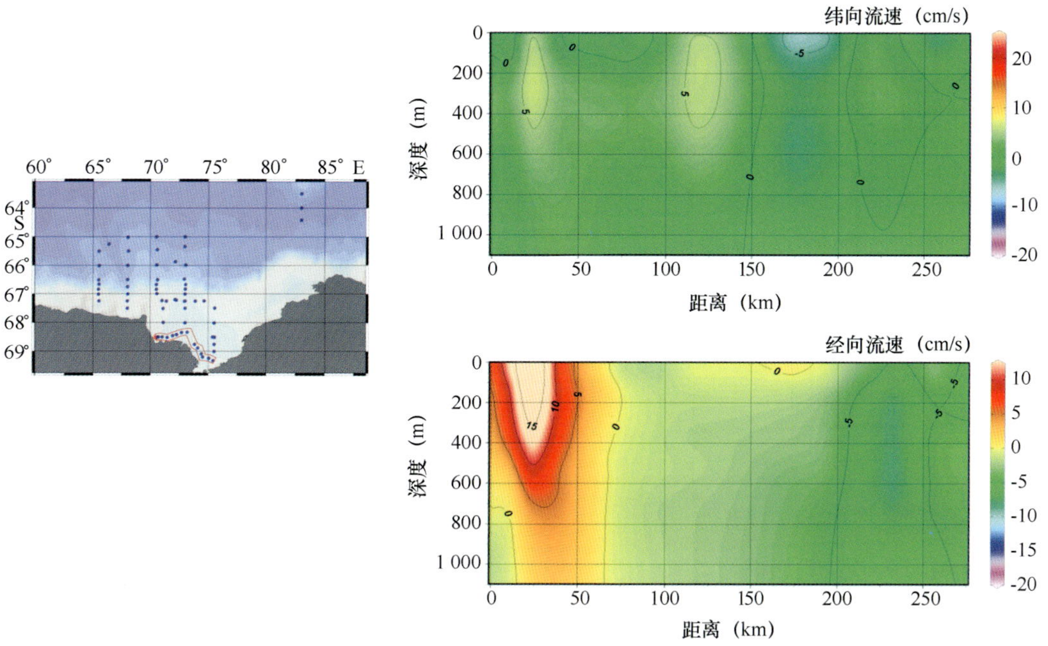

图 5－58　第 31 航次普里兹湾 IS 断面流速分布

根据统计得到 6 h 平均表层海流的流速流向，22 个浮标平均流速在 0.17～0.36 m/s 之间，最大流速出现在 109579 号浮标（表 5－1）。

表 5－1　6 h 平均流速特征值　　单位：m/s

浮标编号	最大	最小	平均
123214	0.99	0.01	0.30
123215	0.88	0.03	0.30
123216	1.53	0.002	0.19
123217	0.99	0.01	0.33
123218	0.83	0.03	0.30
123219	1.18	0.02	0.26
123220	0.68	0.03	0.31
123222	0.81	0.002	0.17
109553	1.24	0.01	0.35
109579	1.54	0.00	0.34
114568	0.78	0.01	0.28
114580	0.67	0.03	0.22
114584	1.50	0.01	0.33
114585	1.24	0.01	0.33
114586	1.45	0.01	0.36
127205	0.87	0.002	0.24
127206	0.70	0.01	0.20
127207	0.97	0.002	0.24

续表

浮标编号	最大	最小	平均
127208	0.76	0.01	0.23
127209	0.75	0.02	0.22
127210	0.78	0.01	0.21
127211	0.60	0.03	0.25

根据统计得到逐日表层海流的平均流速流向，我们可以得到日平均流速特征值，最大值出现在127208号浮标（表5－2）。

表5－2　日平均流速特征值　　单位：m/s

浮标编号	最大	最小	平均
123214	0.713	0.004	0.207
123215	0.700	0.028	0.199
123216	1.190	0.009	0.155
123217	0.699	0.011	0.241
123218	0.542	0.033	0.212
123219	0.513	0.042	0.180
123220	0.493	0.051	0.229
123222	0.866	0.003	0.116
109553	1.18	0.02	0.26
109579	0.85	0.02	0.25
114568	0.327	0.093	0.169
114580	0.304	0.049	0.145
114584	0.910	0.027	0.270
114585	0.875	0.011	0.245
114586	0.921	0.019	0.293
127205	0.54	0.02	0.19
127206	0.33	0.01	0.14
127207	0.60	0.01	0.17
127208	1.69	0.03	0.31
127209	0.63	0.01	0.16
127210	0.41	0.02	0.14
127211	0.46	0.02	0.20

根据统计得到6 h平均表层海流的流速流向，挑出实测最大流速情况看，如表5－3，最大流速为1.54 m/s，由109579号浮标标记。

流速大于1 m/s及大于1.2 m/s分布区域如图5－59、图5－60所示。

根据逐日平均流速以及日平均位置信息，给出日平均流速的分布见图5－47至图5－50，很好地反映了环南极流和南极绕极流的分界和流速大小。

表 5-3　各浮标最大流速时刻与位置

浮标编号	时间	纬度	经度	流速（m/s）	流向（°）
123214	2013-03-15 06：00：00′	66.51°S	72.42°E	0.99	78.7
123215	2013-03-02 12：00：00′	67.30°S	70.91°E	0.88	98.6
123216	2013-04-03 00：00：00′	65.65°S	55.31E	1.53	150.9
123217	2013-04-03 12：00：00′	65.49°S	54.99°E	0.99	164.7
123218	2013-02-25 06：00：00′	68.23°S	70.66°E	0.83	146.6
123219	2013-04-01 06：00：00′	65.50°S	74.54°E	1.18	46.8
123220	2013-02-13 18：00：00′	68.63°S	73.46°E	0.68	129.5
123222	2013-02-21 12：00：00′	67.59°S	77.74°E	0.81	228.0
109553	2014-07-30 00：00：00′	56.12°S	99.37°E	1.24	32.7
109579	2014-03-11 12：00：00′	53.91°S	83.99°E	1.54	351.9
114568	2014-03-10 00：00：00′	65.46°S	70.94°E	0.78	152.8
114580	2014-03-08 18：00：00′	65.45°S	72.25°E	0.67	100.7
114584	2014-03-11 12：00：00′	43.43°S	81.70°E	1.50	282.6
114585	2014-08-08 12：00：00′	57.10°S	81.75°E	1.24	315.7
114586	2015-03-14 00：00：00′	63.84°S	112.45°E	1.45	345.7
127205	2015-03-16 06：00：00′	68.03°S	70.69°E	0.87	122.8
127206	2015-04-10 06：00：00′	66.60°S	73.05°E	0.70	141.4
127207	2015-05-21 00：00：00′	65.83°S	64.37°E	0.97	327.5
127208	2015-03-11 18：00：00′	67.08°S	74.32°E	0.76	202.9
127209	2015-05-28 12：00：00′	65.75°S	62.78°E	0.75	176.5
127210	2015-05-28 06：00：00′	65.64°S	63.24°E	0.78	168.4
127211	2015-03-18 06：00：00′	67.91°S	70.76°E	0.60	119.5

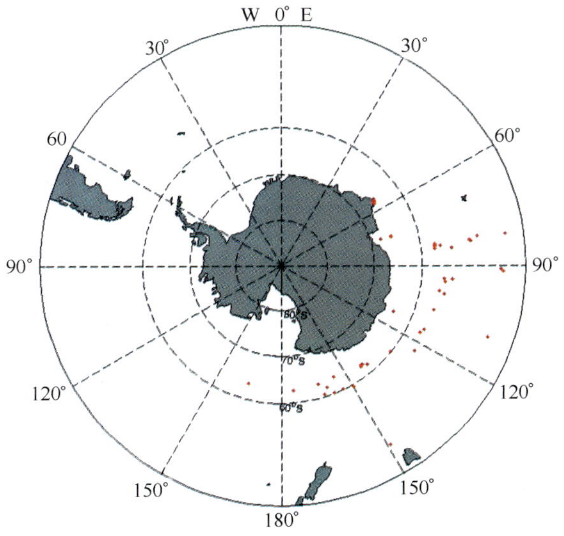

图 5-59　流速大于 1 m/s 的大流速点分布

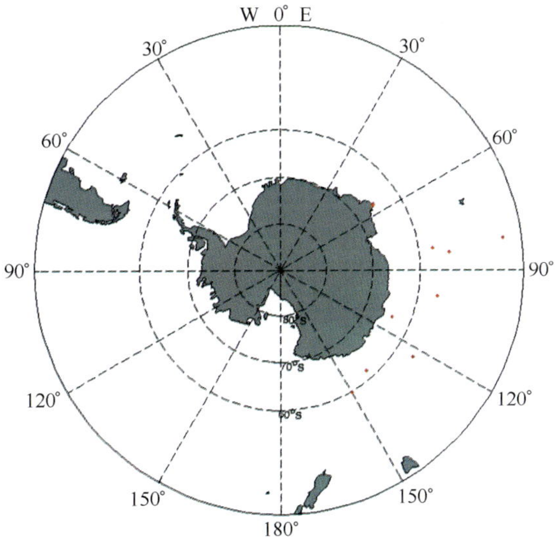

图 5-60　流速大于 1.2 m/s 的大流速点分布

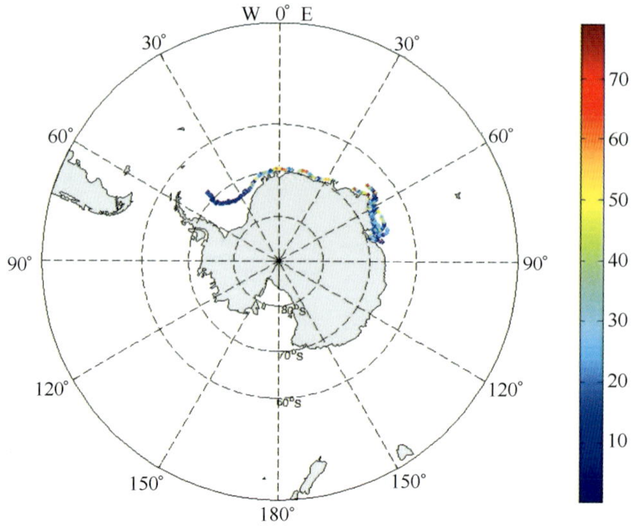

图 5-61　2013 年布放浮标流速分布（单位：cm/s）

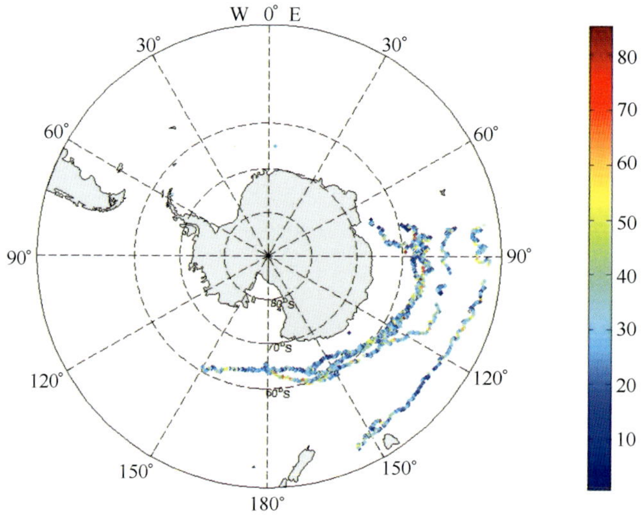

图 5-62　2014 年布放浮标流速分布（单位：cm/s）

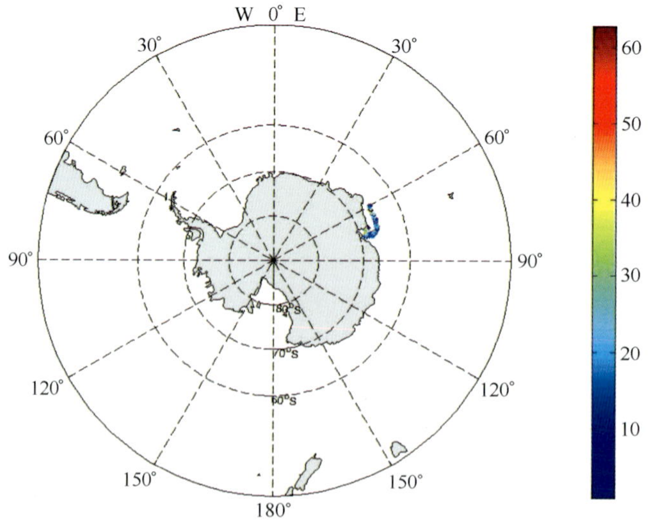

图 5-63　2015 年布放浮标流速分布（单位：cm/s）

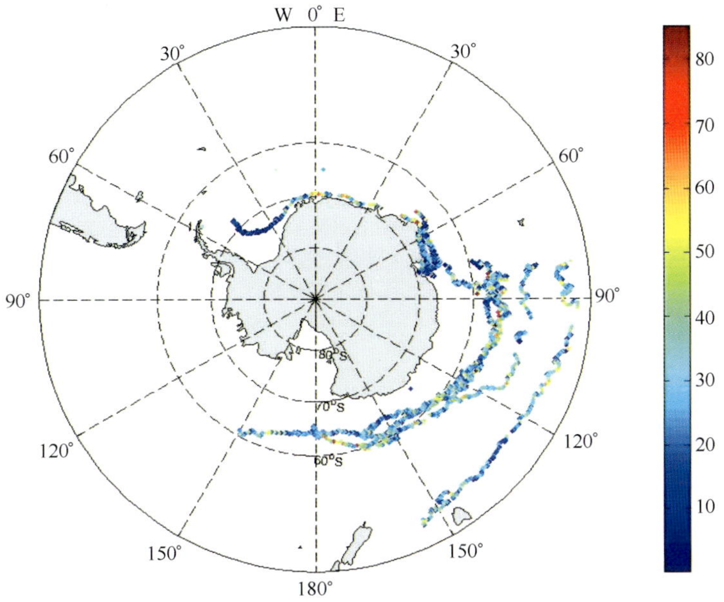

图5－64 所有浮标流速分布（单位：cm/s）

3）时间变化

对路径点文件进行绘制漂流路径图，绘制出浮标各自的漂移路径图，及22个浮标漂流轨迹图的合集图。

从图5－65至图5－67可以看出，本次实测的漂流轨迹出现明显的分化，紧贴南极洲岸边的，编号为123214、123215、123216、123217、123218、123219、123220、123222、14568、114580、127205、127206、127207、127208、127209、127210、127211浮标呈现逆时针旋转的流态，与之前研究成果中南极沿岸流的结论保持一致。

而远离南极洲岸边的，编号为109553、109579、114584、114585、114586浮标呈现顺时针旋转的流态，与南极绕极流或西风漂流的方向一致（图5－68）。

普里兹湾海区环流的典型特征是存在一个顺时针的流涡（图5－69），这在现场温度、盐度观测计算的动力高度分布和地转流计算，以及数值模型结果都得到验证。在普里兹湾海域的近岸区域存在西向的沿岸流，从湾的东部一直延伸到湾的西部，这与沿岸的东风相一致。在湾的北部海区为向东的南极绕极流（ACC），其南界是绕极深层水的1.5℃等温线，在普里兹流涡和ACC之间是南极辐散带，位置在63°30′—66°S附近。普里兹湾海域的经向环流的主要特征是上层海水的北向运动，南极绕极深层水的南向运动，以及底层水的北向运动等。南极辐散带的位置，对应于南极陆坡锋的位置，也是北向运动的上层海水和南向运动的绕极深层水的分界，受外部条件的影响，其时空变化显著（高郭平等，2013）。

抛设的22枚浮标位置见图5－70，127211号、123218号浮标很好地捕捉到了其中的普里兹流涡，见图5－71和图5－72。

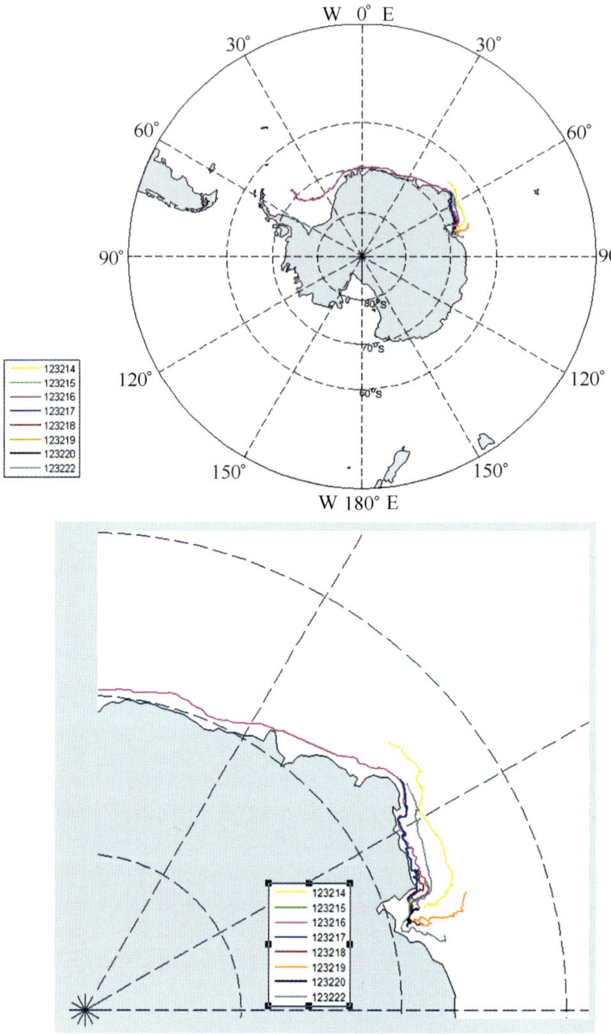

图 5－65　2013 年布放浮标漂流轨迹

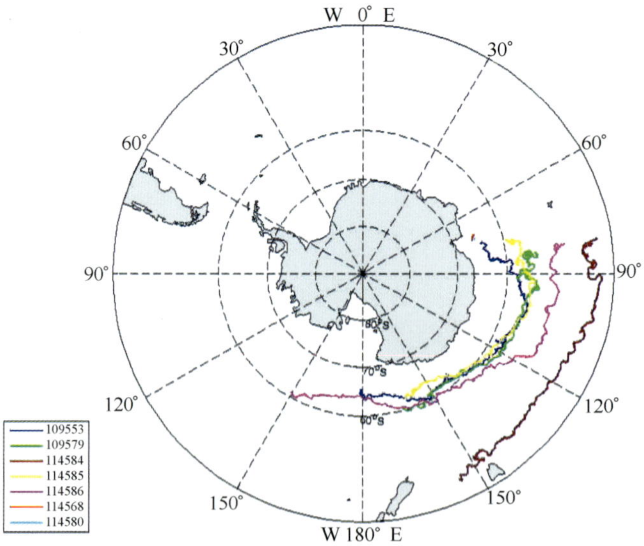

图 5－66　2014 年布放浮标漂流轨迹

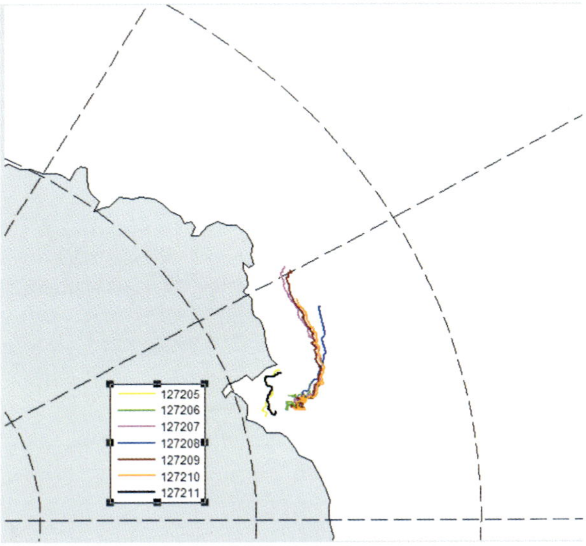

图 5－67　2015 年布放浮标漂流轨迹

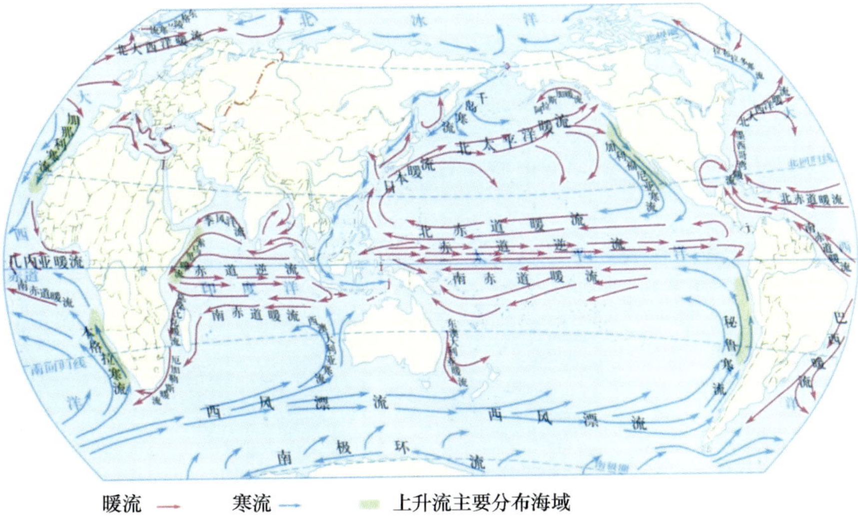

图 5－68　世界洋流分布

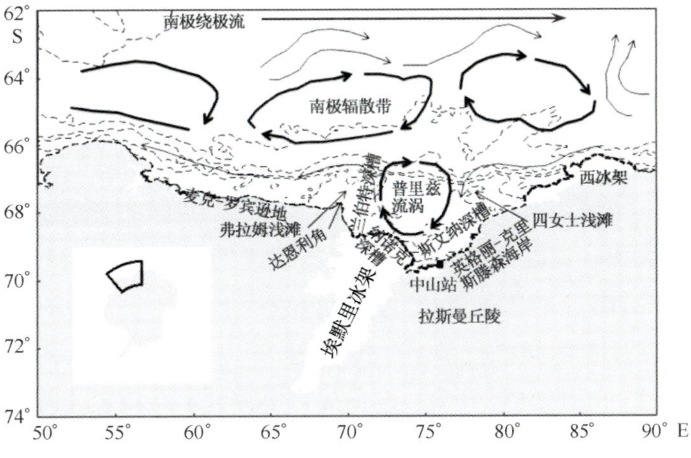

图 5－69　普里兹湾及其邻近海域地形和环流分布示意

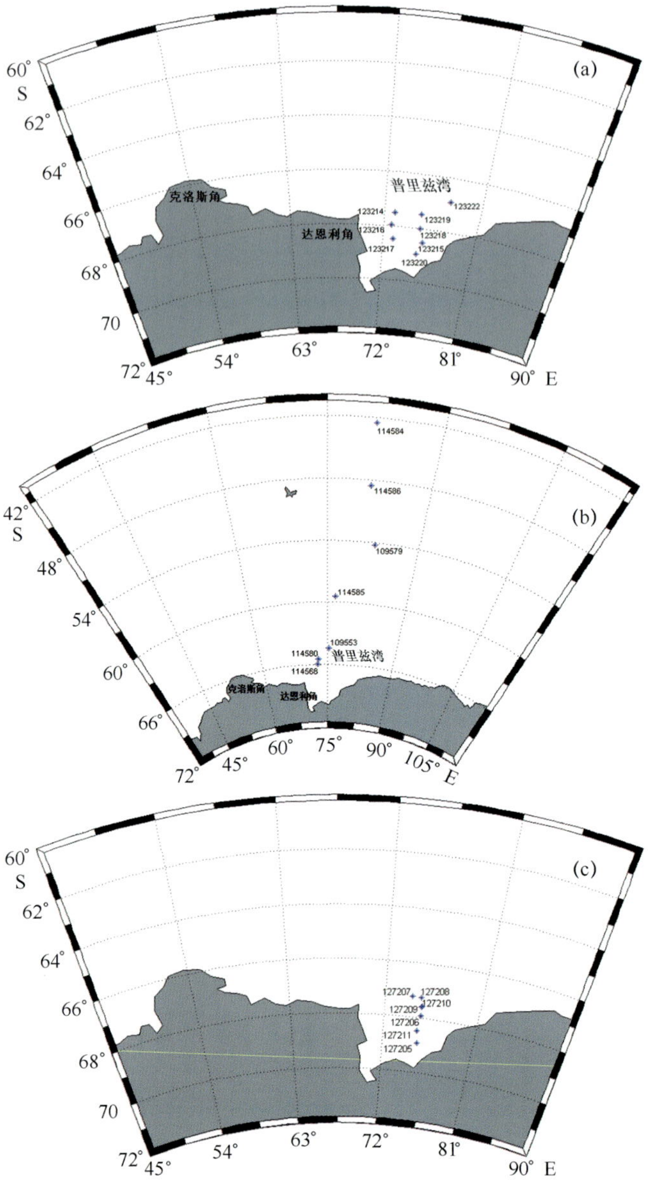

图 5-70　22 枚浮标布放位置（a、b、c 分别为 2013 年、2014 年、2015 年）

4）小结

总结第 28 次、第 29 次和第 31 航次在普里兹湾的 LADCP 流速观测，各航次观测的流速在垂向的分布基本随深度增加而减小，表层流速基本范围为 80～100cm/s，500 m 水层流速范围为 40～60 cm/s。从观测的水平分布和断面分布看，一个显著的特征是在埃默里冰架外缘存在一个顺时针的气旋式涡，这在第 31 航次的观测特别明显（观测资料较全）。大量研究表明，普里兹湾内存在一个近乎封闭的气旋式环流或者流涡，具有显著的年际变化。在普里兹湾陆架区域，其湾内有一个明显的气旋涡（林丽娜等，2015；蒲书箴等，2002；Pu et al.，2006），说明在湾内存在一个顺时针环流，湾的中部有海流沿经向进入湾内（第 21、第 26 航次），在向东南运动的过程中逐渐转向，在埃默里冰架前缘转为自东向西的沿岸流（第 18、第 25 航次），从湾的西侧流出（第 25 航次）。普里兹湾内有一个明显的气旋涡，涡的中心都

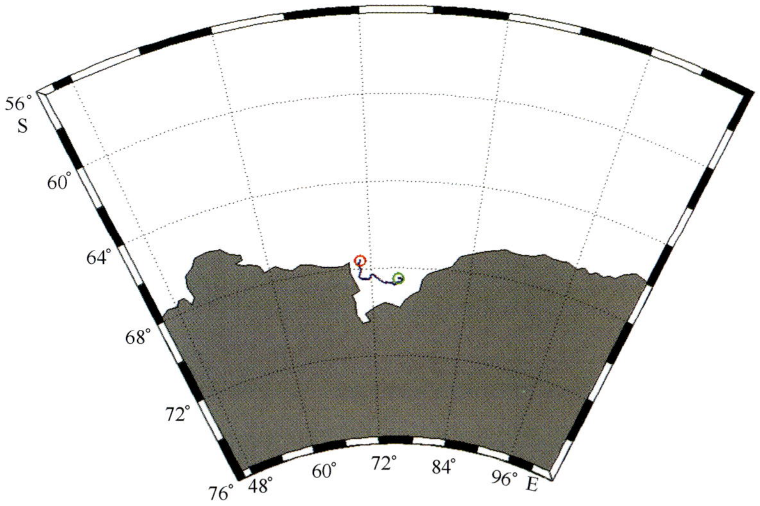

图 5－71　127211 号浮标轨迹

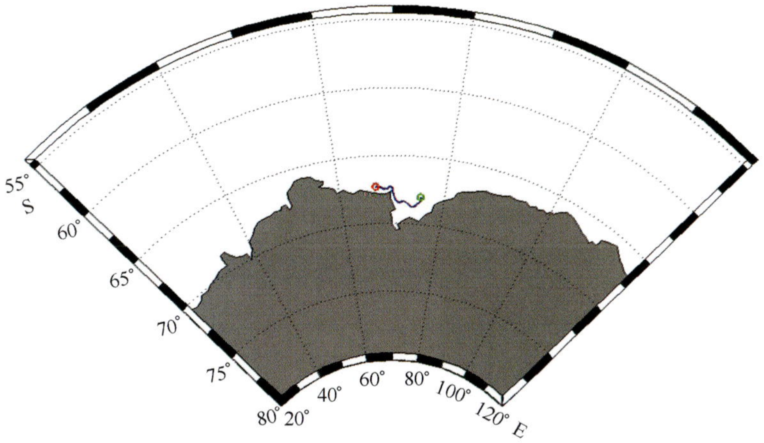

图 5－72　123218 号浮标轨迹

在 67.5°S，73°E 附近，经向范围 69°—78°E。此外，在 65°S 附近存在一个动力高度槽，陆缘水边界的锋面就位于高度槽内。严金辉等（2012）通过分析第 27 次南极考察冰架外缘断面发现，普里兹湾西部存在一个顺时针运动的中尺度涡。第 31 航次的 LADCP 观测与上述基于历史温盐观测资料或高度计资料的分析基本一致。从数值模拟分析，Smith 等（1984）计算表明气旋式环流的流涡在深层水之上，史久新等（2000）通过数值模拟表明流涡中心位于靠近湾顶部的湾内水深最大处，达恩利角以东位置上存在反气旋式涡旋，其形成可能是湾内向西的流动遇到达恩利角和弗拉姆浅滩的阻挡所致。侍小兵等（1995）数值模拟计算表明在四女士浅滩处有一个较弱的气旋型环流。

5.1.1.3　湍流的分布和变化

1）数据介绍

普里兹湾内的湍流观测使用垂向微结构剖面仪 VMP－200（Vertical Micro－structure Profiler－200）进行。该仪器由加拿大 Rockland Scientific International 生产，用于 500 m 以上的海

洋微结构湍流观测。在第 29 次和第 31 次南极考察期间，对该海域的微结构湍流过程进行了观测，观测时使用的 VMP－200 安装了温度、盐度和两个剪切探头，可以记录脉动速度的时间变化率（Wolk et al.，2002）。普里兹湾海域湍流观测重点区域为陆坡海区和冰架前缘海域（图 5－73）。

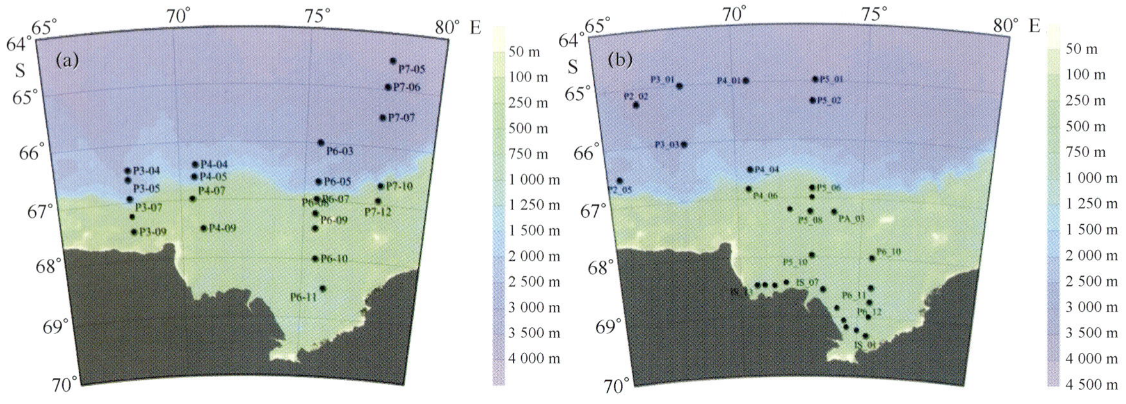

图 5－73　南极考察 VMP 站位

（a）第 29 次南极考察 VMP 站位；（b）第 31 次南极考察 VMP 站位

由于普里兹湾内的风浪较大，湍流观测相对困难，第 29 次南极考察在普里兹湾内的 VMP 观测为试验性观测，只在海况和冰情允许的情况下进行。第 29 次南极考察大洋作业期间，共获得了 21 个站位的微结构观测剖面，根据海况尽量每个站位下放两次，下放深度在 200 m 左右。但在 P6－07 站观测之后，仪器的信号传输受到了绞车通电影响，数据无法正常接收。从 P3－04 站位开始，改为手动下放，每个站位下放一次，下放深度 150 m 左右。本次观测初始阶段由于绞车放缆速度过慢，仪器自身受到了缆绳的拉力，数据质量受到了影响。在手动观测时保证了缆绳下放速度，数据质量得到了保证。

第 31 次南极考察湍流观测的重点区域为冰架前缘和普里兹湾湾口海域，根据现场海况和冰情，调整了部分计划站位，在深水海域也进行了部分湍流站位的观测，以获得普里兹湾及其外围海域的湍流混合空间分布状况。本次湍流观测深度一般在 300～400 m 之间，以获得冰架水深度的海水混合状况。

2）空间分布

第 29 次南极考察湍流观测由于前期绞车放缆过慢造成了数据不可信，此处仅分析 P3 和 P4 断面上的观测结果。图 5－74 分别给出了第 29 次和第 31 次南极考察上层海洋湍耗散率的 150 m 和 300 m 以浅的深度平均值的空间分布状况。从图中可以看出，陆坡海域的湍耗散率明显高于陆坡外的开阔大洋中的耗散率水平。在陆坡处，上层海洋深度平均耗散率水平在 10^{-8} W/kg 以上，比陆坡以外的深水海域耗散率高出一个量级。陆架区强混合与穿越陆架平流相结合，决定着陆架陆坡区海水变性的核心过程（Forter et al.，1987）。陆坡处的强混合可能是由于南极绕极流的入侵与地形相互作用引起（Levine et al.，1997）。第 31 次南极考察将冰架前缘作为重点观测海域，从图中我们可以看出，冰架前缘湍耗散率深度平均值也在 10^{-8} W/kg以上，高于普里兹湾其他海域的混合水平。冰架前缘的高耗散率的原因是由于埃默里冰架的存在所产生的内波（Yang et al.，2013）。普里兹湾内的正压流遇到埃默里冰架的阻碍时，会产生内波，为冰架前缘的混合提供足够的能量。另外，埃默里冰架东南陆架海域的混合相对湾内其他海域也要高一个量级，这与绕极深层水随着普里兹湾内的气旋式环流侵入陆架有关（Smith et al.，1984）。绕极深层水侵入陆架后，与陆架水混合高度变性，最后到达冰架前缘东侧，在此高度变性的绕极深层水与陆架水、冰架水的相互作用导致了该区域的强混合（Nunes Vaz and Lennon，1996）。

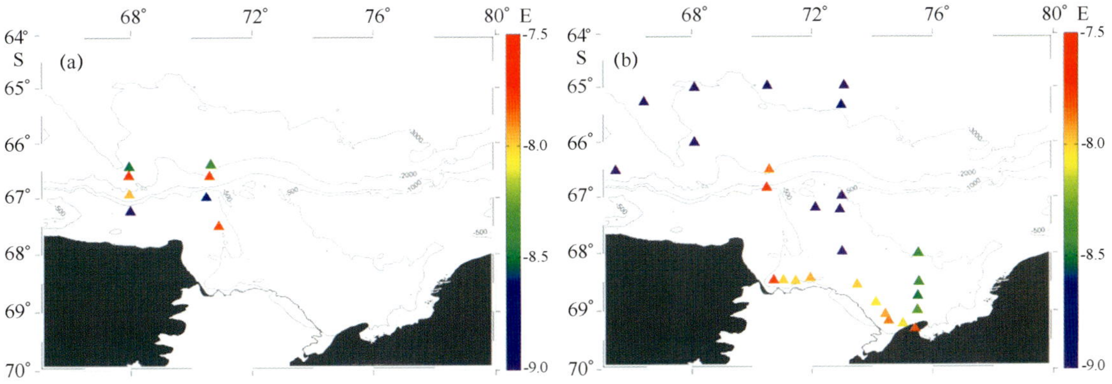

图5－74　普里兹湾湍耗散率深度平均分布（lgε，W/kg）

（a）第29次南极考察；（b）第31次南极考察

图5－75给出了第29次和第31次南极考察各观测站位湍耗散率的垂向分布结构。两次南极考察的湍流观测结果表明，除冰架前缘海域外，表层湍耗散率水平一般在10^{-7} W/kg，比表层以下的海水混合水平高出2～3个量级。表层强混合的能量来源于风能的输入，由于表层之下密度跃层的存在，风应力的能量无法向下传输，所以深层海水耗散率水平一般在10^{-9} W/kg左右。在冰架前缘，从表层到底层的湍耗散率都在10^{-7}～10^{-8} W/kg之间，这是由于上层冰架和底层地形同时产生的内波引起，为全深度的混合提供了足够的能量。冰架前缘的耗散率剖面结构还显示，埃默里冰架前缘海域西侧站位上层混合水平相对东侧要高出一个数量级，因为断面西侧站位接近冰架西边界，内波的传播撞击边界后由于冰架下的陡峭地形会被束缚在该区域，为此处的强混合提供足够的能量（Yang et al.，2013）。

3）小结

第29次和第31次南极考察在普里兹湾海域分别获得8个和27个有效站位的湍流观测数据。根据观测结果，普里兹湾及其外围海域的耗散率在10^{-7}～10^{-9} W/kg范围内，地形陡峭的陆坡处耗散率水平要高于其他开阔海域一个量级以上。由于埃默里冰架和陡峭地形的存在产生内波，冰架前缘的湍耗散率在从表到底都在10^{-7}～10^{-8} W/kg之间；冰架前缘断面西侧的混合高于东侧。

5.1.1.4　水团/锋面的分布和变化

1）数据介绍

所用数据为第15次、第16次、第21次、第25次、第26次、第27次南极考察在普里兹湾及邻近海域获取的273个站位CTD调查资料，其中第15次、第16次、第21次南极考察采用的仪器为美国G.O公司生产的MARKIIIC－CTD，其数据温度精度为0.002℃，电导率精度为0.000 2 S/m。第25次、第26次、第27次南极考察采用的仪器为美国海鸟公司生产的SBE－911 CTD，其数据温度精度为0.001℃，电导率精度为0.000 3 S/m。数据间隔统一为

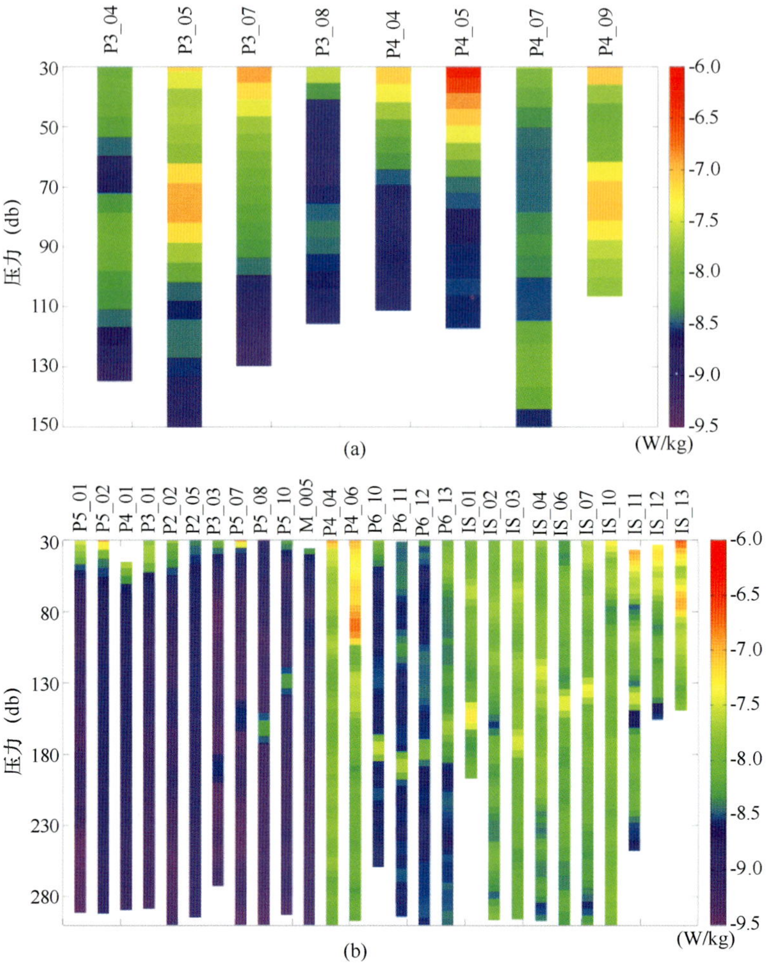

图 5－75　普里兹湾湍耗散率剖面（lgε，W/kg）

（a）第 29 次南极考察；（b）第 31 次南极考察

1 m，各航次数据详细信息和站位分布情况如表 5－4 和图 5－76 所示。

表 5－4　6 个航次数据信息统计

航次	时间	站位数（个）	经度范围	纬度范围	断面数目
第 15 次	1998－12—1999－01	28	70°20′—75°30′E	62°03′—69°12′S	3
第 16 次	2000－01	23	70°30′—75°30′E	62°00′—68°00′S	3
第 21 次	2004－12—2005－02	46	68°30′—75°45′E	62°00′—69°26′S	4
第 25 次	2009－01—2009－02	52	68°00′—76°27′E	65°00′—69°20′S	5
第 26 次	2009－12—2010－02	49	70°22′—75°39′E	62°00′—69°06′S	4
第 27 次	2010－12—2011－01	61	70°30′—75°30′E	64°00′—69°12′S	6

由表 5－4 可知，6 个航次调查时间范围为 1998—2011 年，考察范围大致为 62°00′—69°20′S，68°00′—76°27′E。由于现场条件的限制，各航次调查站位数和断面数均有差异。由图 5－76 可见，站位主要分布于湾内埃默里冰架前缘和几条典型经向断面上（如 68°00′E、70°30′E、73°00′E 以及 75°30′E），各经向断面站位主要设置在整度和半度位置上，66°00′—67°30′S 范

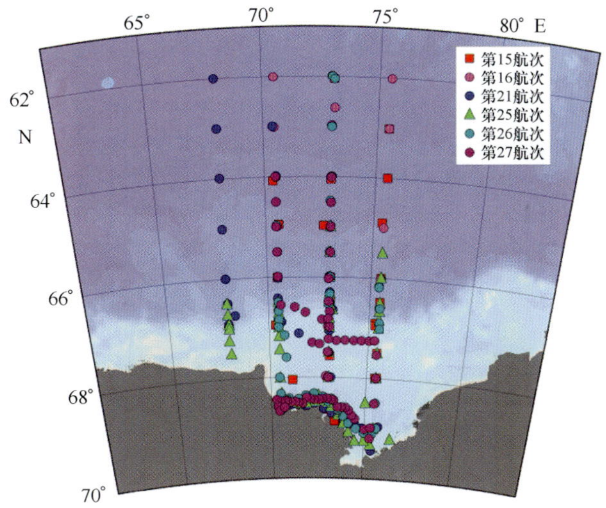

图 5-76　各航次站位分布

围内的陆坡区站位加密。第 21 航次、第 25 航次、第 26 航次、第 27 航次较其他航次新增了冰架前缘断面，占据整个冰架前缘，但由于各航次冰架前缘冰情不同，冰架前缘断面尤其是冰架东部站位的位置略有差异。目前第 28 次至第 31 航次的水团分析正在逐步进行。

2）普里兹湾主要水团分析

前人研究一致认为，普里兹湾及邻近海域水团主要包括南极表层水（Antarctic Surface Water，AASW）、普里兹湾陆架水（Shelf Water，SW）、绕极深层水（Circumpolar Deep Water，CDW）和南极底层水（Antarctic Bottom Water，AABW）。其中，AASW 在夏季又可以分为 2 个次级水团，南极夏季表层水（Antarctic Summer Surface Water，AASSW）和南极冬季水（Antarctic Winter Water，WW）。普里兹湾陆架水也可分为两大类：一类是高盐陆架水（High Salinity Shelf Water，HSSW）；另一类是低盐陆架水（Low Salinity Shelf Water，LSSW）。此外，CDW 在涌升过程中与 SW 混合，形成普里兹湾陆坡区的变性南极绕极深层水（Modified Circumpolar Deep Water，MCDW）。在周期性潮汐的作用和其他因素作用下，MCDW 有可能入侵到陆架上，与那里的 HSSW 混合，形成低温、高盐、高密度的普里兹湾底层水（Prydz Bay Bottom Water，PBBW）。在陆架区近底部还存在一部分水体，其温度低于同盐度海水在海面的冰点，称为冰架水（Ice Shelf Water，ISW）。

3）各水团在 TS 图中分布特征

各主要水团的具体特征指标见表 5-5。水团的划分一直是一个存在争议的问题，争议主要集中在：①WW 与 SW 的区分。由于两种水团形成的主要原因都是海水结冰和强对流，且都位于 AASSW 以下，具有相似的温盐性质，在陆架区很难区分，所以以陆坡为界，将普里兹湾及邻近海域分为陆架和海盆两个区域。WW 与 SW 则是分处两个区域 AASSW 之下的低温水团。二者的区别在于 WW 比 SW 盐度偏低，主要分布在 AASSW 以下至 100～200 m 左右的深度上，而 SW 则占据了陆架区表层水以下的所有海域。②LSSW 与 HSSW 的界定。前人划分标准一种为低盐陆架水盐度小于 34.25，高盐陆架水盐度大于 34.50，另一种划分方法将盐度分界定为 34.60，本书以盐度 34.60 作为界定标准，因为只有盐度在 34.60 以上的 HSSW 才有可能越过陆架边缘，与 CDW 混合生成沿陆坡向深层运动的 PBBW。③HSSW 与 PBBW 的区分。PBBW 是 HSSW 与 CDW 混合产生的，其特性介于陆架水和绕极深层暖水之间，是 1989 年 Middleton 和 Hamphries 利用澳大利亚南极考察资料首次在普里兹湾陆坡区 500 ~ 1 500 m 深度上发现并定义的。本书定义普里兹湾陆坡区 500 ~ 1 500 m 深度上 $T < 0℃$，$S > 34.62$ 的水团为 PBBW，定义陆架上 $T < -1.50℃$，$S > 34.60$ 的水团为 HSSW。

表 5－5　普里兹湾区夏季主要水团的特征指标

水团名称	温度指标	盐度指标
夏季表层水（AASSW）	$T \geqslant -0.50℃$	$S < 34.20$
冬季水（WW）	$T < -1.50℃$	$34.20 < S < 34.50$
绕极深层水（CDW）	$0.5℃ \leqslant T \leqslant 2.00℃$	$34.50 \leqslant S \leqslant 34.75$
低盐陆架水（LSSW）	$T < -1.50℃$	$34.20 < S < 34.60$
高盐陆架水（HSSW）	$T < -1.50℃$	$S > 34.60$
普里兹湾底层水（PBBW）	$T < 0℃$	$S > 34.62$
南极底层水（AABW）	$T < 0℃$	$34.60 < S < 34.72$

图 5－77 为选取研究的 6 个航次 TS 散点图，经统计普里兹湾及邻近海域温盐变化范围为盐度介于 29.89 ~ 34.80 之间，温度介于 －2.10 ~ 3.55℃ 之间，位势密度介于 23.76 ~ 27.90 kg/m^{3}之间。由于盐度小于 32.00 和温度大于 2.10℃ 的 TS 点较少，因此盐度坐标起点选取为 32，温度坐标顶点选为 2.10。此外，为突出显示主要水团特征，将盐度大于 34.20 的 TS 散点单独绘制成图 5－78。由图 5－77 和图 5－78 可见各主要水团在 TS 图中均可识别，从整体上看，各水团性质相对比较稳定。AASSW 的温度和盐度因受浮冰、太阳辐射、融冰等过程影响，分布最为分散，在 TS 图中呈散射状分布，在 －0.50 ~ 1.00℃，33.50 ~ 34.20 范围内相对比较集中；CDW 的分布范围和温盐特征比较稳定，温盐散点图分布呈向下抛物线形状，有两个分支，最高核心温度即顶点温度在第 16 航次达到 2.00℃；此外，各航次均观测到 AABW 的存在，温盐特征略有差异，第 25 航次出现温度最低值 －0.56℃，第 15 航次出现盐度最高值 34.69，位势密度最大值 27.85 kg/m^3；第 15 航次、第 21 航次、第 25 航次、第 26 航次、第 27 航次均有温度低于 －2.00℃ 的 ISW 出现。

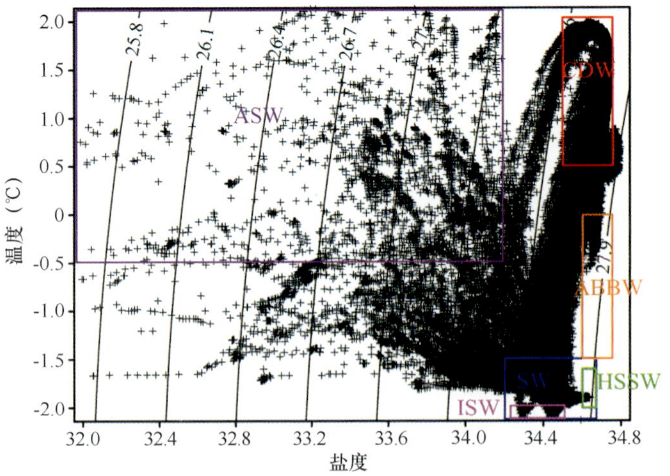

图 5－77　选取的 6 个航次 TS 散点

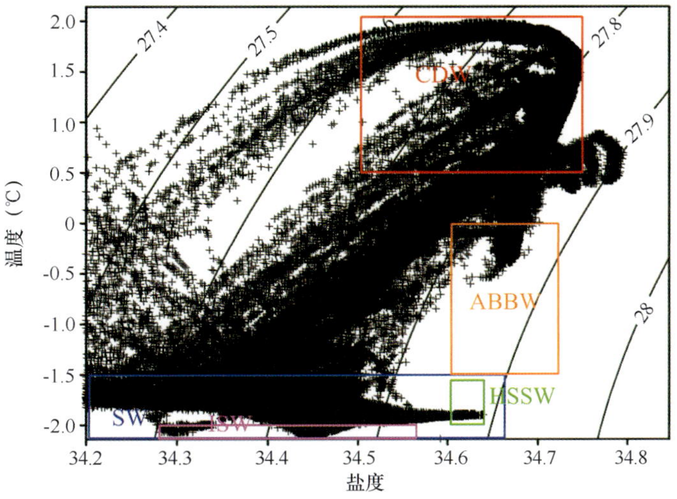

图 5－78　6 个航次中盐度大于 34.2 的 TS 散点图

在 TS 散点图中绕极深层水团右侧，有一小部分 37.50 < S < 37.80，0.30℃ ≤ T ≤ 0.80℃ 的水团。这部分水团主要来自第 25 航次于 2009 年 2 月在 P1－06（68°00′E，66°30′S）和 P1－08（68°00′E，67°00′S）站 500～1 100 m 深度上获取的数据，密度最大超过 27.90 kg/m³。这是 6 个航次观测到的盐度最高、密度最大的水体。Ohshima 在 2013 年利用潜标和海豹数据研究发现，达恩利角冰间湖可通过强烈的海－冰转换机制生成高密度陆架水，在怀尔德和戴利海底峡谷处下沉，与 CDW 混合生成 CDBW（Cape Darnley Bottom Water）。P1－06 和 P1－08 正位于怀尔德峡谷处，这种高密度水很可能是具有下沉趋势的 HSSW 与 CDW 混合水，为这一研究提供了有利的佐证。

4）利用海豹 CTD 资料的水团分析

利用获得的海豹 CTD 资料进行了普里兹湾附近的水团分析。由戴维斯南极站附近海域的代表性 $\theta-S$ 曲线（图 5－79）可以看到，3 月初，$\theta-S$ 曲线呈现明显的“弯”状分布，表层为次低温（－1.65℃）、低盐（33.74），次表层为相对高温（－0.97℃）、高盐（34.18），下层为低温（< －2.00℃）、高盐（> 34.50）。到了 3 月中旬，随着海面降温及结冰析盐过程的加速，水体上下层混合加剧，底层水温略有上升，$\theta-S$ 曲线呈横倒的反“S”状。表层温度下降到－1.82℃，盐度则升到 34.12，次表层温度稍有升高（－1.72℃），盐度为 34.36；底层温度在冰点以下（最低为－2.00℃）、盐度为 34.57。在观测剖面的最深处，温度又回到了冰点附近，盐度达到 34.66。4 月中旬，$\theta-S$ 曲线已经演变为一条“斜线”，表层温度降至冰点，盐度为 34.22；次表层以下，温度稍高，最高可达－1.77℃，盐度在 34.50 左右。

图 5－80 给出了埃默里冰架前缘的 3 条代表性 $\theta-S$ 曲线，这些剖面观测时间在 3 月中旬至 6 月上旬。无论在埃默里冰架前缘的东南部、北部或西北部，$\theta-S$ 曲线随着时间推移，其形状变得越简单，从长翅到短翅的“大雁”状，直到“点”状，温度始终处于冰点以下，最低可达－2.08℃。盐度范围也从 34.30～34.77 缩小至 34.50～34.72，最终落在 34.58 点上。大约在 4 月下旬后，埃默里冰架前缘海水已经达到充分混合的状态。

在普里兹湾湾内、外的浅滩区域（图 5－81），4 月上中旬的 $\theta-S$ 曲线完全不同于上述分布形状，无论在弗拉姆浅滩还是四女士浅滩区域，$\theta-S$ 曲线形似倾斜的“M”状，体现出比

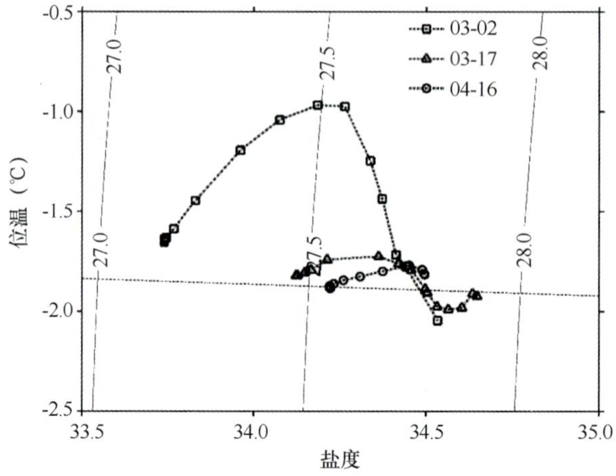

图 5－79　戴维斯南极站附近海域代表性 $\theta-S$ 曲线

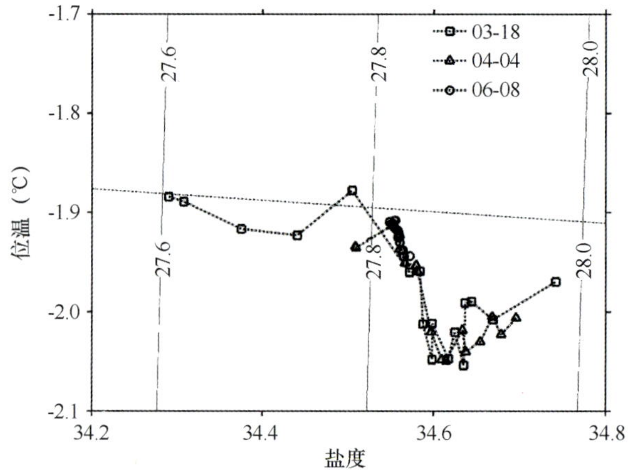

图 5－80　埃默里冰架前缘代表性 $\theta-S$ 曲线

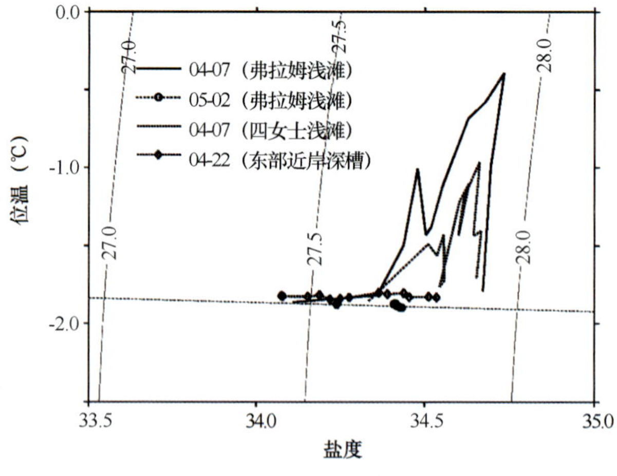

图 5－81　弗拉姆浅滩、四女士浅滩及东部近岸深槽海域 $\theta-S$ 曲线

较复杂的分布情况，表层温度均接近冰点，盐度小于34.35，而最高温度都在-1.00℃以上，在弗拉姆浅滩东北部可以达到-0.38℃，底部温度则又回落到-1.70℃以下，比表层温度略高些。4月下旬至5月上旬，$\theta-S$曲线同样落在一个“点”上，其温、盐度值分别约为-1.90℃和34.41；之后，在浅滩处，尤其是四女士浅滩区域或许已完全被海冰覆盖，已经罕见有观测剖面。而在四女士浅滩东南部的近岸深槽区域，4月下旬的观测剖面显示，这里的$\theta-S$曲线呈“一”字状沿冰点温度线分布，盐度从表层的34.08增加到底部的34.56。

2011年2—6月期间全部CTD剖面的$\theta-S$点聚图，如图5-82所示。整个研究区域$\theta-S$点聚比较分散，似无显著的水团核心。但是，从$\theta-S$点聚的疏密程度观察，沿冰点温度线上下$\theta-S$点聚显得密集些，这里对应某些低温水团的核心所在；沿约27.8 kg/m^{3}等密度面分布且比较集中的$\theta-S$点聚，是某些比较高温的水团；而在27.4~27.7 kg/m^{3}等密度之间比较分散的$\theta-S$点聚，是某些水团的变性水体或过渡水体。对照前人研究（Smith et al.，1984；Middleton et al.，1989；Nunes et al.，1996），该海域水团冬季比夏季不仅数量增加，而且各水团的特征指标也有不同，个别水团更有较大差别，如南极表层水（或普里兹湾表层水）的温度更低、普里兹湾冰架水和南极绕极深层水的盐度更高等。

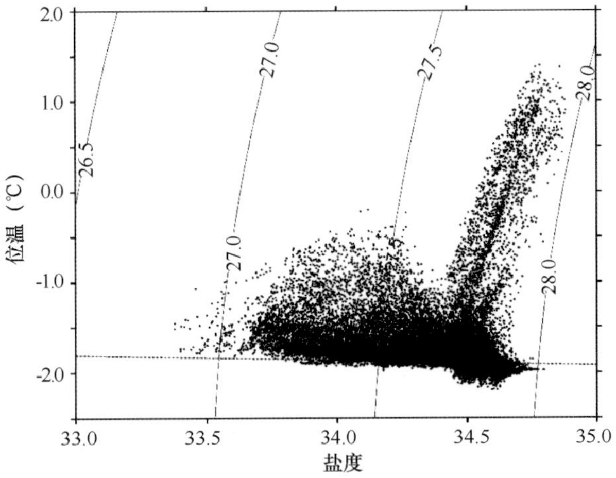

图5-82 2011年2—6月期间研究区域$\theta-S$点聚

5.1.1.5 定点的长期变化

1）海-冰-气联合连续观测

（1）数据介绍

第29次南极考察期间，利用“雪龙”船停靠中山站外围海域卸货的时间，在沿岸固定冰上对该海域进行了海-冰-气联合连续观测，观测地点为69°6.910′S，76°6.910′E。对冰下上层海洋温盐观测是利用程控绞车连接RBR XR-620 CTD进行。CTD设定为每2 h上下1次，记录从表层到200 m深度的温盐剖面。在2012年12月4日至13日观测期间，共获得CTD上层海洋剖面65个。对冰下海洋的海流连续观测采用将ADCP（型号：RDI WORK-HORSE SENTINEL 300 kHz）悬吊在冰下1.5 m左右进行。ADCP观测层厚设为8 m，层数设为14层，采样间隔为5 min。积雪表面的辐射观测数据由Campbell Scientific公司生产的CNR4获得。CNR4架设在平整平面上，探头在积雪表面1 m左右，在本次观测中，CNR4采样间隔设为 5 min。

第 31 次南极考察期间，从 2014 年 12 月 3 日至 11 日，利用冰上卸货间隙时间，我们在沿岸固定冰上再次对上层海洋温度、盐度、海流以及冰面积雪表面辐射开展了定点长期观测，观测地点为 69°07′54″S，76°21′56″E 。冰下上层海洋温度和盐度数据的采集是利用 RBR Concerto CTD 进行，观测设置与观测方式与第 29 次南极考察的观测相同，期间共获得 CTD 温盐剖面 96 个。ADCP 海流连续观测时悬吊 ADCP 的绳长为 3.4 m，采样频率设置为5 min，层厚设为 2 m，记录了 0 ~ 110 m 共计 55 层的流速数据。CNR4 积雪表面辐射观测设备参数设置与第 29 次南极考察观测设置相同，对 12 月 3 日到 11 日期间的积雪表面辐射强度连续观测。

（2）观测要素的长期变化规律

图 5 – 83 和图 5 – 84 分别给出了第 29 次和第 31 次南极考察开展的海 – 冰 – 气联合连续观测期间的 CTD 观测温盐剖面的时间序列。两次冰上连续观测时间段基本重合，从图中可以看出，40 m 以上的表层海水在观测期间都存在着显著的升温淡化现象。第 29 次南极考察冰上观测初始阶段，冰下上层海洋海水从表层到 200 m 深度，温度垂向分布均匀，维持在冰点 –1.9℃附近。随着观测的进行，上层海洋开始出现升温现象，在观测结束时，40 m 以上海水温度已经增加到 –1.6℃左右，10 天增长了接近 0.3℃。与第 29 次南极考察冰上观测时不同，第 31 次南极考察冰上观测初期表层海水已经有所升温，在 –1.6℃左右。随着观测的进行，表层海水水温在观测结束时达到了 –1℃以上，升温比第 29 次观测时要快得多。夏季表层海水增暖主要有两个热量来源：太阳辐射和深层暖水热量输送（Muench et al.，2001；Lei 等，2014）。由于冰上观测进行时沿岸固定冰厚度在 1.5 m 左右，积雪 35 cm 左右，透过海冰进入冰下海水的太阳能比较少（Zhao and Li，2010；Perovich，2007），而冰下海洋永久性盐跃层的存在又隔绝了深层暖水向上的热量输运（Guo et al.，2015），因此上层海洋升温的能量来源主要是通过固定冰外围水域的冰缝和开阔水进入海洋的太阳能，通过海水的交换造成了冰下上层海洋的升温。冰下海水的升温造成了海冰底部的融化，为冰下海洋输入淡水，造成了冰下海水盐度的降低。第 29 次南极考察冰上观测初期，冰下海水盐度在 34.5 左右，在观测后期盐度最低下降到了 34.2，并且淡化现象一直延伸到了 150 m 以下。第 31 次南极考察获得冰下盐度剖面显示虽然 50 m 以下的海水并没有显著淡化，但是表层海水盐度出现了急剧的降低，从 34.2 下降到了 33.5，海冰融化现象非常显著。冰下表层海水盐度的降低会加强表层海水的层结稳定性（Gordon and Huber，1995），使得冰下海水积累的太阳辐射能限制在薄薄的冰下边界层内，加剧冰海界面的热通量，加快海冰的融化速度（McPhee，2008）。

第 29 次南极考察海 – 冰 – 气联合连续观测 ADCP 层厚设置为 8 m，造成了有效数据层数过少，数据质量不高。在此，只对第 31 次南极考察冰上观测的 ADCP 数据进行分析。图 5 –85展示了第 31 次南极考察海 – 冰 – 气联合连续观测期间冰下上层海水流速剖面的时间序列。从图中可以看出，冰下上层海洋海水流动速度相对较小，平均只有 5.7 cm/s，在 10 m 左右存在着速度的极大值，速度最大达到了 20 cm/s。

第 29 次和第 31 次南极考察海 – 冰 – 气连续观测都对积雪表面辐射进行了观测。图 5 – 86 和图 5 – 87 分别显示了观测期间长短波辐射随时间的变化状况。长波和短波辐射都随着太阳高度角的变化存在着明显的日周期变化。在第 29 次考察观测期间，长波净辐射在 –50 ~0 W/m^2 之间波动，短波净辐射波动范围为 0 ~ 200 W/m^2，积雪表面净辐射量基本维持在正值，在 –50 ~ 150 W/m^2 的范围内波动。而在第 31 次南极考察观测期间，长波净辐射在 –50 ~0 W/m^2

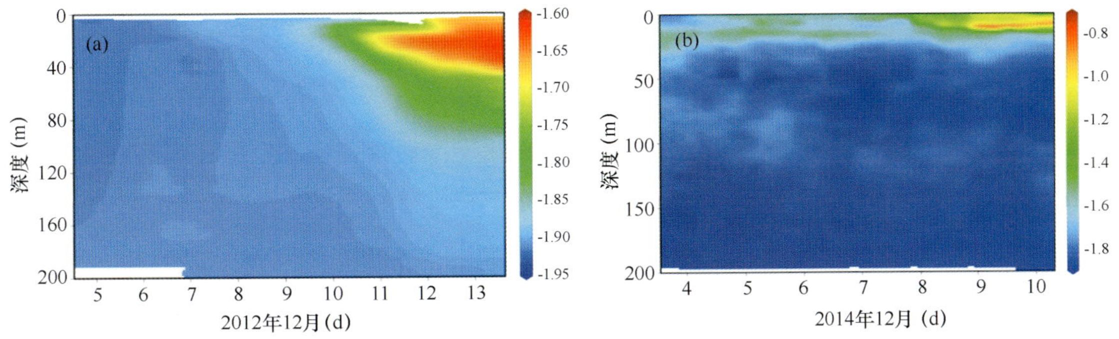

图 5－83　温度剖面随时间的变化

（a）第 29 次南极考察；（b）第 31 次南极考察

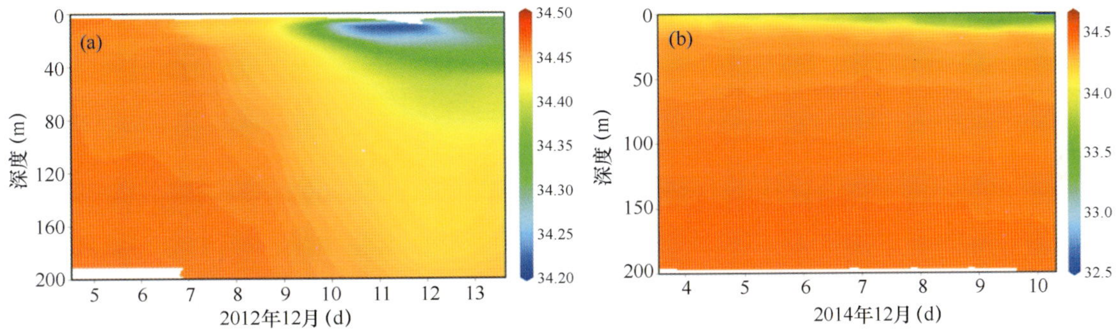

图 5－84　盐度剖面随时间的变化

（a）第 29 次南极考察；（b）第 31 次南极考察

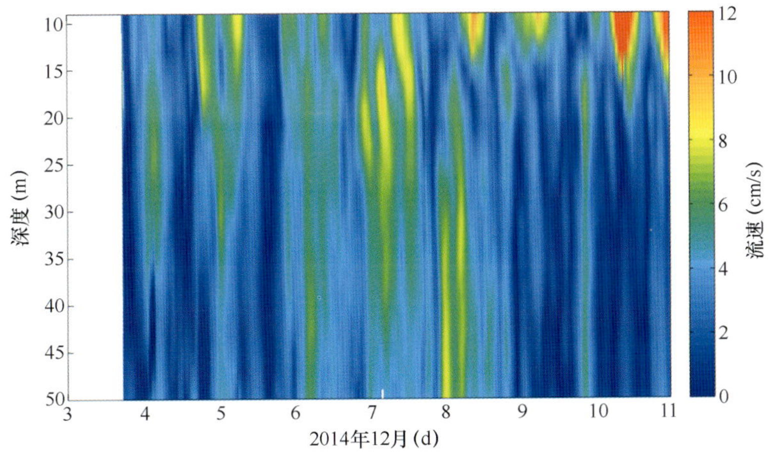

图 5－85　速度剖面随时间的变化

之间波动，而短波净辐射在 0 ~ 100 W/m^2，积雪表面净辐射量在 －50 ~ 50 W/m^2 之间波动，相比第 29 次南极观测期间较小，这是由于本次考察期间阴天多云天气相对较多，减少了向下的太阳辐射强度（Hines et al.，1999）。

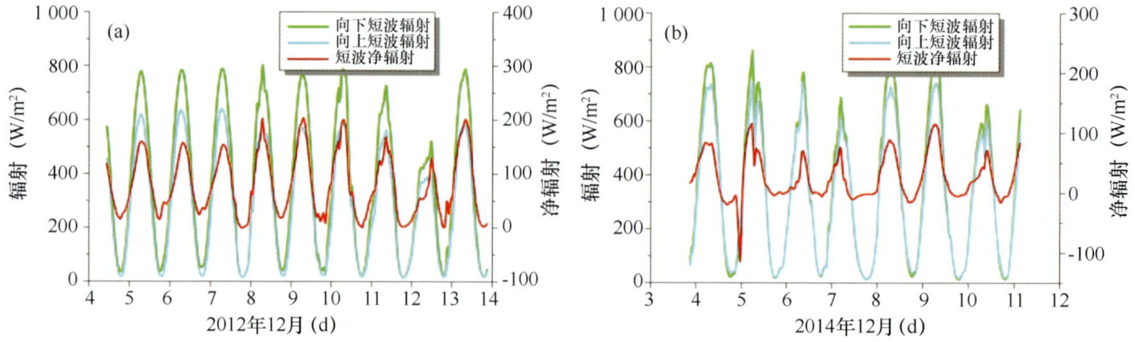

图 5－86　短波辐射随时间变化

（a）第 29 次南极考察；（b）第 31 次南极考察

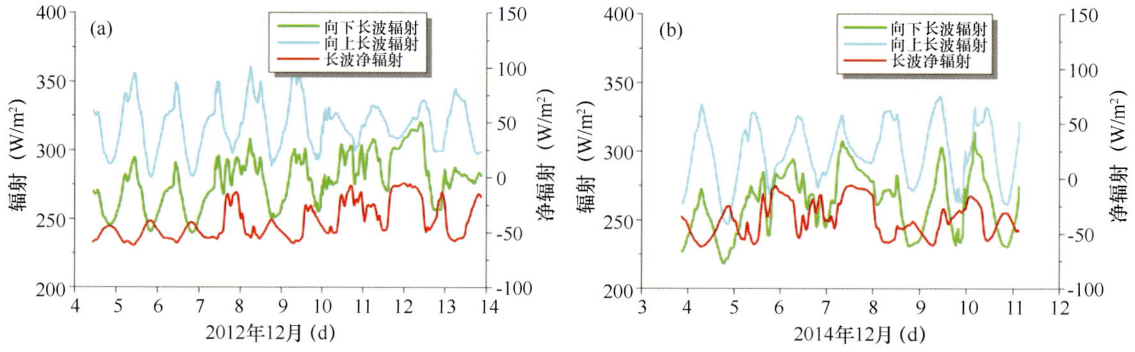

图 5－87　长波辐射随时间变化

（a）第 29 次南极考察；（b）第 31 次南极考察

（3）小结

第 29 次和第 31 次南极考察在 12 月初利用冰上卸货期间在中山站外围海域进行了海－冰－气联合连续观测。冰下上层海洋温盐观测结果显示，冰下海水都存在着明显的升温和淡化现象。第 29 次南极考察冰上观测期间冰下表层海水增温为 0.3℃，盐度下降了 0.3，而第 31 次南极考察冰上观测期间冰下海水升温达幅度达到了 0.6℃，盐度下降幅度达到了 0.8，海冰底部融化现象非常显著。冰下上层海水的流速平均为 5.7 cm/s，最大流速可达20 cm/s。在观测期间积雪表面辐射呈现明显的日周期变化，第 29 次考察冰上观测期间净辐射在－50～150 W/m^2 范围内波动。受阴天和多云天气相对较多的影响，第 31 次南极考察冰上观测净辐射则在－50～50 W/m^2 范围内波动。

2）锚碇潜标观测

（1）数据介绍

在第 28 次至第 31 次南极考察中一共布放潜标 11 套，其中第 28 次南极考察布放了 4 套（M1－M4），第 29 次南极考察布放了 2 套（M5－M6），第 30 次布放了 2 套（M7－M8），第 31 次布放了 3 套（M9－M11）。其中顺利回收了 M1、M3、M5、M7、M8，第 31 次布放的 3 套待到第 32 次进行回收。其中的 M7 和 M9 为深水站位潜标，水深超过 1 600 m。分布如图 5－88 所示。

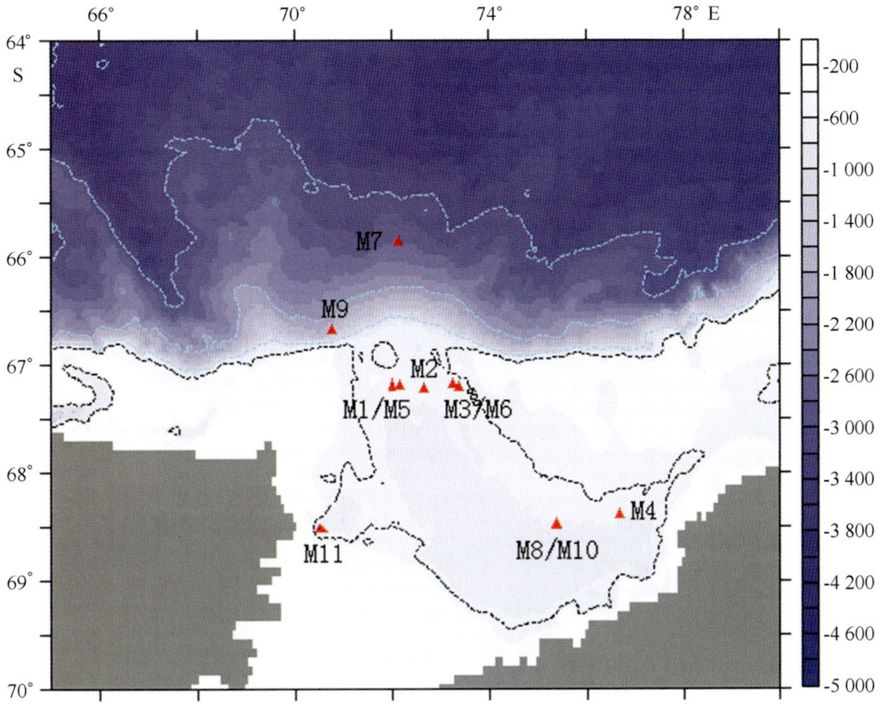

图 5－88　第 28 次至第 31 次潜标布放位置分布

（2）时间变化

图 5－89 至图 5－97 给出了顺利回收潜标一部分传感器测得参数的时间变化序列。综合各时间序列的变化可以看出，在普里兹湾内部，温度和盐度的变化在南半球的夏季（11 月至

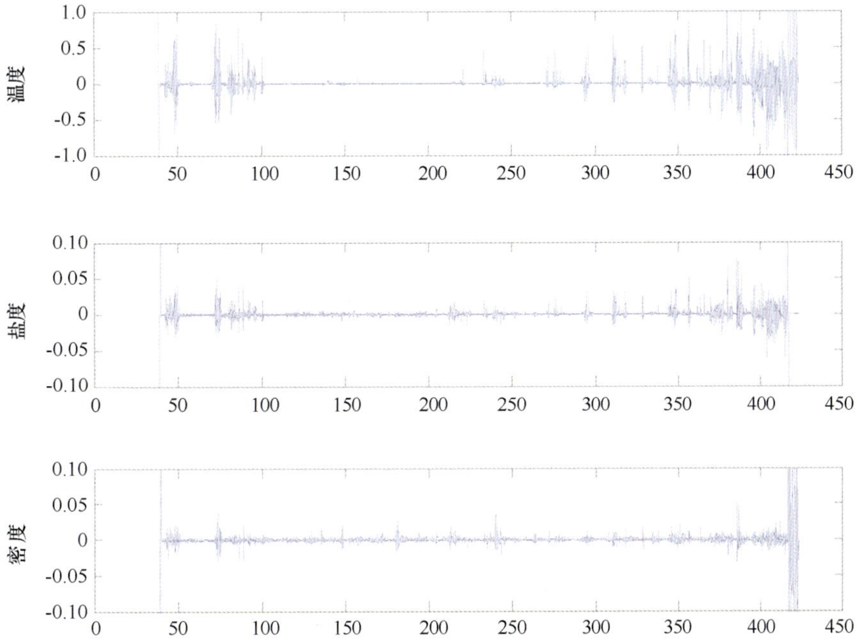

图 5－89　M1 潜标 272 m 深度 CTD 的温度、盐度、密度变化（24 h 以内高通滤波）

翌年3月）振幅剧烈，最大振幅接近2℃，而在南半球的冬季（4—10月）振幅要小得多，由于普里兹湾内部温度大于－1.5℃的水团是典型的CDW特性，所以CDW入侵普里兹湾具有明显的季节变化，这一点与各航次CTD观测结果一致，且该季节变化与海冰的形成和融化密切相关。另外，M1和M5潜标的海流观测揭示了普里兹湾口不同深度的海流特性截然不同，结合CTD观测的PA断面资料可以清楚地看出，350 m深度的海流全年几乎全是向西北方向输运，而同一位置285 m深度的海流方向具有明显的时间变化，这一差异的主要原因是350 m深度的位置是普里兹湾高密度陆架水定长向湾外输运，而285 m深度位于CDW入侵的平均高度内，从而具有明显的季节变化。利用潜标资料和其他观测资料的研究已经取得突破进展，正在完成相应研究论文的编写和投稿。

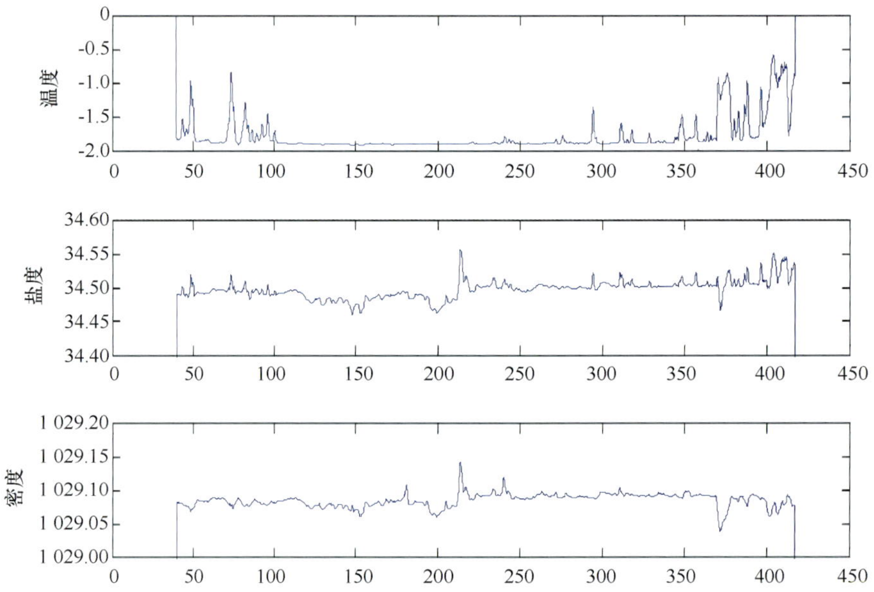

图5－90　M1潜标272 m深度CTD的温度、盐度、密度变化（24 h以上低通滤波）

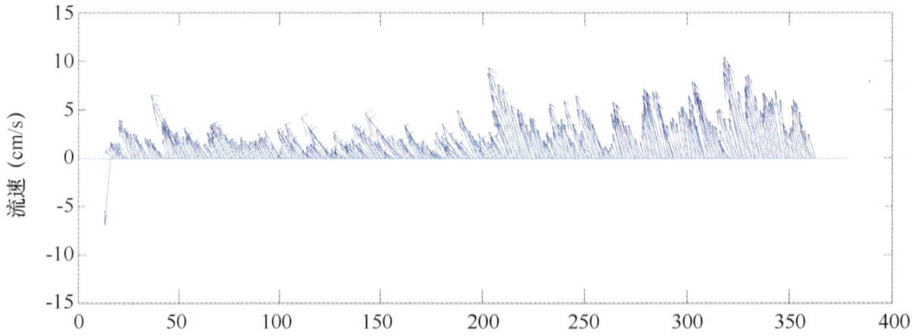

图5－91　M1潜标350 m海流计的流速和流向的时间变化

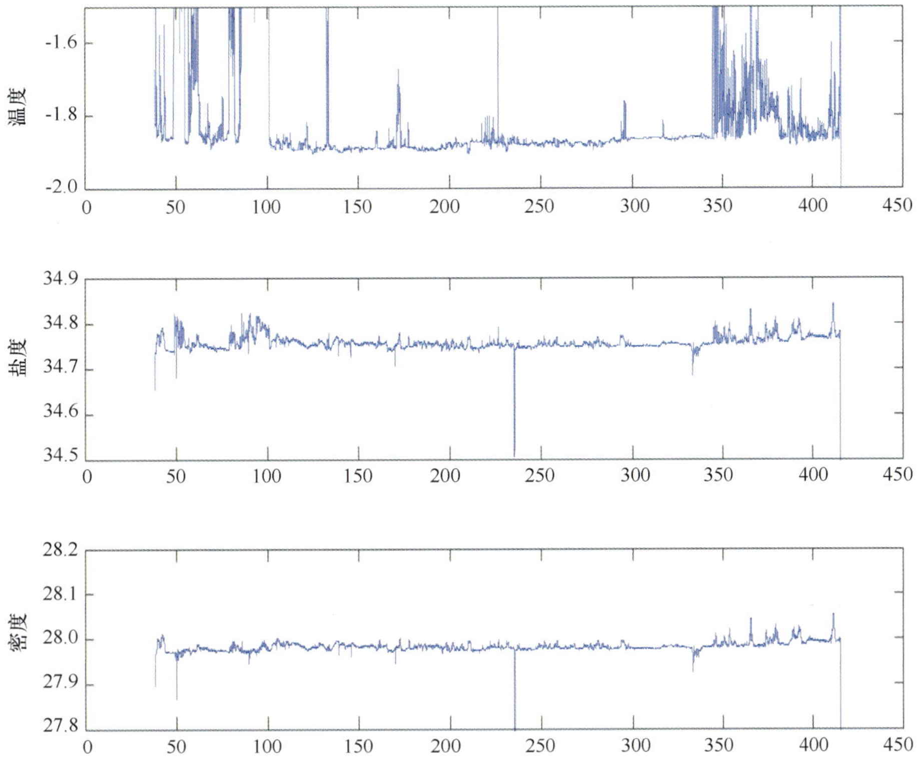

图 5－92　M3 潜标 488 m 深度 CT 的温度、盐度、密度变化

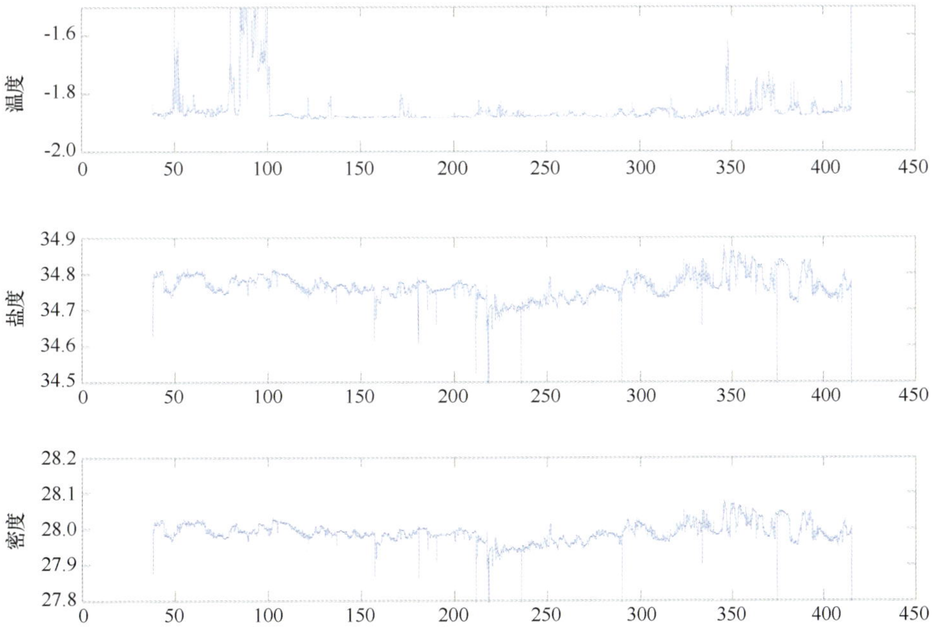

图 5－93　M3 潜标 538 m 深度 CT 的温度、盐度、密度变化

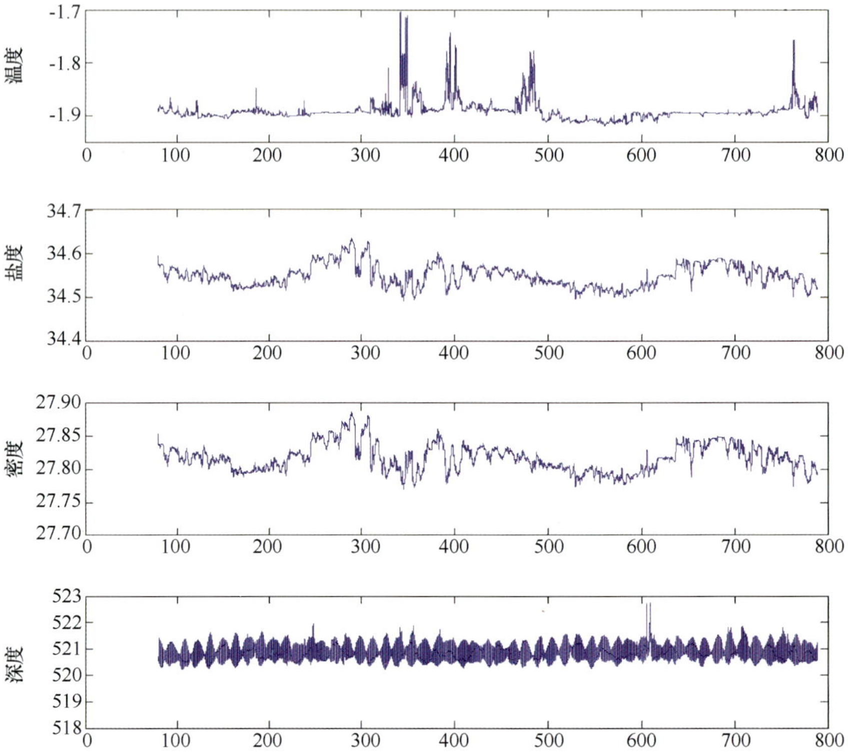

图 5－94　M5 潜标 520 m 的 CTD 的温度、盐度、密度和深度的时间变化

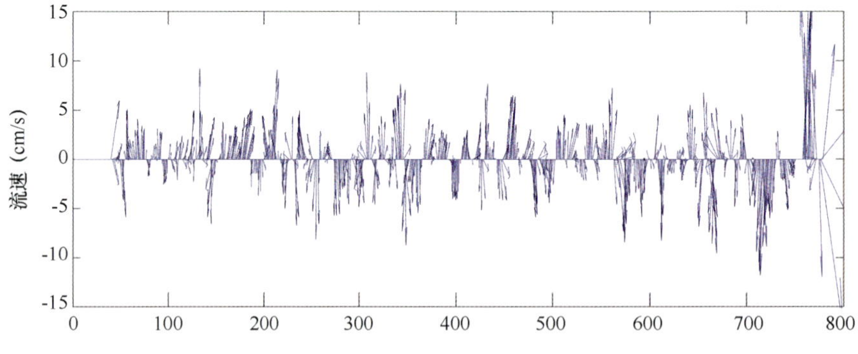

图 5－95　M5 潜标 285 m 海流计的流速和流向的时间变化

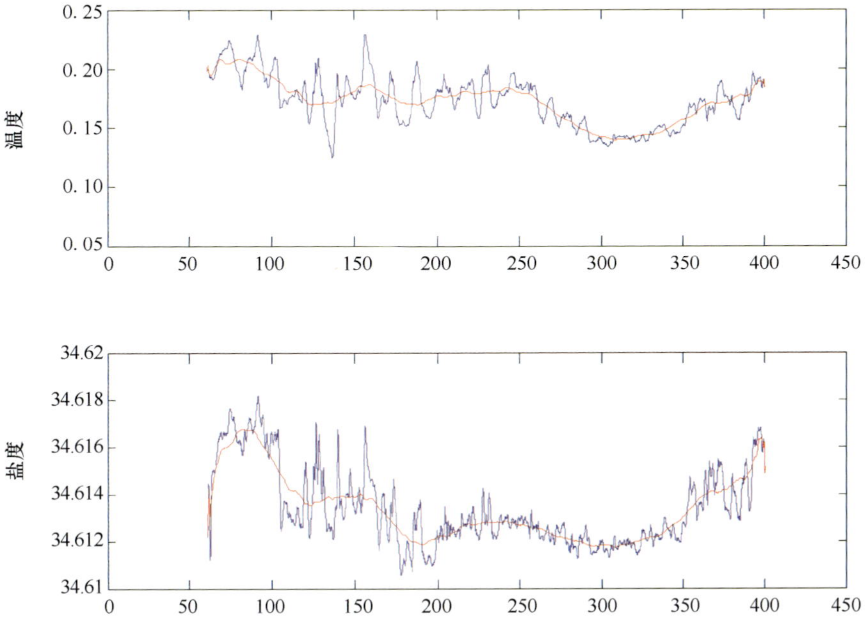

图5－96　M7潜标1 676 m的CTD的温度、盐度的时间变化

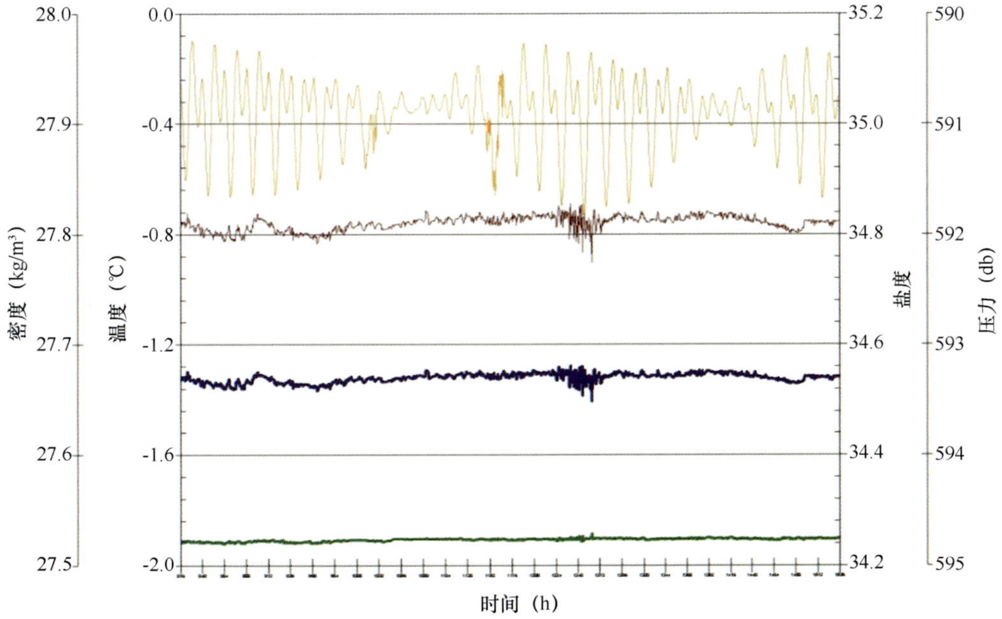

图5－97　M8潜标底层582 m CTD在2015年4月观测的压强、温度、盐度和密度变化

5.1.2 南极半岛海域

5.1.2.1 温度、盐度和密度的分布和变化

1）数据介绍

在极地专项执行期间，在南极半岛海域共开展过两次观测，即第 28 次南极考察的试点航次和第 30 次南极考察。

第 28 次南极考察在南极半岛海域共完成 CTD 站位 43 个，其中计划内站位 41 个（图 5－98a），额外完成站点 2 个（D2－4A、D2－4B）。观测时间从 2011 年 12 月 30 日至 2012 年 1 月 29 日，站位设定的大致区域在 60°—64°S，44°—60°W 之间。另有 4 个站位由于海况太差，改为投放 XCTD 进行观测。

第 30 次南极考察的调查时间为 2014 年 2 月 8 日至 14 日，由于调查时间有限以及海况和冰况所限，仅完成了 33 个站位的观测（图 5－98b）。其中，D1 和 D2 断面比较完整，D3、D4 和 D5 断面仅完成了中部 3～4 个站位，新增加的 DA 断面位于 D4 和 D5 断面之间，断面上的 4 个测站全部完成。另外，有 2 个站位（D1－02 和 D5－08）由于海况太差，改为投放 XCTD 进行观测，D1－09 站因水泵未启动没有获得可用的数据，D5－07 站因海况较差用 SBE19 CTD 进行观测。

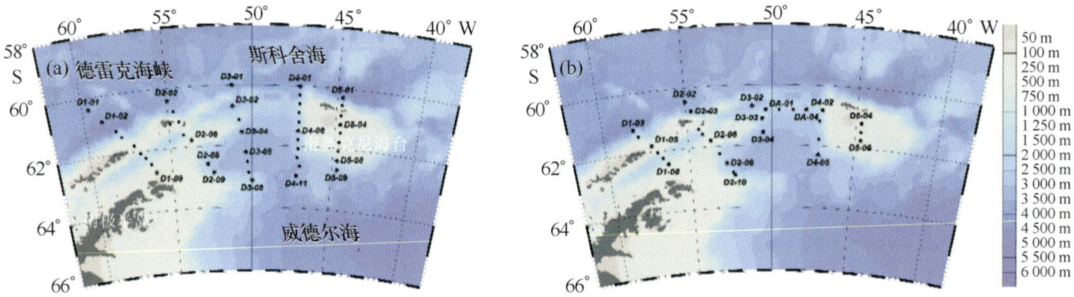

图 5－98　南极半岛海域的观测站位

（a）第 28 次南极考察；（b）第 30 次南极考察

2）温度和盐度的空间分布

利用第 28 航次和第 30 航次考察获得的 CTD 和 XCTD 数据，绘制各断面的温度、盐度（S）和密度断面分布图，进行初步的分析，其中温度和密度均采用位势温度（θ）和位势密度（σ_0）。

（1）第 28 次南极考察

此次考察共获得 D1～D5 共 5 条断面的观测数据，断面上的站位较为完整。各断面大体为南北走向，从斯科舍海至威德尔海，穿越南设得兰群岛。

D1 断面的观测时间为 2012 年 1 月 16 日和 17 日，是位于观测区域最西侧的一个断面，北达南设得兰海槽，南至南极半岛，横跨布兰斯菲尔德海峡，经向跨度较大，约有 2°。该区域除设得兰海槽水深超过 4 000 m 之外，陆架区水深均较浅，均小于 1 500 m。D1 断面的温度、盐度和密度分布如图 5－99 所示。在 61.5°S 以北，存在温度和盐度极大值，分别位于

380 db 和约 1 000 db 左右。表层的温度在 1.5℃以上，其下为温度低于 0℃的冷水。在 D1 断面南部，50 db 以浅的表层以 62.6°S 为界，呈现南冷北暖、南咸北淡的特征。50 db 以深为温度低于 0℃的冷水，有两个温度低于 -0.5℃冷水核心，断面北端的一个在 500 db 以上的陆架上，盐度高于 34.4；中间的一个位于 1 000 db 以深，在布兰斯菲尔德海峡的底层。这两部分冷水的盐度在 34.4 ~ 34.6 之间。密度基本上随深度而增加，等密度面呈现南高北低的倾斜，最小的密度出现在最北端站位的表层。

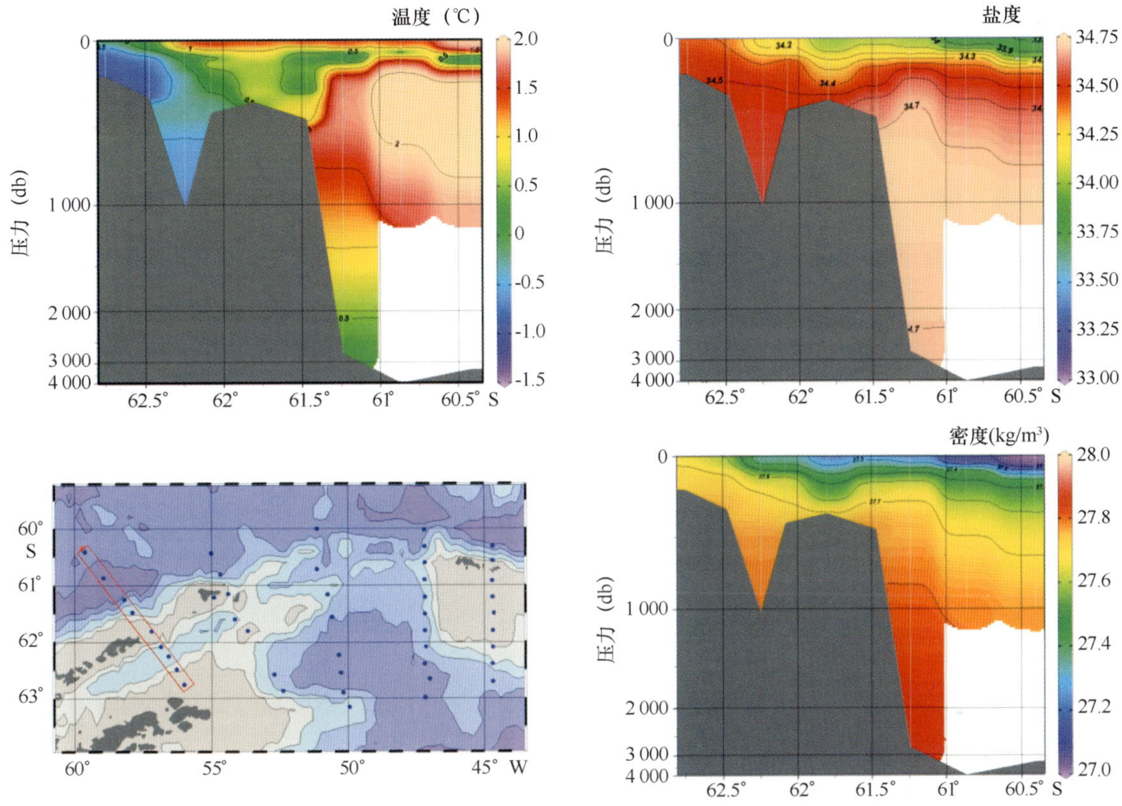

图 5-99 第 28 次南极考察 D1 断面的温度、盐度和密度分布

D2 断面的观测时间为 2012 年 1 月 20—23 日，由于海况不佳，南部的站位只完成了 D2-8 站的 CTD 观测（20 日），北半部站位于 22—23 日顺利完成。断面经过象岛以东海域，北部海区水深接近 3 800 m，象岛附近在 500 m 左右，南部海盆区水深达 2 000 m。如图 5-100 所示，在 60.6°S 以北，可识别出从 200 db 开始有温度极大值，盐度极大值约出现在1 000 db 处。表层较为温暖（>1.5℃）且盐度较低（<34.2）。在象岛以北的 60.7°S 处存在较大的温度梯度，呈现南冷北暖的特征，除表层盐度南咸北淡外，深层并没有明显的变化。象岛以南的鲍威尔海盆内（62°S 以南）可以看到有明显的温度极小值出现在 130 db 处，对应盐度值在 34.4 左右。在这层冷水之下，约 600 db 处存在温度极大值（>1℃），同时也是盐度极大值（>34.6）。

D3 断面的观测时间为 2012 年 1 月 24 日至 26 日，该断面横跨了斯科舍海岭，除北部一个站位设置在海岭以北，其余 6 个站位均设在海岭以南的陆架区和鲍威尔海盆内，海盆深度超过 3 000 m。图 5-101 给出 D3 断面的温度、盐度和密度分布。在南斯科舍海岭以北，在 300 bd 处有温度极大值，盐度极大值则出现在 1 000 db 处。表层较为温暖（>1.0℃）且盐

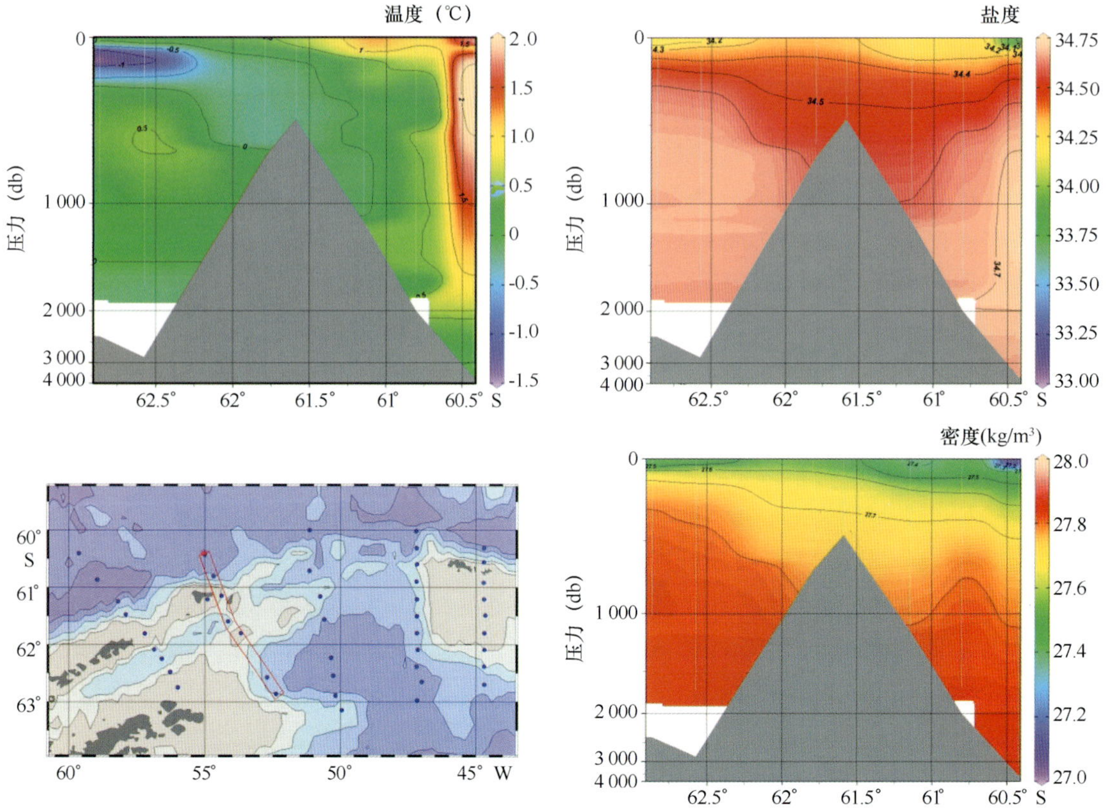

图 5－100　第 28 次南极考察 D2 断面的温度、盐度和密度分布

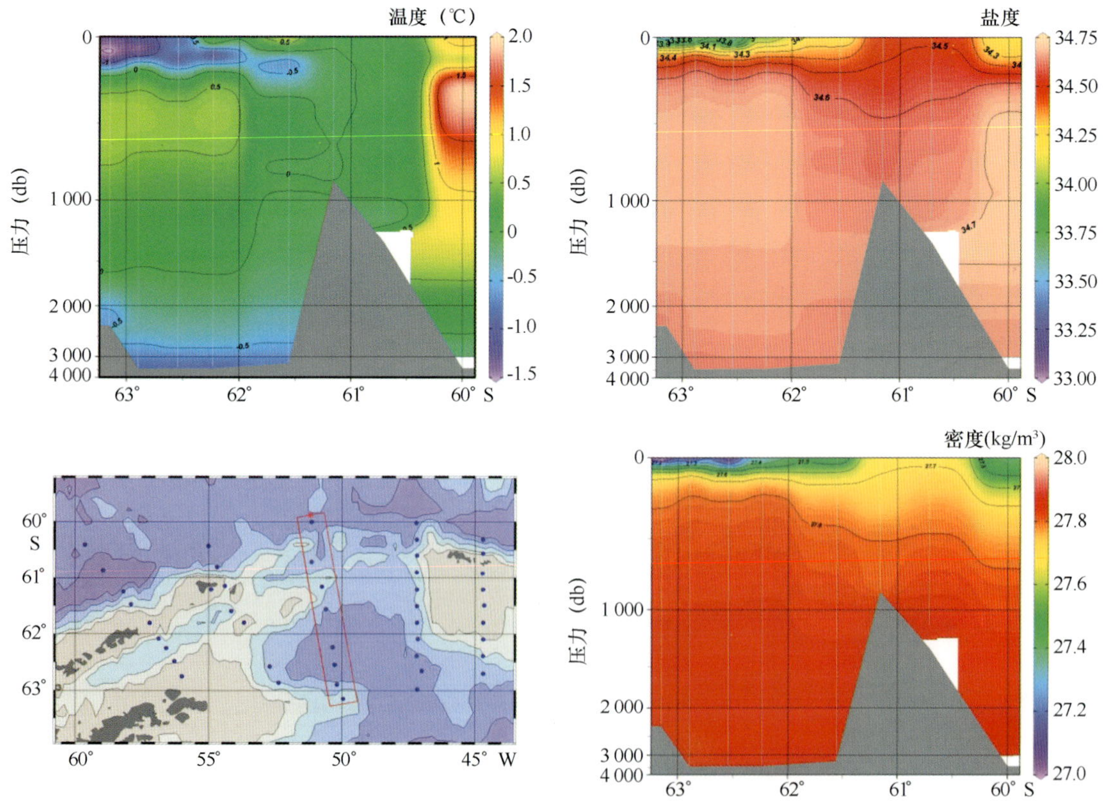

图 5－101　第 28 次南极考察 D3 断面的温度、盐度和密度分布

度较低（<34.2）；以斯科舍海岭为界，温度上呈现南冷北暖的特征。盐度的分布，除表层盐度南淡北咸外，深层并没有较大的变化。斯科舍海岭以南的鲍威尔海盆内（61.2°S 以南），在 80 db 处有明显的温度极小值（<-1.5℃）出现，对应区域的盐度值在 34.4 左右。在此之下，约 600 db 处存在温度为 0.5℃左右，盐度大于 34.6 的暖水。继续向下在 3 000 m 以下的海盆底部，存在温度低于 0℃盐度大于 34.6 的底层水。D3 断面 62°S 以南的区域，表层较淡，在 34 以下，其温度在 -0.5℃左右，密度出现低于 27 kg/m^3 的极小值。

D4 断面的观测时间为 2012 年 1 月 26 日至 28 日，该断面在斯科舍海岭与南奥克尼海台之间，中北部的站位基本上沿着南奥克尼海台以西的陆坡走向，水深约 1 000～2 000 m，南部海盆区的水深多超过 3 000 m。该断面基本上沿着鲍威尔海盆与斯科舍海之间的通道，因此在南北方向上温度、盐度和密度的差异并不大（图 5-102），盐度基本随深度增加。在 61.7°S 以北，表层温度在 0.5℃以上，盐度低于 34.3。表层以下可以观察到小于 -1℃的温度极小值，位于 62.2°S 以南，盐度在 34.4 左右；该低温层几乎是贯通南北的。在该冷水之下，500 db处有一温度极大值区（>0.5℃），盐度高于 34.6。从南向北，可以识别出 3 个高温核心，且核心温度依次降低。继续向下，温度逐渐降低，到海盆底部时，温度低于 0.5℃，盐度大于 34.6。D4 断面 62°S 以南的表层也呈现与 D3 断面相似的冷而淡且密度较小的特征。

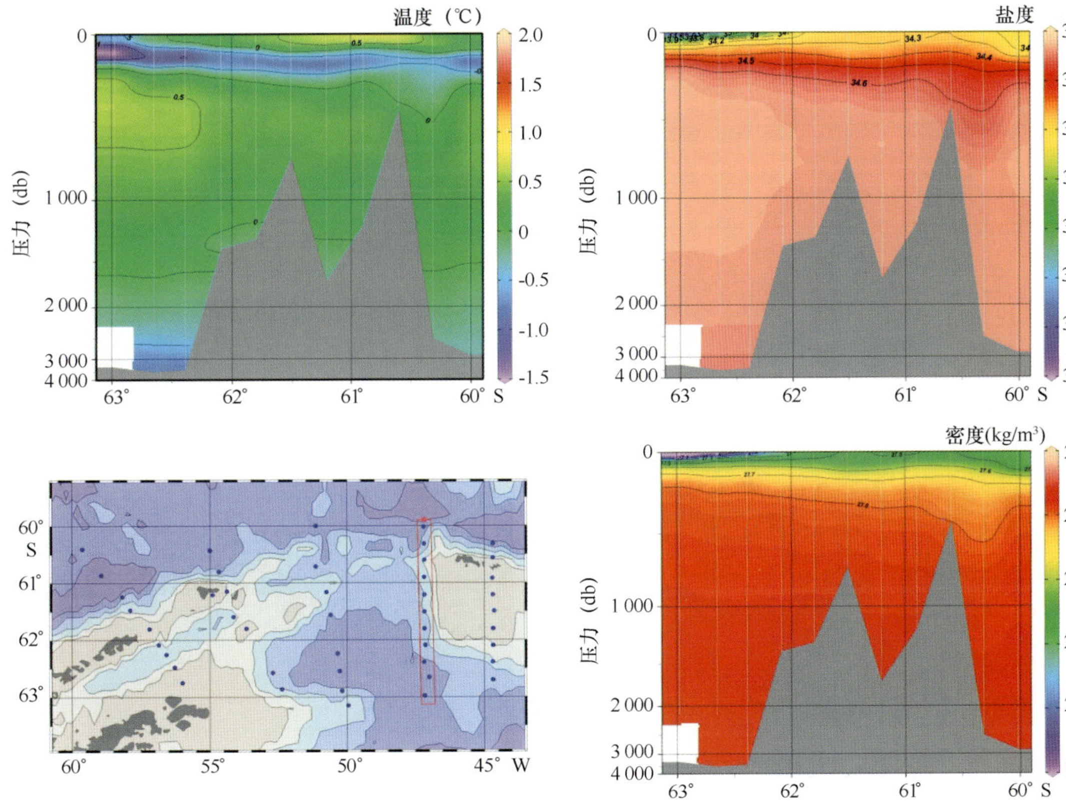

图 5-102　第 28 次南极考察 D4 断面的温度、盐度和密度分布

D5 断面是在两个时间段内完成的，D5-3、D5-4 和 D5-5 站的观测时间为 2011 年 12 月 30 日和 31 日，其他站是在近一个月之后的 2012 年 1 月 28 日和 29 日完成的，间隔了约 1 个月，时间跨度比较大。该断面穿过南奥克尼海台，除最北站位水深大于 4 000 m 和最南站

位水深达到 2 500 m 之外，其余站位基本在陆架区，水深均在 400 m 左右。该断面的大部分站位在陆架区，因此温度、盐度和密度在南北方向上的差别并不大（图 5－103）。60. 7°S 以北，表层温度可超过 0. 5℃，盐度低于 34. 2。表层以下可以观察到有温度低于－1℃的极小值，而温度小于－0. 5℃的低温层在南北方向上是连续的，该区域盐度在 34. 4 以下。62. 2°S 以南，表层 50 db 以浅也存在如 D3 和 D4 断面所测得的较淡的表层水，盐度低于 34，温度在－0. 5℃左右，密度也存在低于 27 kg/m³的极小值。D5 断面的南北两端均存在核心在 500 db 附近的暖水。其中，南端的温度较高，也有较为显著的高盐核心。

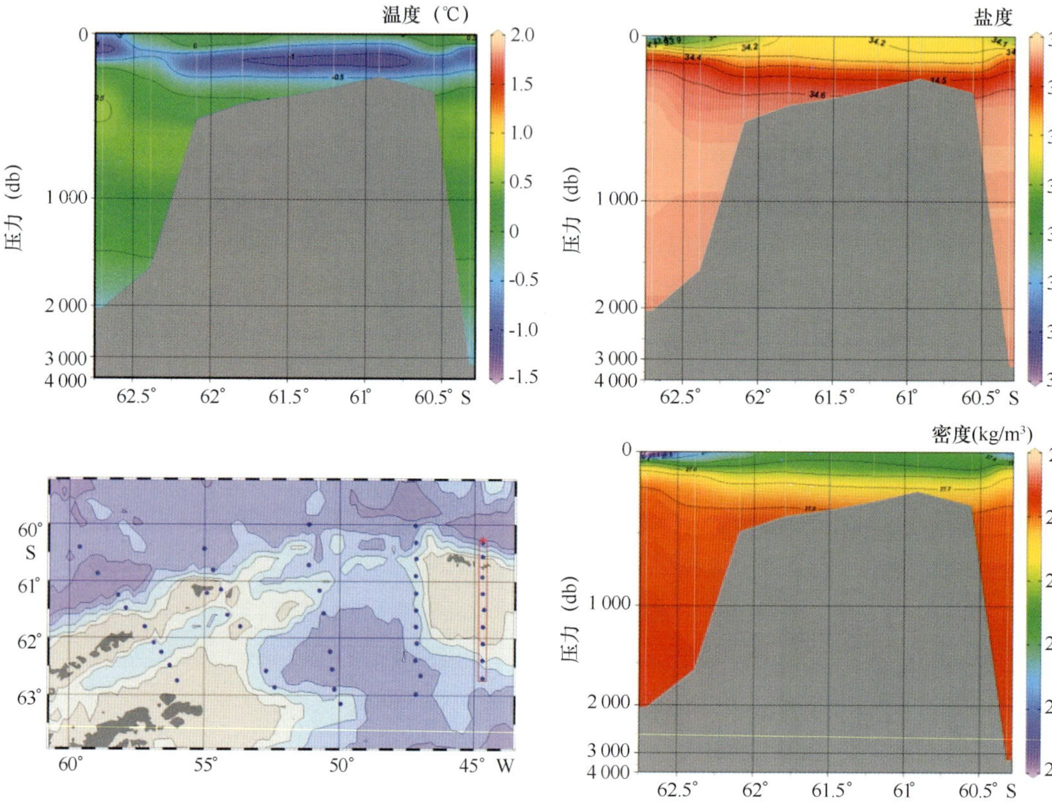

图 5－103　第 28 次南极考察 D5 断面的温度、盐度和密度分布

（2）第 30 次南极考察

此次考察因海冰和天气条件限制，D3 和 D5 断面仅完成了 3 个站位的观测，不足以进行断面温盐结构的分析，因此只分析其余的断面。另外，此次考察增加了一个纬向的 DA 断面，以观测斯科舍海与威德尔海之间的水交换。

D1 断面的观测时间为 2014 年 2 月 8 日。该断面位于观测区域最西侧，最北端的站位在南设得兰海槽的南侧，最南端的站位在布兰斯菲尔德海峡的南侧。6 个测站中，南设得兰海槽中的 D1－03 站水深达 2 800 m，布兰斯菲尔德海峡中的 D1－07 站水深为 1 060 m，其余陆架区的水深均小于 1 000 m。除了 D1－08 站之外的其他测站上，CTD 均下放到接近海底的深度。D1 断面几乎与布兰斯菲尔德海峡垂直，且从中央海盆的最东侧穿过（图 5－104）。海峡中的 3 个测站中，只有 D1－07 站观测到 1 000 m 以深。在该站观测的海底附近，1 000 db 上下有一个明显的温度跃变，温度从 970 db 处的－1. 24℃变为 1 017 db 处的－1. 36℃，盐度随深度增加略微增大。D1－06 站以 400 db 为核心的暖水，温度超过 0℃，与南斯科舍海岭北侧 D1－04 站的同深度暖水性质接近。D1－06 和 D1－07 站的表层温度都高于 0℃。数据显示，D1－08 站的水深为 419 m，但是 CTD 仅下放到 232 db。总体上来看，D1－08 站明显比其他站位同层次的水体要冷，观测到的全部水体温度都在－1℃以下。在 100 db 以浅，温度基本保持在－1.4℃，盐度有明显的变化，从不足 34 增加到 34.44。100 db 以深，温度和盐度均略有增加，呈现同步变化。D1 断面北部最显著的温度特征是温度极大值，其最高温度接近 2℃。D1－03 站的盐度廓线显示，中层的盐度较大，但是并没有明显的高盐核心。较暖的表层之下，是低温的水层，以垂向断面中的温度极小值为特征，D1－03 站的最低温度为－0.89℃，与表层的温度（1.43℃）差别超过 2℃，形成强温跃层。D1－04 站的表层与周边其他站位一样，也是相对高温和低盐的特征，表层之下是两个比较深厚的水团，其性质呈现上冷下暖、上淡下咸的鲜明对比，说明两者有不同的来源。

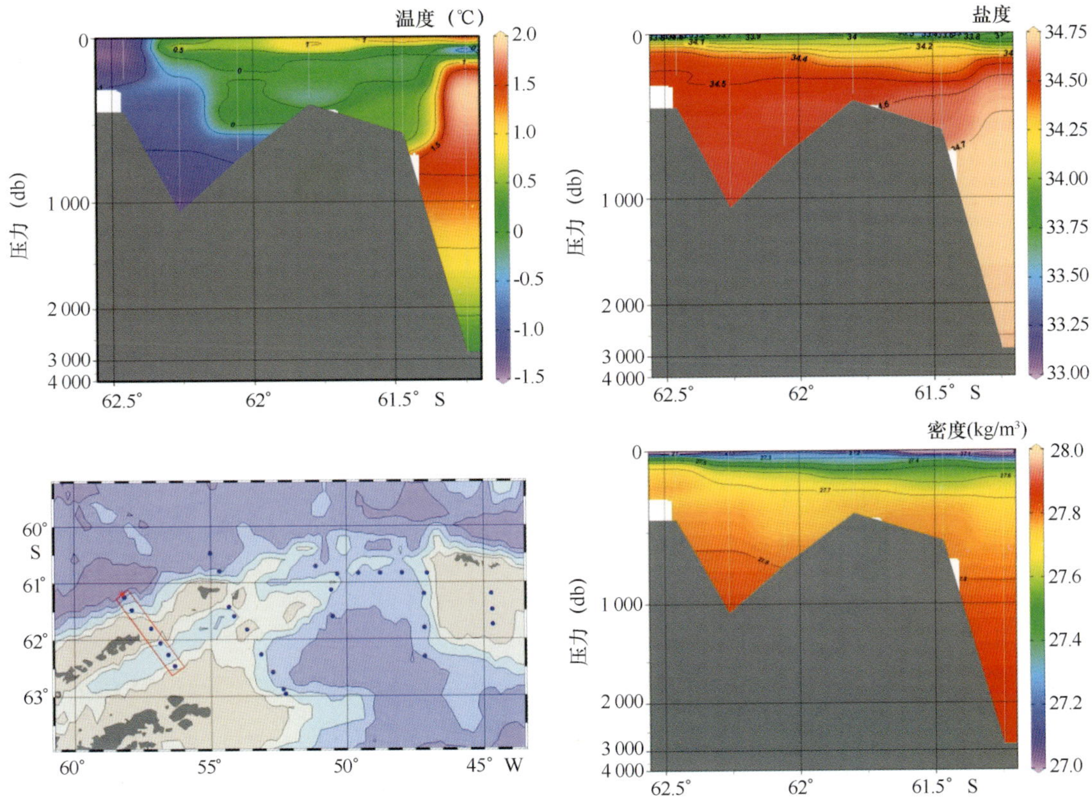

图 5－104 第 30 次南极考察 D1 断面的温度、盐度和密度分布

D2 断面的观测时间为 2014 年 2 月 9 日至 11 日，从南向北进行。该断面南部的 4 个站位在鲍威尔海盆西侧，温盐结构基本一致。表层温度在－1.6℃左右，盐度较低，体现夏季海冰边缘区的典型特征（图 5－105）。600 db 附近的暖水是这 4 个测站温度廓线上的另外一个显著特征，就其核心温度而言，D1－10 站的略低，其他 3 个站上的几乎一致，为 0.56℃，与第 28 次南极考察观测的结果完全一致。北端的 D2－02 站的温盐结构与 D1 断面北端站位上的相同。D2－03 站上，在 560 db 附近出现了一块孤立的高温高盐水，其上下则为相对低温低盐的水体。1 000 db 以深的高温水体，盐度接近 34.7，这一特征与第 28 次南极考察的观测结果相近。D2 断面中部的 3 个站位没有特别的温盐结构，基本上是暖而薄的表层和冷且深厚下层

的组合。

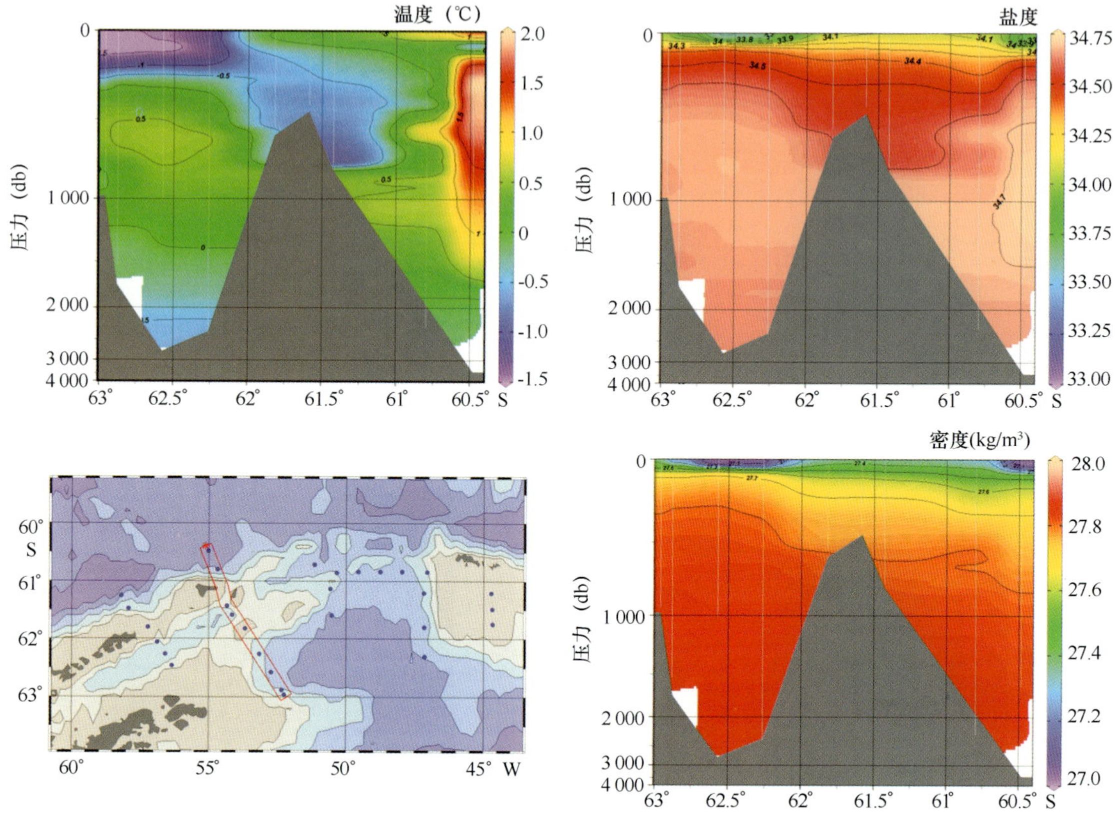

图 5－105　第 30 次南极考察 D2 断面的温度、盐度和密度分布

D4 断面是在 2 月 12—13 日观测的，只完成了 4 个站位，全部在南奥克尼海台的西侧陆坡上。从上至下，基本上是暖、冷、暖相间的不同水层叠置，没有特别的温盐结构（图 5－106）。

DA 断面是临时增加的一个纬向断面，包括 4 个站位，主要目的在于观测南北向的水交换，尤其是从鲍威尔海盆向斯科舍海的深层水输送，其中的 DA－02 站和 DA－04 站分别位于两个较深的海槽中，这里可能是比较重要的深层水通道。D3－02 站、D4－02 站可以与 DA 断面连成一个更长的断面，能够更好地显示这个区域的温盐结构（图 5－107）。这 6 个站位的观测时间为 2 月 11—12 日。断面图上最为明显的温度分布结构就是位于两个较深海槽中 550 db附近的暖水，说明这两个位置确实是暖水从鲍威尔海盆进入斯科舍海的深水通道，其中进入埃斯佩里兹海槽的西侧暖水明显要更暖一些。

（3）小结

第 28 次和第 30 次南极考察在南极半岛海域获得的 CTD 和 XCTD 观测数据，给出了该海域温盐结构的基本特征。

南设得兰群岛以北的深海区呈现南大洋陆坡区的典型温盐结构，北部离岸海域的中层存在垂向温度极大值，核心温度超过 2℃，为整个观测海域中最暖的水；更深的层次还存在垂向的盐度极大值。

调查海域的表层温度基本上呈现随着纬度的增大而降低的变化趋势，但盐度的变化比较

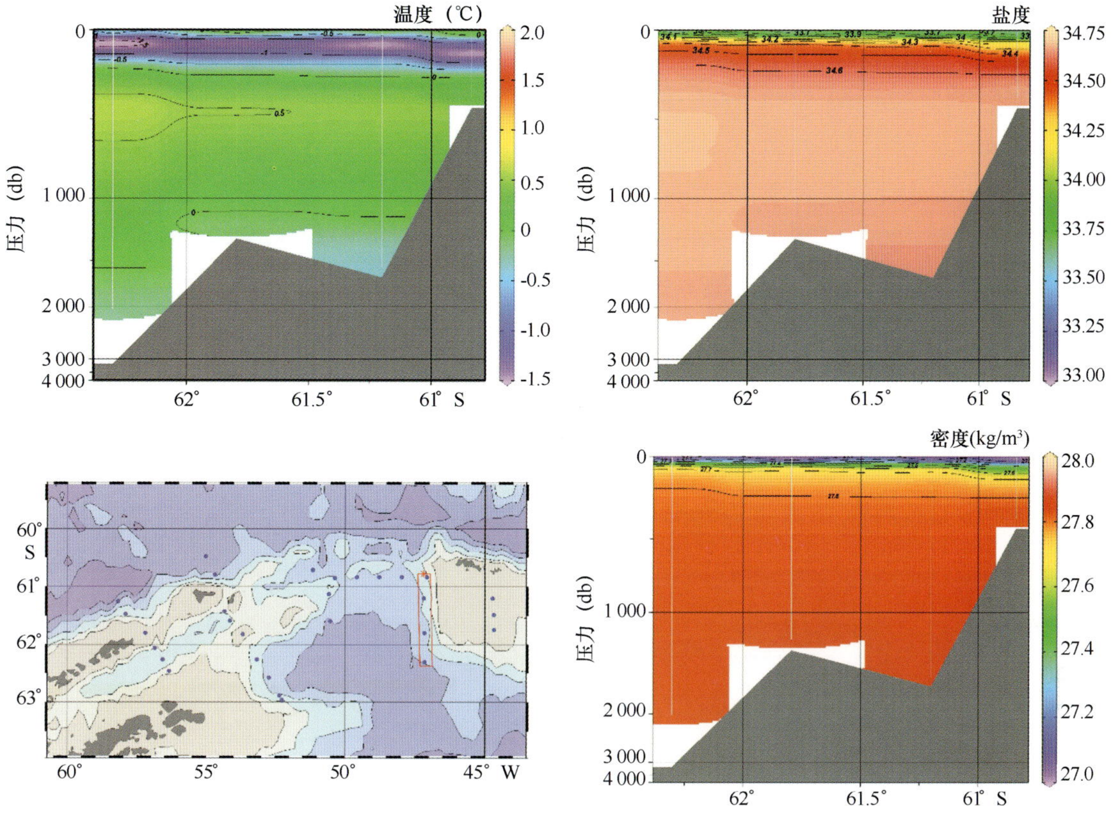

图 5－106　第 30 次南极考察 D4 断面的温度、盐度和密度分布

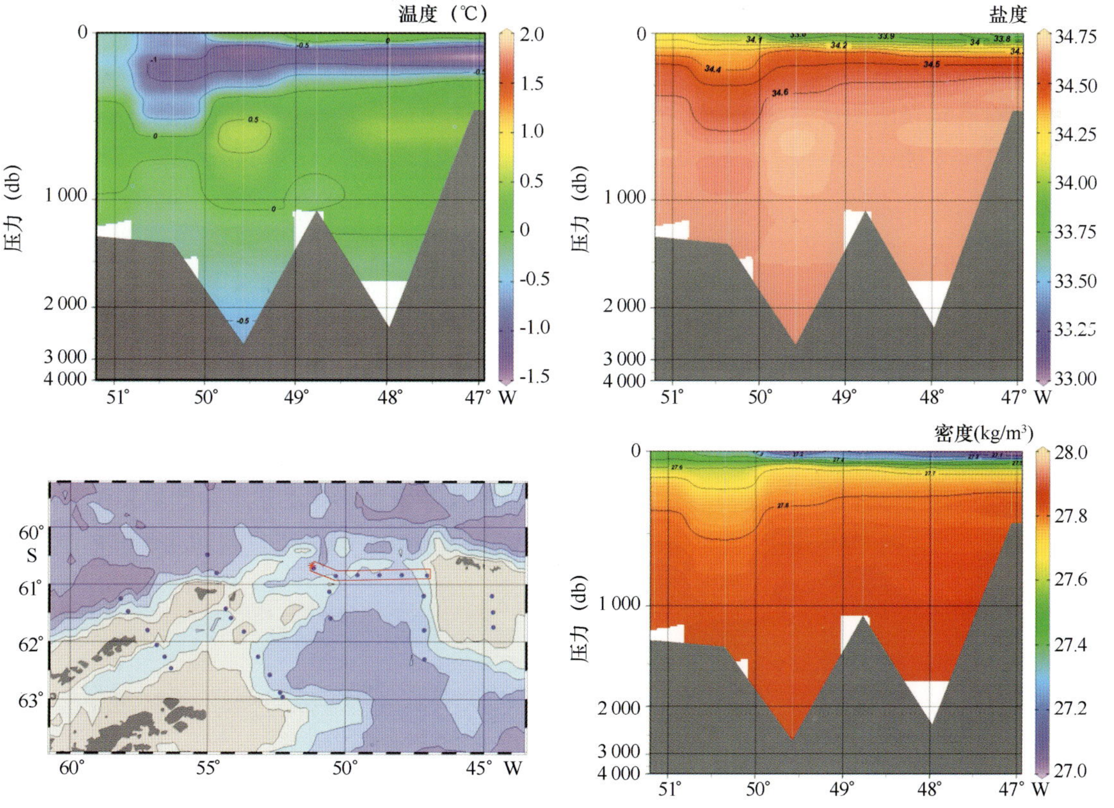

图 5－107　第 30 次南极考察 DA 断面的温度、盐度和密度分布

复杂。在西侧的断面，最低的盐度出现在北侧的海盆区；而在东侧的断面上，鲍威尔海盆北缘的表层存在一层较淡的表层水，盐度在 34 以下，温度在 -0.5℃左右，密度低于 27 kg/m^3，该低盐和低温特征是由于海冰融化造成的。

鲍威尔海盆的中层存在温度极大值，其核心温度要低于断面北侧的垂向温度极大值。南奥克尼海台上的水体温盐性质比较均一，没有特别的温盐结构。

新增加的 DA 断面观测结果给出了深层暖水从威德尔海进入斯科舍海的通道，最为明显的温度结构就是位于两个较深海槽中 550 db 附近的暖水。

5.1.2.2 湍流的分布和变化

1）数据介绍

第 30 次南极考察湍流观测重点集中在西北威德尔海地形变化比较剧烈的区域，观测期间获得湍流观测站位共计 16 个。在时间和海况允许的情况下 VMP 下放两次，下放深度一般在 200 m 左右。

2）空间分布

图 5-108a 给出了威德尔海上层 200 m 海水湍耗散率的深度平均空间分布。从图中可以看出，强混合现象出现在菲利普通道西侧和南奥克尼海台陆坡等地形比较陡峭的海域。在菲利普通道西侧，200 m 以浅的湍耗散率深度平均值达到了 10^{-7} W/kg 以上，高出其他站位两个量级。这是由于陆坡流海水通过菲利普通道离开威德尔海，与南极绕极流汇合，较强的正压流与此处的陡峭地形相互作用（Gordon et al.，2000）。在南奥克尼海台地形平坦的海域，湍耗散率深度平均值在 10^{-9} W/kg，为该海域混合最为微弱的区域。图 5-108b 的湍耗散率垂向剖面结构可以看出，在地形陡峭的站位，混合从表层到 200 m 深度上都比较强烈，说明此处混合的能量来源为正压流和正压潮与地形相互作用产生的内波（Muench et al.，2002）。其他站位的混合表层明显强于 50 m 以深海水，说明风应力的能量由于稳定的层化结构无法向下传输，无法支撑较强的混合。

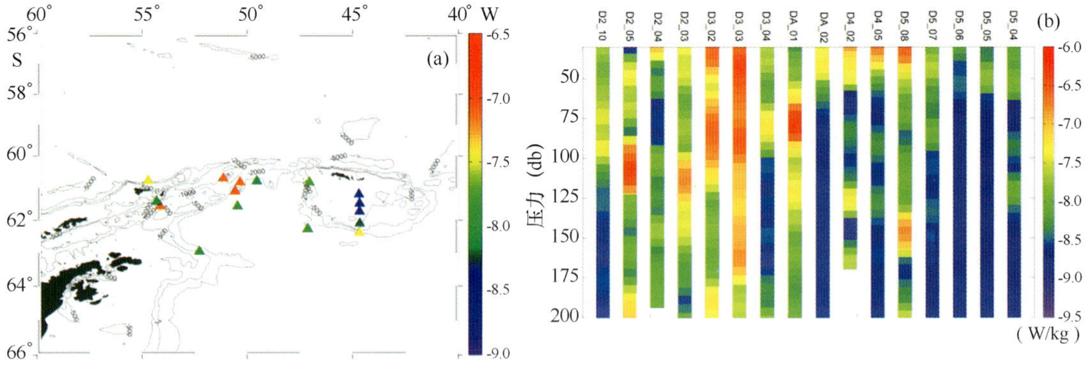

图 5-108 湍流的分布和变化

（a）威德尔海湍耗散率深度平均分布（lgε）；（b）湍耗散率剖面

3）小结

第 30 次南极考察在西北威德尔海域共获得湍流观测站位 16 个。威德尔海西北海域最为强烈的混合发生在菲利普通道西侧，湍耗散率高达 10^{-7} W/kg，高于平坦地形站位混合两个量级，该区域混合的能量来源为正压流与陡峭地形相互作用产生的内波。在海底地形平坦的南奥克尼海台区域，湍耗散率在 10^{-9} W/kg 左右。

5.1.2.3 水团/锋面的分布和变化

1）数据介绍

水团与锋面分析所用的数据，主要是第28次和第30次南极考察在南极半岛海域获得的CTD和XCTD数据。

2）水团组成

利用这两次考察获得的CTD和XCTD数据，绘制了温－盐图（图5－109），结合各断面的温度、盐度和密度断面分布图，对该海域的水团组成进行简单的分析。

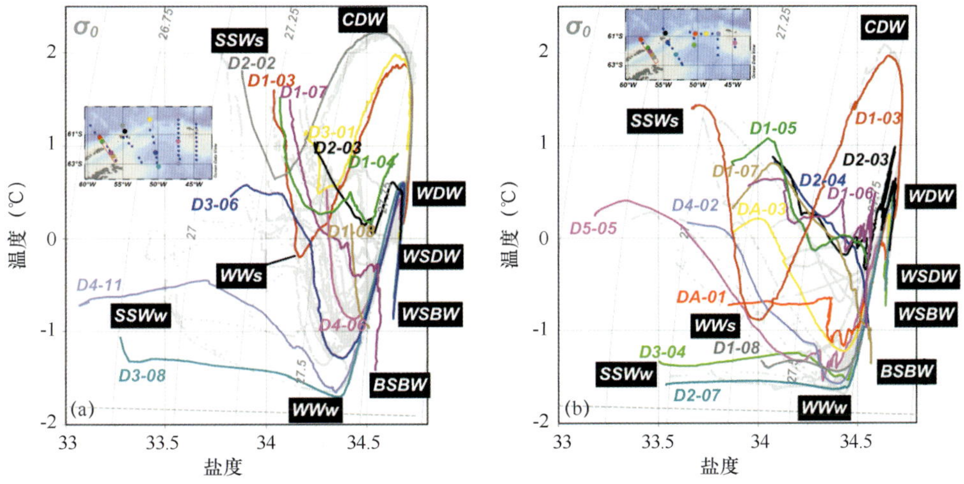

图5－109 利用第28次（a）和第30次（b）南极考察数据绘制的温－盐图

彩色线为代表性站位（在内嵌的地形图中用同样颜色标记）上的曲线，灰色点为其他站位上的数据；灰色等值线表示位势密度（单位：kg/m^3）；灰色虚线表示海面处的冰点；水团的名称标记在水团核心附近

南大洋南极区的表层水通常被称为南极表层水（AASW，Antarctic Surface Water），包括南极夏季表层水（AASSW，Antarctic Summer Surface Water）和冬季水（WW，Winter Water）。前者为夏季因太阳辐射而增暖且因海冰融化而淡化的表层水，后者实际上是冬季残留的低温水，温度接近冰点，以垂向温度廓线中的温度极小值为特征。为了简便并强调其季节性特征，在此将南极夏季表层水简称为夏季表层水（SSW）。由于南极半岛海域实际上包含了斯科舍海与威德尔海两个海域，而两者的温盐性质差别显著，将SSW进一步细分为斯科舍海夏季表层水（SSWs）与威德尔海夏季表层水（SSWw）两个子水团。在同一断面上，前者的温度明显高于后者，SSWs通常接近2℃，而SSWw则一般在0℃以下。冬季水也有同样的细分，即WWs与WWw，后者的温度接近冰点，更多地保持了冬季的低温特征。

两个海域的中层水团也有明显差别，在南设得兰群岛以南海域为绕极深层水（CDW，Circumpolar Deep Water；Hofman and Klinick，1998；Smith et al.，1999），又可以进一步分为上下两个子水团，即UCDW和LCDW，分别以垂向的温度极大值和盐度极大值为核心特征，在D1、D2和D3断面的北端测站上都能够识别出这两个水团。在鲍威尔海盆中观测到的中层暖水是威德尔深层水（WDW，Weddell Deep Water；Gordon et al.，2001），也称为暖深层水

(WDW, Warm Deep Water) (von Gyldenfeldt et al. , 2002; Hernández - Molina et al. , 2006)。WDW 实际上来自南设得兰群岛以北的 CDW,是其中的一部分随着气旋式的威德尔流涡,从东部进入威德尔海,最终输运到鲍威尔海盆 (Gordon et al. , 2001)。经过长途输运,CDW 的高温特征已经有所减弱,但仍是海盆中温度最高的水团。在 WDW 进而能够通过菲利普通道以及埃斯佩里兹海槽进入南斯科舍海岭南侧 (Palmer et al. , 2012)。

威德尔海是南极底层水 (AABW, Antarctic Bottom Water) 的主要源地之一,在鲍威尔海盆能够观测到威德尔海底层水 (WSBW, Weddell Bottom Water) (Gordon et al. , 2001; Naveira - Garabato et al. , 2002b) 和相对低盐的威德尔海深层水 (WSDW, Weddell Deep Water, 温度在 0 ~ -7℃之间),后者能够绕过南奥克尼海台向北进入斯科舍海 (Naveira - Garabato et al. , 2002a)。

D1 断面横贯布兰斯菲尔德海峡,在最深处观测到布兰斯菲尔德海峡底层水 (BSBW, Bransfield Strait Bottom Water) (Gordon et al. , 2000; 董兆乾等, 2004),温度低于 -1℃,是整个调查海域深海中温度最低的底层水。从 D1 断面的观测结果来看,布兰斯菲尔德海峡中几乎没有绕极深层水的迹象。实际上,来自太平洋的 CDW 仅对布兰斯菲尔德海峡的西部和南部有影响 (羊天柱等, 1989),海峡的中部和东部似乎不存在 CDW,或者其影响范围相当有限,其强度已经变得相当弱,而无法识别处理。第 28 次和第 30 次南极考察中仅有 D1 和 D2 断面分别位于布兰斯菲尔德海峡的中部和东部,而且海峡内仅有两三个测站,难以保证能够捕捉到 CDW 的踪迹。

3) 锋面分析

调查海域中最明显的海洋锋面是南极陆坡锋 (ASP, Antarctic Slope Front),之前曾被称为陆缘水边界 (李金洪, 1991)。该锋面位于上升至近表层的暖 CDW 与南极沿岸的陆架冷水之间,通常出现在次表层 (许建平等, 1989)。在两次考察中都能发现这一锋面,位于 D1 - 03 站与 D1 - 04 站之间,以及 D2 - 02 站与 D2 - 03 站之间的次表层。

4) 小结

通过分析第 28 次和第 30 次南极考察的温盐数据,认识了南极半岛海域的水团组成的基本情况。在南设得兰群岛以北的北部海域,呈现南大洋南极区的基本水团构成,从上至下依次为夏季表层水、冬季水、上绕极深层水和下绕极深层水。在南部的鲍威尔海盆,上层为相对低温的夏季表层水和冬季水,中层为威德尔深层水,下层为威德尔海深层水和威德尔海底层水。在布兰斯菲尔德海峡内的底层为低温的布兰斯菲尔德海峡底层水。该海域的锋面主要是南极陆坡锋,位于南设得兰群岛以北的陆坡上的次表层,表现为上升的绕极深层水和陆架冷水之间的强温度梯度。

5.1.3 南大洋走航断面

5.1.3.1 温度、盐度和密度的分布和变化

1) 数据介绍

在澳大利亚至南极之间的绕极流区设置走航断面实施多要素综合调查,利用“雪龙”船为平台,在经过南大洋期间进行抛弃式 XCTD 和 XBT 观测。观测海域可以分为两大区域:一

是西澳弗里曼特尔至南极普里兹湾之间的断面，范围在35°—65°S，60°—120°E；二是南澳塔斯马尼亚及新西兰至南极罗斯海之间的断面，范围在42°—65°S，150°—180°E。

抛弃式观测采用的XCTD－1在12 kn船速下可以观测至1 000 m，深度测量精度2%，温度测量范围－2～35℃，温度测量精度±0.02℃，电导率测量范围0～60 mS/cm，精度为±0.03 mS/cm。XBT型号为T－7，在15 kn船速下可以观测至760 m，深度测量精度为±2%或5 m，温度测量范围为－2～35℃，温度测量精度±0.1℃。

图5－110至图5－111为第29次至第31次南极考察期间进行的抛弃式XCTD和XBT站位分，观测采用XCTD和XBT联合间隔投放的方式进行，在南极绕极流锋面海域和凯尔盖朗海台适当加密观测站点，站间距为每1/3个纬距，其他海域站间距为1/2个纬距。

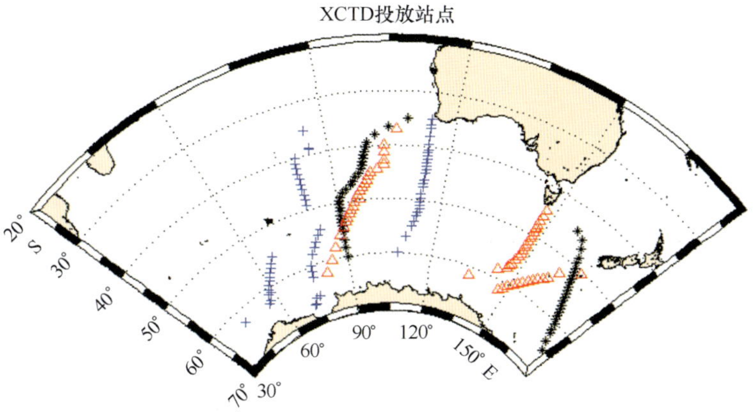

图5－110　XCTD观测站位

黑色星号为第29航次站位，蓝色加号为第30航次站位，红色三角形为第31航次站位

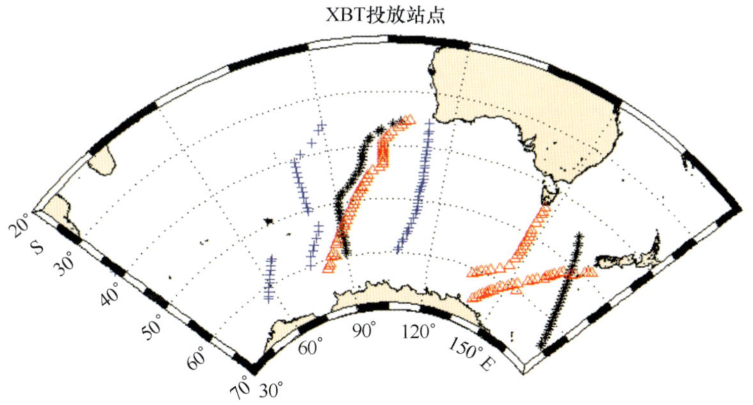

图5－111　XBT观测站位

黑色星号为第29航次站位，蓝色加号为第30航次站位，红色三角形为第31航次站位

2）空间分布

（1）西澳弗里曼特尔至普里兹湾断面

图5－112至图5－113为第29次南极科学考察航次中的弗里曼特尔至中山站断面，观测时间为2012年11月20—27日，35°—60°S共有25个XCTD观测站位，其中在40°—55°S范围内进行了加密观测，38°—60°S共有30个XBT观测站位。

从图中可以看出，在40°S以北，200 m以浅水深存在温度在12℃以上的暖水，海水层结特征明显；在45°S处出现较强的亚南极锋面结构，温度分布范围在7~10℃，温度等值线基本垂直于整个观测水深；45°—50°S范围内出现两个温度等值线的上凸和下凹的特征分布，两者的强度较为一致，第一个上凸在46°S附近，7℃的等值线可以到达150 m处，第二个上凸在47.6°S附近，6℃的等值线可以到达120 m处，第一个下凹在47°S附近，5℃等值线可以影响到550 m深度，第二个下凹在50°S附近，5℃等值线可以影响到55 m深度；2℃的海水最北可以到达53.6°S附近，在57°—58°S附近，水深100 m处出现温度低于0℃的水团。

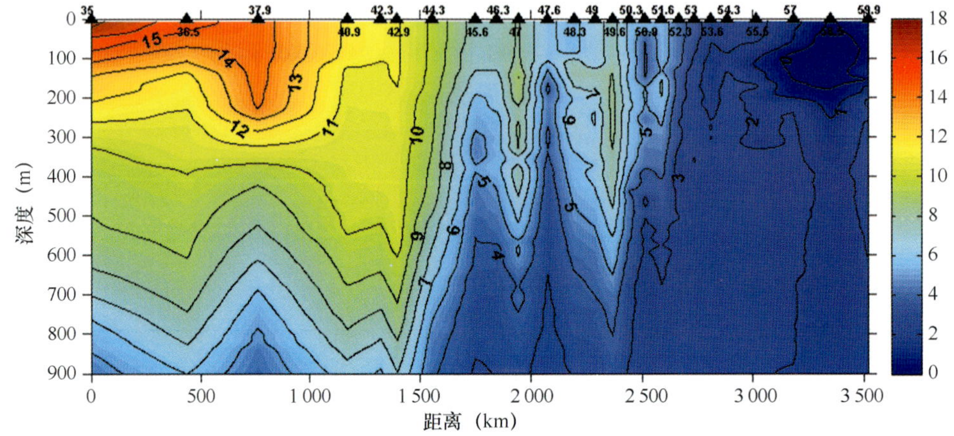

图5-112　第29航次弗里曼特尔至中山站XCTD断面温度分布

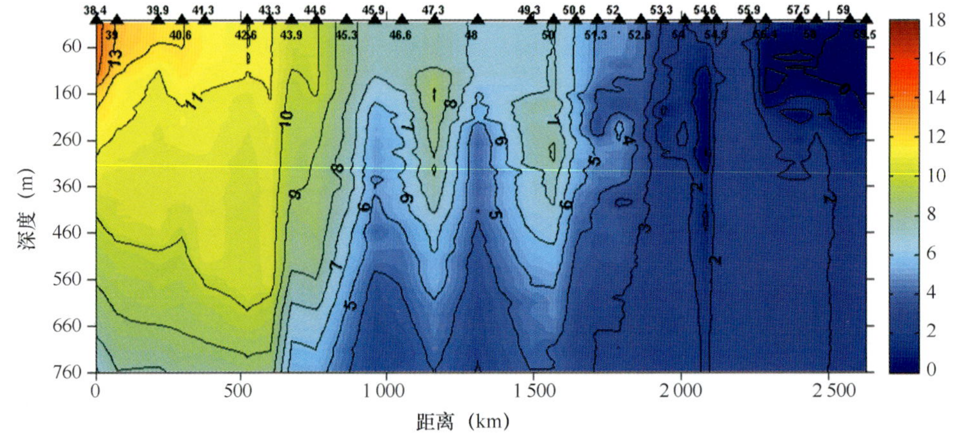

图5-113　第29航次弗里曼特尔至中山站XBT断面温度分布

图5-114至图5-115为第30次南极科学考察航次中的弗里曼特尔至中山站断面，观测时间为2013年11月22日至26日，35°—60°S共有26个XCTD观测站位，其中在40°—55°S范围内进行了加密观测，35°—60°S共有34个XBT观测站位。

从图中可以看出，在42°S以北，300 m以浅水深分布着温度在12℃以上的暖水，海水层结特征明显，亚热带锋面结构明显；在47.5°S处出现较强的亚南极锋面结构，此时的经度位置为115°E，温度分布范围在5~9℃，温度等值线垂直于整个观测水深，锋面强度强于2012年，等值线分布更为密集，且位置往南移2.5个纬距；48°—50°S范围内出现一个温度等值线

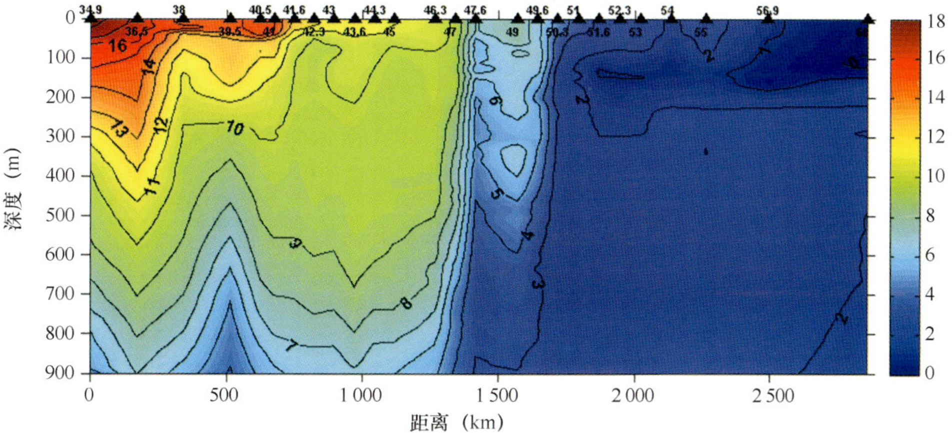

图 5-114　第 30 航次弗里曼特尔至中山站 XCTD 断面温度分布

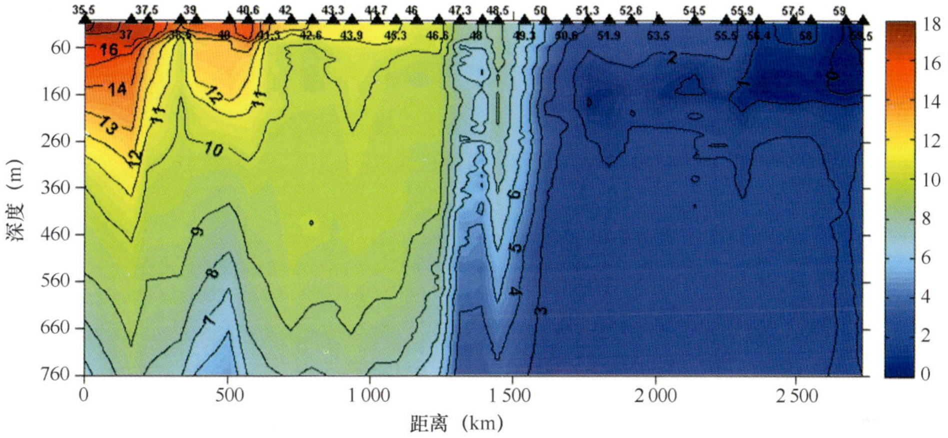

图 5-115　第 30 航次弗里曼特尔至中山站 XBT 断面温度分布

的上凸和下凹的特征分布，上凸在 48°S 附近，6℃的等值线可以到达 150 m 处，下凹在 49°S 附近，4℃等值线可以影响到 600 m 深度；2℃的海水最北可以到达 51°S 附近，比 2012 年向北移 2.5 个纬距。

图 5-116 至图 5-117 为第 30 次南极科学考察航次中的中山站至弗里曼特尔断面，观测时间为 2014 年 3 月 1 日至 10 日，66°—35°S 共有 23 个 XCTD 观测站位，60°—35°S 共有 23 个 XBT 观测站位。

从图中可以看出，在 62°S 以北，300 m 以浅水深分布着温度在 0℃以下的冷水；2℃的海水可以到达 54°S 以北，在 54°S 和 49°S 之间出现了观测的真空带，给判断 2℃的海水最北到达边界带来了困难；45°—46°S 附近出现较强的亚南极锋面结构，此时的经度位置为 80°E 附近，温度分布范围在 5～10℃，温度等值线垂直于整个观测水深，锋面位置较 2013 年 11 月向北移动 2.5 个纬距；42°S 以北，在水深 100 m 以浅分布着 13℃以上的暖水，海水层结特征明显。

图 5-118 至图 5-119 为第 30 次南极科学考察航次中的普里兹湾西侧外海断面，观测时间为 2014 年 2 月 2 日至 3 日，从 62°S 至 55°S，共有 10 个 XCTD 观测站位，11 个 XBT 观测

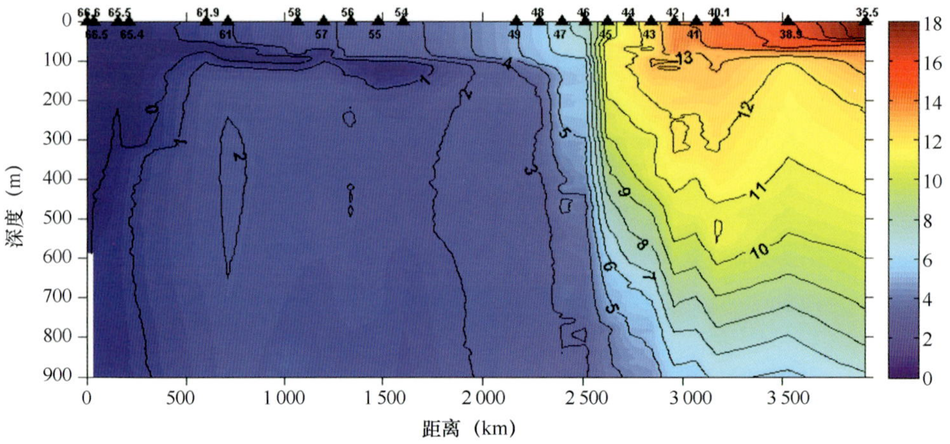

图 5－116　第 30 航次中山站至弗里曼特尔 XCTD 断面温度分布

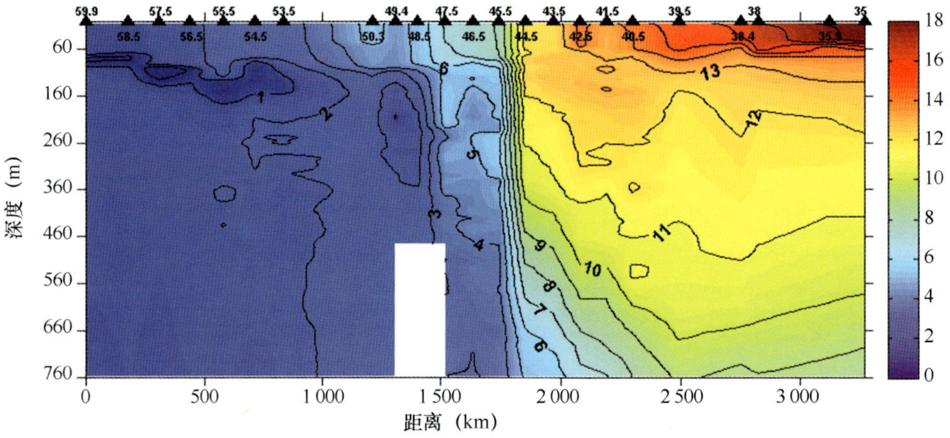

图 5－117　第 30 航次中山站至弗里曼特尔 XBT 断面温度分布

站，其中最北的两个站位只观测到了 200 m 以浅。从图中可以看出，2℃的海水可以到达 58°S 附近。

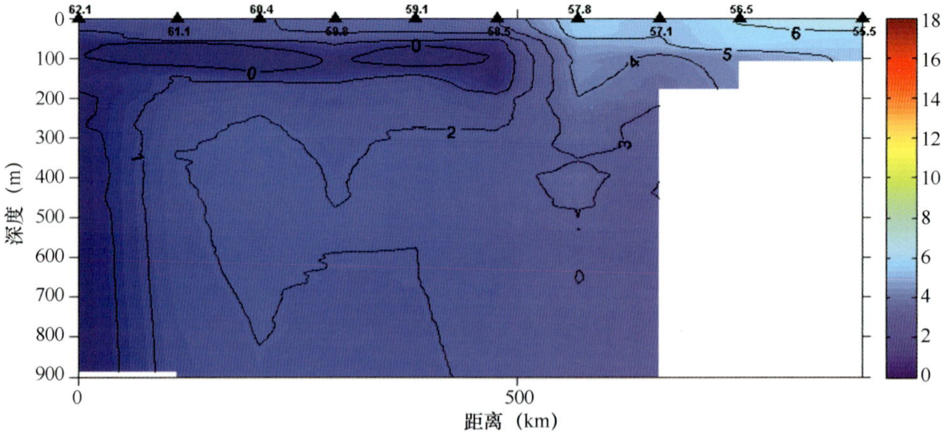

图 5－118　第 30 航次普里兹湾西侧外海 XCTD 断面温度分布

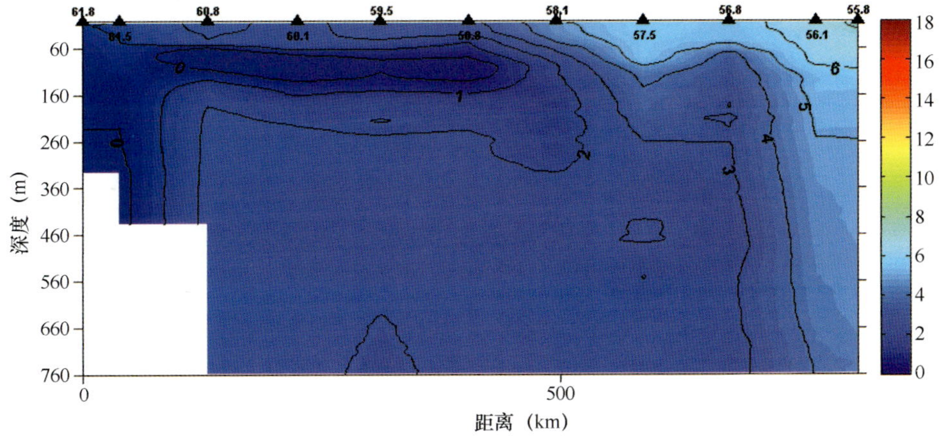

图 5 - 119　第 30 航次普里兹湾西侧外海 XBT 断面温度分布

图 5 - 120 至图 5 - 121 为第 31 次南极科学考察航次中的中山站至弗里曼特尔断面，观测时间为 2015 年 3 月 9 日至 15 日，从 62°S 至 35°S，共有 24 个 XCTD 观测站位，46 个 XBT 观测站位，其中在 55°S 至 40°S 范围内进行了加密观测。

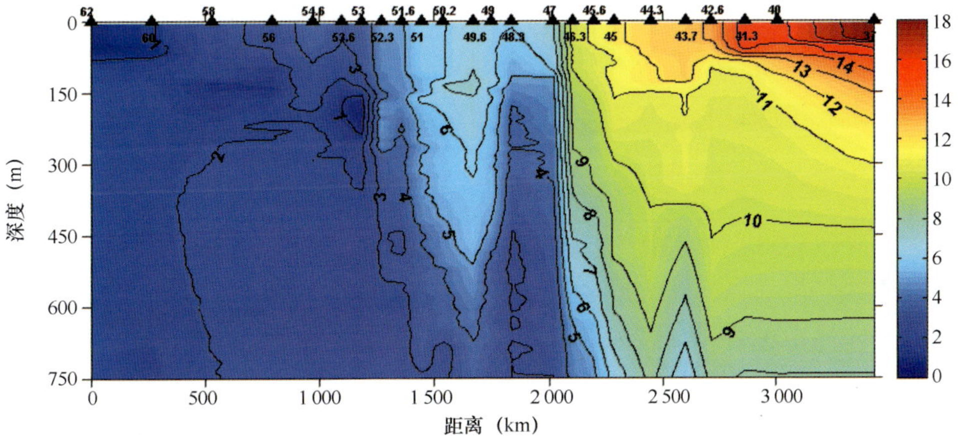

图 5 - 120　第 31 航次中山站至弗里曼特尔 XCTD 断面温度分布

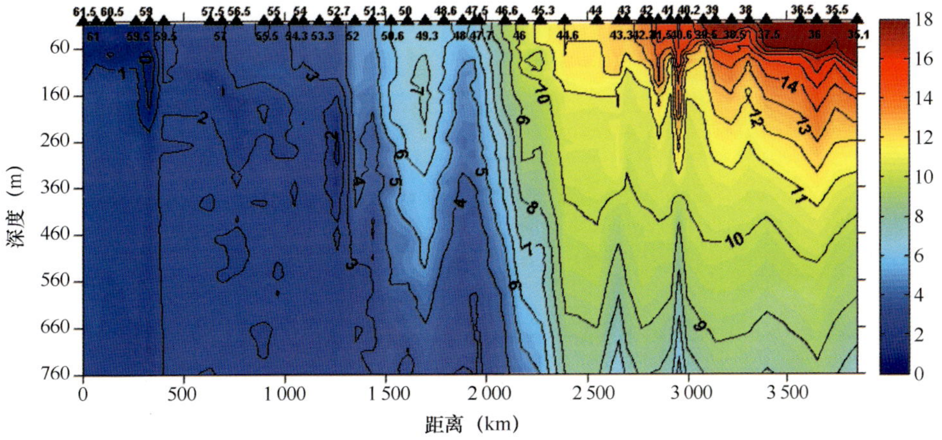

图 5 - 121　第 31 航次中山站至弗里曼特尔 XBT 断面温度分布

从图中可以看出，2℃的海水可以到达53°S附近，等值线的最北边界约在水深200 m处；48°—52°S范围内出现一个温度等值线的上凸和下凹的特征分布，下凹在50°S附近，4℃等值线可以影响到600 m深度，上凸在48°S附近，6℃的等值线甚至可以接近海表处；46°—47°S附近出现较强的亚南极锋面结构，此时的经度位置为98°E附近，温度分布范围在5～9℃，温度等值线垂直于整个观测水深，锋面位置与2014年3月较为接近；42°S以北，在水深100 m以浅分布着13℃以上的暖水，海水层结特征明显。

（2）南澳塔斯马尼亚至罗斯海断面

图5－122至图5－123为第29次南极科学考察航次中的罗斯海至南澳塔斯马尼亚断面，观测时间为2013年1月10—15日，从65°S至45°S，共有25个XCTD观测站位，29个XBT观测站位。

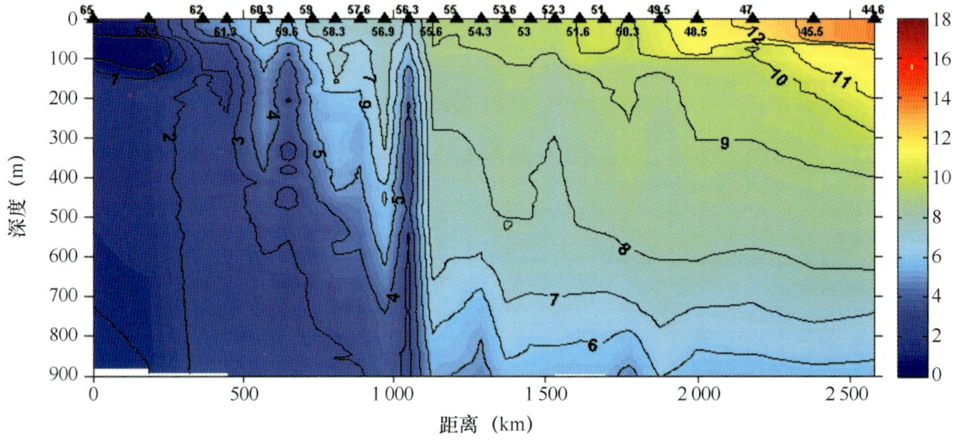

图5－122　第29航次罗斯海至霍巴特XCTD断面温度分布

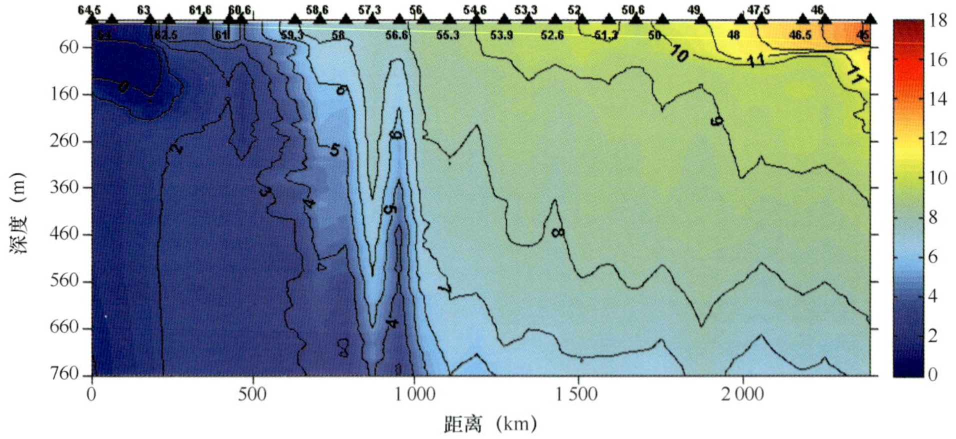

图5－123　第29航次罗斯海至霍巴特XBT断面温度分布

从图中可以看出，在63°S以北的海域，在水深100 m处分布有一温度小于0°的水团；2℃的海水可以到达60.5°S附近，等值线的最北边界约在水深200 m处；在XCTD的分布图中，60°S至55°S范围内出现两个温度等值线的上凸和下凹的特征分布，其中59.5°S附近的较弱，而56°S附近的明显较强，且在XBT温度分布图中也有很好的体现，较强的下凹在

57°S附近，4℃等值线可以影响到700 m以深，上凸在56.5°S附近，6℃的等值线影响到水深100 m处，7℃的等值线可以到达海表处；56°S附近出现较强的锋面结构，此时的经度位置为168°E附近，温度分布范围在4~8℃；50°S以北，在水深100 m以浅分布着10℃以上的暖水，海水层结分布。

图5-124至图5-125为第31次南极科学考察航次中的南澳塔斯马尼亚至中山站断面，观测时间为2014年11月20日至23日，45°—62°S共有21个XCTD观测站位，22个XBT观测站位。

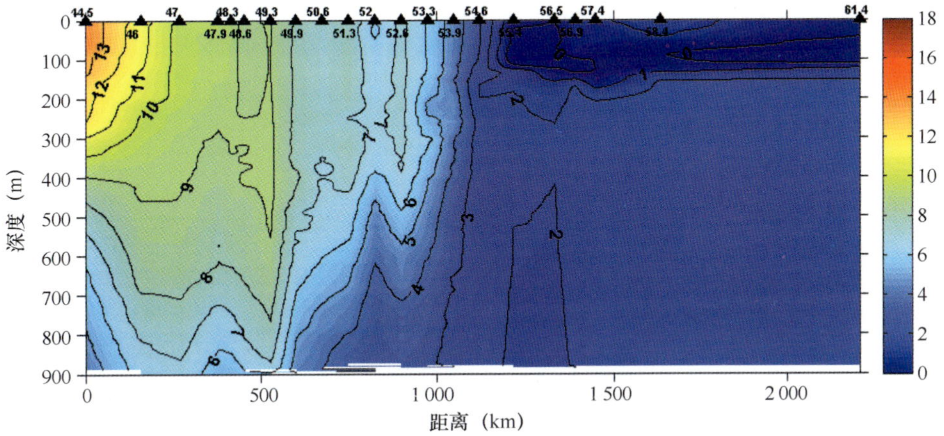

图5-124 第31航次霍巴特至中山站XCTD断面温度分布

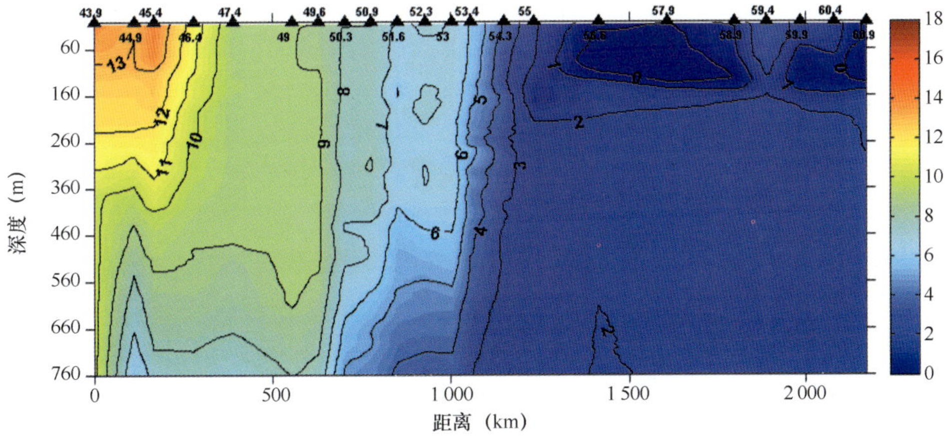

图5-125 第31航次霍巴特至中山站XBT断面温度分布

从图中可以看出，在47°S附近，存在温度等值线垂直分布，亚热带锋面特征明显，温度分布范围为10~12℃；在52°—54°S范围内也有垂直分布的温度等值线，温度分布范围为3~7℃，亚南极锋特征明显；2℃的海水可以到达55°S附近，等值线的最北边界约在水深200 m处，海表100 m处分布有温度小于0℃的冷水团。

图5-126至图5-127为第31次南极科学考察航次中的新西兰至罗斯海断面，观测时间为2014年12月1—6日，50°—62°S共有13个XCTD观测站位，27个XBT观测站位。由于XBT观测站位明显比较密集，我们主要从XBT的温度分布图中总结该断面的特点。

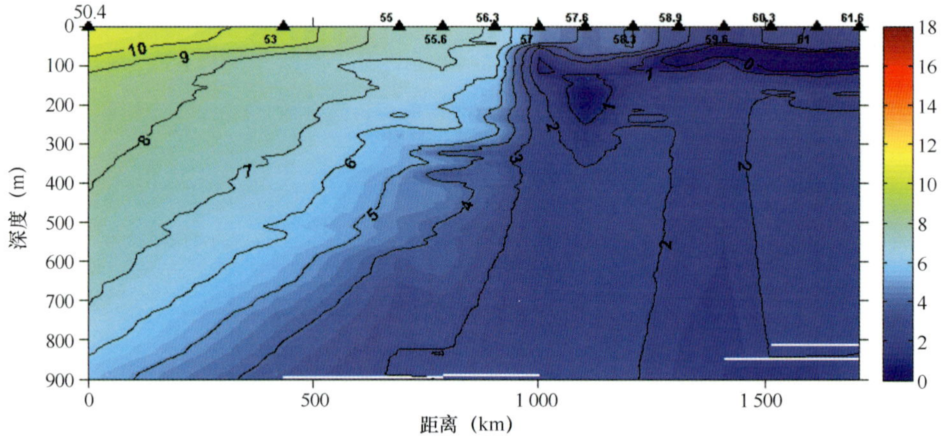

图 5－126　第 31 航次新西兰至罗斯海 XCTD 断面温度分布

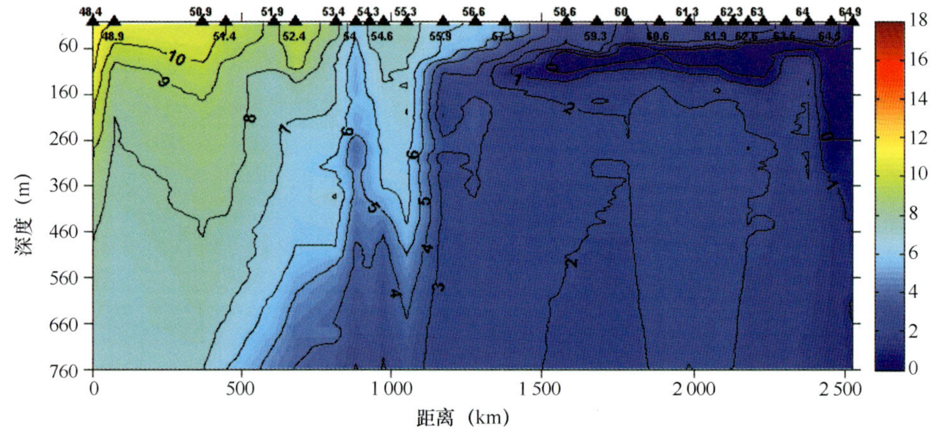

图 5－127　第 31 航次新西兰至罗斯海 XBT 断面温度分布

从图中可以看出，在 51. 5°S 附近，存在温度等值线垂直分布，温度范围为 7～8℃，锋面强度较弱；在 54°—56°S 范围内存在一个温度等值线上凸和下凹分布特征，上凸在 54°S，6℃等值线可以影响到海表 100 m 以浅，下凹在 55°S 附近，6℃等值线可以影响到 460 m，4℃等值线可以影响到 660 m 处。56°S 附近有垂直分布的温度等值线，温度分布范围为 3～6℃，亚南极锋特征明显；2℃的海水可以到达 57°S 附近，等值线的最北边界约在水深 200 m 处，海表 100 m 处分布有温度小于 0℃的冷水团，形成南极陆坡锋的特征。

（3）西澳弗里曼特尔至普里兹湾断面

图 5－128 为第 29 次南极科学考察航次中的弗里曼特尔至中山站断面，观测时间为 2012 年 11 月 20 日至 27 日，35—60°S 共有 25 个 XCTD 观测站位，其中在 40°—55°S 范围内进行了加密观测。

从图中可以看出，盐度的分布表现出与温度相对应的特征，在 40°S 以北，200 m 以浅水深存在盐度在 35 以上的高盐水，海水层结特征明显；在 45°S 处出现较强的亚南极锋面结构，盐度分布范围在 34. 3～34. 8，盐度等值线基本垂直于整个观测水深；45°—50°S 范围内出现两个盐度等值线的上凸和下凹的特征分布，两者的强度较为一致，不过盐度的上凸和下凹特

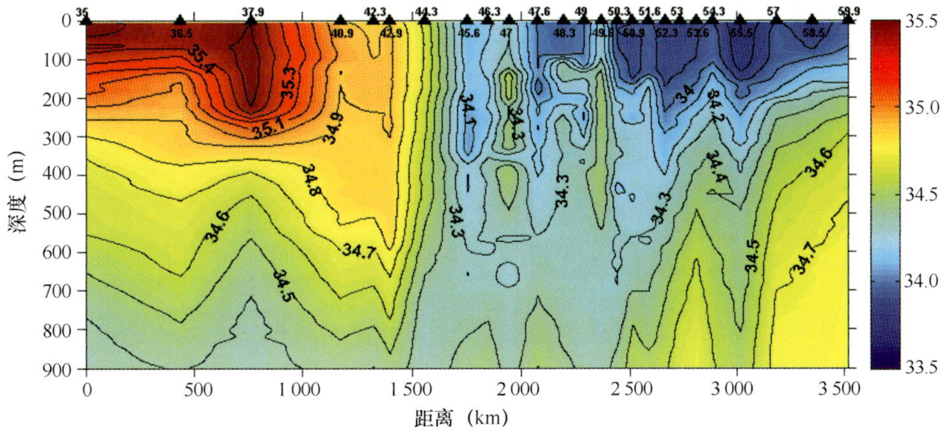

图 5 – 128　第 29 航次弗里曼特尔至中山站 XCTD 断面盐度分布

征刚好与温度相反，第一个下凹在 46°S 附近，第二个下凹在 47. 6°S 附近，第一个上凸在 47°S附近，第二个上凸在 50°S 附近；在 50°S 以南的海域，表层被低盐水所覆盖，这主要是极地冰山融水的原因，底层则被高盐水所占据。

图 5 – 129 为第 30 次南极科学考察航次中的弗里曼特尔至中山站断面，观测时间为 2013 年 11 月 22—26 日，35°—60°S 共有 26 个 XCTD 观测站位，其中在 40°—55°S 范围内进行了加密观测。

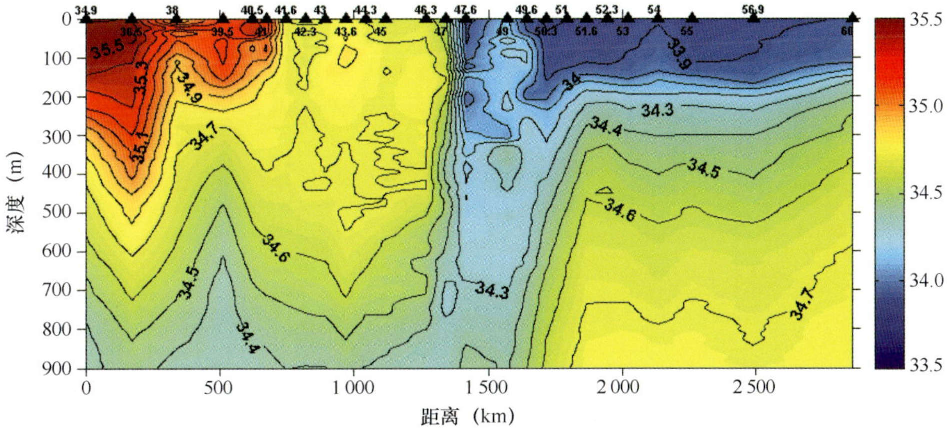

图 5 – 129　第 30 航次弗里曼特尔至中山站 XCTD 断面盐度分布

从图中可以看出，在 42°S 以北，300 m 以浅水深分布着盐度在 35 以上的高盐水，海水层结特征明显，亚热带锋面结构明显；在 47. 5°S 处出现较强的亚南极锋面结构，此时的经度位置为 115°E，温度分布范围在 34. 3 ~ 34. 6，盐度等值线垂直分布于水深 700 m 以浅，锋面强度强于 2012 年 11 月，等值线分布更为密集，且位置往南移 2. 5 个纬距；48°—50°S 范围内出现一个盐度等值线上凸的特征分布，上凸在 49°S 附近；在 50°S 以南的海域，表层被低盐水所覆盖，这主要是极地冰山融水的原因，底层则被高盐水所占据。

图 5 – 130 为第 30 次南极科学考察航次中的中山站至弗里曼特尔断面，观测时间为 2014 年 3 月 1—10 日，从 66°S 至 35°S，共有 23 个 XCTD 观测站位。

从图中可以看出，55°S 以北的海域，在 100 m 深度处存在很强的盐度梯度，海表被低盐

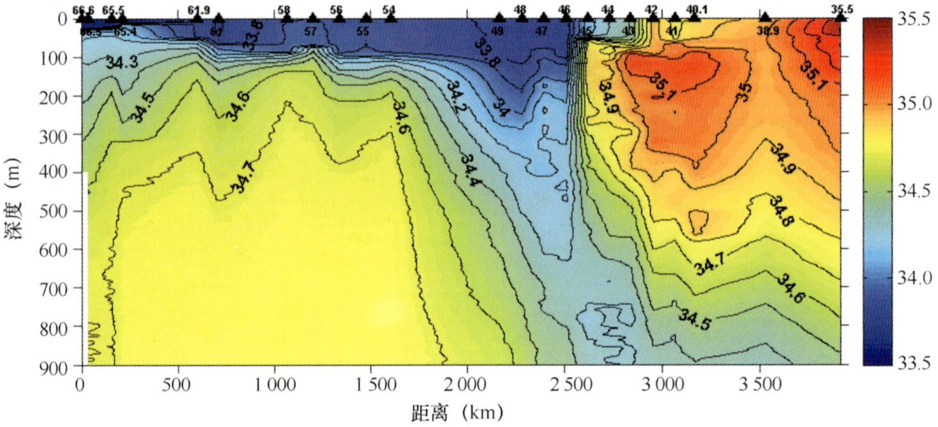

图 5－130　第 30 航次中山站至弗里曼特尔 XCTD 断面盐度分布

水所覆盖，盐度小于 34，200 m 以深的区域被盐度大于 34.5 盐水所占据，100～200 m 深度范围内盐度梯度较大，南极陆坡锋特征明显；54°S 以北海域出现盐度等值线垂向分布，范围为 34.3～34.7，此为极锋的位置，盐度分布范围与 2012 年 11 月和 2013 年 11 月断面该锋面的盐度值较接近；46°S 至 45°S 范围则是盐度等值线密集垂向分布，可以影响到 600 m 处水深，亚南极锋特征明显，强度较大；40°S 以北的 200 m 以浅海域出现盐度大于 35 的高盐水。

图 5－131 为第 30 次南极科学考察航次中的普里兹湾西侧外海断面，观测时间为 2014 年 2 月 2—3 日，从 62°S 至 55°S，共有 10 个 XCTD 观测站位，其中最北的两个站位只观测到了 200 m 以浅。从图中可以看出南极陆坡锋的分布特征。

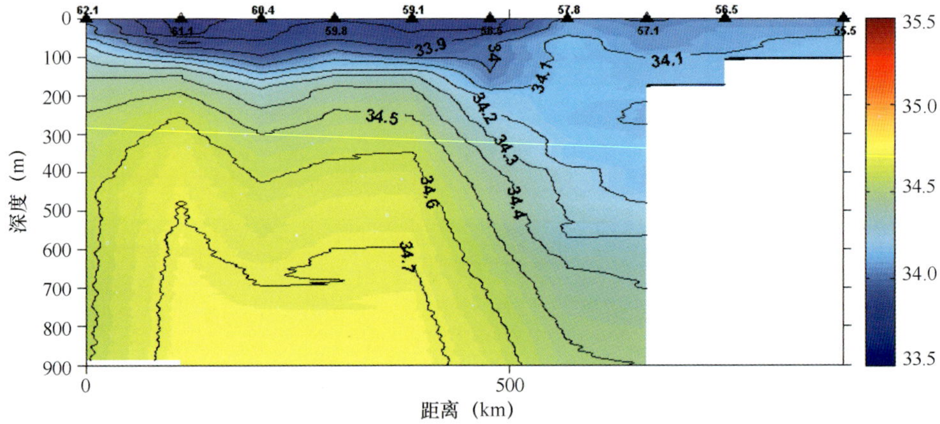

图 5－131　第 30 航次普里兹湾西侧外海 XCTD 断面盐度分布

图 5－132 为第 31 次南极科学考察航次中的中山站至弗里曼特尔断面，观测时间为 2015 年 3 月 9 日至 15 日，从 62°S 至 35°S，共有 24 个 XCTD 观测站位，其中在 55°—40°S 范围内进行了加密观测。

从图中可以看出，极锋可以到达 53°S 附近，盐度等值线范围为 34.1～34.6，略小于 2014 年 3 月断面的该锋面盐度；48°—52°S 范围内出现一个盐度等值线上凸和下凹的特征分布，上凹在 50°S 附近，34.2 的盐度等值线可以影响到 150 m 深度，下凸在 48°S 附近，34.2 的盐度等值线可以影响到 500 m 深度；46°—47°S 附近出现较强的亚南极锋面结构，此时的经

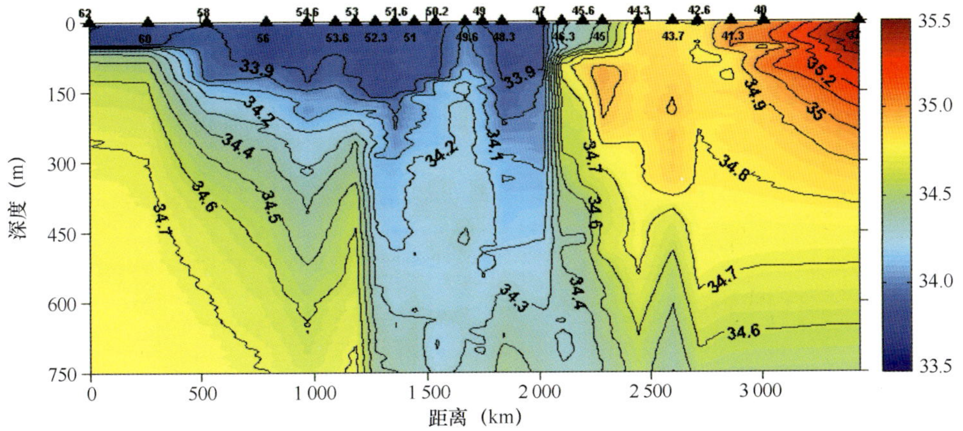

图 5－132　第 31 航次中山站至弗里曼特尔 XCTD 断面盐度分布

度位置为 98°E 度附近，盐度分布范围在 34.2～34.6，盐度等值线垂直于整个观测水深，锋面位置与 2014 年 3 月较为接近；42°S 以北，在水深 100 m 以浅分布着盐度 35 以上的高盐水，海水层结特征明显。

（4）南澳塔斯马尼亚至罗斯海断面

图 5－133 为第 29 次南极科学考察航次中的罗斯海至南澳塔斯马尼亚断面，观测时间为 2013 年 1 月 10—15 日，从 65°S 至 45°S，共有 25 个 XCTD 观测站位。

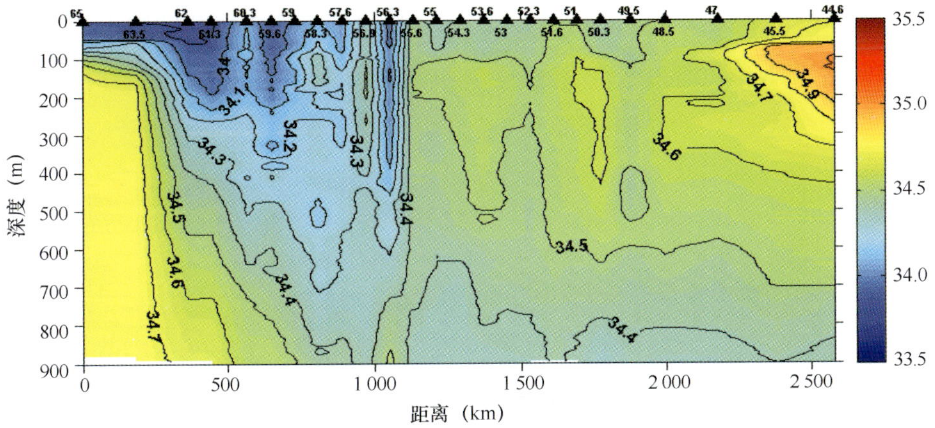

图 5－133　第 29 航次罗斯海至霍巴特 XCTD 断面盐度分布

从图中可以看出，在 63°S 以北的海域，盐度等值线水平分布，垂向梯度较大；极锋可以到达 60.5°S 附近，盐度分布范围在 34.3～34.7；60°S 至 55°S 范围内出现两个盐度等值线的上凸和下凹的特征分布，其中 59.5°S 附近的较弱，而 56°S 附近的明显较强，较强的上凸在 57°S 附近，下凹在 56.5°S 附近，与温度的分布对应得比较好，且刚好呈相反分布特征；56°S 附近出现较强的锋面结构，此时的经度位置为 168°E 附近，盐度分布范围在 34.1～34.4；50°S以北，在水深 100 m 以浅分布着 34.7 以上的高盐水。

图 5－134 为第 31 次南极科学考察航次中的南澳塔斯马尼亚至中山站断面，观测时间为 2014 年 11 月 20—23 日，45°—62°S 共有 21 个 XCTD 观测站位。

从图中可以看出，在 47°S 附近，存在盐度等值线垂直分布，亚热带锋面特征明显，盐度

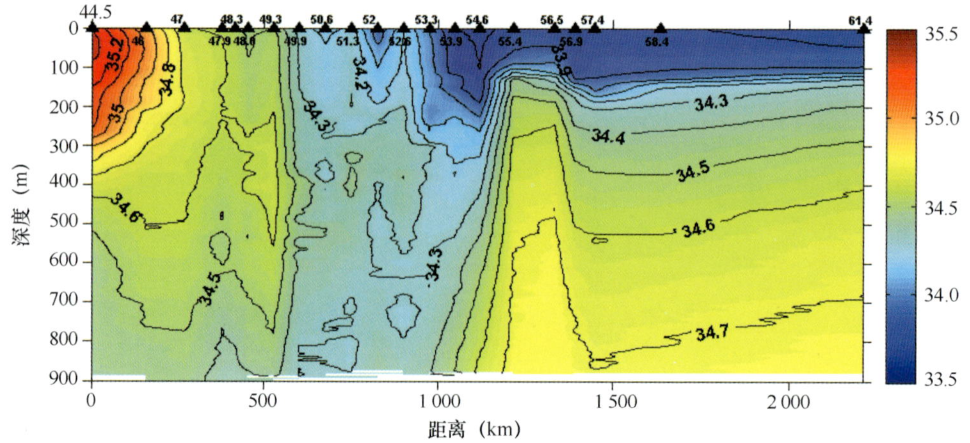

图 5－134　第 31 航次霍巴特至中山站 XCTD 断面盐度分布

分布范围为 34.7～35.2；在 50°S 附近也有垂直分布的温度等值线，亚南极锋特征明显；极锋可以到达 55°S 附近，海表 100 m 处盐度等值线水平分布。

图 5－135 为第 31 次南极科学考察航次中的新西兰至罗斯海断面，观测时间为 2014 年 12 月 1—6 日，50°—62°S 共有 13 个 XCTD 观测站位。

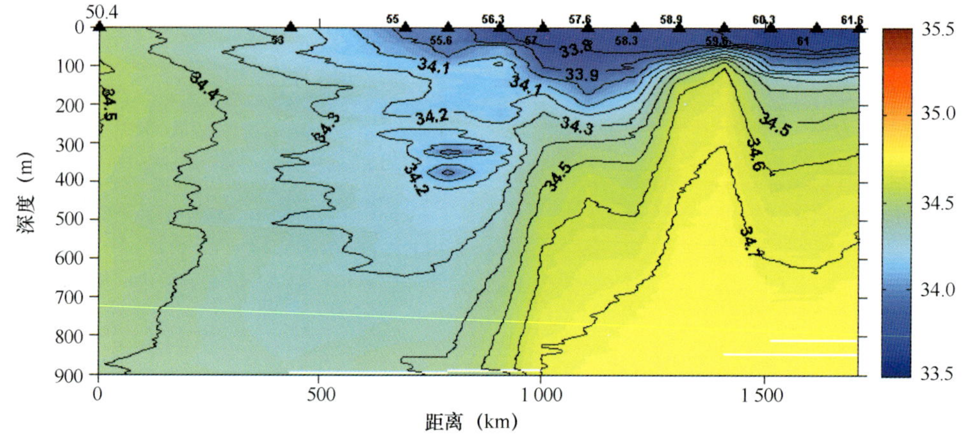

图 5－135　第 31 航次新西兰至罗斯海 XCTD 断面盐度分布

从图中可以看出，极锋可以到达 57°S 附近，在 56°S 以北的海域，表层被低盐水所覆盖，盐度等值线呈水平分布，垂向梯度较大，南极陆坡锋特征明显。

5.1.3.2　海流的分布和变化

1）数据介绍

“雪龙”船的走航 ADCP 于 2014 年 6 月进行海试验收，在第 31 次南极考察中正式开展南大洋的走航断面观测。在本次考察过程中，发现 38 kHz 的走航 ADCP（OS38）观测的海流方向与 300 kHz 的 ADCP（WH300）观测的流向基本相反。依据对南大洋南极绕极流流向的认识，判定 OS38 的数据有误，而 300 kHz 的数据正常。因此，本节仅分析 WH300 的数据。图 5－136 是 WH300 的数据采集航迹，其中包括 3 次横跨南大洋的观测：ADCP026，44°S（澳大利亚塔斯马尼亚岛）至61°S（南极大陆）；ADCP092，47°S（新西兰群岛）至64.5°S（南极大陆）；ADCP107，62°S（南极普里兹湾）至33°S（澳大利亚弗里曼特）。

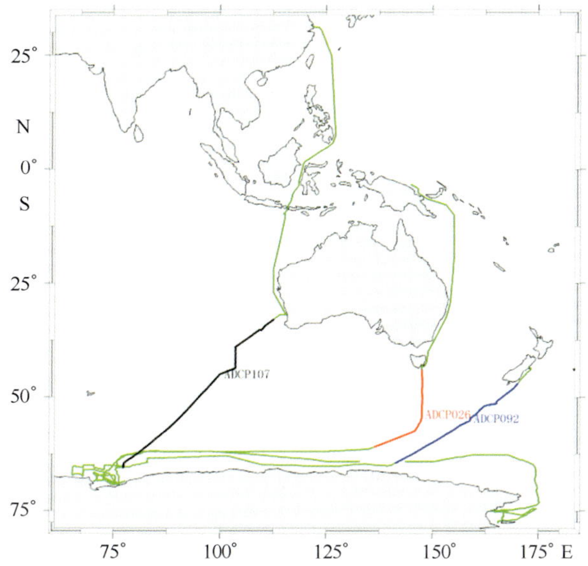

图5－136　第31次南极考察走航ADCP（WH300）观测航迹
ADCP026（红）、092（蓝）、107（黑）为横跨南大洋的3个观测航段

2）空间分布

如图5－137所示，从澳大利亚塔斯马尼亚至南极的断面上，100 m以浅深度的流速具有很好的垂向一致性，在图中表现为流速变量的条带状分布。在该航段上没有显著的流速峰值出现，极值的分布出现在约61°S、59°S、55°S、52°S、47°S，大小均在1 m/s左右，与南大洋上锋面处流速增大的观测事实相符。

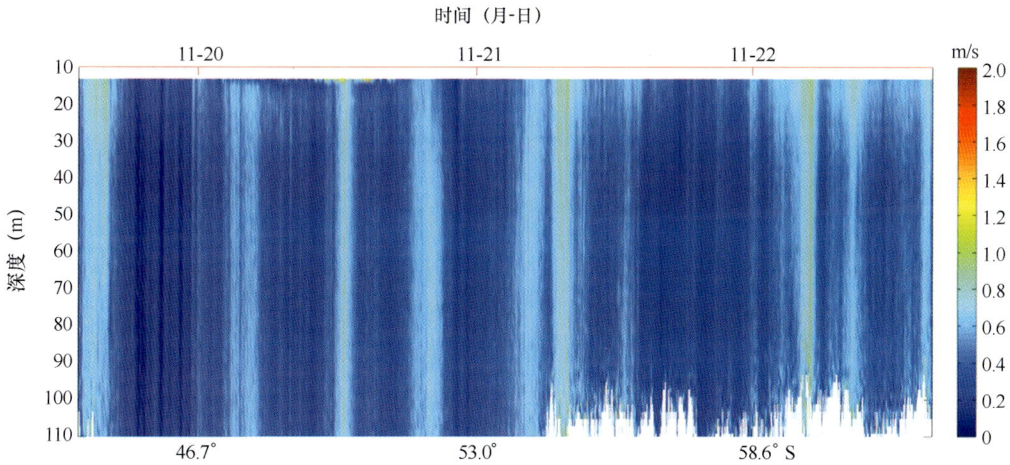

图5－137　ADCP026流速断面
日期标注在当日的0时刻

因流速剖面具有垂向一致性，在这里以及下文中均只对首层19 m等深流速矢量场进行分析。由南往北，流场方向总体向东，随地域与锋面的摆动而产生偏南、偏北的分流。在55°S

以南，向南偏折，以北的位置向北偏折。最南侧的极值出现在约61°S，对应SACCF锋，流向东偏南，大小约为1 m/s。跨过锋面后流速逐步减小，渐次变化到下一个峰值点——PF南部锋，约59°S。由图5－138可清晰地看到流速极值的出现：约55°S（PF北部锋，约1m/s）、约52°S（SAF南部锋，约1 m/s）、47°S（SAF北部锋，约1 m/s）。另外在45°S位置上，即近塔斯马尼亚岛处出现弱逆流（0.2 m/s），但逆流区仅发生在很狭窄的一段。

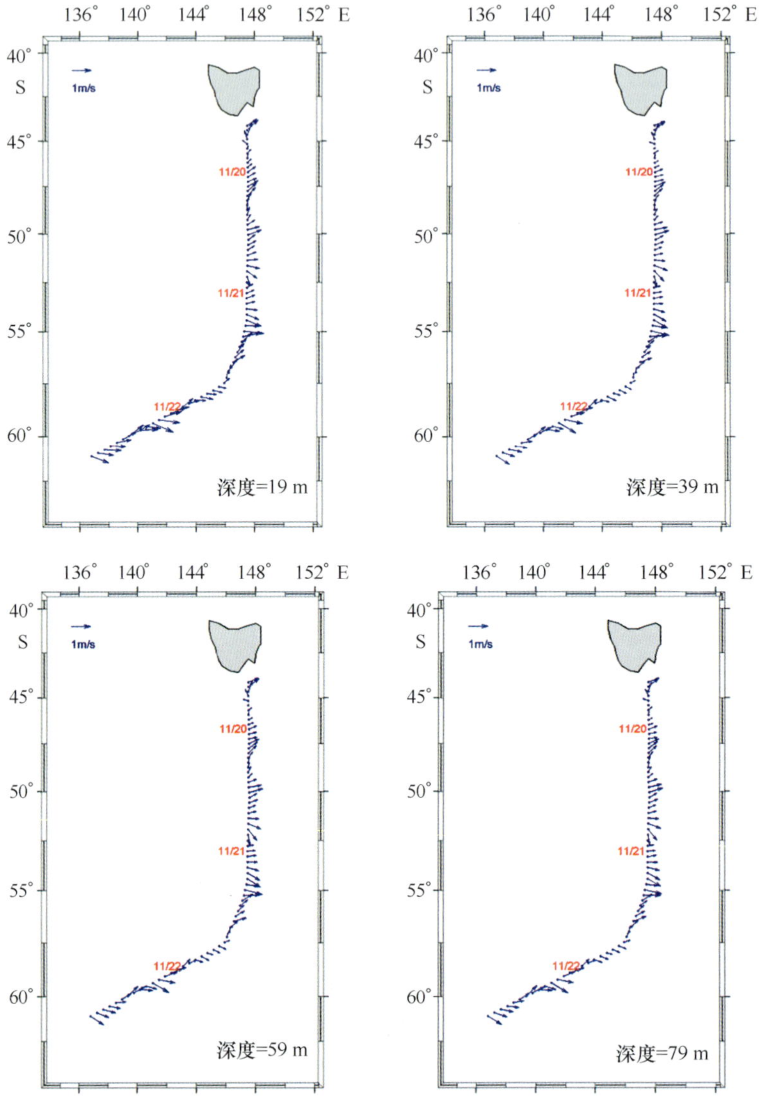

图5－138　ADCP026流速矢量（每小时平均）
日期标注在当日的0时刻

在新西兰至南极的断面上（图5－139），有一个显著的最大流速峰值，出现在57.8°S位置上，速度约为1.5 m/s。与ADCP026相比，最大流速有明显增加。两者的相同点在流速的垂向一致性，在整个断面上流速断面呈条带分布，但ADCP092在表层约15 m以浅会表现出比深层更大的流速。

如图5－140，65°—61°S之间的流场较均匀，呈东偏北方向，大小约1.2 m/s，且在约63°S（SACCF南部锋）达到局地极值。由南往北，分别在57.8°S（PF南部锋，约1.5 m/s）、

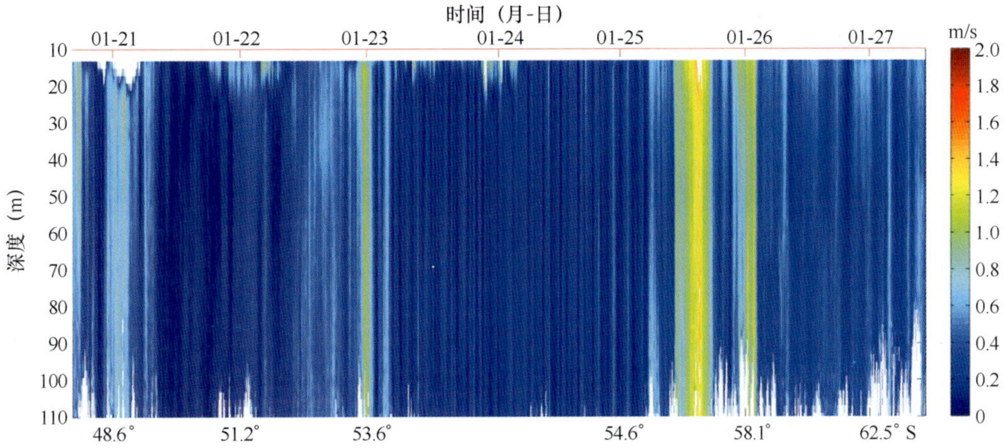

图5-139 ADCP092流速断面
日期标注在当日的0时刻

56°S（PF北部锋，约1.2 m/s）、53°S（SAF北部锋，约1.2 m/s）达到流速极值，又以PF南部锋的流速为最大。全断面上流速总体上以东向流为主，局地出现东南方向流动（55.2°S，51°—50°S）。与ADCP026相似，流场在49°S附近出现了一段逆向流场（流向为西北方）。

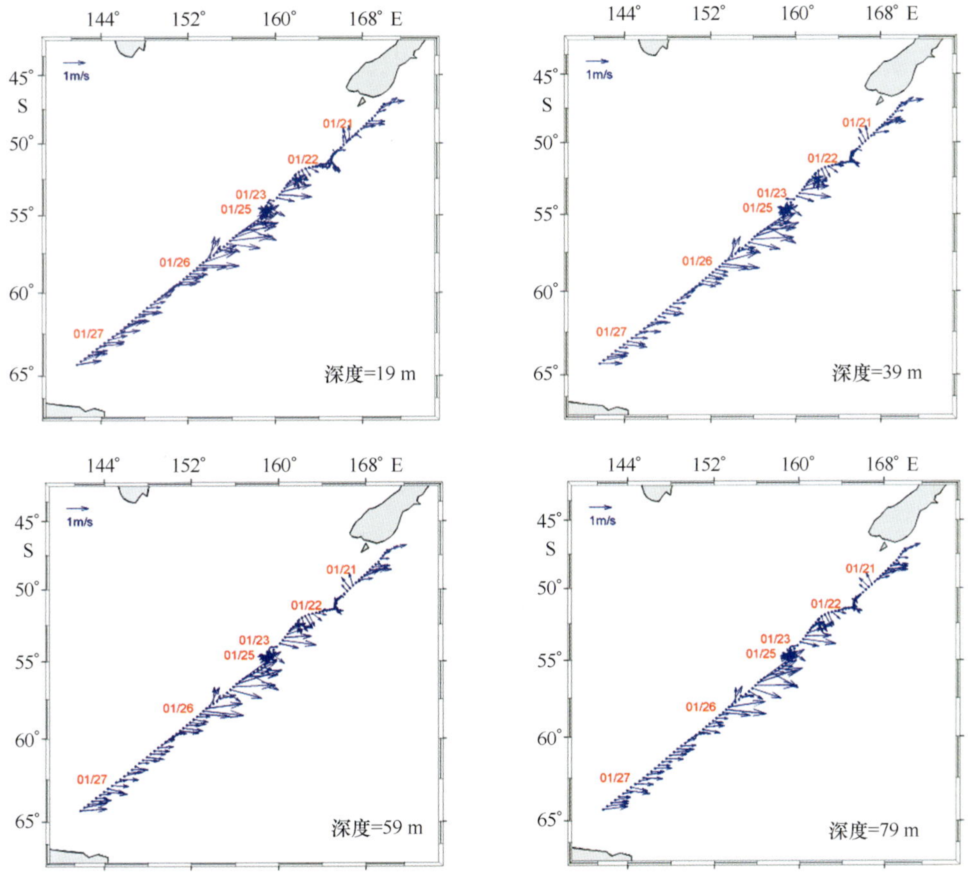

图5-140 ADCP092流速矢量（每小时平均）
日期标注在当日的0时刻

普里兹湾至澳大利亚弗里曼特的断面上（图 5－141），同样具有垂向流速一致现象，但比 ADCP026/092 具有更明显的表层流速加剧情形。观测出现了超过 1.8 m/s（约 42.3°S）和 1.2 m/s（约 52.2°S）的流速，其他位置流速均小于 0.8m/s。

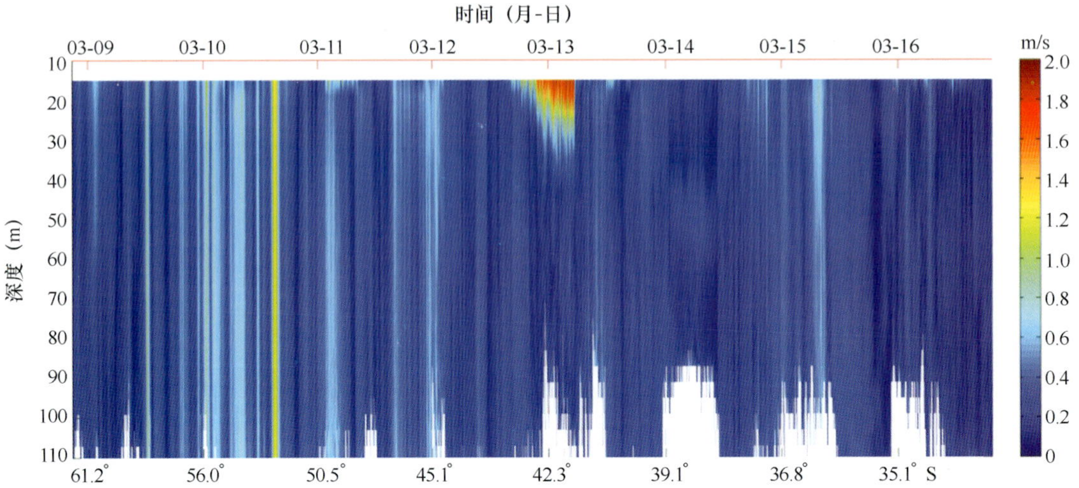

图 5－141　ADCP107 流速断面

日期标注在当日的 0 时刻

图 5－142 的流速矢量图有明显错误。一是没有 ADCP026/092 表现出来的矢量变化过渡性质，流速大小变化无规则；二是流速方向东、西次递出现，与南大洋绕极流向东流动的事实不符。另外从更原始的 . VMO、. STA 数据中亦出现了上述问题，排除了后续数据处理中出现错误的可能性，属于数据采集（VmDAS Collection Data）中出现的问题。

3）小结

第 31 次南极考察中，300 kHz 走航 ADCP 在从澳大利亚塔斯马尼亚至南极与从新西兰至南极两个断面上获得了质量较好的海流观测数据，流速的垂向一致性较好，且有个与锋面位置对应的高速中心，符合南极绕极流的准正压特征和多核特征。在从南极至澳大利亚弗里曼特的断面上获得的 300 kHz 走航 ADCP 数据以及全程的 38 kHz 走航 ADCP 数据可能存在质量问题，有待进一步的分析和处理。

5.1.3.3　水团/锋面的分布和变化

1）介绍

南大洋是太平洋、大西洋、印度洋最南端广阔相连的海域，将南极大陆与其他大陆隔开。海洋锋面是南大洋一显著的物理海洋现象，各锋面像带子一样绕南极大陆，在锋面之间是性质较为接近的水体。关于南大洋锋面，许多研究者进行了深入的研究，早在 1933 年 Deacon 的“发现”号调查报告中首次提出极地锋的位置是在 200 m 温度最低处。20 世纪 60 年代的调查产生了极地锋区（PFZ）的概念，它介于北部的亚南极锋（SAF）和南部的极地锋之间。在极地锋以南至南极大陆是南极区，极地锋以北直至亚热带锋是亚南极区。Gordon 等（Gordon A L et al.，1977）分析了西斯科特海的极地锋区的特点，指出温度最小值将南极区和亚南极区明显地区分开来。Emery（Emery W J，1977）利用 XBT 资料和水文资料分析了澳大利

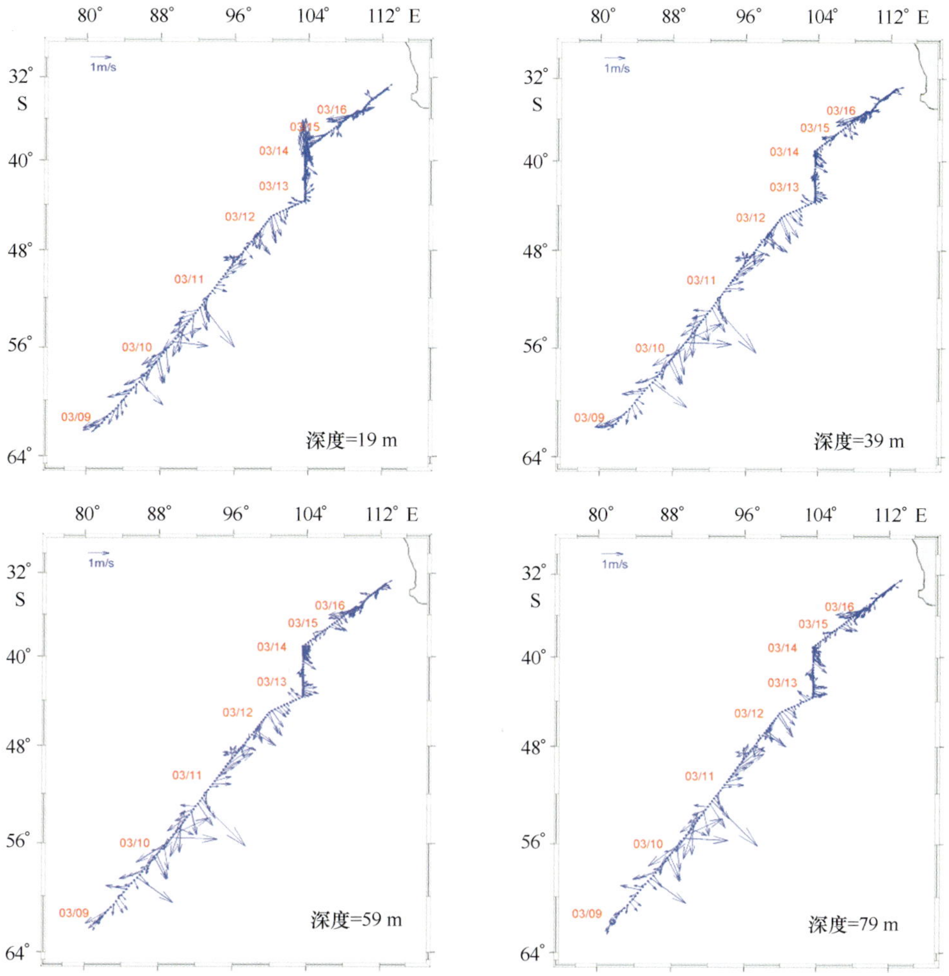

图 5－142 ADCP026 流速矢量（每小时平均）
日期标注在当日的 0 时刻

亚向东到德雷克海峡之间几条经向断面的锋面，指出这些锋之间是南北方向复杂交换区，即南极极锋区，其宽度随纬向和季节变化。李洪金（1993）和蒲书箴（1997）等利用第 3 次和第 9 次南极考察资料分析德雷克海峡的 SAF，PF 和 CWB 锋面位置和特征。Belkin（Belkin I M & Gordon A L，1996）等利用经向断面的历史资料，比较了各种锋面的确定方法，分析了 30°—60°S，0°—150°E 范围内东南大西洋和南印度洋的复杂锋面结构，着重讨论了锋面的空间变化。Moore（Moore J K et al.，1999）等利用 1987—1993 年共 7 年的卫星遥感海表面温度资料研究了绕南极的南极极地锋的位置及其动力学特征，并指出锋面的位置及其变化受到大尺度的地形和水深的影响，Orsi（Orsi A H et al.，1995）等利用历史资料，得到了整个南大洋的 STF、SAF 和 PF 锋面的分布。高郭平（2003）等利用 4 年的中国南极科学考察的抛弃式 XCTD 和 XBT 观测资料分析了东南印度洋锋面位置及其年际变化。

自 2012 年第 29 次南极科学考察任务起，科考队利用“雪龙”船往返澳大利亚与南极大陆之间的机会，在南大洋进行了多个断面的走航抛弃式 XBT/XCTD 观测。通过观测资料的分析，我们可以获得南大洋断面上层海洋的温度、盐度结构分布特征，以及各主要锋面位置的年际变化特征。

2）水团及温盐结构图

重复的 XBT/XCTD 断面穿过了 3 个不同的海洋区域：极区、亚南极区和亚热带区，根据前人对不同水团的研究结果（Park，1993；Orsi，1995），我们可以清楚地在温盐点聚图 5－143 中看出各个水团的特征。

各水团包括：①亚热带表层水（STSW，the subtropical surface water）的特点是高温高盐，温度在 15℃左右，盐度大于 35，亚热带锋（STF）以北的水团。②亚南极模态水（SAMW，the subantarctic mode water）的特点是温度在 8～12℃，盐度在 34.5 左右的水团，处在亚热带锋（STF）以南，亚南极锋（SAF）以北。③亚南极表层水（SASW，the subantarctic surface water）的特点是温度在 4～8℃，盐度在 34 左右的水团，处在亚南极锋（SAF）以南，极锋（PF）以北。④南极表层水（AASW，the Antarctic surface water）的温度低于 2℃，盐度小于 34 的水团，处在极锋以南，覆盖在绕极深层水（CDW）之上。⑤上层绕极深层水（UCDW，Upper circumpolar deep water）的温度大于 2℃，盐度大于 34.5。

各主要锋面包括：亚热带锋（STF）大致以温度 12℃，盐度 35 为锋面边界。亚南极锋（SAF）的温度 5～10℃，盐度 34.5 为锋面边界，锋面结构较强，可以贯穿整个观测深度。极锋（PF）的判定标准是次表层 2℃海水的北边界作为判定极锋的位置标准。南极陆坡锋（ASF）一般在 60°S 以南，锋面温度在 0℃左右，盐度 34.5 左右。

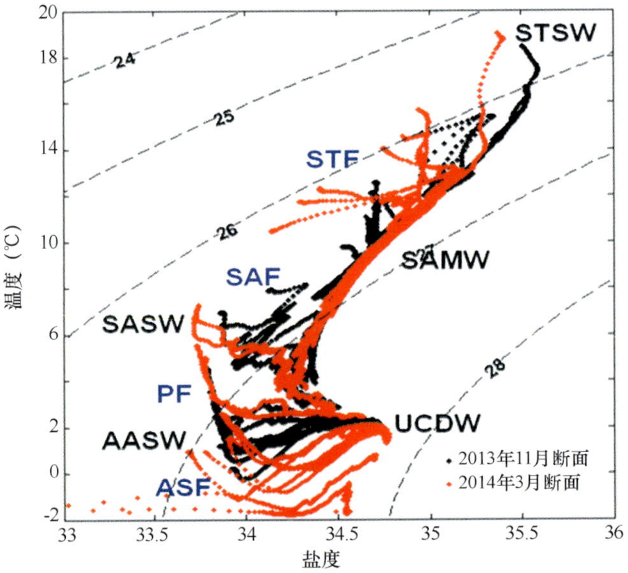

图 5－143　2013 年 11 月和 2014 年 3 月观测断面温盐点聚

3）主要锋面位置的变化

从第 29 航次的弗里曼特尔至中山站的断面分布图中可以看出，南极陆坡锋（ASF）并不明显，尤其是在温度断面分布图中，极锋（PF）大约在 53°S 范围，此为 200 m 深处 2℃水的最北边界，亚南极锋（SAF）大约在 44°—45°S 范围，而亚热带锋（STF）大约处于 38°—39°S 的位置，各锋面特征及位置与以往的研究结果较为一致。

从第 30 航次弗里曼特尔到中山站的断面分布图中可以看出，南极陆坡锋（ASF）并不明显，极锋（PF）大约在 50°—51°S 范围，此为 200 m 深处 2℃水的最北边界，亚南极锋（SAF）大约在 47°S 范围，而南亚热带锋（SSTF）大约处于 40°—41°S 的位置，被亚热带锋

（NSTF）大约处于38°S的位置，锋面位置与2012年相比略往南移。

从第30航次中山站到弗里曼特尔断面中可以看出，南极陆坡锋（ASF）特征较为明显，以次表层温度、盐度梯度大为特征，将低密度的南极表层水和高密度的绕极深层水区分开，位置在65°S附近。极锋（PF）在51°—52°S附近，此为200 m深处2℃水的最北边界。亚南极锋（SAF）在45°—46°S的位置上，亚热带锋面（STF）在39°S附近，另外在盐度断面分布图上，42.5°—45°S处，表层被低盐水所覆盖，50～500 m水深范围内被高盐水所占据，应该是高纬度的低盐水向北输送的结果。在第30航次普里兹湾西侧外海的断面上，南极陆坡锋特征明显，温度和盐度都存在较强的梯度变化，50 m以浅海洋垂向混合明显，温度较次表层更高，盐度也更低。

在第31航次中山站至弗里曼特尔断面上，极锋（PF）的位置在52°—53°S附近，而亚南极锋（SAF）的位置在46°—47°S范围内，且强度较强，亚热带锋（STF）的位置在40°S附近。

在第29航次罗斯海到霍巴特的断面上，南极陆坡锋（ASF）在63°—65°S处，特征明显，尤其是盐度断面，极锋（PF）大约在60°—61°S处，亚南极锋（SAF）在55°—56°S处，亚热带锋（STF）特征不明显。

在第31航次霍巴特至中山站的断面上可以看到，亚热带锋（STF）在45°—46°S附近，亚南极锋（SAF）在52°S附近，南北跨越纬度范围较大，锋面强度弱于东南印度洋海域。极锋（PF）位置在55°S处。

在第31航次从罗斯海到新西兰的断面上，南极陆坡锋（ASF）特征明显，次表层出现温度和盐度梯度最大分布特征，亚南极锋（SAF）位置在55°S附近。

4）结论

不同年份的锋面位置有所差异，在东南印度洋海域，即澳大利亚弗里曼特尔至中山站断面上，各锋面的变化规律为：

在2012年11月的观测断面中，亚热带锋（STF）的位置在38°—39°S，亚南极锋（SAF）在44°—45°S，极锋（PF）在53°S，南极陆坡锋（ASF）特征不明显。在2013年11月的观测断面中，北亚热带锋（NSTF）的位置在38°S，南亚热带锋（SSTF）的位置在40°—41°S，亚南极锋（SAF）在47°S，极锋（PF）在50°—51°S，南极陆坡锋（ASF）特征不明显。两年观测中SAF锋面结构强，在2013年11月观测到双STF结构，2012年11月的亚南极表层水的范围更大。

在2014年3月的观测断面中，亚热带锋（STF）的位置在39°S，亚南极锋（SAF）在45°—46°S，极锋（PF）在51°—52°S，南极陆坡锋（ASF）在65°S。在2015年3月的观测断面中，亚热带锋（STF）的位置在40°S，亚南极锋（SAF）在46°—47°S，极锋（PF）在52°—53°S，南极陆坡锋（ASF）特征不明显。两年观测中SAF锋面结构强，在2014年3月观测到南极陆坡锋（ASF），2015年3月的亚南极表层水的深度更深。

在罗斯海至澳洲（新西兰）断面上，因观测资料相当少，有较好的研究价值，共计有3个断面的观测资料，即第29航次2013年1月的罗斯海至澳洲霍巴特，第31航次2014年11月的霍巴特到中山站，第31航次2015年1月的罗斯海至新西兰。3个航次观测到的南极陆坡锋（ASF）在64°S附近，极锋（PF）在60°S附近，亚南极锋（SAF）在55°S附近，亚热带锋（STF）在45°S附近。

5.2 南极周边海洋气象数据分析

根据我国第28次至第31次南极科学考察航线，并根据南极周边海域海洋气象要素特点（解思梅等，2002；王欣等，2002；黄耀荣等，2008；赵杰臣等，2015；于海鹏，2015），并参考《极地考察海洋气象论文集》，将南极周边海域划分为普里兹湾、南极半岛（含威德尔海）、罗斯海3个重点考察海域和南大洋走航断面。南大洋走航断面主要包括穿越南大洋西风带和绕南极大陆航行。具体经纬度范围及考察航次见表5-6。

表5-6 南极周边海域划分

考察海域	普里兹湾海域	南极半岛海域	罗斯海海域	南大洋走航断面
范围	60°—90°E 60°S以南	70°—20°W， 55°S以南	160°E—150°W， 60°S以南	穿越西风带 绕南极航行
考察航次	第28航次，第29航次，第30航次，第31航次	第28航次，第30航次	第29航次，第30航次，第31航次	第28航次，第29航次，第30航次，第31航次

这对如何精确地计算区域乃至全球的海气通量对于驱动海洋环流模式和大气环流模式，了解大气和海洋的相互作用，评估和评价数值天气预报模式等有重要意义。南极周边海域海气通量的合理估算对于南极和全球气候模式具有重要意义。在国内，李诗明等（1997）应用了美国宇航局Goddard地球观测系统（Goddard Earth Observing System，简称GEOS）思维资料同化系统，计算和分析了50°S以南海域夏季的感热、潜热通量。结果表明，在50°S以南海域潜热通量都为正值，感热通量在大部分海域亦为正值，但在有些海域可出现负值，感热和潜热通量随纬向呈高值区和低值区交替分布，通量低值区与海表温度低值槽区往往相符。于乐江等（2011）比较了6个通量数据集在1988—2000年间南极周边海域感热和潜热通量的表现，这里面包括了卫星遥感产品GSSTF-2，再分析产品NCEP-2、ERA-40和客观分析集OAFlux。所有的数据集从通量平均场来说是比较一致的，不同数据集的潜热通量的标准差的差异比感热通量要大。

目前对南极周边海域海气通量的研究大部分都是基于模式和卫星遥感数据计算的通量数据集，这些数据集的海气通量场都存在不确定性，误差主要源于通量算法的不精确性和计算通量过程中所用基本观测量的测量误差。由于缺乏现场实测数据的验证，尤其是涡动相关法计算的精确通量，这些都限制了利用通量数据集评估数值模式的产品。因此此次极地专项观测的船载走航涡动通量资料显得很珍贵，对于评估再分析通量有很重要的作用。

5.2.1 普里兹湾海域

5.2.1.1 走航气压变化特征分析

1）数据介绍

在第28次至第31次南极科学考察过程中，“雪龙”船在普里兹湾海域航行和调查作业期间，随船气象人员通过船载的气象观测设备对气压、气温、相对湿度、风向、风速进行了走航正点观测，观测时间为每天00、06、12、18世界时的2~3次。具体情况见表5-7。

表5-7 普里兹湾海域气压、气温、相对湿度、风向、风速走航观测情况

航次	观测设备	观测时段	观测频率	观测次数（次）
28	Vaisala milos500 自动气象站	2011-11-26—12-19 2012-02-07—03-08	每天3次	159
29	Vaisala milos500 自动气象站	2012-11-27—12-19 2013-01-31—03-10	每天3次	183
30	天诺基业 SH3000 自动气象站	2013-11-28—12-21 2014-02-24—03-06	每天3次	100
31	天诺基业 SH3000 自动气象站	2014-11-27—12-15 2015-02-01—03-10	每天2~3次	113

2）变化特征分析

图5-144至图5-147为第28次至第31次南极考察过程中，“雪龙”船在普里兹湾海域航行和调查作业期间的气压走航观测结果。

第28次南极考察过程中（图5-144），“雪龙”船在普里兹湾航行和调查作业期间，气压最高为1 001.0 hPa，最低为966.7 hPa，平均为987.1 hPa。从气压变化序列上可以看出其存在明显的天气时间尺度的振荡，说明普里兹湾海域受绕极气旋影响明显。功率谱分析结果（图略）显示气压在3~4天、5~7天时间尺度上的振荡显著性超过了95%，而1天时间尺度上的振荡则没有，说明普里兹湾海域气压存在明显的3~7天的天气时间尺度振荡，而日变化特征不明显。

第29次南极考察过程中（图5-145），“雪龙”船在普里兹湾航行和调查作业期间，气压最高为999.0 hPa，最低为960.1 hPa，平均为981.2 hPa。功率谱分析结果（图略）显示气压在5~6天时间尺度上的振荡显著性超过了95%，说明普里兹湾海域气压受绕极气旋影响存在明显的5~6天的天气时间尺度振荡。

第30次南极考察过程中（图5-146），“雪龙”船在普里兹湾航行和调查作业期间，气压最高为995.0 hPa，最低为969.0 hPa，平均为984.7 hPa。功率谱分析结果（图略）显示气压在3~4天时间尺度上的振荡显著性超过了95%，说明普里兹湾海域气压受绕极气旋影响存在明显的3~4天的天气时间尺度振荡。

第31次南极考察过程中（图5-147），“雪龙”船在普里兹湾航行和调查作业期间，气压最高为1 004.0 hPa，最低为966.0 hPa，平均为981.5 hPa。功率谱分析结果（图略）显示气压在2~3天时间尺度上的振荡显著性超过了95%，说明普里兹湾海域气压受绕极气旋影响存在明显的2~3天的天气时间尺度振荡。

3）小结

考察期间，普里兹湾海域平均气压为983.6 hPa，存在一定的年际变化，第28次南极考察期间最高，为987.1 hPa，第29次南极考察期间最低，为981.2 hPa。普里兹湾海域频繁受到南大洋绕极气旋的影响，使得该海域气压存在明显的3~7天的天气时间尺度变化，日变化特征不明显。

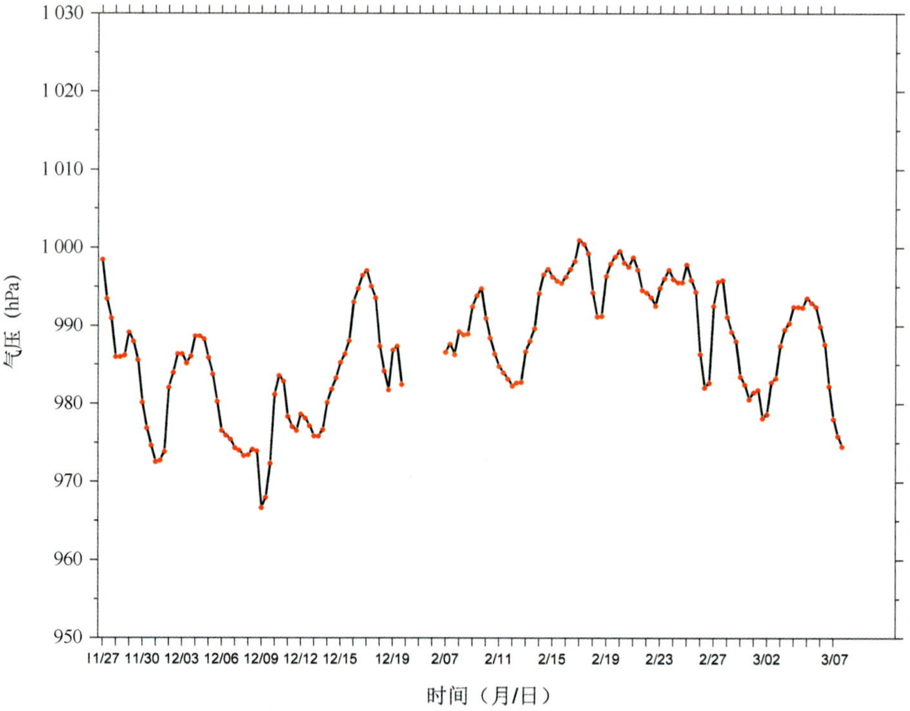

图 5－144　第 28 次南极考察普里兹湾海域气压走航观测结果

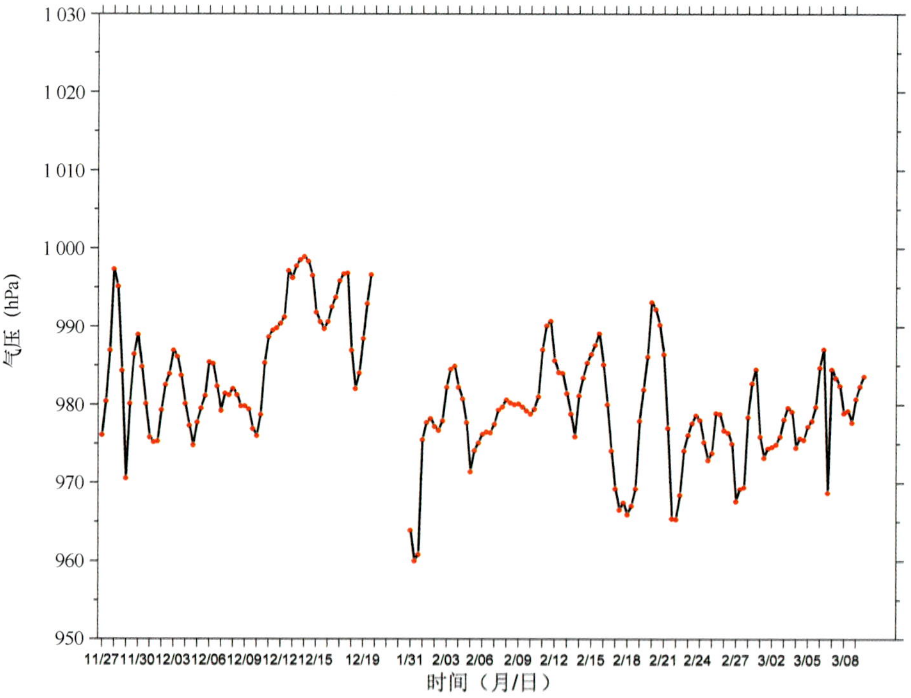

图 5－145　第 29 次南极考察普里兹湾海域气压走航观测结果

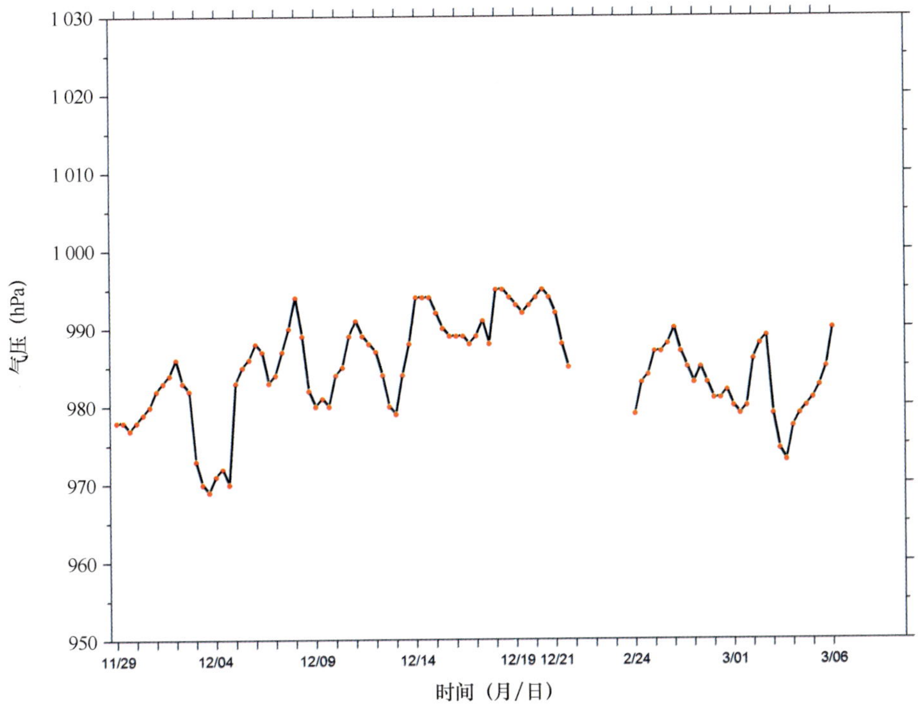

图 5－146　第 30 次南极考察普里兹湾海域气压走航观测结果

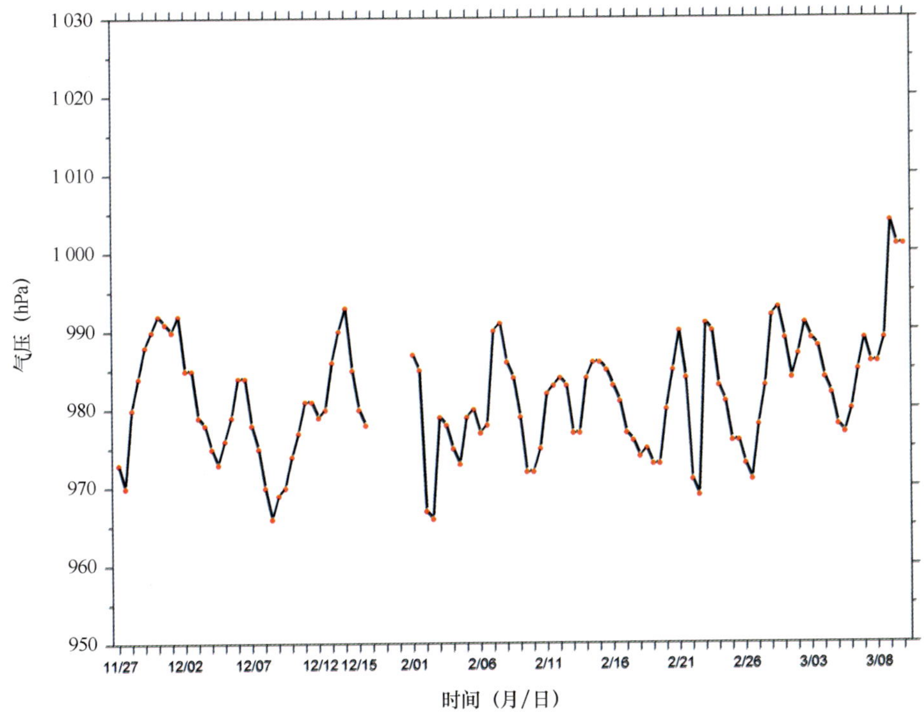

图 5－147　第 31 次南极考察普里兹湾海域气压走航观测结果

5.2.1.2 走航温度/湿度变化特征分析

1）数据介绍

见表5－7。

2）变化特征分析

图5－148至图5－151为第28次至第31次南极考察过程中，“雪龙”船在普里兹湾海域航行和调查作业期间的气温和相对湿度走航观测结果。

第28次南极考察过程中（图5－148），“雪龙”船在普里兹湾航行和调查作业期间，气温最高为2.6℃，最低为－10.2℃，平均为－2.6℃，相对湿度最高为92%，最低为29%，平均为59.7%。功率谱分析结果（图略）显示，普里兹湾海域气温和相对湿度在1天左右时间尺度上的振荡显著性都超过了95%，而在3～7天时间尺度上则没有达到显著性水平，说明普里兹湾海域气温和湿度存在明显的日变化，而天气时间尺度振荡则不明显。

第29次南极考察过程中（图5－149），“雪龙”船在普里兹湾航行和调查作业期间，气温最高为5.5℃，最低为－14.8℃，平均为－1.7℃，相对湿度最高为93%，最低为32%，平均为68.7%。功率谱分析结果（图略）显示，普里兹湾海域气温和湿度存在明显的日变化，而天气时间尺度振荡则不明显。

第30次南极考察过程中（图5－150），“雪龙”船在普里兹湾航行和调查作业期间，气温最高为0.9℃，最低为－9.1℃，平均为－2.9℃，相对湿度最高为99%，最低为43%，平均为75.8%。功率谱分析结果（图略）显示，普里兹湾海域气温和湿度存在明显的日变化，而天气时间尺度振荡则不明显。

第31次南极考察过程中（图5－151），“雪龙”船在普里兹湾航行和调查作业期间，气温最高为1.2℃，最低为－16.0℃，平均为－3.3℃，相对湿度最高为100%，最低为39%，平均为72.5%。功率谱分析结果（图略）显示，普里兹湾海域气温和湿度存在明显的日变化，而天气时间尺度振荡则不明显。

3）小结

考察期间，普里兹湾海域气温平均值为－2.6℃，最低气温可达－15℃，相对湿度平均值约为69%，航次之间存在一定的差别，气温在第29次考察期间最高，为－1.7℃，而在第31次考察期间最低，为－3.3℃；相对湿度在第30次考察期间最高，为75.8%，而在第28次考察期间最低，为59.7%，说明该海域气温和湿度存在一定的年际变化。几个航次的功率谱分析结果显示，普里兹湾海域气温和相对湿度在1天左右时间尺度上的振荡显著性都超过了95%，而在3～7天时间尺度上则没有达到显著性水平，说明该海域气温和湿度存在明显的日变化，而天气时间尺度振荡则不明显。

5.2.1.3 走航风向/风速变化特征分析

1）数据介绍

见表5－7。

2）变化特征分析

图5－152至图5－155为第28次至第31次南极考察过程中，“雪龙”船在普里兹湾海域航行和调查作业期间的风速、风向走航观测结果。

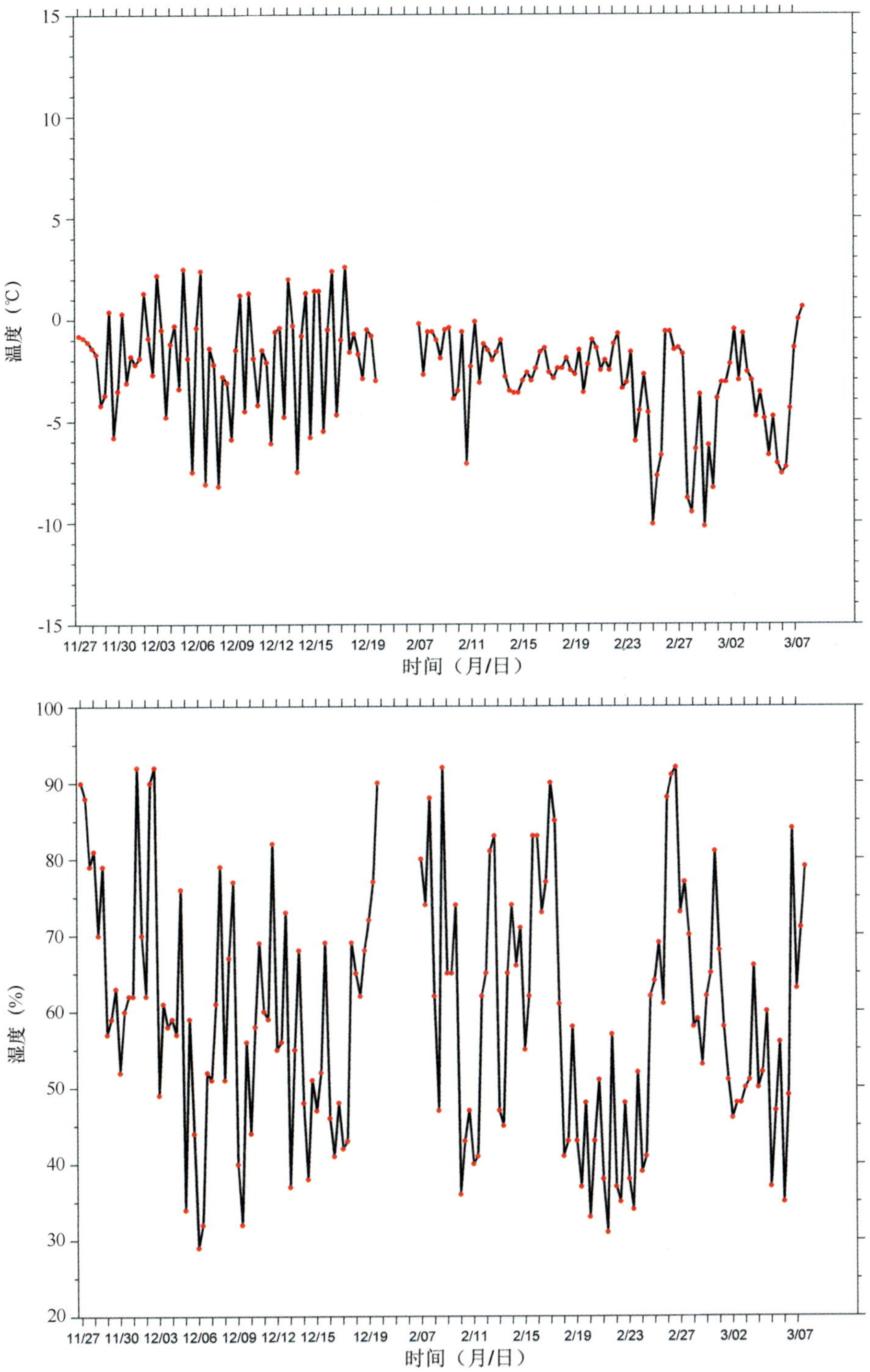

图5－148　第28次南极考察普里兹湾海域气温、湿度走航观测结果

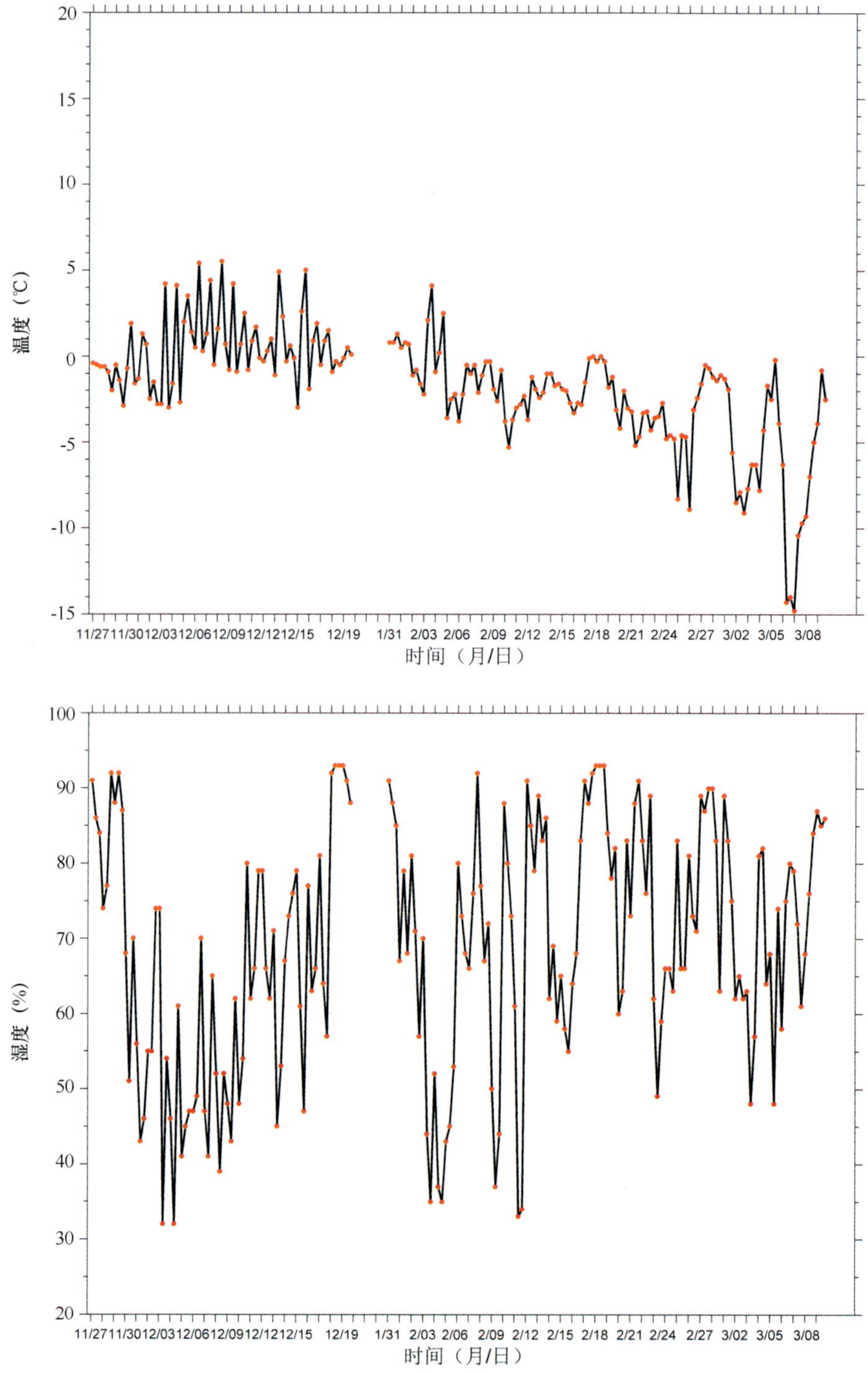

图 5－149　第 29 次南极考察普里兹湾海域气温、湿度走航观测结果

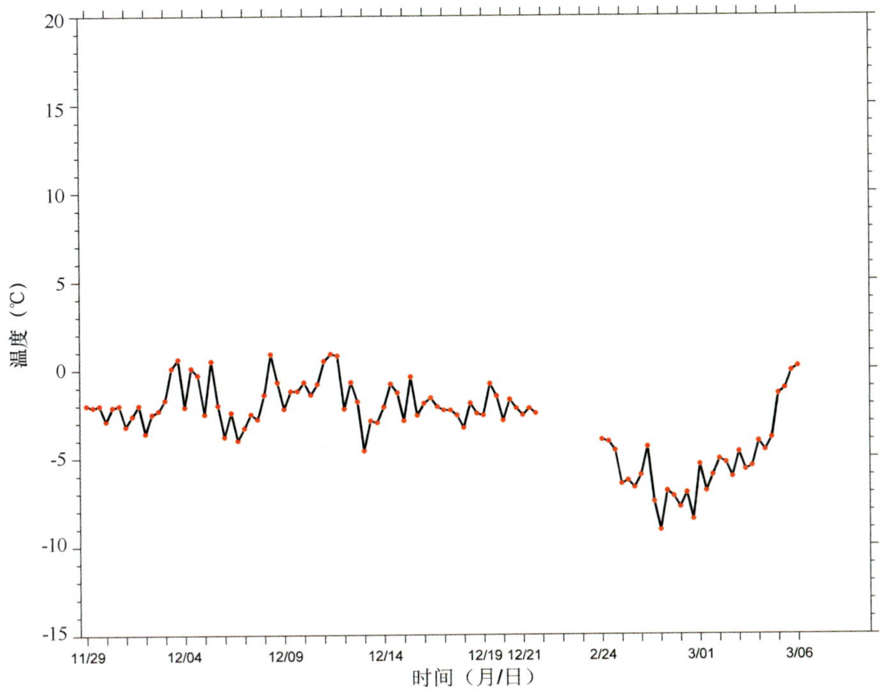

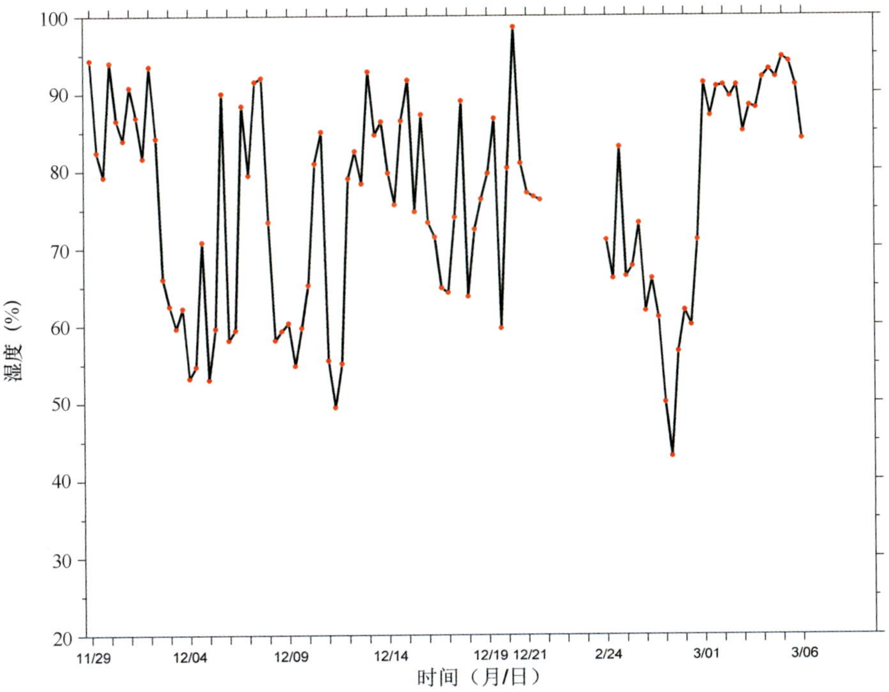

图5-150 第30次南极考察普里兹湾海域气温、湿度走航观测结果

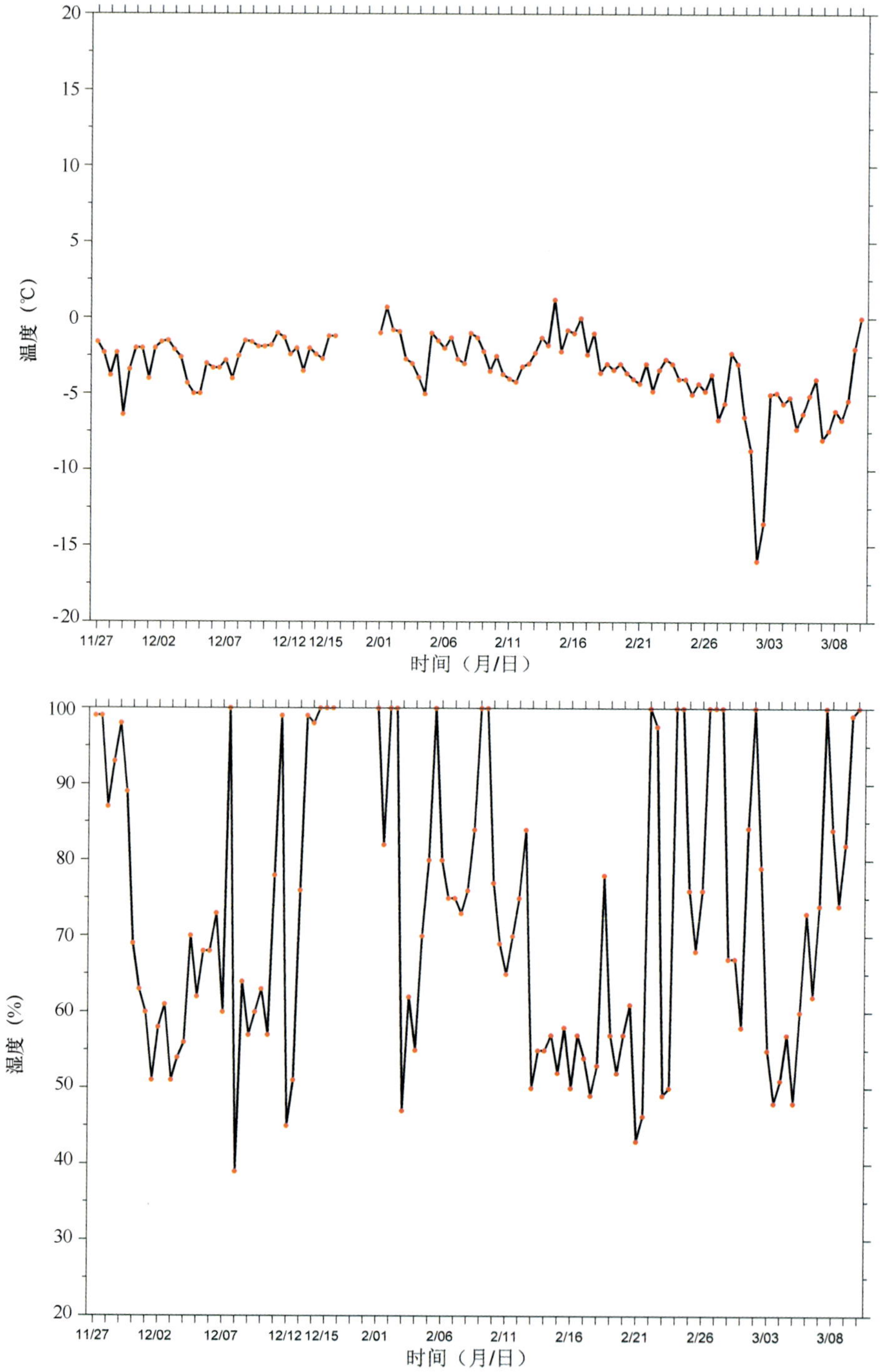

图 5－151 第 31 次南极考察普里兹湾海域气温、湿度走航观测结果

第28次南极考察过程中，“雪龙”船在普里兹湾航行和调查作业期间，平均风速为6.5 m/s，以4~5级风为主，大于等于6级的大风过程出现14次，大于等于8级的大风过程出现3次，最大风速为18.6 m/s，风向以东—东北风和偏东风居多。频繁活动的绕极气旋是引起考察期间大风过程的最主要天气系统，其次是来自南极冰盖的下降风。2011年12月18—19日，受较强绕极气旋影响，考察海域出现8级的西南风；2012年2月10日，受强下降风影响，考察海域出现8级的偏东风；2012年3月6—7日，受较强绕极气旋影响，考察海域出现8级的偏东风（图5－152）。

第29次南极考察过程中（图5－153），“雪龙”船在普里兹湾航行和调查作业期间，平均风速为7.4 m/s，以4~6级风为主，大于等于6级的大风过程出现24次，大于等于8级的大风过程出现3次，最大风速为22.0 m/s，风向以东—东北风和西南风居多。频繁活动的绕极气旋是引起考察期间大风过程的最主要天气系统，其次是来自南极冰盖的下降风。2013年2月5—6日，受较强绕极气旋影响，考察海域出现8级的东—东北风；2013年2月11—12日，受较强绕极气旋影响，考察海域出现8级的东北风；2013年2月21—22日，受强绕极气旋影响，考察海域出现8~9级的东—东北风，且维持时间较长。

第30次南极考察过程中（图5－154），“雪龙”船在普里兹湾航行和调查作业期间，平均风速为6.5 m/s，以4~5级风为主，大于等于6级的大风过程出现10次，大于等于8级的大风过程出现1次，最大风速为17.2 m/s，风向以东—东北风居多。相对于第29航次，本航次普里兹湾海域考察期间大风过程明显偏少，这可能与绕极气旋活动的变化有关，也与本次在普里兹湾海域考察时间较短有关。2013年12月2—3日，受较强绕极气旋影响，考察海域出现7~8级的东—东北风。

第31次南极考察过程中（图5－155），“雪龙”船在普里兹湾航行和调查作业期间，平均风速为6.6 m/s，以4~5级风为主，大于等于6级的大风过程出现12次，大于等于8级的大风过程出现1次，最大风速为20.0 m/s，风向以东—东北风居多。相对于第29航次，本航次普里兹湾海域考察期间大风过程明显偏少，而与第30次南极考察期间相当，这可能与绕极气旋活动的变化有关，也与本次在普里兹湾海域考察时间较短有关。2015年2月26—27日，受较强绕极气旋和极地大陆高压的共同影响，考察海域出现8级的偏南风。

3）小结

考察期间，普里兹湾海域平均风力以4~5级风为主，风向以东－东北风居多，大于等于6级的大风过程平均出现约15次，大于等于8级的大风过程平均出现2次。大风过程次数存在明显的年际变化，其中第29次南极考察期间的大风过程次数最多（24次），第30次南极考察期间的大风过程次数最少（10次）。频繁活动的绕极气旋是引起考察期间大风过程的最主要天气系统，其次是来自南极冰盖的下降风。

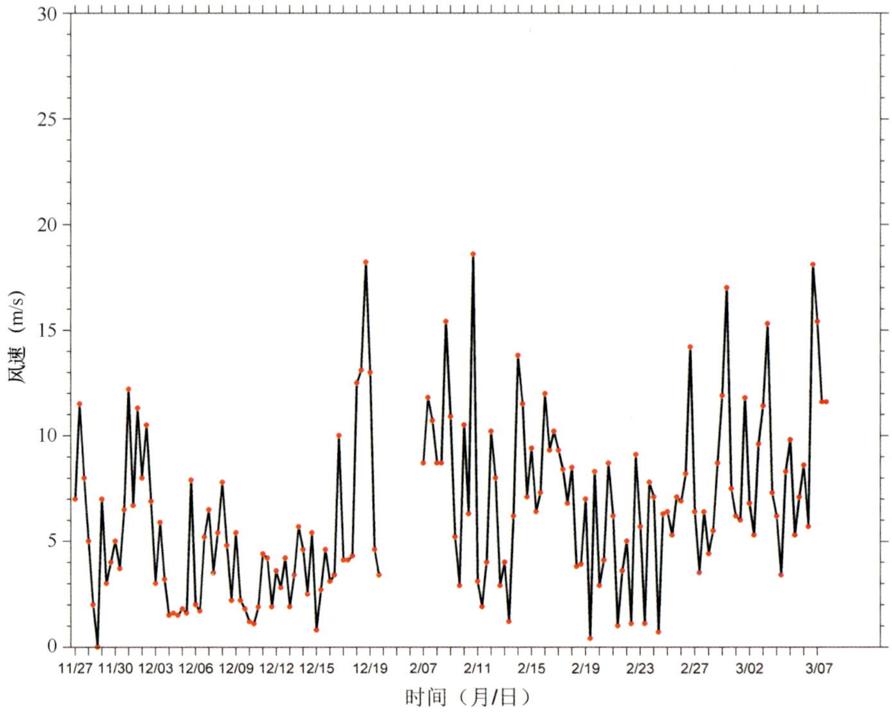

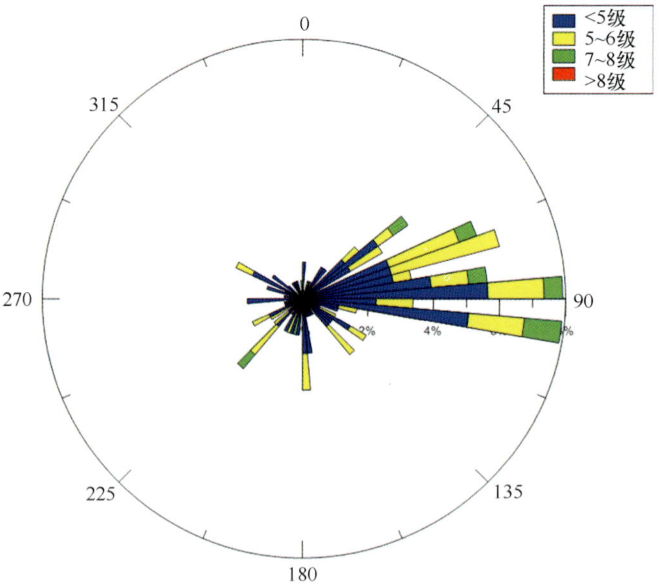

图 5－152　第 28 次南极考察普里兹湾海域风速、风向走航观测结果

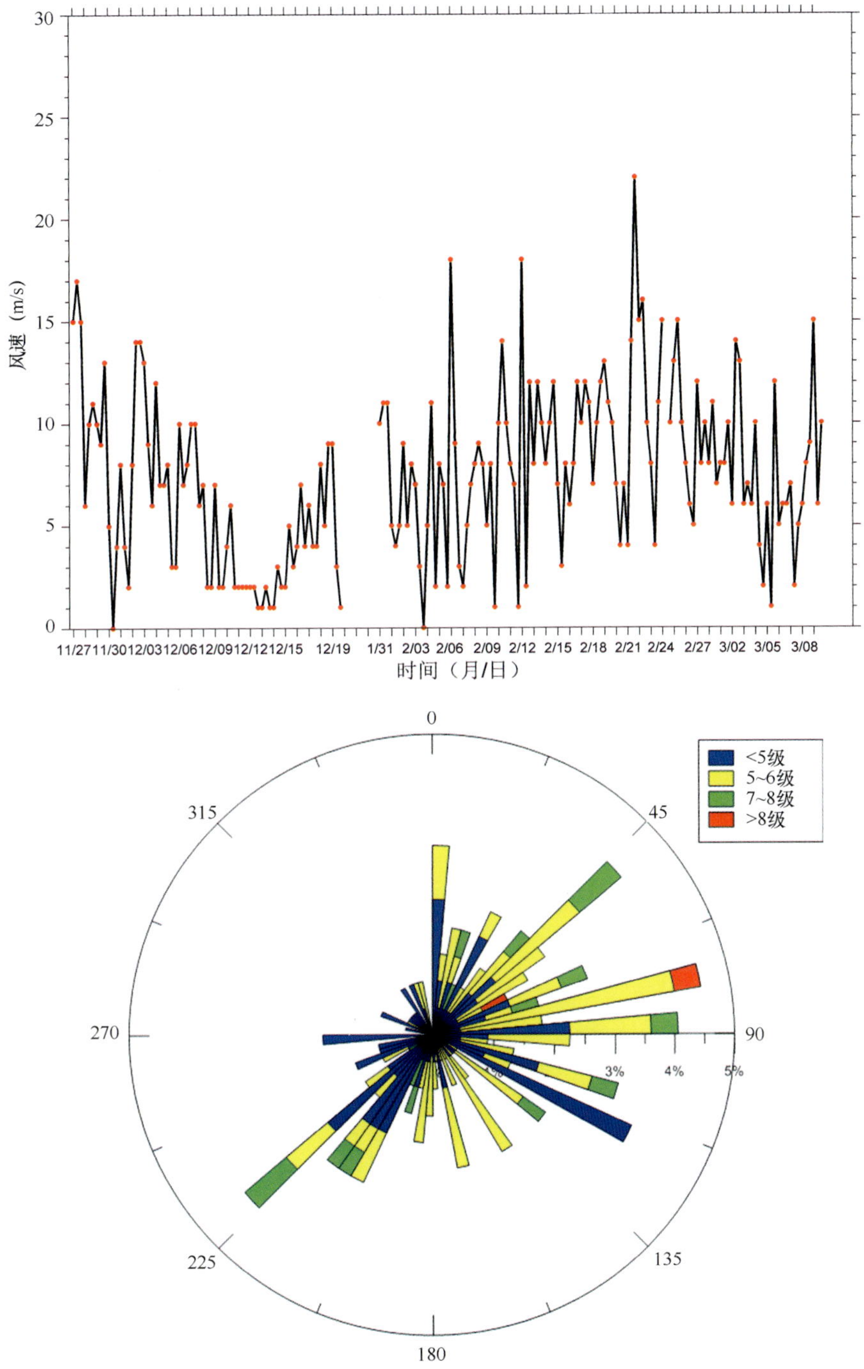

图 5－153　第 29 次南极考察普里兹湾海域风速、风向走航观测结果

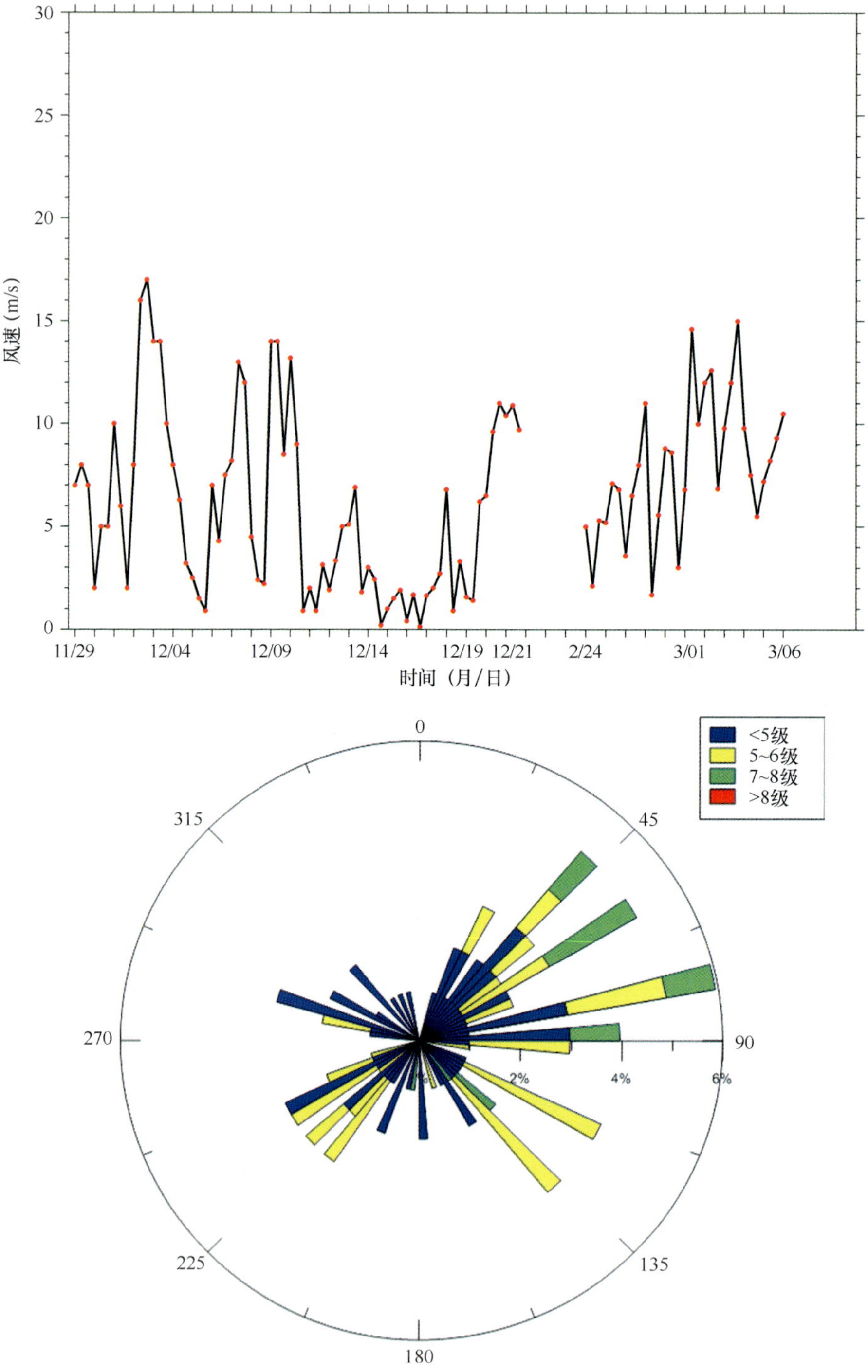

图 5 - 154　第 30 次南极考察普里兹湾海域风速、风向走航观测结果

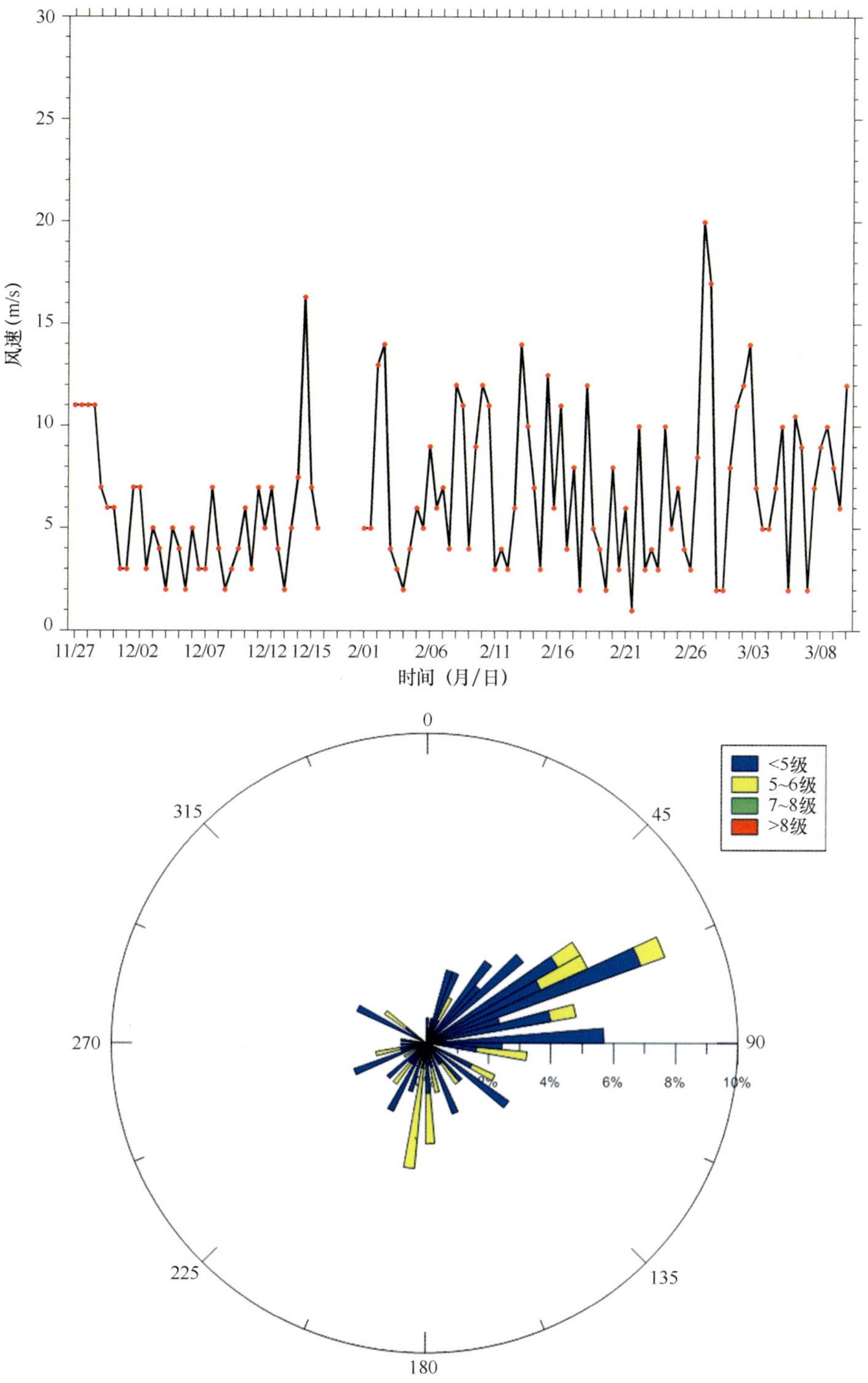

图5-155 第31次南极考察普里兹湾海域风速、风向走航观测结果

5.2.1.4 走航通量变化特征分析

1）数据介绍

通量计算使用的数据来自“雪龙”船上走航涡动通量观测系统和自动气象站，包括三维湍流风速、超声虚温、船舶姿态、皮温和风速、气温、湿度、气压等，可利用涡动相关法和整体输送法分别计算感热、潜热和动量通量，整体输送法采用的COARE3.0算法。下面给出

了第 29 次和第 30 次南极科学考察普里兹湾及邻近海域感热、潜热和动量通量的时间序列，第 30 次南极考察包括了涡动通量和 COARE3.0 通量，第 29 次南极考察的部分涡动通量缺失。此外还与 NCEP/NCAR Reanalysis 的通量资料进行了比较。

2）变化特征分析

图 5－156 给出了第 29 次南极考察“雪龙”船第一次在普里兹湾海域作业测量的涡动通量和整体通量的时间序列图，由图可见，感热通量的变化范围（－38～14 W/m²），平均－6.2 W/m²；潜热通量的变化范围（－5～54 W/m²），平均 10.7 W/m²。感热通量平均为负值表面大气向海洋输送热量，潜热通量为正值表明海洋向大气输送水汽和潜热。动量通量变化范围（0～1 W/m²），和风速呈正相关。根据 NCEP/NCAR Reanalysis 资料画出的感热和潜热通量的月平均平面图，从整个海域平均来说，感热通量在－10～5 之间，平均值约为－5，

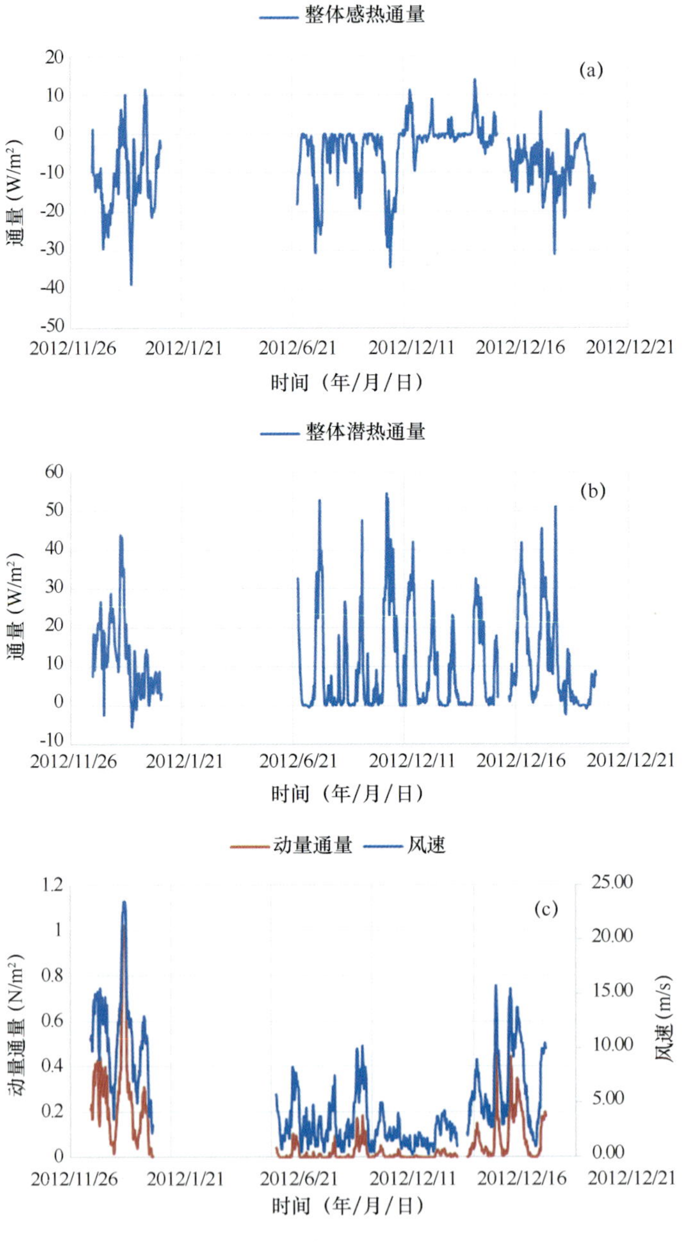

图 5－156 第 29 次南极科学考察普里兹湾

（a）涡动和整体感热通量；（b）涡动和整体潜热通量；（c）动量通量和风速的时间序列

潜热通量在5~50之间变化，平均值为15左右，与我们的观测值基本吻合。

图5-157给出的是第29次南极考察2013年2—3月“雪龙”船在普里兹湾的观测结果，包括涡动通量和整体通量，两者的趋势基本一致。感热通量有明显的日变化，变化范围为（-19~71 W/m²），平均值为6.9 W/m²；潜热通量变化范围（0.3~82 W/m²），平均值为16.1 W/m²。和图5-156显示的2012年12月的结果相比，感热通量为正值，潜热通量也更大。这从图5-158再分析资料也可以看出。

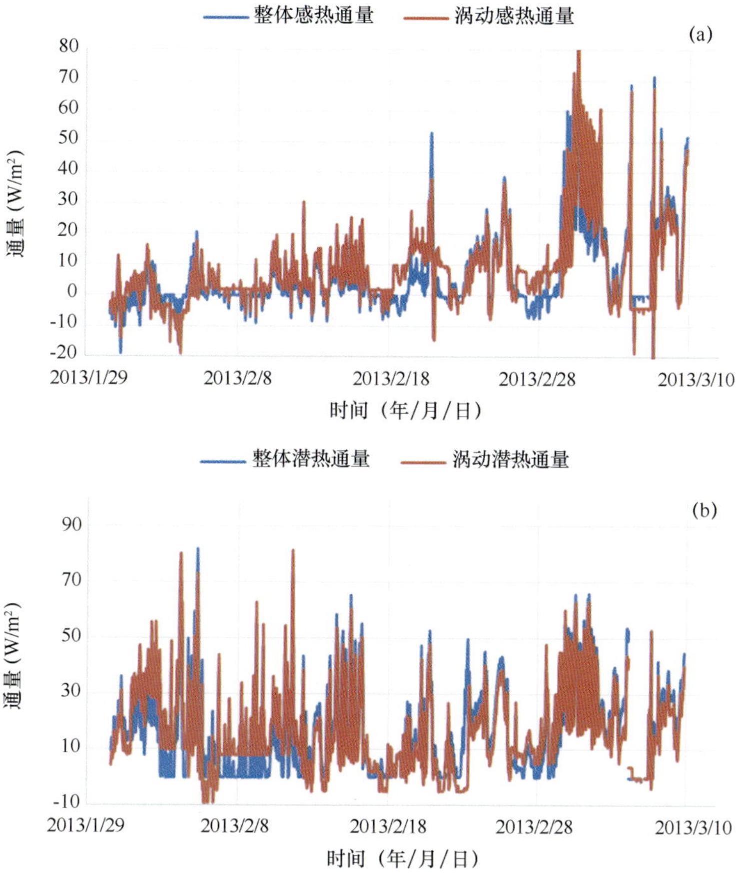

图5-157 第29次南极科学考察普里兹湾

（a）涡动和整体感热通量；（b）涡动和整体潜热通量的时间序列

图5-159给出的是第30次南极考察2013年12月“雪龙”船在普里兹湾的观测结果，包括涡动通量和整体通量。感热通量有更明显的日变化，变化范围为（-62~48 W/m²），平均值为4.4 W/m²；潜热通量变化范围（-11~87 W/m²），平均值为23.4 W/m²。和2013年第29次南极考察在普里兹湾的观测结果相比，感热通量向上输送，潜热通量也更大。动量通量变化范围（0~0.7 W/m²），与风速正相关。再分析资料的结果与第29次南极考察感热通量相似，平均值和感热通量观测值相反，潜热通量相差不大。

3）小结

从以上分析可见，夏季普里兹湾及邻近海域感热通量有明显日变化，平均感热通量12月为负值，大气向海洋输送热量，2月、3月输送方向相反。潜热通量基本为正值，平均潜热通量比感热通量大。与再分析资料的通量值相比比较一致。

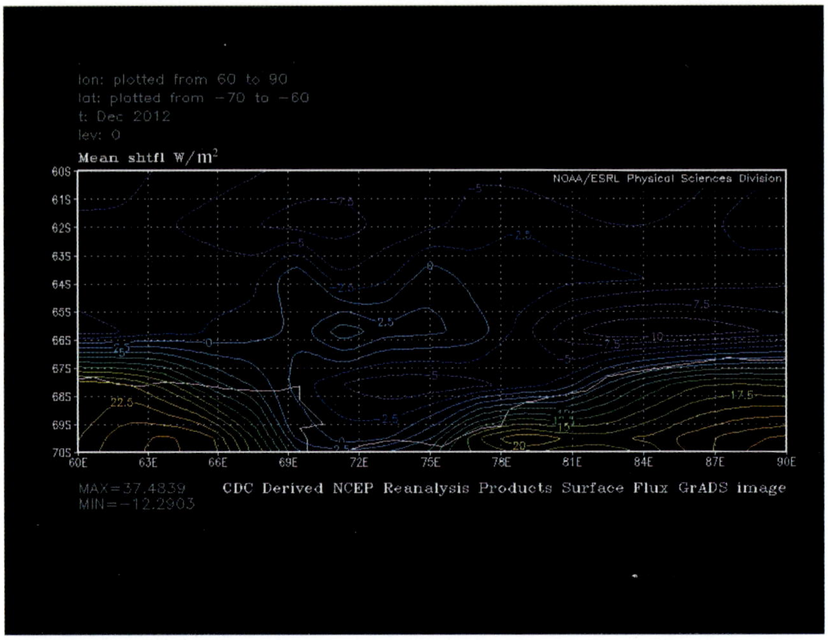

(a)

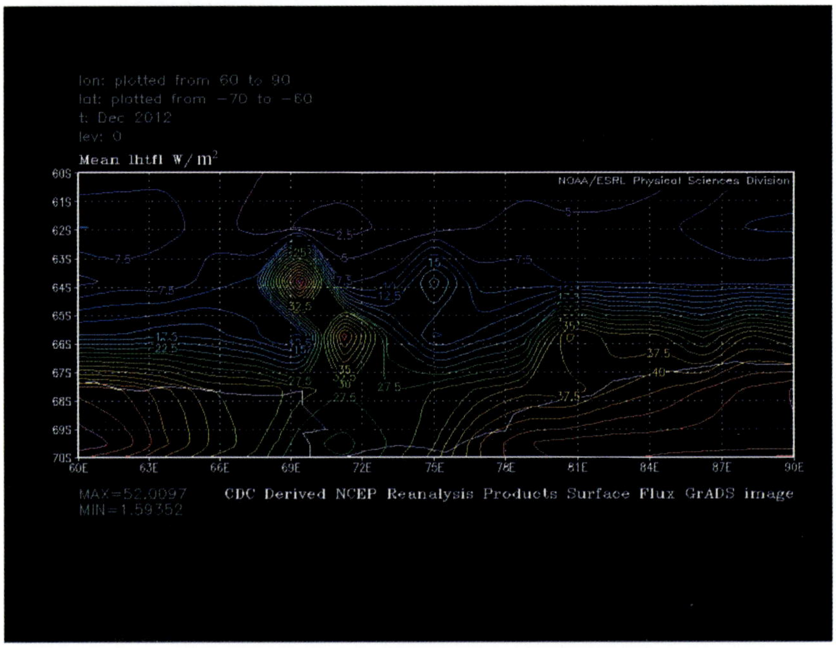

(b)

图 5-158　2012 年 12 月 NCEP/NCAR Reanalysis 普里兹湾感热（a）和潜热（b）通量的月平均平面

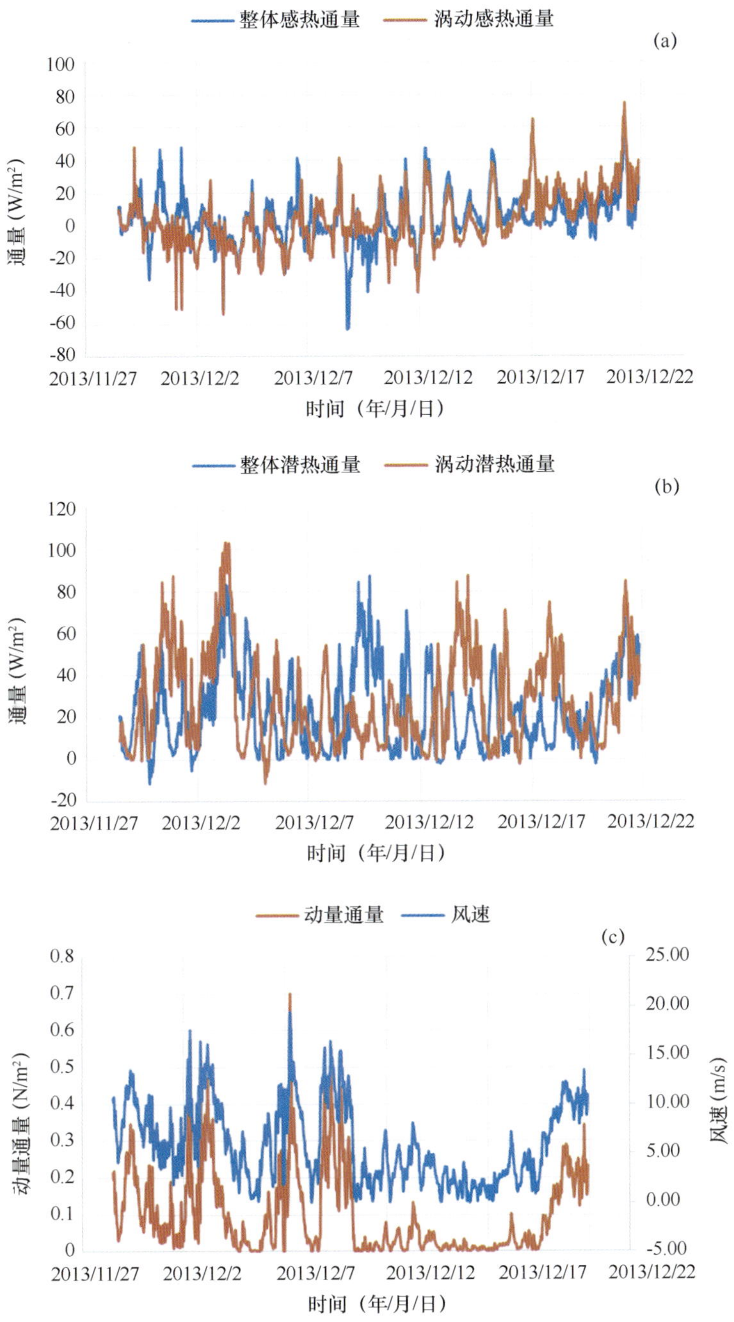

图5－159　第30次南极科学考察普里兹湾

（a）涡动和整体感热通量；（b）涡动和整体潜热通量；（c）动量通量和风速的时间序列

5.2.2　南极半岛海域

5.2.2.1　走航气压变化特征分析

1）数据介绍

在第28次和第30次南极科学考察过程中，“雪龙”船在南极半岛海域航行和调查作业期间，随船气象人员通过船载的气象观测设备对气压、气温、相对湿度、风向、风速进行了走航正点观测，每天观测3次（找00、06、12、18一天4次整点中的3次观测）。具体情况见表5-8。

表5-8　南极半岛海域气压、气温、相对湿度、风向、风速走航观测情况

航次	观测设备	观测时段	观测频率	观测次数（次）
28	Vaisala milos500 自动气象站	2011-12-28—2012-01-09 2012-01-15—2012-02-01	每天3次	90
30	天诺基业 SH3000 自动气象站	2014-01-25—2014-02-02 2014-02-07—2014-02-16	每天3次	57

2）变化特征分析

图5-160至图5-161为第28次和第30次南极考察过程中，“雪龙”船在南极半岛海域航行和调查作业期间的气压走航观测结果。

第28次南极考察过程中，“雪龙”船在南极半岛海域航行和调查作业期间，气压最高为1 004.9 hPa，最低为969.4 hPa，平均为988.2 hPa。功率谱分析结果（图略）显示气压在3～4天时间尺度振荡上的显著性超过了95%，而1天时间尺度上的振荡则没有，说明南极半岛海域气压存在明显的3～4天的天气时间尺度振荡，而日变化特征不明显。

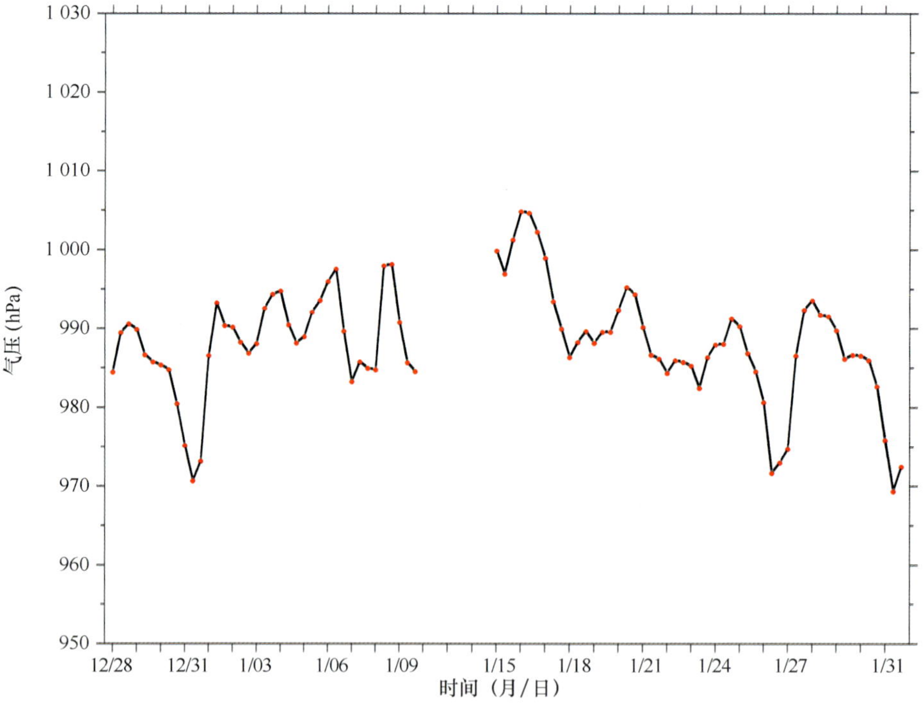

图5-160　第28次南极考察南极半岛海域气压走航观测结果

第30次南极考察过程中，“雪龙”船在南极半岛海域航行和调查作业期间，气压最高为1 004.0 hPa，最低为965.5 hPa，平均为988.7 hPa。所测的气压最低值（965.5 hPa）对应一次强气旋活动（2014年2月9日），该气旋带来8～9级的大风及降雪天气过程。功率谱分析结果（图略）显示气压在5～7天时间尺度振荡上的显著性超过了95%，而1天时间尺度上

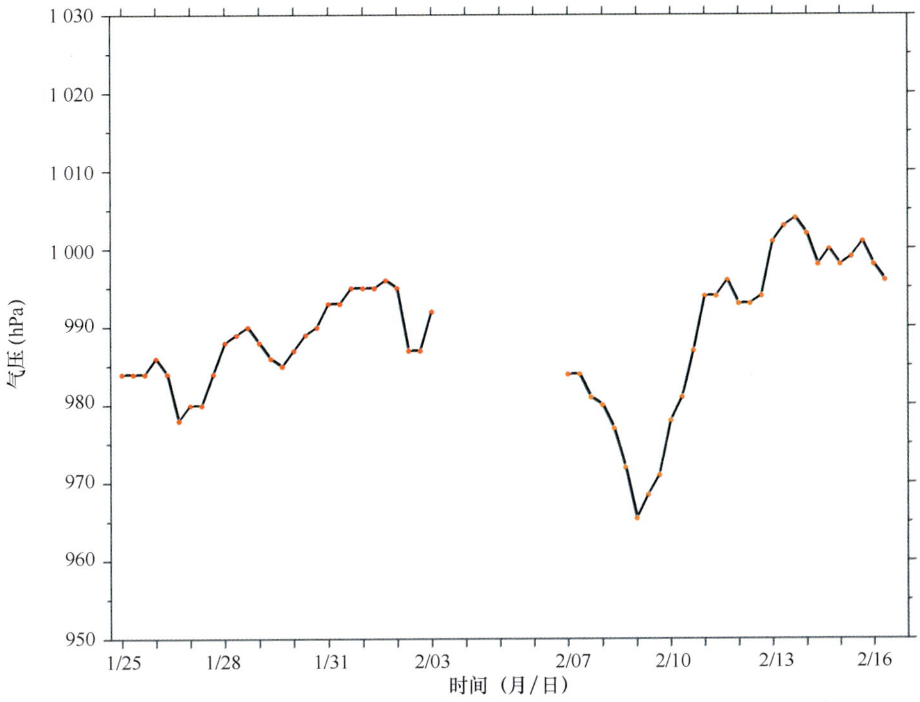

图 5-161 第 30 次南极考察南极半岛海域气压走航观测结果

的振荡则没有，说明南极半岛海域气压存在明显的 5~7 天的天气时间尺度振荡，而日变化特征不明显。

3）小结

第 28 次和第 30 次南极考察期间，南极半岛海域平均气压为 988.4 hPa，航次之间差别不明显，其中的较低气压值均由绕极气旋过境造成。南极半岛海域气压存在明显的 3~7 天的天气时间尺度振荡，而日变化特征不明显。

5.2.2.2 走航温度/湿度变化特征分析

1）数据介绍

见表 5-8。

2）变化特征分析

图 5-162 至图 5-163 为第 28 次和第 30 次南极考察过程中，“雪龙”船在南极半岛海域航行和调查作业期间的气温和相对湿度走航观测结果。

第 28 次南极考察过程中（图 5-162），“雪龙”船在南极半岛海域航行和调查作业期间，气温最高为 12.7℃，最低为 -2.4℃，平均为 1.4℃；相对湿度最高为 93%，最低为 62%，平均为 80%。对观测结果中所出现的温度较高时间段进行了进一步的分析发现：2012 年 1 月 8 日 12 时（UTC）至 16 日 00 时（UTC）期间，“雪龙”船航行位置处于 60°S 以北，导致气温观测结果总体偏高。功率谱分析结果显示（图略），南极半岛海域气温在 3~7 天时间尺度和 1 天左右时间尺度上都没有达到 95% 显著性水平，而湿度在 1 天左右时间尺度上超过显著性，说明气温的天气尺度变化和日变化都不明显，而湿度存在较明显的日变化。

第 30 次南极考察过程中（图 5-163），“雪龙”船在南极半岛海域航行和调查作业期间，

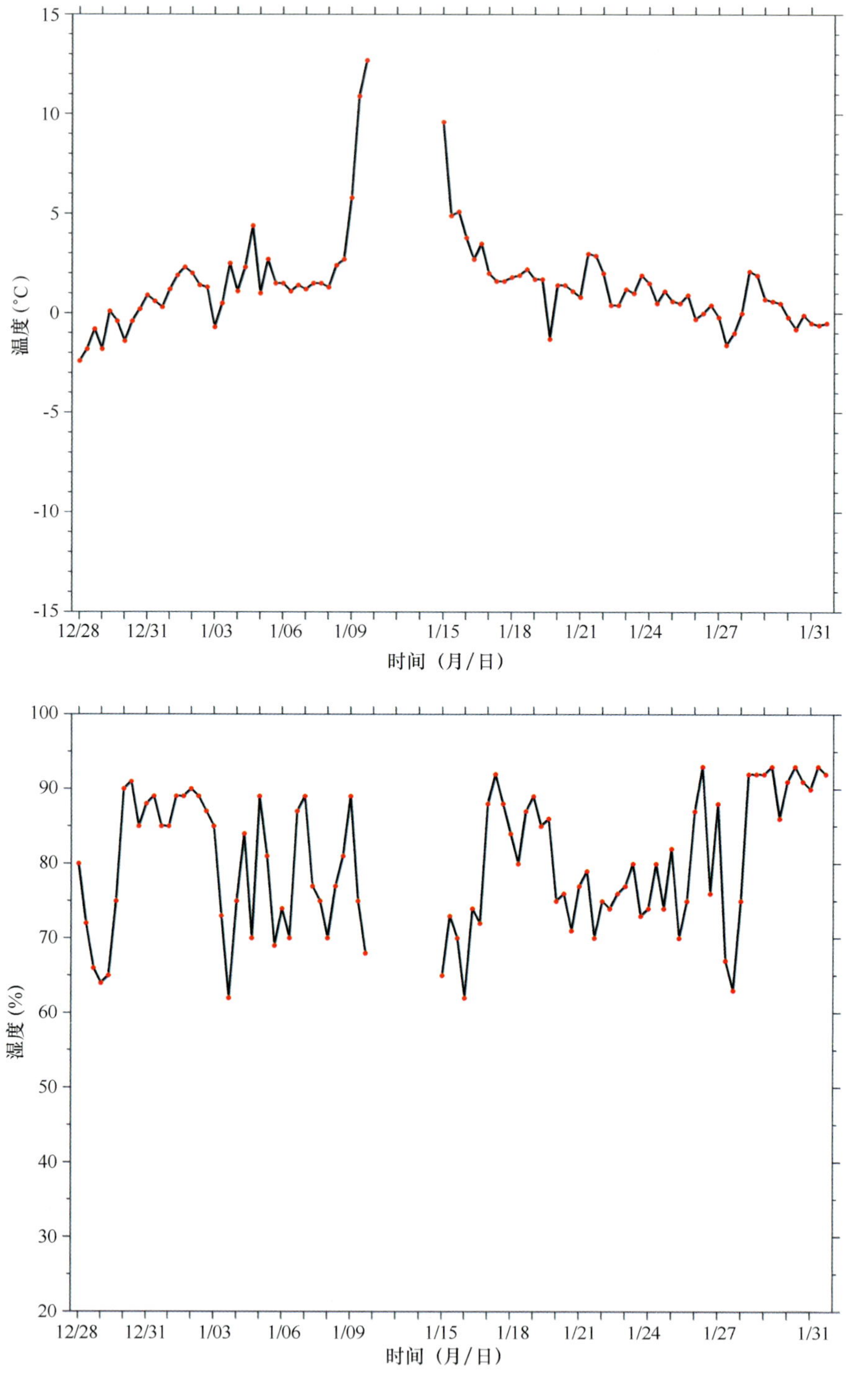

图 5-162　第 28 次南极考察南极半岛海域气温、湿度走航观测结果

气温最高为 4.7℃，最低为 -7.2℃，平均为 -1.2℃，相对湿度最高为 98.6%，最低为 68.8%，平均为 82.7%。类似地，对观测结果中所出现的温度较高时间段进行发现：最高气温出现在“雪龙”船航行至 60°S 以北部分。功率谱分析结果显示（图略），南极半岛海域气温与湿度在 3~7 天时间尺度和 1 天左右时间尺度上都没有达到 95% 显著性水平，说明气温与湿度的天气尺度变化和日变化都不明显。

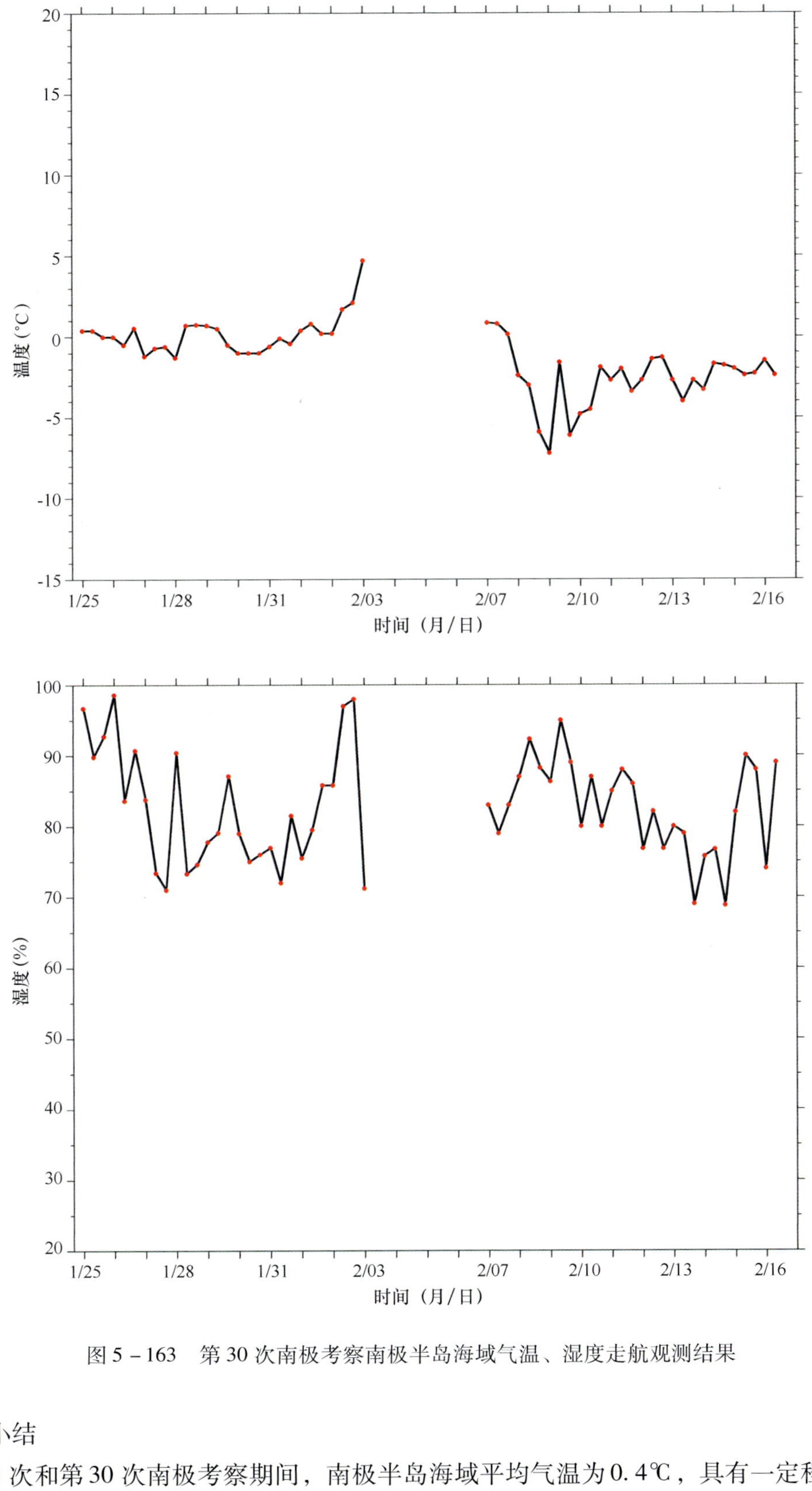

图 5 – 163　第 30 次南极考察南极半岛海域气温、湿度走航观测结果

3）小结

第 28 次和第 30 次南极考察期间，南极半岛海域平均气温为 0.4℃，具有一定程度的年际变化；该海域空气湿度较大，年际变化不明显。南极半岛海域气温与湿度的天气尺度变化和日变化都不明显。

5.2.2.3 走航风向/风速变化特征分析

1）数据介绍

见表 5－8。

2）变化特征分析

图 5－164 至图 5－165 为第 28 次和第 30 次南极考察过程中，“雪龙”船在南极半岛海域航行和调查作业期间的风速、风向走航观测结果。

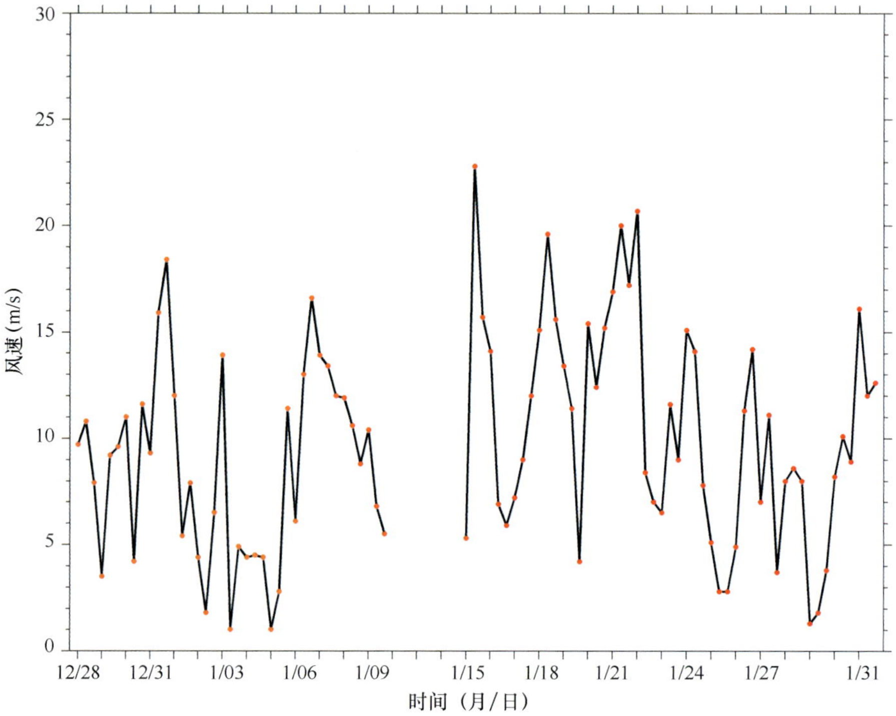

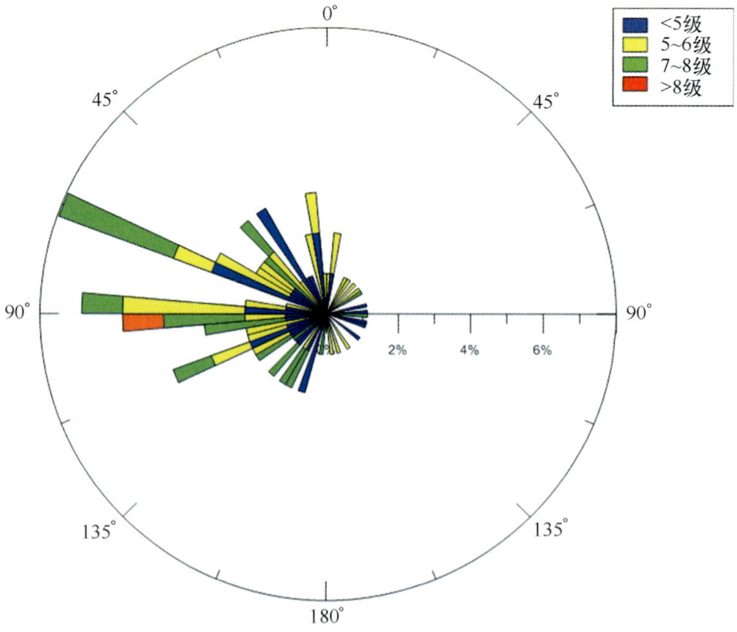

图 5－164 第 28 次南极考察南极半岛海域风速、风向走航观测结果

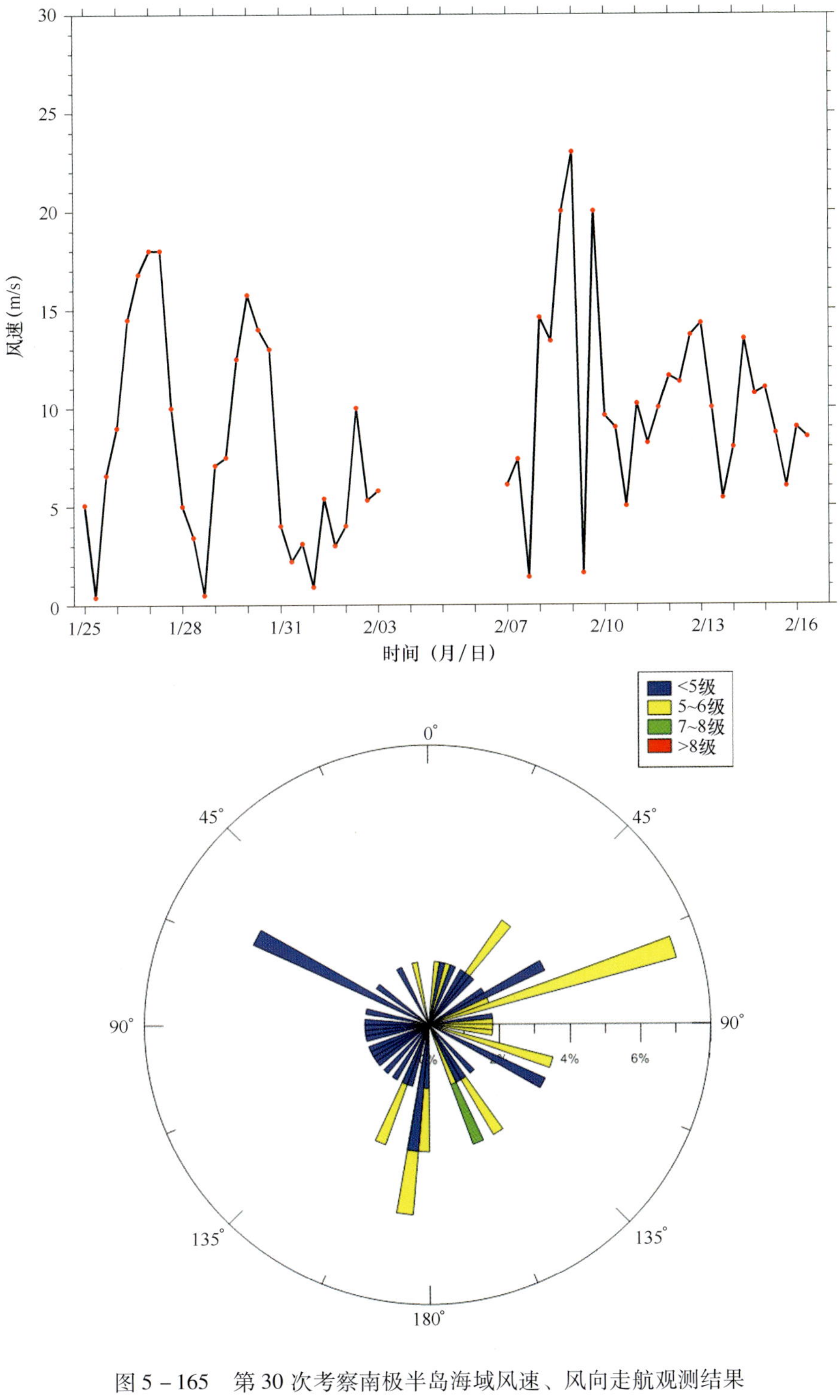

图 5－165　第 30 次考察南极半岛海域风速、风向走航观测结果

第 28 次南极考察过程中，“雪龙”船在南极半岛海域航行和调查作业期间，平均风速为 9.7 m/s，风力以 5～6 级为主，大于等于 6 级的大风过程出现 10 次，大于等于 8 级的大风过程出现 3 次，最大风速为 22.8 m/s，主导风向为西—西北风及偏西风。对天气系统进行分析后发现，该海域的大风天气过程主要由绕极气旋造成。如 2012 年 1 月 16 日至 29 日期间，共经历了 5 次气旋过程（含 3 次强气旋过程），均带来较长时间的大风天气。其中，17 日 18 时

至19日00时的强气旋过程，带来持续24 h以上的7~8级大风；20日00时至22日00时，受另一强气旋过程影响，该海域风力达8~9级，阵风10级；26日，同样受一个中心气压为968 hPa的强气旋影响，该海域也出现了7级，阵风8级的偏西大风。

第30次南极考察过程中，“雪龙”船在南极半岛海域航行和调查作业期间，平均风速为9.2 m/s，以5~6级风为主，大于等于6级的大风过程出现5次，大于等于8级的大风过程出现2次，最大风速为23 m/s，主导风向为东—东北风。相对于第28航次，本航次考察期间大风过程明显偏少，其原因主要有两个：①本航次较第28航次考察时间更短；②本航次的考察时间段为1月下旬至2月中旬，而第28航次的考察时间段为12月底至翌年1月底，由于本航次的考察时间段相对靠后（平均气温更低），因此，绕极气旋的位置相对靠南，从而给南极半岛及其附近海域带来的大风过程更少。

3）小结

考察期间，南极半岛及其附近海域平均风力为5~6级，主导风向为东—东北风，大于等于6级的大风过程平均出现约7~8次，大于等于8级的大风过程平均出现2~3次。其中，频繁过境的绕极气旋是引起考察期间大风过程的最主要天气系统。进一步分析表明，随着考察时间段的不同，绕极气旋的频数、位置对南极半岛及其附近海域的影响具有较大的差异。

5.2.2.4 走航通量变化特征分析

1）数据介绍

通量计算数据来自“雪龙”船上的自动气象站，包括皮温和风速、气温、湿度、气压等，利用整体输送法COARE3.0分别计算感热、潜热和动量通量。因为只有第30次南极科学考察抵达了南极半岛海域，所以下面只给出了第30次南极考察的通量变化情况。

2）变化特征分析

图5-166给出的是第30次南极考察2013年2月“雪龙”船在南极半岛附近海域的通量观测结果，包括涡动通量和整体通量。感热通量变化范围为（-21~61 W/m^2），平均值为11.7 W/m^2；潜热通量变化范围（0.5~66 W/m^2），平均值为28.2 W/m^2。动量通量变化范围（0~1.1 W/m^2），和风速正相关。图5-167是再分析资料结果，感热通量变化范围为（-15~25 W/m^2），平均值大约为5 W/m^2；潜热通量变化范围（2.5~40 W/m^2），平均值为20 W/m^2，应该说与观测值相当。

3）小结

综上所述，夏季南极半岛海域热通量和潜热通量平均值都为正值，感热通量略小于潜热通量，与同纬度的普里兹湾海域结果相似，与再分析资料结果也比较接近。

5.2.3 南大洋走航断面

5.2.3.1 GPS探空气球观测

1）数据介绍

在极地专项执行期间，在往返南大洋的过程中进行了多次探空气球断面观测，其中第29次南极考察在南大洋进行了3条断面的探空观测，即P1、P2、P3，共计获得有效探空气球观

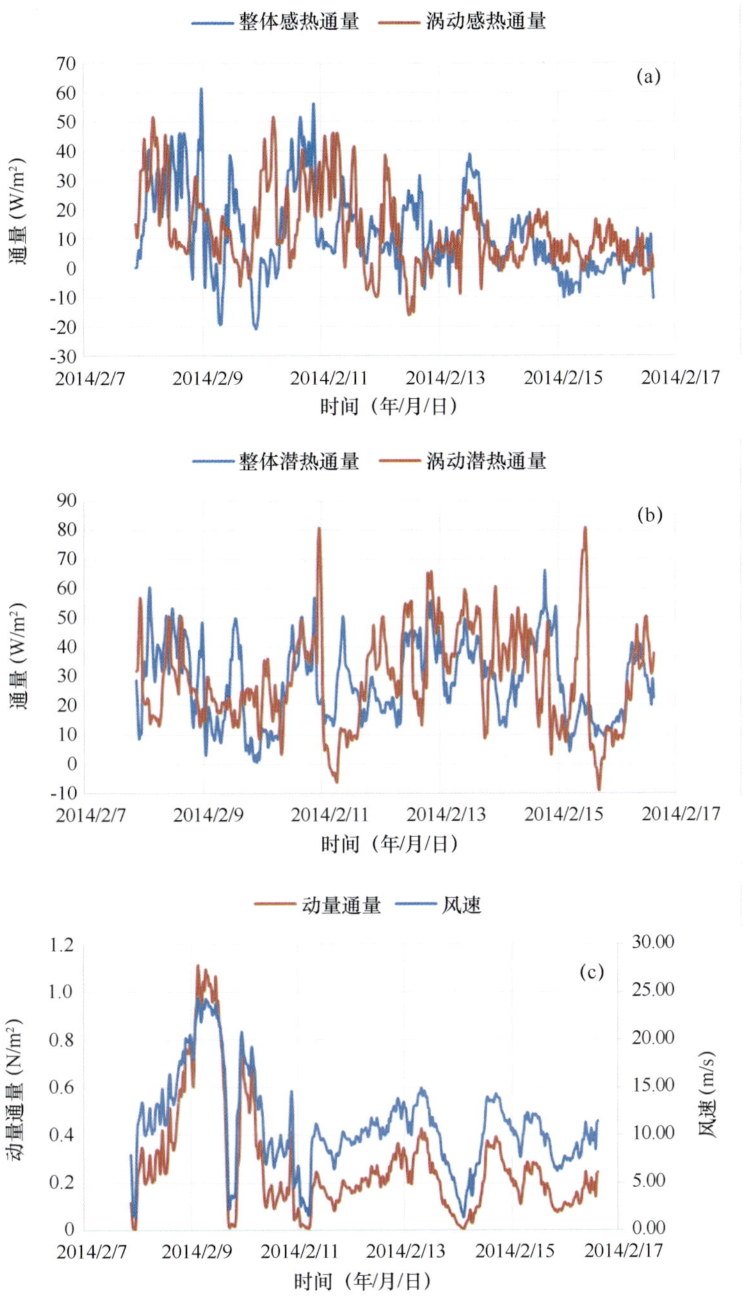

图 5－166　第 30 次南极科学考察南极半岛海域

（a）涡动和整体感热通量；（b）涡动和整体潜热通量；（c）动量通量和风速的时间序列

测 78 个；第 30 次南极考察在南大洋进行了 2 条断面的探空观测，即 P4、P5，共计获得有效探空气球观测 31 个；第 31 次南极考察在南大洋进行了 4 条断面的探空观测，即 P6、P7、P8、P9，共计获得有效探空气球观测 40 个。第 29 次至第 31 次南大洋走航断面探空观测站位分布见图 5－168。

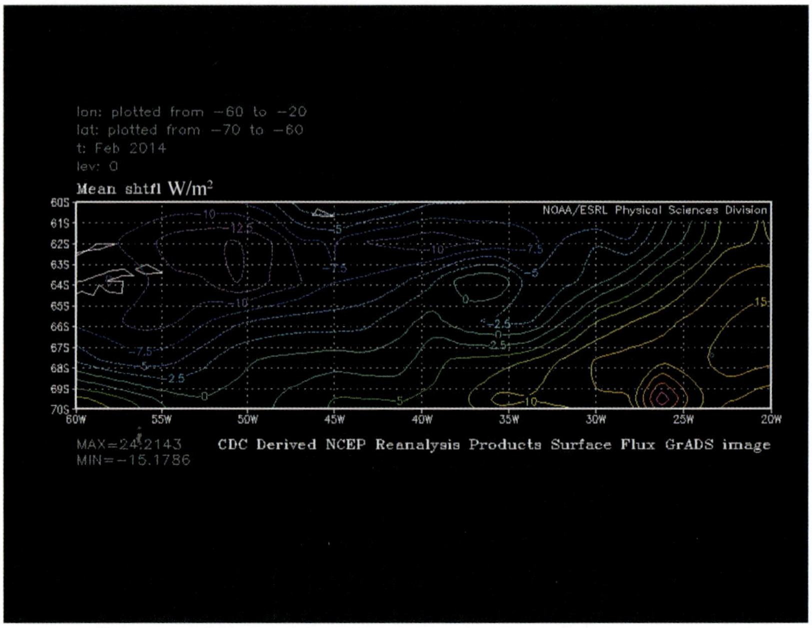

(a)

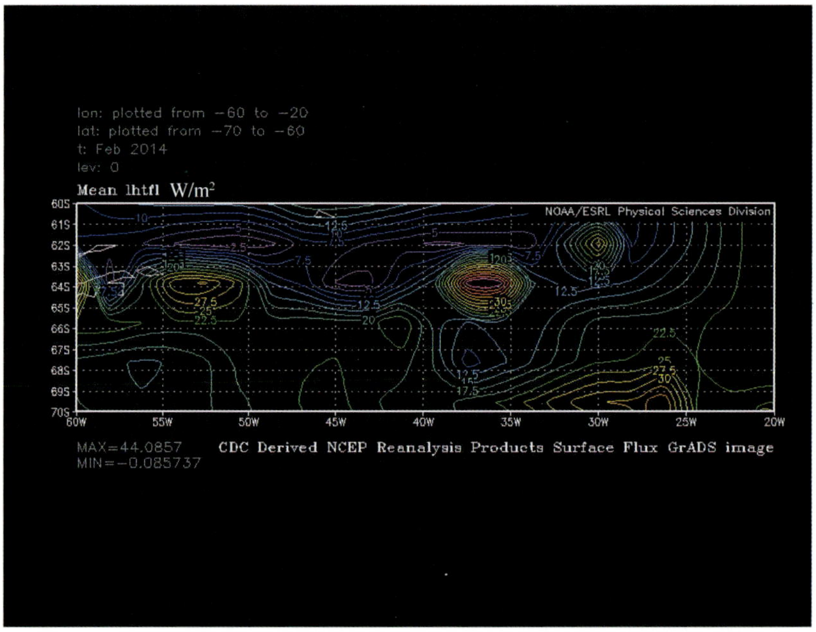

(b)

图 5 - 167　2014 年 2 月 NCEP/NCAR Reanalysis 南极半岛海域感热（a）和潜热（b）通量的月平均平面

2）空间分布

（1）第 29 次南极考察 GPS 探空观测

第 29 次南极考察在南大洋进行了 3 条断面的探空观测，即 P1、P2、P3，共计获得有效探空气球观测 78 个。

第 29 航次第一次穿越西风带期间，从澳大利亚弗里曼特尔前往中山站途中进行了南大洋 P1 断面的探空观测，观测时间在 2012 年 11 月 20—29 日之间，共计获得有效探空观测数据

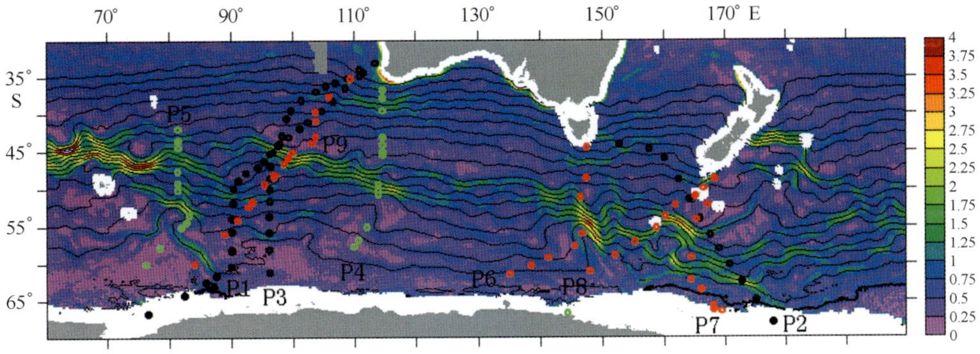

图 5－168　第 29 次至第 31 次南极考察南大洋走航断面 GPS 探空观测站位分布

黑色：第 29 次南极考察；绿色：第 30 次南极考察；红色：第 31 次南极考察；按照时间顺序标出了各个断面编号；背景颜色表示南半球夏季气候态海表温度的水平梯度，单位：℃/km

27 个。P1 断面覆盖区域海洋表层的温度梯度显示，该断面的海洋锋面主要位于 45°—56°S 之间（图 5－168），从 P1 断面探空观测要素垂直剖面（图 5－169）可以看出，该断面的大气锋面主要位于 50°S 和 58°S 附近。50°S 以北的亚南极区，风向介于 240°～280°之间，以西风为主，高空与低空风速差异明显，4 000 m 以下低空风速在 0～20 m/s 之间，4 000 m 以上高空风速在 40 m/s 以上，风速的垂直切边使得高低空气温分布也有类似的结构，4 000 m 以下气温在－5～15℃之间，4 000 m 以上气温在－30℃以下，最低达到－60℃，该区域垂直剖面的相对湿度较大，整个剖面的相对湿度大于 50%，明显呈现较强的垂直对流结构。50°—58°S 的极锋区，风向介于 180°～240°之间，以西南风为主，高空与低空风速差异更加明显，4 000 m 以下低空风速在 0～20 m/s 之间，4 000 m 以上高空为强劲的西南风，平均风速在 40 m/s 以上，最高超过 75 m/s，高低空气温分布与亚南极区相近，但高空的低温中心靠近北部，该区域垂直剖面的相对湿度很小，整个剖面的相对湿度小于 40%，垂直对流很弱，是南部和北部经向环流的过渡区。58°S 以南的极区，风向与亚南极区类似，介于 240°～280°之间，以西风为主，但高空与低空风速无明显差异，整个垂直剖面的风速在 20 m/s 以下，只有更加靠南的高空风速较强，该区域垂直剖面的气温和相对湿度都比较高，气温在－20℃以上，剖面的相对湿度大部分大于 40%，4 000 m 以下相对湿度更是超过了 80%，明显呈现较强的垂直对流结构，与亚南极区形成跨越极锋区的经向环流。

第 29 航次第二次穿越西风带期间，从罗斯海返回澳大利亚霍巴特途中进行了南大洋 P2 断面的探空观测，观测时间在 2013 年 1—15 日之间，共计获得有效探空观测数据 14 个。P2 断面覆盖区域海洋表层的温度梯度显示，该断面的海洋锋面主要位于 55°—65°S 之间，从 P2 断面探空观测要素垂直剖面（图 5－170）可以看出，该断面的大气锋面主要位于 55°S 和 68°S附近。55°S 以北的亚南极区，风向介于 120°～280°之间，存在东风和西风的切变，在 50°S 以北 4 000 m 以上的高空，存在强劲的西南风，最大风速超过 30 m/s，位于 6 000～10 000 m的高度，55°S 以北亚南极区的气温较高，海表气温在 5～10℃，气温零线在 2 200 m 附近，气温等值线呈现上翘趋势，是典型的上升气流结构，相对湿度在整个剖面都较高，低空相对湿度超过 80%，高空的相对湿度也有 60% 以上。55°—68°S 的极锋区，风向介于 100°～220°之间，以东南风和西南风为主，高空与低空风速差异不大，风速在 15 m/s 以下，该区域的气温等值线平直，－10℃等温线位于 2 200 m 高度，4 000 m 以下相对湿度很高，超过

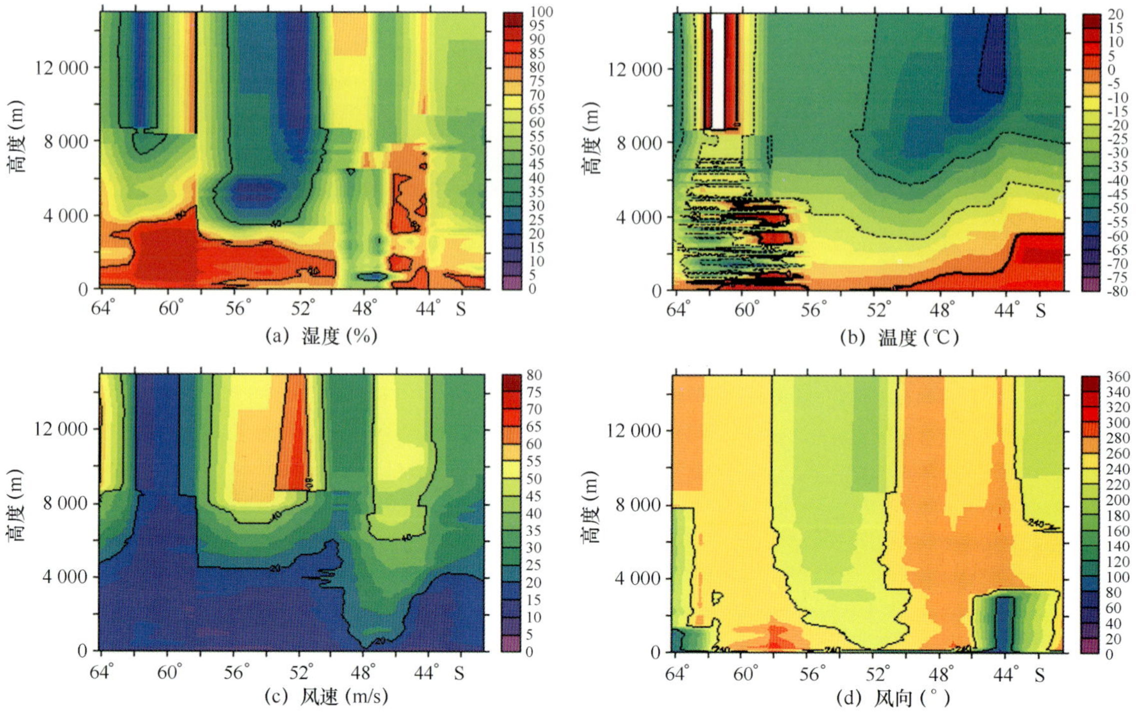

图 5－169　第 29 航次南大洋 P1 断面探空观测要素垂直剖面

80%，4 000 m 以上相对湿度在 50% 以下，最低值位于 4 000～6 000 m 高度。68S 以南的极区，风向与亚南极区类似，介于 120°～280°之间，6 000 m 以上的高空存在较强的西风，风速在 20 m/s 左右，6 000 m 以下低空风速很小，在 5 m/s 以内，该区域的气温更低，－10℃等温线位于 1 500 m 以下，11 000 m 以上的高空气温低至－60℃，该区域的相对湿度剖面与 55°S以北的亚南极区相近，低空相对湿度超过 80%，高空的相对湿度也有 60% 以上，垂直对流较为明显。

第 29 航次第四次穿越西风带期间，从中山站返回澳大利亚弗里曼特尔途中进行了南大洋 P3 断面的探空观测，观测时间在 2013 年 3 月 13—19 日之间，共计获得有效探空观测数据 19 个。P3 断面覆盖区域海洋表层的温度梯度显示，该断面的海洋锋面主要位于 44°—55°S 之间，从 P3 断面探空观测要素垂直剖面（图 5－171）可以看出，该断面的大气锋面主要位于 42°S 和 54°S 附近。整个断面以西风为主，54°S 以北区域风向介于 260°～340°之间，以西北风为主，54S 以南区域则以西南风为主。42°S 以北的区域高低空风速切变明显，4 000 m 以下风速相对较小，在 8 m/s 以内，4 000 m 以上风速在 20 m/s 以上，该区域的垂直剖面的气温均较高，6 000 m 以上高空气温仍维持在－30℃，使得该区域高空的相对湿度超过 50%。42°—54°S 的极锋区，风速相对较小，在 10～22 m/s，6 000 m 以上的高空气温也相对较低，在－35～50℃之间，4 000 m 以下低空气温较高，在－5～20℃之间，使得低空相对湿度高达 80% 以上，高空相对湿度较低，在 40% 以下。54°S 以南的极区，4 000 m 以上的高空存在 30 m/s以上的西南风，而气温低至－50℃，造成了该区域高空的相对湿度较低。

（2）第 30 次南极考察 GPS 探空观测

第 30 次南极考察在南大洋进行了 2 条断面的探空观测，即 P4、P5 共计获得有效探空气

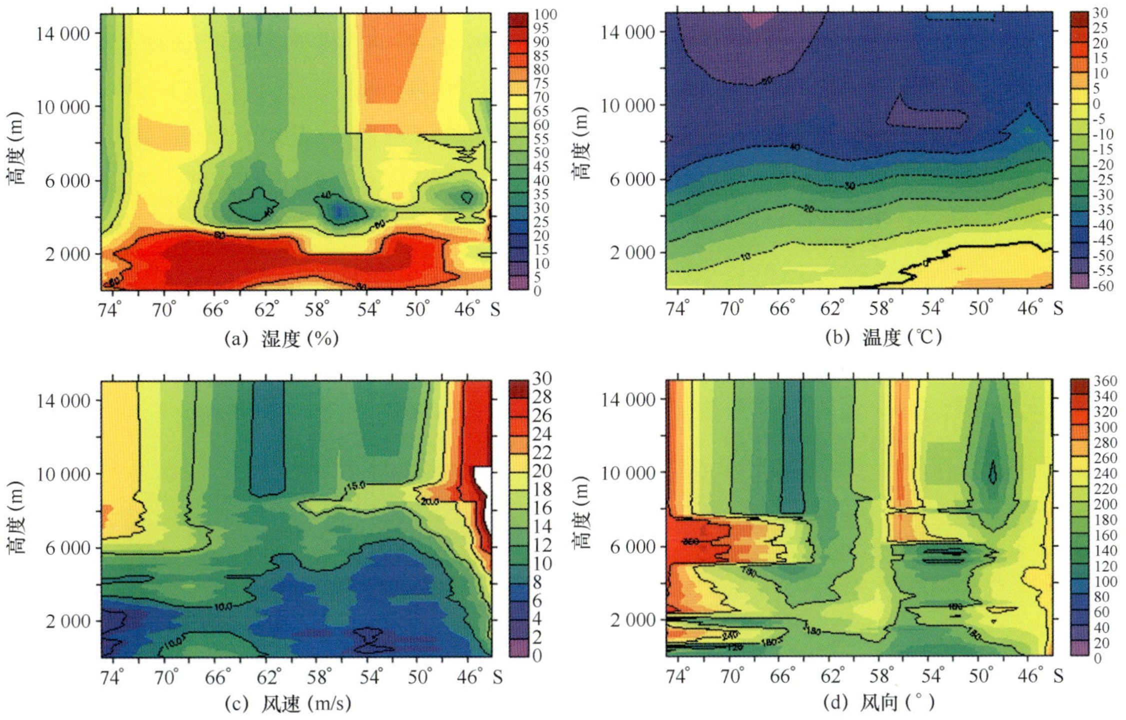

图 5－170　第 29 航次南大洋 P2 断面探空观测要素垂直剖面

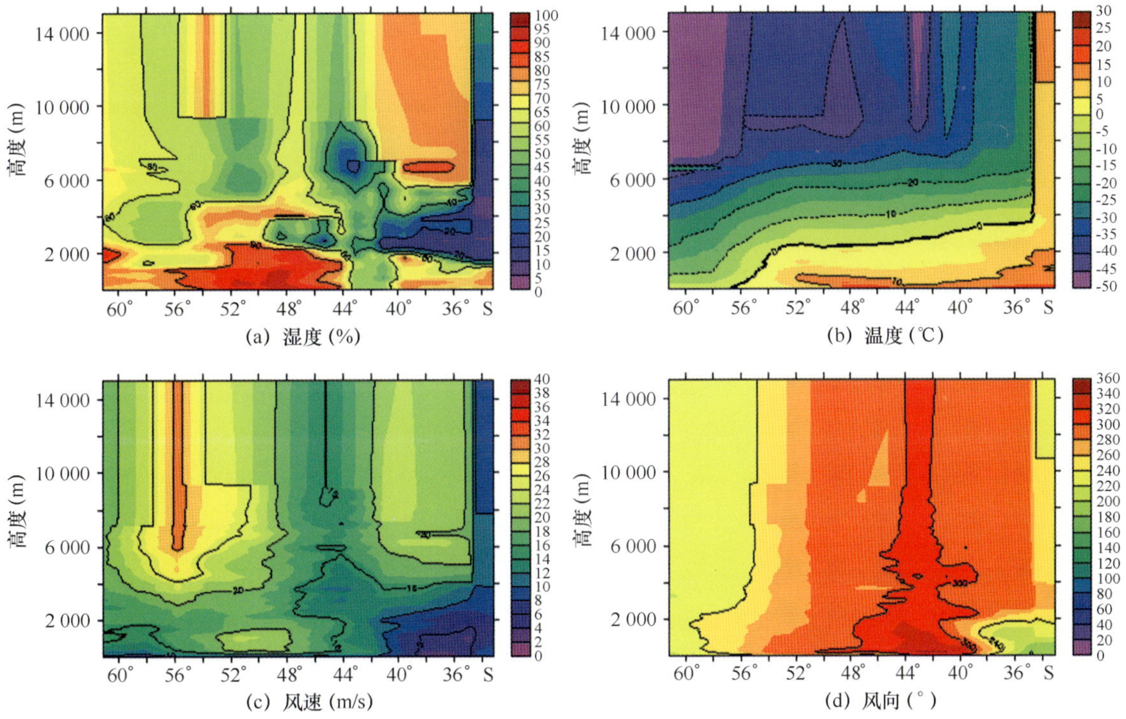

图 5－171　第 29 航次南大洋 P3 断面探空观测要素垂直剖面

球观测 31 个。

第 30 航次第一次穿越西风带期间，从澳大利亚弗里曼特尔前往中山站途中进行了南大洋 P4 断面的探空观测，观测时间在 2013 年 11 月 23—26 日之间，共计获得有效探空观测数据 15 个。P4 断面覆盖区域海洋表层的温度梯度显示，该断面的海洋锋面主要位于 37°—50°S 之间，从 P4 断面探空观测要素垂直剖面（图 5 - 172）可以看出，该断面的大气锋面主要位于 45°S 和 57°S 附近。45°S 以北区域的风速较小，在 10 m/s 以内，风向在 260° ~ 360°之间，以西北风为主，低空气温较高，零度等温线约位于 3 000 m 高度，整个垂直剖面的相对湿度在 65% 以上。45°—57°S 的区域的风速较大，以西南风为主，而且高低空的风速切变也很强，6 000 ~ 7 000 m 的高空风速超过了 50 m/s，从而造成了该高度的相对湿度低至 30% 以下。57°S以南区域的风速较强，6 000 m 以下以较强的西南风为主，6 000 m 以上转为较弱的东北风，该区域的气温和相对湿度都比较高，具有较强的垂直对流。

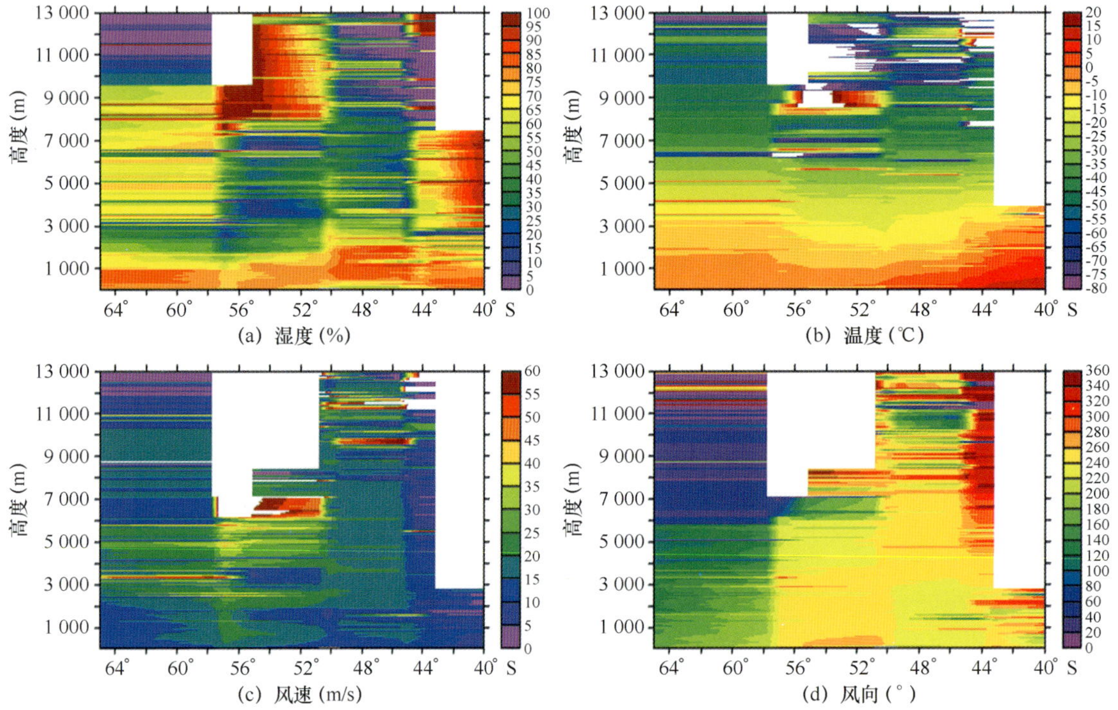

图 5 - 172　第 30 航次南大洋 P4 断面探空观测要素垂直剖面

第 30 航次第四次穿越西风带期间，从中山站返回澳大利亚弗里曼特尔途中进行了南大洋 P5 断面的探空观测，观测时间在 2014 年 3 月 6—9 日之间，共计获得有效探空观测数据 11 个。P5 断面覆盖区域海洋表层的温度梯度显示，该断面的海洋锋面主要位于 42°—55°S 之间，从 P5 断面探空观测要素垂直剖面（图 5 - 173）可以看出，该断面的大气锋面主要位于 48°S 和 57°S 附近。48°S 以北的亚南极区，风向介于 240° ~ 300°之间，在 2 800 m 高度的上下存在东风和西风的切变，风速在 4 ~ 12 m/s 之间，整个垂直剖面的气温较高，零度等温线达到 3 000 m 高度，2 000 m 以下的相对湿度在 65% 以上，2 000 m 以上的相对湿度则降到 20% 以下。48°—57°S 的极锋区，存在较为强劲的西风，风速在 22 m/s 左右，2 500 m 以下的气温在 -5℃ 以上，相对湿度高达 70% 以上。57°S 以南的极区风速很小，在 6 m/s 以内，以西北风为主，4 000 m 以下的气温和相对湿度都比较高，垂直对流相对较强。

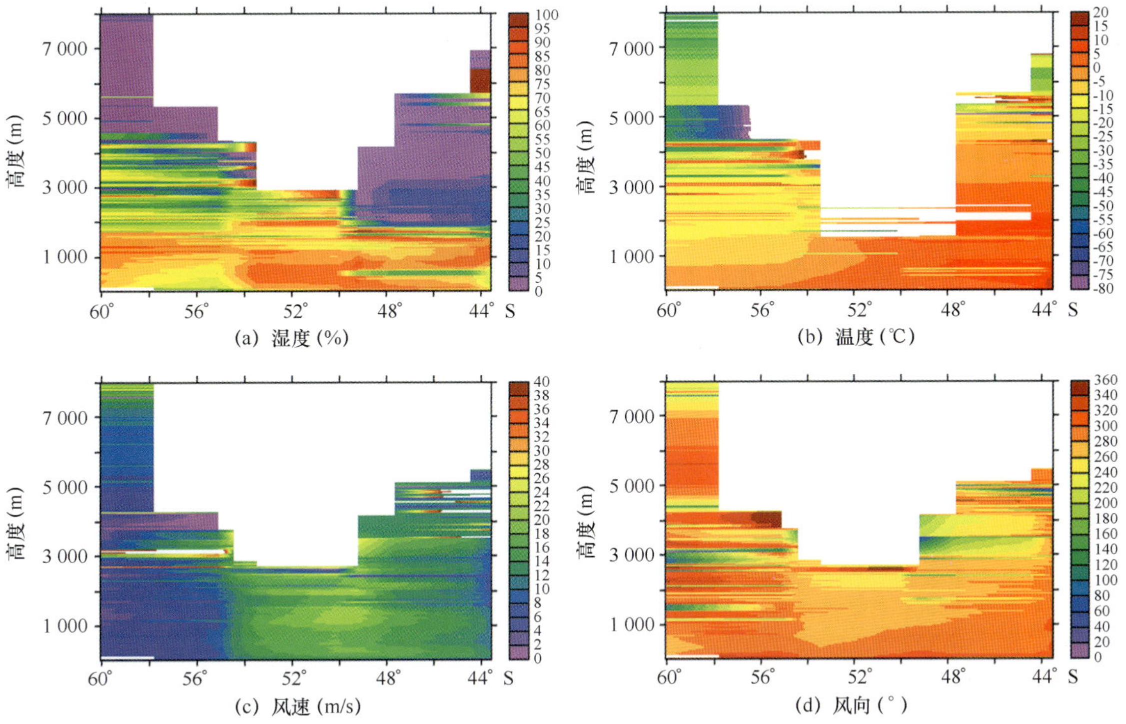

图 5－173　第 30 航次南大洋 P5 断面探空观测要素垂直剖面

（3）第 31 次南极考察 GPS 探空观测

第 31 次南极考察在南大洋进行了 4 条断面的探空观测，即 P6、P7、P8、P9 共计获得有效探空气球观测 40 个。

第 31 航次第一次穿越西风带期间，从澳大利亚霍巴特前往中山站途中进行了南大洋 P6 断面的探空观测，观测时间在 2014 年 11 月 20—23 日之间，共计获得有效探空观测数据 9 个。P6 断面覆盖区域海洋表层的温度梯度显示，该断面的海洋锋面主要位于 44°—60°S 之间，从 P6 断面探空观测要素垂直剖面（图 5－174）可以看出，该断面的大气锋面主要位于 48°S 和 58°S 附近。48°S 以北区域的风速较小，在 5 m/s 以内，风向在 20°～120°之间，以西北风为主，低空气温较高，零度等温线约位于 3 000 m 高度，且等温线明显上翘，相对湿度南北差异较大，46°S 以北相对湿度超过 60%，46°—50°S 的低空相对湿度低至 20% 以下。48°—58°S 极锋区的风速很小，低空风速在 5 m/s 以内，风向介于 200°～240°之间，以西南风为主，低空暖气层较薄，零度等温线位于 1 000 m 高度附近，4 000 m 以下的相对湿度低于 40%，4 000～9 000 m 的高空相对湿度在 40%～70% 之间。58°S 以南的极区的风速较强，3 000 m以上高空风速超过 25 m/s，以西北风为主，气温分布南北差异很小，但该区域的相对湿度却高达 70% 以上，垂直对流显著。

第 31 航次第二次穿越西风带期间，从罗斯海海域返回新西兰基督城途中进行了南大洋 P7 断面的探空观测，观测时间在 2015 年 1 月 10—14 日之间，共计获得有效探空观测数据 8 个。P7 断面覆盖区域海洋表层的温度梯度显示，该断面的海洋锋面主要位于 52°—60°S 之间，从 P7 断面探空观测要素垂直剖面（图 5－175）可以看出，该断面的大气锋面主要位于 62°S 附近。62°S 以北区域的风速较小，在 10 m/s 以内，风向在 220°～340°之间，以西南风

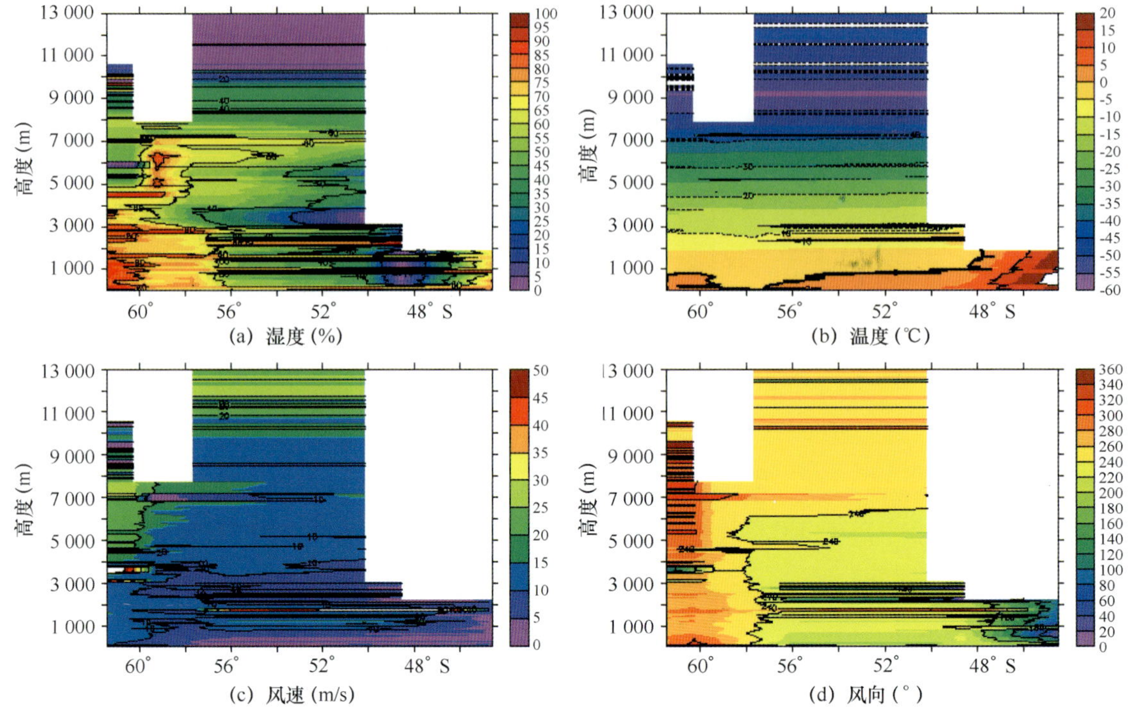

图 5－174　第 31 航次南大洋 P6 断面探空观测要素垂直剖面

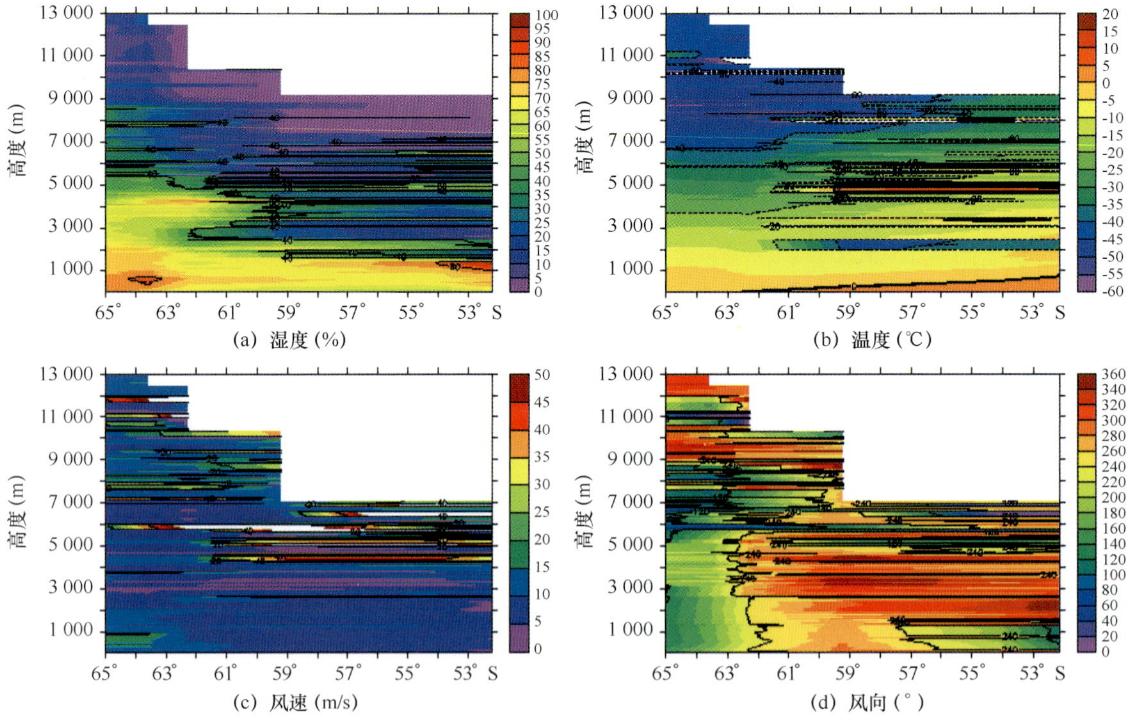

图 5－175　第 31 航次南大洋 P7 断面探空观测要素垂直剖面图

和西北风为主，低空气温较低，零度等温线约位于1 000 m高度以下，等温线从南向北明显上翘，但相对湿度从南向北逐渐降低。62°S以南的极区的风速也较小，但风向转为了以南风为主，风向介于120°～240°之间，低空的暖湿气流能够达到6 000 m高空，平均的相对湿度超过60%。

第31航次第三次穿越西风带期间，从新西兰基督城前往中山站途中进行了南大洋P8断面的探空观测，观测时间在2015年1月21—26日之间，共计获得有效探空观测数据9个。P8断面覆盖区域海洋表层的温度梯度显示，该断面的海洋锋面主要位于50°—60°S之间，从P8断面探空观测要素垂直剖面（图5－176）可以看出，该断面的大气锋面主要位于51°S和58°S附近。51°S以北的亚南极区，风向介于200°～260°之间，以西南风为主，4 000 m以下风速小于20 m/s，4 000 m以上风速最高超过35 m/s，垂直风速梯度明显，底层暖气层较厚，气温零线位于3 000 m高度附近，10 000 m高空气温降到－60℃以下，1 000 m的下边界层内相对湿度较高，超过70%，1 000～5 000 m范围内相对湿度低于40%。51°—58°S极锋区的风向介于240°～360°之间，以西南风和西北风为主，5 000～9 000 m的高空存在强劲的西风急流，风速最高达到50 m/s，该区域的气温等值线向上凸起，在53°—55°S尤为明显，与之对应的是暖湿气流的上升，相对湿度可达80%。58°S以南的极区较强的南风，整个剖面的低空风向变化可以清楚地看出该观测断面横跨了一个大型的气旋结构。

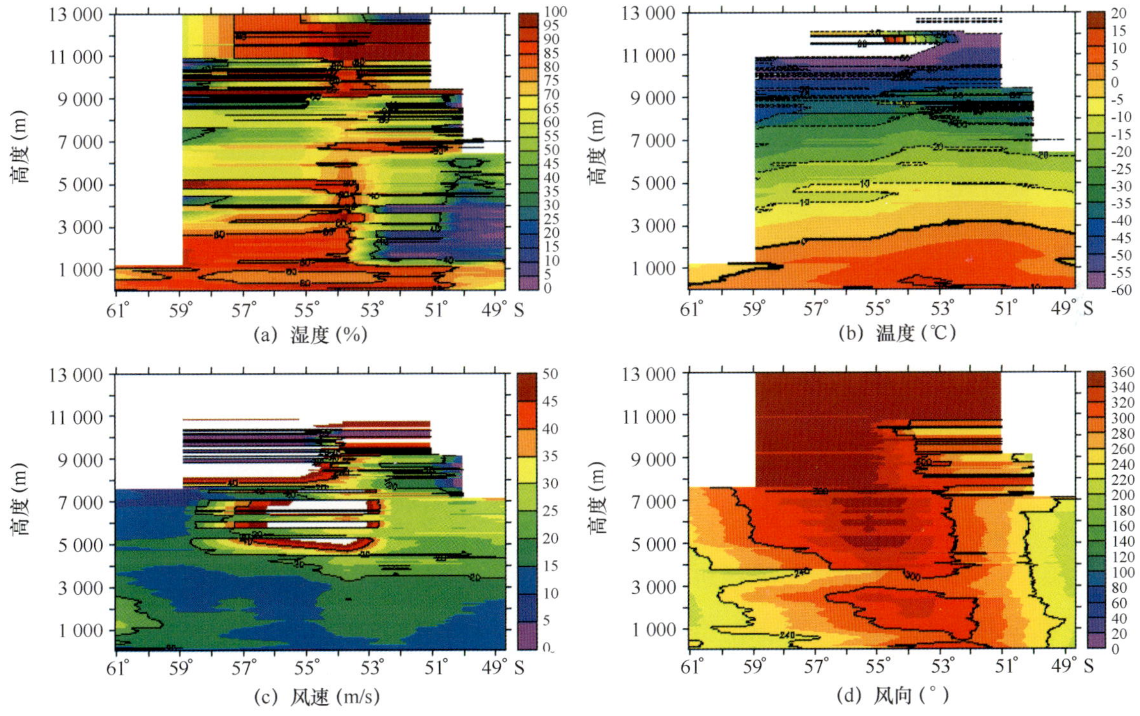

图5－176　第31航次南大洋P8断面探空观测要素垂直剖面

第31航次第四次穿越西风带期间，从中山站返回澳大利亚弗里曼特尔途中进行了南大洋P9断面的探空观测，观测时间在2015年3月10—16日之间，共计获得有效探空观测数据14个。P9断面覆盖区域海洋表层的温度梯度显示，该断面的海洋锋面主要位于44°—55°S之间，从P9断面探空观测要素垂直剖面（图5－177）可以看出，该断面的大气锋面主要位于44°S和53°S附近。44°S以北的亚南极区，风向介于0°～320°之间，4 000 m以下以东北风为主，4 000 m 以上受西南风和西北风控制，风速在 5 ~ 10 m/s 之间，底层暖气层较厚，气温零线位于 3 200 m 高度附近，10 000 m 高空气温降到 -50℃左右，1 800 m 的下边界层内相对湿度较高，超过 70%。44°—53°S 极锋区的风向介于 100° ~ 220°之间，以西南风和东南风为主，3 000 m 以下风速小于 5 m/s，相对湿度在 80% 左右，3 000 m 以上风速在 15 ~ 25 m/s 之间，局部风速超过 40 m/s，但相对湿度不高于 25%，该区域的气温等值线明显向上凸起，零度等温线高达 5 000 m 高空。53°S 以南的极区的风向介于 260° ~ 340°之间，以西北风为主，风速可达 20 m/s，底部边界层的暖气流很薄，但超过 80% 相对湿度的气层可达 3 000 m 以上。

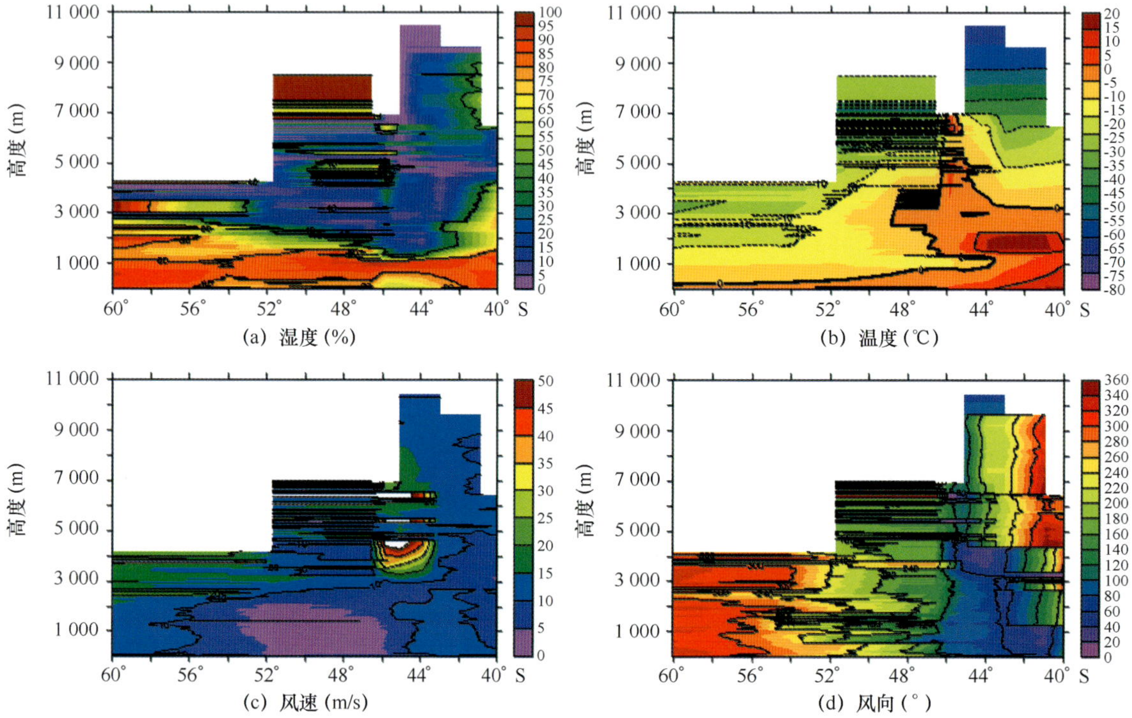

图 5 - 177 第 31 航次南大洋 P9 断面探空观测要素垂直剖面

5.2.3.2 气态汞浓度分布及特征分析

1）数据介绍

在第 28 次至第 31 次南极考察期间，采用 TEKRAN - 2537X/B 型测汞仪高分辨率在线监测整个航线上的气态总汞（TGM）浓度，共获得约 60 000 个数据。第 28 航次的数据由于仪器稳定性问题，很多数据异常；第 29 次南极科学考察航线上，大气中气态总汞浓度范围为 0.091 ~ 3.499 ng/m^3，平均值为 1.896 ng/m^3 ± 0.818 ng/m^3，中间值为 1.856 ng/m^3，浓度分布见图 5 - 178；第 30 次南极科学考察航线上大气中气态总汞浓度范围为 0.076 ~ 13.841 ng/m^3，平均值为 1.487 ng/m^3 ± 1.095 ng/m^3，中间值为 1.315 ng/m^3，浓度分布见图 5 - 179；第 31 次南极科学考察航线上，大气中气态总汞浓度范围为 0 ~ 6.052 ng/m^3，平均值为 1.691 ng/m^3 ± 1.458 ng/m^3，中间值为 1.145 ng/m^3，浓度分布见图 5 - 180。

2）空间分布

为探究不同区域特征，我们将走航线路分为 4 个区域，即北半球中纬度地区（34°—10°N），

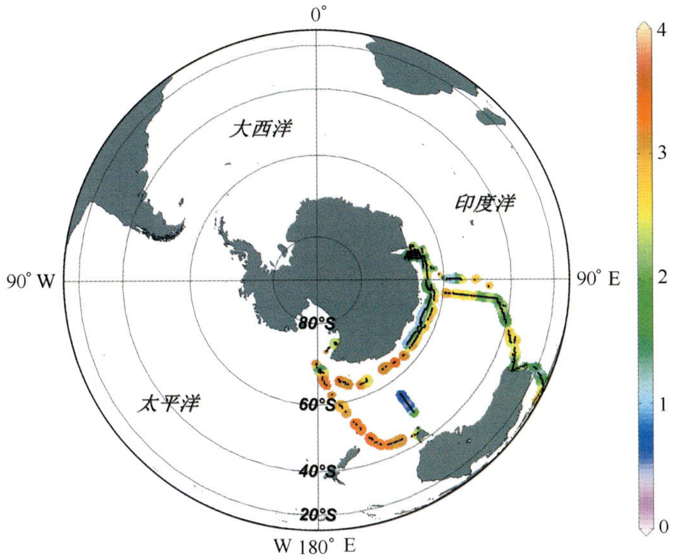

图 5-178 第 29 次南极考察航线上气态总汞浓度分布（ng/m^3）

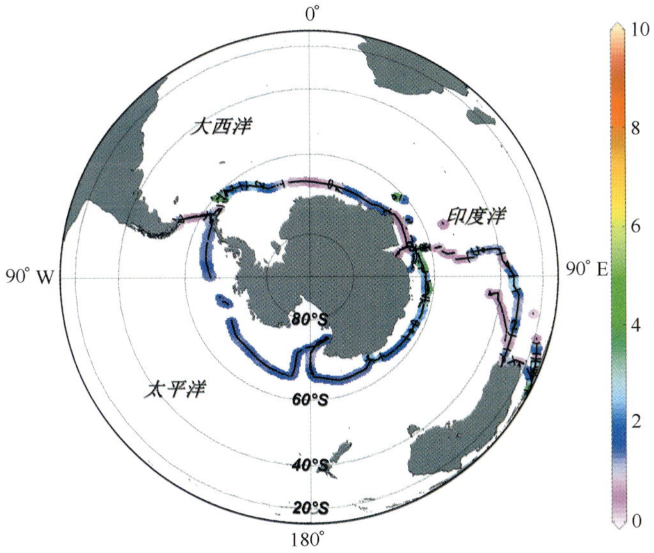

图 5-179 第 30 次南极考察航线上气态总汞浓度分布（ng/m^3）

赤道地区（10°N—10°S），南半球中纬度地区（34°—10°S），南大洋地区（34°S 以南）。

北半球中纬度地区在各航次都呈现出高值分布特征，且变化幅度较大。第 29 次航线中该地区大气汞浓度范围为 0.202 ~ 3.495 ng/m^3，平均浓度为 2.594 ng/m^3 ± 0.486 ng/m^3，中间值为 2.617 ng/m^3；第 31 航次该地区气态总汞浓度范围为 0.171 ~ 7.768 ng/m^3，平均值为 3.771 ng/m^3 ± 1.435 ng/m^3，中间值为 3.492 ng/m^3。相对全球背景值 1.2 ~ 1.7 ng/m^3（Slemr et al.，2011；Slemr et al.，2008）而言，该海域气态汞浓度明显偏高，且波动较大。因为靠近亚洲大陆，很可能受人类源释放影响（Fu et al.，2010）。

赤道地区在第 29 航次时气态汞浓度范围为 0.091 ~ 3.499 ng/m^3，平均值为 2.608 ng/m^3 ± 0.837 ng/m^3，中间值为 2.888 ng/m^3；30 航次时浓度范围为 0.076 ~ 9.879 ng/m^3，平均值

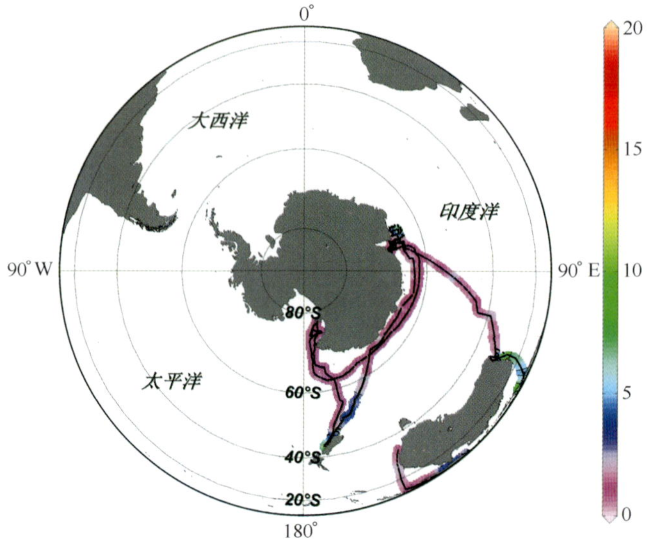

图 5 – 180　第 31 次南极考察航线上气态总汞浓度分布（ng/m^3）

为 2.690 ng/m^3 ±1.437 ng/m^3，中间值为 2.531 ng/m^3；第 31 航次去程时，浓度范围为 0.389 ~ 7.843 ng/m^3，有一定波动，平均值为 1.915 ng/m^3 ±1.697 ng/m^3。但在第 30 次、第 31 次中一段时期内出现高值分布，第 30 航次时在 2°—4°S 区域持续观测到大于 6 ng/m^3 的高值；第 31 次返航时也有持续 10 天左右的 5 ~ 7 ng/m^3 的高值分布，比大部分受污染地区的大气汞浓度都高，且波动很小，说明是稳定分布的。虽然该区域小岛密布，靠近印度尼西亚、巴布亚新几内亚等地，但这些地区的工业化程度是比较低的，不至于有这么大的人为源污染。至于与火山、森林火灾等是否有关联，值得深入分析。该地区陆地属热带雨林气候，炎热且湿度大，地区热带雨林浓密。另外，该地区多山，且多发火山，有文献报道火山爆发会使气态汞浓度升高（Lin and Pehkonen，1999；Xia et al.，2010）。

南半球中纬度地区大气汞浓度明显也受到陆地（澳大利亚）影响，第 29 次航线中该地区大气汞浓度范围为 0.140 ~ 3.499 ng/m^3，波动不大，平均值为 1.836 ng/m^3 ±0.729 ng/m^3，中间值为 1.767 ng/m^3；第 31 航次该地区气态总汞浓度范围为 1.687 ~ 8.001 ng/m^3，波动不大，平均值为 2.115 ng/m^3 ±1.687 ng/m^3，中间值为 3.492 ng/m^3。同样，相对全球背景值 1.2 ~ 1.7 ng/m^3 而言，该区域浓度偏高，分析因为靠近澳洲大陆，可能受人类源释放影响，但明显没有像北纬中部地区那样强烈。该区域海洋面积广阔，而且相对于世界最严重的汞污染地区亚洲，澳洲地区的污染程度显然应该更低一些。

南大洋地区呈现出的低值分布特征，与南半球气态汞背景值吻合。第 29 次航次南大洋海域的大气汞浓度范围是 0.094 ~ 3.499 ng/m^3，平均值为 1.800 ng/m^3 ±0.828 ng/m^3，中间值为 1.730 ng/m^3；第 30 次航次南大洋海域的大气汞浓度范围是 0.089 ~ 9.923 ng/m^3，平均值为 1.424 ng/m^3 ±0.960 ng/m^3，中间值为 1.313 ng/m^3；而第 31 航次大气汞浓度范围为 0.169 ~ 7.996 ng/m^3，平均值为 1.107 ng/m^3 ±0.480 ng/m^3，中间值为 1.006 ng/m^3。这一海域的气态汞浓度更低，且波动不明显。有研究表明，南半球气态汞背景值在 1.2 ng/m^3 左右（Slemr et al.，2008；Venter et al.，2015），我们的数据与之相符。由于南大洋海域远离人类聚居的大陆，较少受到人为活动的影响，海域开阔，气象活动剧烈且频繁，使得气态总汞的浓度较低，波动小且分布较为均匀。

1）时间变化

从时间尺度看，第29次至第31次南极科学考察航线上，大气中气态总汞浓度有一定波动。第29航次平均值为1.896 ng/m^3 ±0.818 ng/m^3，中间值为1.856 ng/m^3；第30航次平均值为1.487 ng/m^3 ±1.095 ng/m^3，中间值为1.315 ng/m^3；第31航次平均值为1.691 ng/m^3 ±1.458 ng/m^3，中间值为1.145 ng/m^3。从平均值看，第29航次最高，第31航次次之，第30航次最低。从中间值看，从第29航次至第31航次呈现出降低的趋势。

2）小结

从第28次至第31次南极考察航线上大气气态总汞呈现出一定的年际变化，也显现出显著的区域差异。从区域分布上看，北半球中纬地区和南半球中纬地区都呈现出一定的2～3 ng/m^{3}高值分布，受人类释放源的影响是显著的。赤道地区在第30、第31航次一定时间段内都出现了7 ng/m^{3}左右的显著高值，这可能与森林火灾或是火山活动有关。而南大洋地区较少受到人为活动的影响，海域开阔，气象活动剧烈且频繁，气态总汞的浓度较低，波动小且分布较为均匀，反映出了气态汞的全球背景值（1.2～1.8 ng/m^3）。从时间尺度看，第29次至第31次南极科学考察航线上，大气中气态总汞浓度有一定波动，但整体上也反映出全球气态汞一定程度上降低的趋势。

5.2.3.3 有机气溶胶浓度及分布特征

1）数据介绍

南极考察航线上异戊二烯SOA标志物的浓度（3.3 ng/m^3 ±6.4 ng/m^3）远低于北半球（14 ng/m^3 ±11 ng/m^3）。基于5天后向轨迹（BTs）反演结果，我们将全部样品分为3组：海洋源（OO），陆地源（LO）和南极源（AO）。对于OO样品，其气团在过去5天全部在海洋上运动；AO样品和LO样品的气团在过去5天中分别经过了南极大陆和除南极外的其他大陆。

与异戊二烯SOA标志物类似，南半球单萜SOA标志物总浓度（0.31 ng/m^3 ±0.48 ng/m^3）要比北半球（5.8 ng/m^3 ±6.0 ng/m^3）低出1个数量级。大多数海区异戊二烯SOA标志物的含量高于单萜SOA标志物。单萜SOA标志物浓度高于异戊二烯SOA标志物的情况出现在南极沿岸海区（包括德雷克海峡）。

2）空间分布

低纬度（30°S—30°N）海区上空存在高含量的异戊二烯SOA标志物，平均浓度分别为9.2 ng/m^3 ±6.7 ng/m^3。南半球中纬度（60°—30°S）和高纬度（90°—60°S）地区采集的大部分样品中异戊二烯SOA标志物的含量要比其他地区低1～2个数量级。这可能是因为南半球中纬度地区陆地面积较小而南极大陆缺少高等植物，导致陆源SOA的输入较少。然而在南印度洋上采集的样品却具有高含量的异戊二烯SOA标志物，其浓度与近海区域相近（图5－181）。某些海区边界层的单萜浓度仅仅略低于异戊二烯，这可能与不同海区浮游植物的种属差异以及不同浮游植物异戊二烯和单萜的排放率不同有关。

在靠近南极大陆的海域，单萜SOA标志物的浓度与远洋地区的平均水平相近。但是在南极近岸海区却发现几个异戊二烯SOA高值点，特别是在普里兹湾。由所测标志物计算出的普里兹湾异戊二烯SOA浓度范围是3.9～95 ng/m^3，平均值为29 ng/m^3 ±38 ng/m^3。据此估算

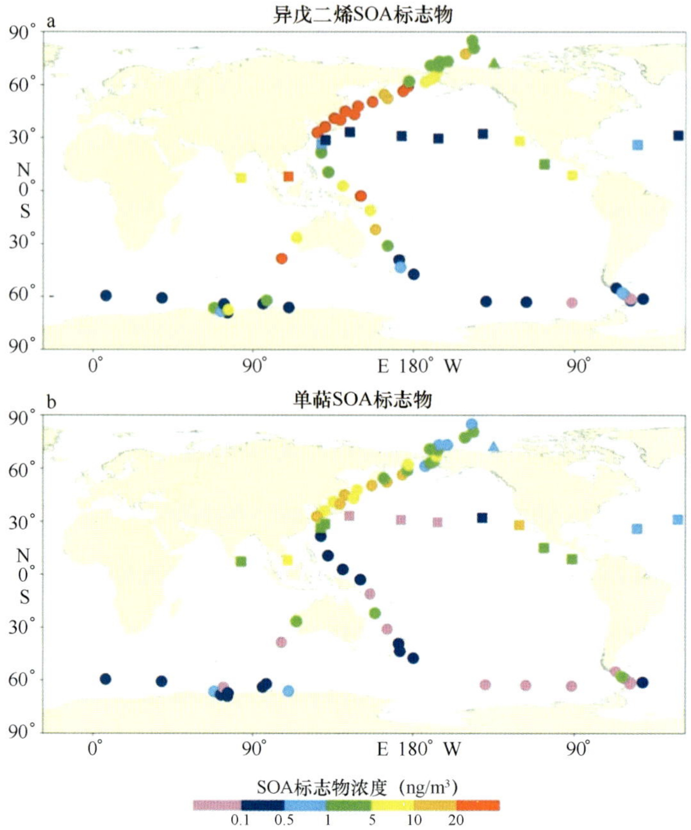

图 5-181 海洋边界层 SOA 分子标志物的空间分布。

出异戊二烯排放通量为 18～1 200 μg/m²/d。由于缺少高等植物，这些大量的异戊二烯 SOA 不可能来自南极大陆。然而表层海水叶绿素 a 的高含量分布（最高超过 30 mg/m³）指示在我们采样期间普里兹湾出现了浮游植物爆发（Meskhidze and Nenes，2006）的现象（表 5-9）。事实上，南极海域浮冰区经常出现浮游植物爆发的情况（Lizotte，2001；Sedwick and DiTullio，1997），而这些浮游植物可能释放出大量的异戊二烯。普里兹湾异戊二烯 SOA 浓度的数量级与作为海洋主要 SOA 的 MSA 相当。在南半球的夏季，普里兹湾气溶胶中 MSA 浓度在 36～300 ng/m³ 之间，平均值为 139 ng/m³。O'Dowd 报道南极近岸浮游植物爆发时气溶胶 MSA 的峰值约为 250 ng/m³（O'Dowd et al.，1997）。此外，我们计算出的异戊二烯最大排放通量甚至高于 DMS 排放通量的峰值 [477 μg/（m²·d）]。虽然通常情况下海洋异戊二烯的排放量有限，但在浮游植物爆发时排放通量会迅速增加，使异戊二烯成为海洋有机气溶胶的重要来源。

表 5-9 浮游植物爆发时普里兹湾异戊二烯 SOA 浓度（ng/m³）

样品	纬度*	经度*	样品类型**	异戊二烯 SOA	单萜 SOA
N25	66.40°S	68.39°E	AO	30	3.0
N26	69.18°S	75.84°E	AO	3.9	0.80
N27	68.45°S	72.20°E	AO	10.0	1.7
N28	64.16°S	73.74°E	AO	7.2	0.44
N31	68.38°S	76.26°E	AO	95	1.0

3）小结

通过测定南极科考采集的海洋边界层气溶胶样品中由异戊二烯和单萜氧化形成的有机化合物（如2-甲基丁四醇、2-甲基甘油酸、蒎酸、蒎酮酸等），发现异戊二烯的氧化产物是海洋上空二次有机气溶胶（SOA）的重要成分。温度、相对湿度、光照条件以及氮氧化物（NOx）的浓度会影响SOA的组成。海洋上空SOA浓度平均比陆地低1~2个数量级。北半球海洋边界层SOA含量显著高于南半球。高含量的SOA主要出现在沿岸地区，这是受到了陆地源输入的影响。远洋地区SOA含量通常较低（异戊二烯来源SOA平均为3 ng/m^3，单萜来源SOA平均为1 ng/m^3），但在藻类暴发时异戊二烯来源的SOA浓度会显著上升（95 ng/m^3）。藻类暴发释放的异戊二烯对海洋气溶胶有显著贡献，并可能影响海洋上空CCN的成分和数量。

5.2.3.4 生物质燃烧浓度及分布特征

1）数据介绍

低纬度海区（30°S—30°N）样品中左旋葡萄糖的浓度（2.7 ng/m^3 ±1.1 ng/m^3），显著低于南半球海区样品的浓度（$P=0.05$）。高浓度的左旋葡萄糖出现在南半球中纬度地区（5.8 ng/m^3 ±5.0 ng/m^3）。南半球中纬度海区WSOC的平均浓度为831 ng/m^3 ±594 ng/m^3。中纬度地区大多数样品的采样点都靠近陆地，如南半球的澳大利亚和南美大陆。这些地区都是生物质燃烧气溶胶的主要源区。

南半球高纬度地区（60°—90°S）海洋边界层左旋葡萄糖的平均浓度为3.9 ng/m^3 ±4.6 ng/m^3，稍高于低纬度海区的含量。西南极近海区域样品（包括德雷克海峡上采集的样品）的左旋葡萄糖浓度范围为0.18~11 ng/m^3，平均值为3.4 ng/m^3 ±4.3 ng/m^3；东南极近海大气中左旋葡萄糖浓度在1.1 ng/m^{3}到18 ng/m^{3}之间，平均值为4.8 ng/m^3 ±5.1 ng/m^3。

2）空间分布

低纬度地区左旋葡萄糖浓度的变化范围较小，而且最低浓度也相对较高（图5-182），这表明其来源稳定并且是受当地源的影响。该区域左旋葡萄糖含量低的一个可能的原因是热带地区强烈的湿沉降。10月（采样期间）东南亚的平均降水量为6~9 mm/d，远远高于其他海区（图5-183）。事实上考察船在热带地区海区航行时也经常会遇到暴雨。菲律宾Aparri（18°19′N，121°43′E）的气象站记录的2009年10月3日至13日间降水量高达265 mm。湿沉降能够将大量的颗粒物以及其上的左旋葡萄糖从大气中清除。

低纬度地区左旋葡萄糖浓度比两个考察航次所有样品的平均浓度低50%左右，然而WSOC的浓度却略高于所有样品的平均值。不仅如此，该区域的WSOCBB/WOSC比值也相对较低。这可能是因为除了生物质燃烧，热带地区WSOC还有其他的丰富来源，如生物成因的一次和二次有机气溶胶（Fu et al.，2011）。另一方面，降解可能也是该区域左旋葡萄糖浓度和WSOCBB/WSOC分数较低的一个原因。在5°S到5°N之间，大气OH自由基的年平均浓度约为1.6×10^6 mole/cm^3（分子/立方厘米），远远高于其他区域。如果我们根据烟雾箱实验的结果，一天之内78%的左旋葡萄糖会被氧化降解。但是，有机气溶胶的氧化反应不会减少其碳含量。不仅如此，由于氧含量的增加，有机物的水溶性反而会增强，WSOC的含量也可能会随着反应的进行而增加。

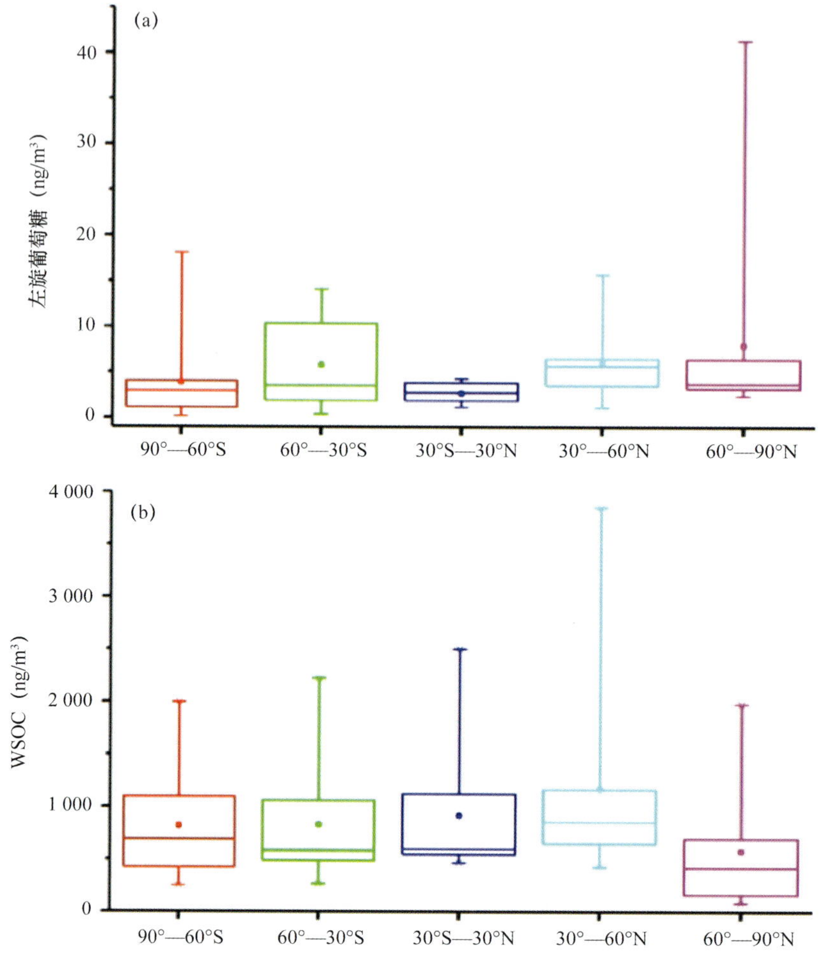

图 5－182　不同纬度范围的（a）左旋葡萄糖和（b）WSOC 浓度箱线

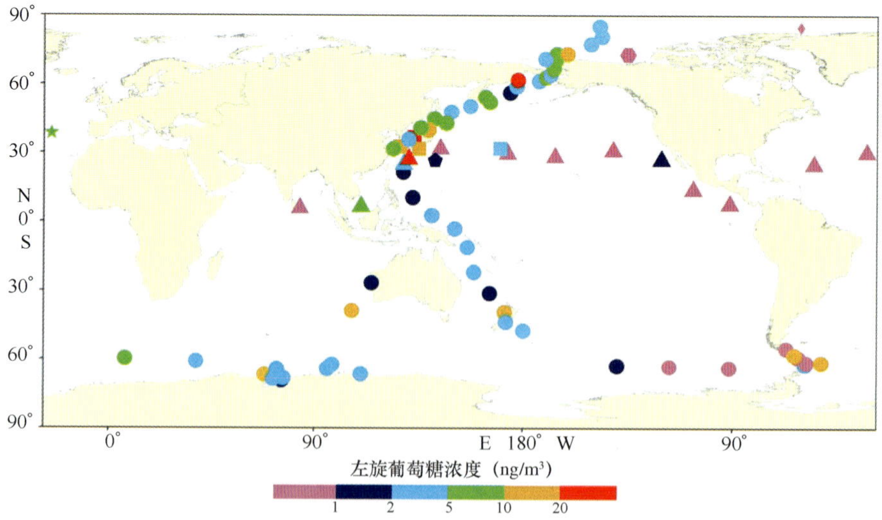

图 5－183　全球海洋边界层左旋葡萄糖浓度分布

关于热带地区左旋葡萄糖的低浓度，另一个可能的解释是该地区强烈的大气对流运动。Andreae et al.（2001）研究发现，热带亚马逊森林生物质燃烧排放物质如 CO、CO_2、O_3 和气溶胶等能够通过深层对流向上传输到超过 10 km 的高度（Andreae et al.，2001）。左旋葡萄糖也可能被传输到更高层的大气中，而不是停留在边界层。此外，非洲是低纬度地区生物质燃烧最大的排放源，贡献了全球生物质燃烧碳排放总量的 49%。但是目前还没有在非洲大陆近海的研究工作，这限制了我们对低纬度海区生物质燃烧气溶胶的全面理解。

南半球高纬度地区（60°—90°S）海洋边界层左旋葡萄糖的平均浓度稍高于低纬度海区的含量。这说明虽然缺少当地的生物质燃烧排放源，南极仍然受到了生物质燃烧的显著影响。虽然前人通过黑炭（BC）也发现了生物质燃烧对南极气溶胶的影响（Chaubey et al.，2010；Weller et al.，2013；Wolff and Cachier，1998），但是当地考察站排放的影响并不能被完全排除。我们的研究结果为生物质燃烧对南极的影响提供了直接的证据。

南美大陆产生的生物质燃烧气溶胶（如 BC）能够通过高层大气和低层大气越过德雷克海峡，到达西南极和南极半岛，特别是在极地涡旋和近地面逆温层减弱的夏季。从海岸到南极点逐渐减小的 BC 浓度支持这种经向传输的观点。后向轨迹反演证实本研究中高左旋葡萄糖含量的样品受到了南美大陆的影响。一些样品中左旋葡萄糖的含量特别低，这与采样期间频繁的降雨和降雪有关。例如 2009 年 11 月（考察船位于西南极近海）俄罗斯的别林斯高晋站（Bellingshausen Station，62°12′S，58°58′W）记录到有降雨或降雪的天数多达 19 天，11 月的总降水量约为 50 mm。

相比于西南极，东南极离燃烧源更加遥远。前人在拉斯曼丘陵（Larsemann Hills，69°S，77°E）的一项研究发现大气气溶胶中含有 BC（Chaubey et al.，2010）。认为这些 BC 来自附近考察站的污染而不是生物质燃烧，因为研究地点气团的 7 天后向轨迹全部限制在南极大陆或者沿岸海域之中。我们在东南极近海区域采集样品的 10 天后向轨迹也没有经过较低纬度的大陆（非洲和澳大利亚）。但是，高含量的左旋葡萄糖表明该区域的气溶胶的确受到了生物质燃烧的影响，而不仅仅是考察站人为活动的污染。后向轨迹反演指示气团来自西南极，并且通过海洋或者南极大陆到达东南极近海。从根本上讲，东南极的左旋葡萄糖仍然来自南美大陆的生物质燃烧。南极地区的大气环流被环绕南极大陆大概位于 64°S 的低压槽分为两部分。64°S 以北盛行西风，64°S 以南盛行东风。样品 N32（62.21°S，97.77°E）中的葡萄糖通过海洋上的西风直接从西南极传输到东南极。样品 N26（66.40°S，68.39°E）中的左旋葡萄糖由经过南极内陆的东风传输而来。西南极的气团在低压槽附近抬升，以高层大气在南极内陆传输，然后以下降风的形式到达东南极沿岸地区表面。因此，我们推测南极内陆大气中可能含有更高浓度的左旋葡萄糖。事实上左旋葡萄糖确实已经在南极内陆 Dome C（75°6′S，123°21′E）的冰芯中以 pg/L 的量级直接检出（Gambaro et al.，2008）。

3）小结

通过分析南极航线采集的气溶胶样品中分子标志物左旋葡萄糖，追踪生物质燃烧产生的气溶胶从北极到南极的海洋上空的分布，研究发现左旋葡萄糖在所有海区都有检出，含量在 ng/m^3 量级。中纬度地区（30°—60°N，30°—60°S）含量最高，北冰洋次之，低纬度地区（30°N—30°S）和南极周边海域含量相对较低。尽管南半球陆地面积比北半球少，南半球海洋上空左旋葡萄糖含量与北半球相当。虽然南极几乎没有生物质燃烧源，但是南极大陆上空也含有生物质燃烧产生的气溶胶。这些气溶胶源自南美洲，并通过长距离传输到达南极。生物质燃烧产生的气溶胶会通过干湿沉降进入到南极冰雪中，对冰雪中的有机碳有一定的贡献，使得南极冰盖成为潜在的重要碳汇。研究还发现，生物质燃烧对海洋边界层气溶胶中的汞和水溶性有机碳有明显的贡献，从而影响气溶胶的化学物理特性。

5.3 南极周边海域海冰数据分析

南极冰雪覆盖区作为地球系统的最大冷源，是全球气候变化的关键区和敏感区。海冰所具有的高反照率及其对海洋与大气之间动量、热量和水汽交换的抑制作用，海冰生消所伴随的潜热变化、淡水输送等，对极地和高纬度地区大气、海洋环流有着至关重要的影响。南极海冰的季节、年际和年代际变化以及空间分布不均匀，是南极海洋状况最显著的特征，这导致南极各区域海冰对大气环流的影响具有明显的空间差异和时间差异（周秀骥等，1996）。研究表明：南极海冰的异常变化不仅影响南极地区局地能量平衡，而且对于包括大气、海洋、极冰在内的全球气候系统亦会产生巨大的影响。（Walsh，1983；SCAR，1993；IPCC，AR5）。目前，在国际上南极海冰的研究愈来愈受到人们重视。20 世纪 90 年代国际科联南极研究委员会（SCAR）提出了“南极在全球变化中的作用（GLOCHANT）”、“南极海冰过程和气候计划（ASPeCt）”，世界气候研究项目（WCRP）先后提出了“气候与冰雪圈计划（CliC）”、“南极海冰厚度研究计划（AnSITP）”、“国际南极浮标计划（IPAB）”，这些均把南极海冰区作为研究全球变化的关键区域。

南极海冰的季节变化幅度很大。统计结果表明，净冰总面积的最大值出现在 9 月，最小值出现在 2 月，冬季净冰面积是夏季的 6.5 倍，海冰的冻结期为 7 个月，融化期为 5 个月。冬夏季海冰的多少与常年平均值是准对称的，即冬季多夏季则少，反之亦然（邹斌等，1996a）。近年来，南极海冰有冬、春、秋季海冰逐渐减少，夏季逐渐增加的趋势（赵玉春等，2001）。除了明显的季节变化外，南极海冰面积变化具有准半年周期（祁立新和彭公炳，1996）。关于南极海冰的空间变化。侍茂崇等（1995）利用 ERS－1 卫星海冰图片资料（1992—1993 年），分析了南大洋的海冰分布特征及其相关的动力学机制。指出南北方向海冰分布最广的 3 个海区依次为：威德尔海、罗斯海和普里兹湾，海冰的外缘线与海面温度的 －1℃等值线位置比较接近。马丽娟等（2004）通过分析英国 Hadley 中心的海冰密集度资料发现：南极海冰在空间上可分为 5 个特征区域；总体上南极海冰有收缩的趋势，在不同区域，其变化趋势不同；I 区罗斯海和 III 区威德尔海海冰变化幅度大，且呈增加趋势，其他区域则呈减少趋势。

关于南极海冰长期变化。解思梅等（1997，2003）通过分析美国冰雪中心提供的海冰资料发现：20 世纪 70 年代前期海冰迅速增多，到中期达最大值；70 年代后期到 80 年代前期迅速减至最少；80 年代海冰持续偏少或在平均值附近波动；90 年代前期海冰又开始缓慢增多，但仍远小于 70 年代前期和中期。结合全球海平面的年代际变化规律，解思梅等（1997，2003）认为南极海冰的减少是全球气候增暖的标志。周秀骥等（1996）则认为，由于气候系统的复杂性以及南极气候变化所表现出的显著的局地性差异，南极海冰的长期变化不能简单地用温室效应来解释。邹斌等（1996b）发现南极海冰的长期变化也具有一定的周期性，在南印度洋区和东南太平洋区，南极海冰的变化主周期分别是 80 个月和 120 个月；但都有显著的48个月的次周期，该周期与赤道中东太平洋的海温变化周期大致相同。

此外，南极绕极流是南大洋中最显著的流动，流量超过 $130 \times 10^6\ m^3/s$。在南极海冰融化和冻结的盛行期，由于南极海冰区域以外是开阔的南大洋，海冰运动的自由度很大，海冰边缘的范围一天可变化数十千米。强大的南极绕极流对冬季南极海冰的输运，带来了明显的海表淡水通量、盐度、温度变化，改变了局地的海水温盐结构及海洋环流的斜压分量，对维持南极和亚南极区的动力和热力平衡起着重要作用，进而影响大气和海洋环流。

5.3.1 普里兹湾海域

1）数据介绍

本节所采用的数据包括：普里兹湾海冰物理特征综合数据集（海冰温盐密剖面、力学性质）、海冰浮标数据集、中山站站基海冰综合观测数据集、HADISST数据集。

2）普里兹湾夏季海冰温盐密剖面特征及力学性质

中山站冰上卸货期间开展海冰物特性和积雪特性调查，分别在2012年12月7日、9日、11日、14日取样现场测量冰温，得到中山站附近海冰和积雪在夏季融化期的温度场变化规律。

对2012年12月7日取样冰芯带回实验室进行海冰盐度和密度测量，得到盐度、密度随深度的变化规律。卸货期间对同一区域积雪样本连续四次测量密度，得到积雪密度在夏季融化期的短期走势。另外对取样海冰进行切片，分析其内部结构。

用冰芯钻获得通常海冰冰芯35根，冰芯带回实验室进行海冰单轴压缩试验，分析海冰温度、应力速率、应变速率、海冰密度和盐度对单轴压缩力学性质的影响规律。

图5-184至图5-186分别为提取的海冰冰芯的温度、盐度、密度观测剖面。2012年12月14日冰芯的温度剖面，表层温度为-1.2℃，在冰厚为20 cm左右，温度升高至-0.6℃，此后逐步降低并稳定于-1.7℃左右；其他冰芯温度剖面从表至底逐步降低，且表层40 cm变化最剧烈。此外，2012年12月7日冰芯温度剖面明显偏低。海冰盐度剖面，从表至底逐步增加，底层盐度约为8；海冰密度除表层40 cm较低外，约为 $0.9\ g/cm^3$。

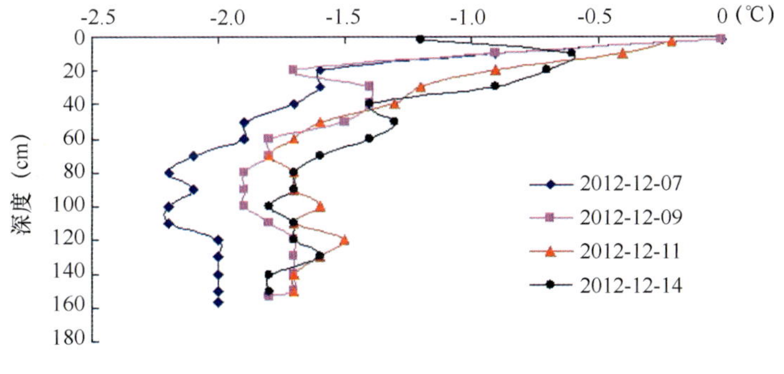

图5-184 海冰温度剖面

海冰生消过程中经历并隐含了复杂的应力、变形及损伤历史；海冰在力学性能上表现出弹性和黏滞性，其构造上呈现出非均质性和非连续性；海冰的单轴压缩强度与变形特性不仅依赖于当前的应力与变形状态，而且与应力历史、加载速率、孔隙率等因素密切相关；海冰的单轴压缩强度随着应力速率的递增由韧性过渡到脆性，韧脆过渡区单轴压缩强度达到极大值。

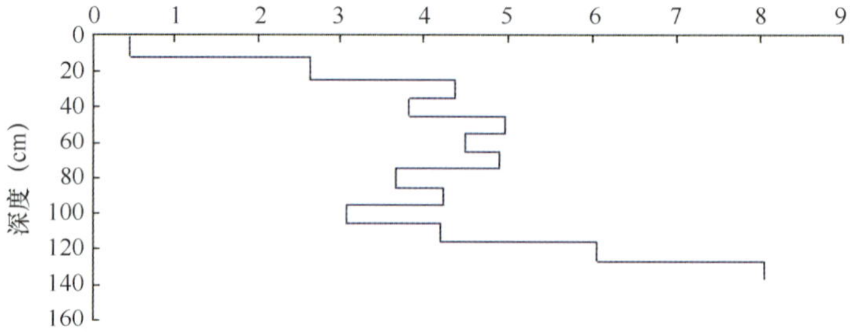

图 5－185　海冰盐度剖面

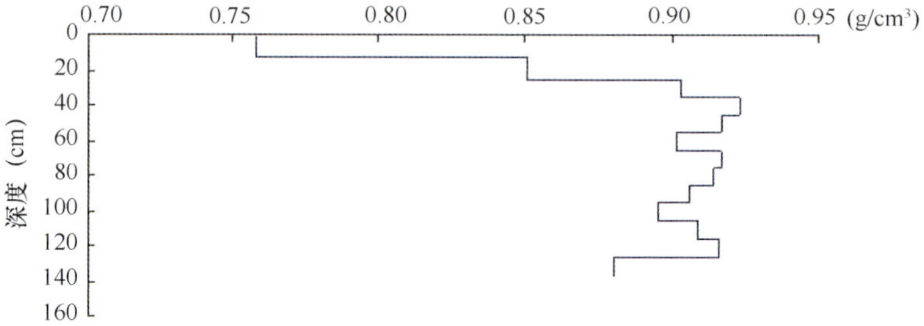

图 5－186　海冰密度剖面

海冰单轴压缩试验分别在－2℃、－4℃、－6℃、－8℃、－10℃ 条件下共计进行 288 个样本试验。在同一试验温度下，分组做不同应力速率和应变速率的单轴压缩试验，分析外因条件应力速率和应变速率对单轴压缩强度的贡献（图 5－187 至图 5－189）。另外在－2℃条件下做海冰无侧限单轴循环加载破坏试验。

在低应力速率下，极限压缩强度随着应力速率增加而增大，而破坏形式以韧性破坏为主；韧脆过渡区单轴压缩强度达到极大值；当应力速率超过韧脆过渡区，极限压缩强度随着应力速率增加而降低，破坏形式以脆性破坏为主。

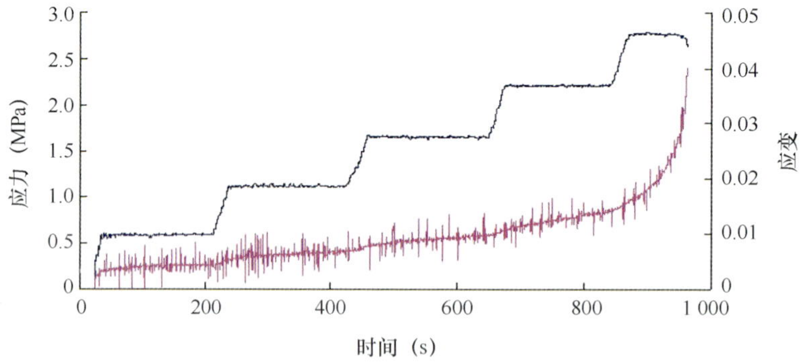

图 5－187　海冰单轴阶梯加载应力、应变历时曲线

3）海冰光学性质分析

观测系统使用两个 Ramses ACC－VIS 高光谱辐照度计，用于海冰/海水光学发射性质调查时，两个高光谱辐照度计分别用于测量表面向下谱辐射和表面向上谱辐射。用于研究海冰消光系数调查时，两个高光谱辐照度计分别安装冰上和冰下/冰内，分别用于测量表面向下谱

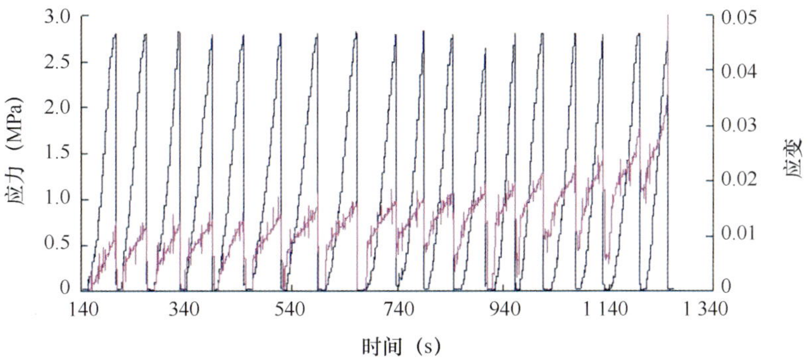

图 5－188　海冰单轴循环加载应力、应变历时曲线

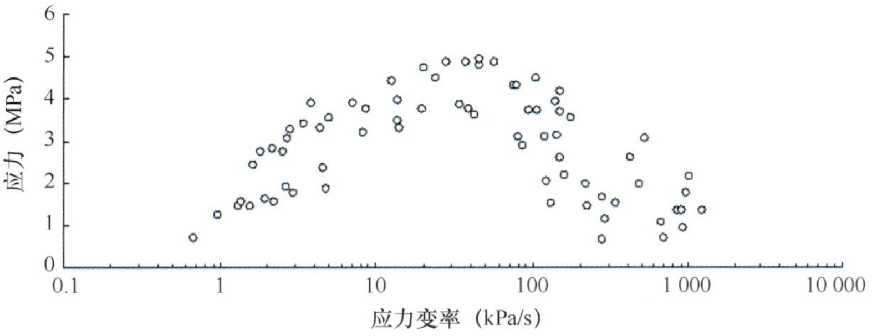

图 5－189　海冰单轴压缩强度与应力速率的关系

辐射和冰下/冰内向下谱辐射。Ramses 高光谱辐照度计为德国 TriOS 公司生产，测量波长范围为 320～950 nm，传感器探头为余弦接收器，谱分辨率为 3.3 nm/pixel，谱精度为 0.3 nm。

在南极中山站附近海域 69°19′34.5″S，76°06′55.7″E 位置，冰上和冰下连续测量 6 天，采样间隔设置为 2 min，测得数据 4 181 组。分别在表面无积雪和有积雪状况下测量冰内/冰下光谱入射；在船舶所经海域（普里兹湾、罗斯海以及南极大陆周边浮冰区）开展海冰光学性质走航观测，走航测量采样间隔设置为 5 min，测得数据 6 517 组。

随着纬度的增加，反照率开始增加，这与观测位置和下垫面的海冰/雪的状态有关。纬度越高，海冰密集度会增加，对于光的反射增强，从而反照率增加。图 5－190（a）可以看到，第一次进入普里兹湾，在 64.2°S 开始进入浮冰区，由北向南行进过程中，船舶经过不同的密集度浮冰区，相应的总反照率的变化趋势跟密集度变化相一致，在经过 67.9°—68.6°S 的冰间湖时，密集度为 0，总反照率也相应为 0.1 左右。图 5－190（b）是第一次离开普里兹湾，在 65°S 左右已经离开浮冰区，船舶在清水中航行，人工观测得到的密集度是 0，由于卫星遥感观测的是 6.25 km×6.25 km，得到一个区域的平均密集度，这和人工观测的密集度数据会有偏差。图 5－190（c）分成第二次进入和离开普里兹湾两部分：第一部分，进入普里兹湾，此区域的海冰密集度变化较快，在此次航线上既有未融化完的旧冰，也有新冰；在第二部分，人工观测相比卫星遥感数据得到的密集度值偏低，这是因为主要是新生冰的影响，新生冰变化较大，人工观测和卫星观测的尺度不同，造成了这种差异，但变化趋势还是一致的，从这部分可以看出，在密集度较大时，总反照率并不是很大，主要原因是新冰上未覆盖积雪，新冰的反照率较低。

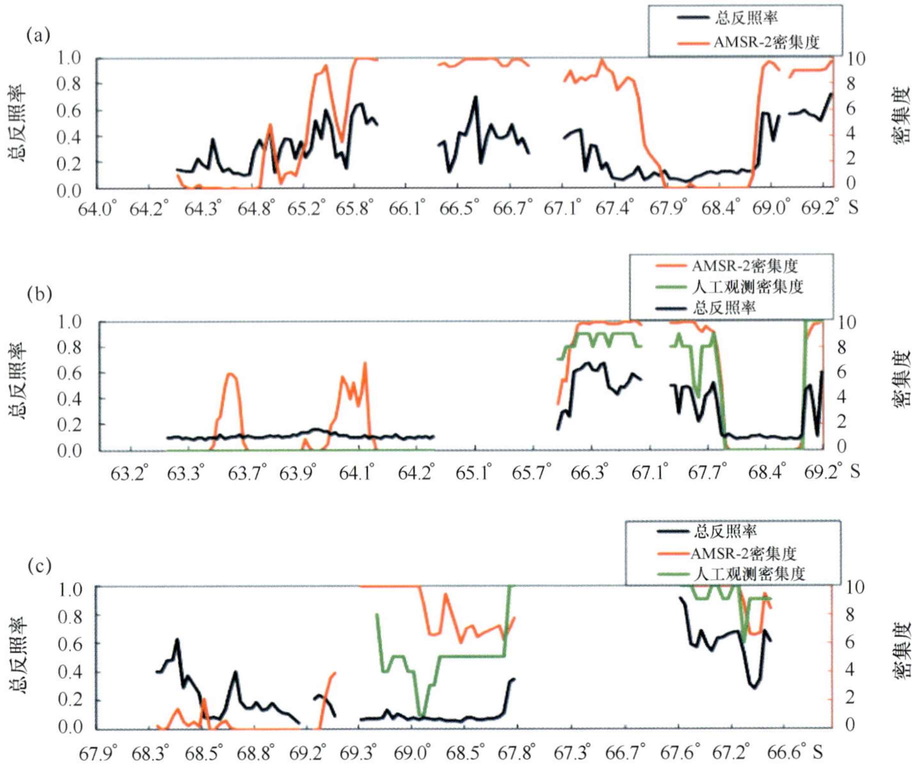

图 5－190　两次进入和离开普里兹湾航段总反照率和密集度

（a）2013 年 11 月 30 日至 2013 年 12 月 3 日第一次进入普里兹湾；（b）2013 年 12 月 19 日至 2013 年 12 月 21 日第一次离开普里兹；（c）2014 年 2 月 26 日至 2014 年 2 月 27 日第二次进入普里兹湾以及 2014 年 2 月 28 日至 2014 年 3 月 1 日第二次离开普里兹湾

海冰走航观测期间，不同的下垫面对应不同反照率，将测得的不同下垫面的总反照率计算得到图 5－191 所示。图 5－191 中分别是测量船舶在经过不同的下垫面时，得到的波长与反照率关系曲线。从中可以看出，在第一次船舶停靠的固定冰的反照率在 0.65～0.75 之间，海水反照率值很低，不到 0.1，在通过浮冰区时，不同波长的反照率值有较大变化，主要是由于浮冰表面不平整，存在冰脊和积雪使得在浮冰表面对不同太阳短波辐射反射不同。积雪融化的浮冰的反照率在 0.45～0.60 之间，比固定冰的反照率低，是由于积雪融化后，剩下裸露的海冰，对太阳的反射降低所致。再次冻结的浮冰，是在第二次进入普里兹湾时，未融化完全的海冰在较低温度下再次冻结在一起，不同波长的反照率值变化较大，这部分海冰表面的积雪未融化完又再次冻结，浮冰之间经过冻结形成了固定冰，相比第一次的停靠时的固定冰，积雪冻结程度高，对太阳的反射更多。在第二次离开普里兹湾时，开始出现脂状冰、莲叶冰和灰白冰等新冰，上面还未有积雪，测量的反照率值较低，在 0.1～0.4 之间。

根据不同下垫面情况有不同的反照率，在 6.25 km×6.25 km 区域内平均后，得到区域平均密集度和反照率，将海冰密集度和总反照率关系进行拟合，得到图 5－192 所示曲线关系。从中可以看出，在密集度为 0 时，反照率的值在 0.1 左右，海冰密集度增加，总反照率值增加，在密集度增加到 9～10 成时，下垫面区域内基本全部是海冰，总反照率在 0.6～0.7 之间。

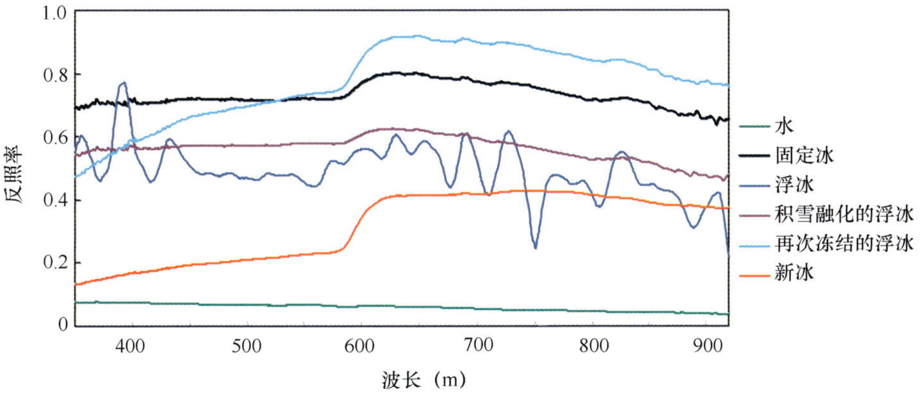

图 5－191　不同下垫面的反照率

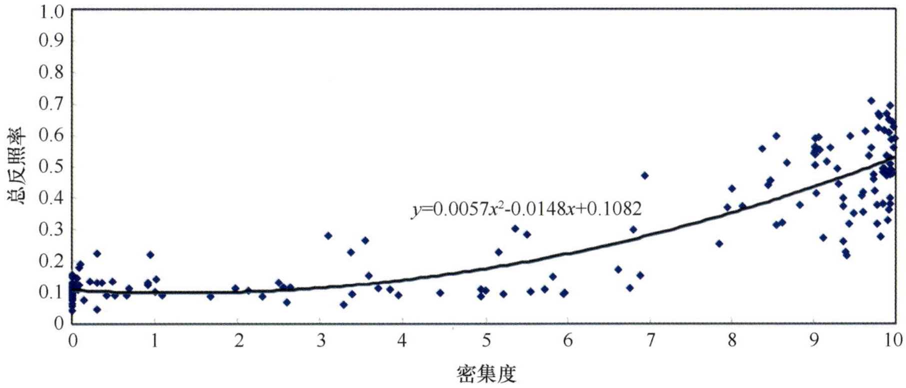

图 5－192　密集度和总反照率关系

4）海冰浮标数据分析

2013 年 5 月，在第 29 次南极考察越冬过程中，委托越冬队员在中山站附近冰区布放了 2 套海冰温度链浮标。2014 年 5 月，在第 30 次南极考察越冬过程中，委托越冬队员在中山站附近布放了 1 套海冰温度链浮标，此外通过国际合作，委托澳大利亚合作方在戴维斯站附近冰区布放海冰温度链浮标 1 套。铱星数据传输编号为 PRIC01、PRIC04、PRIC10、PRIC14。

南极周边海域中，除威德尔海和罗斯海存在多年冰外，其他海域均以当年冰为主。由此，所布放的海冰浮标，其工作周期大约为 5～8 个月。当海冰进入消融季节后，浮标容易坠水并出故障。PRIC04 温度链浮标，工作时间截止到 2013 年 10 月 3 日，其他浮标工作时间均截至当年 11 月中上旬。

第 29 次、第 30 次南极考察期间所布放的海冰浮标站位如图 5－193 所示，各个浮标的温度剖面变化及海冰生长率如图 5－194 至图 5－197 所示。从图中可以看出，5—9 月，为海冰冻结增长季节，冰厚可达 1.6～1.7 m，其冰温廓线受大气强迫明显，从 5 月至 9 月底，冰温随大气温度降低而降低，且影响厚度愈来愈大。PRIC01 站几乎无积雪，可以看出，中山站附近海冰在观测区间里（2013 年 5—11 月），5 月下旬至 6 月上旬海冰增长率最大，其后海冰增长率迅速降低，在 8 月下旬至 9 月上旬，海冰增长率又突然增大，其后逐渐降低。PRIC04 站海冰增长率变化与 PRIC01 站类似，但由于该站覆盖了较厚积雪，其变化趋势相对不明显。

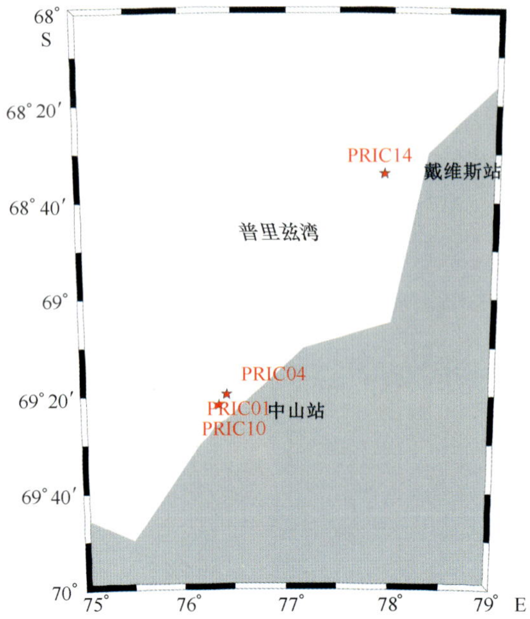

图 5－193　第 29 次、第 30 次南极考察布放的海冰漂移浮标站位

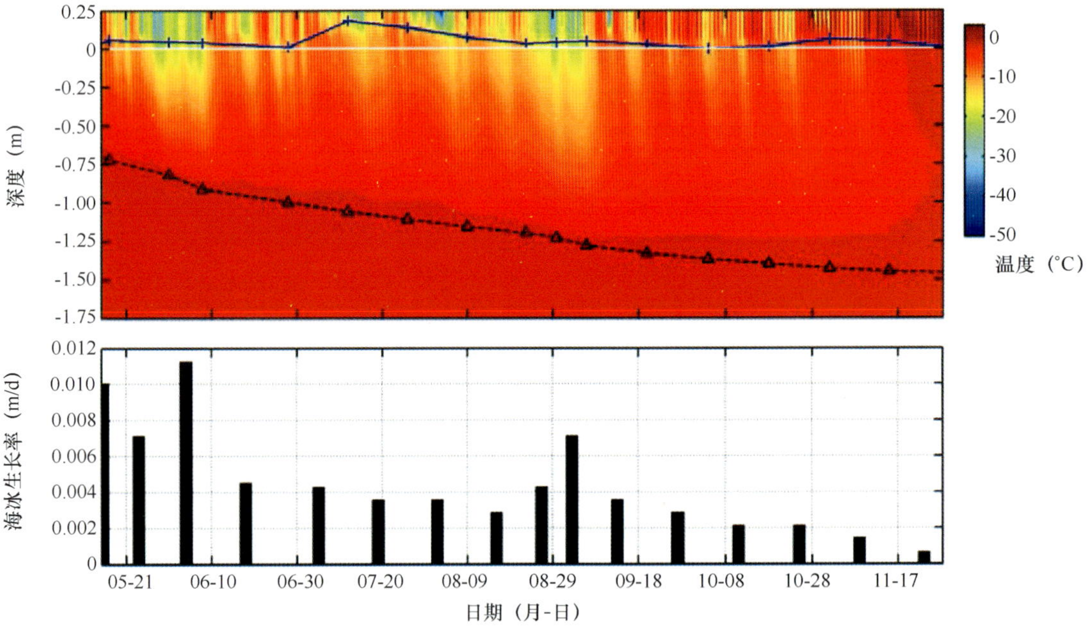

图 5－194　PRIC01 浮标观测结果

PRIC10 和 PRIC14 为第 30 次南极考察越冬期间布放的海冰浮标，其中 PRIC10 布放于中山站附近，与 PRIC01 站位置几乎一致，布放时间，该站无积雪。从 PRIC10 的观测结果可以看出，海冰增长率的变化特征与 PRIC01 站颇为相似，不同的是 6 月、7 月海冰增长率的降低和 8 月下旬增长率的升高相对 PRIC01 站偏弱。

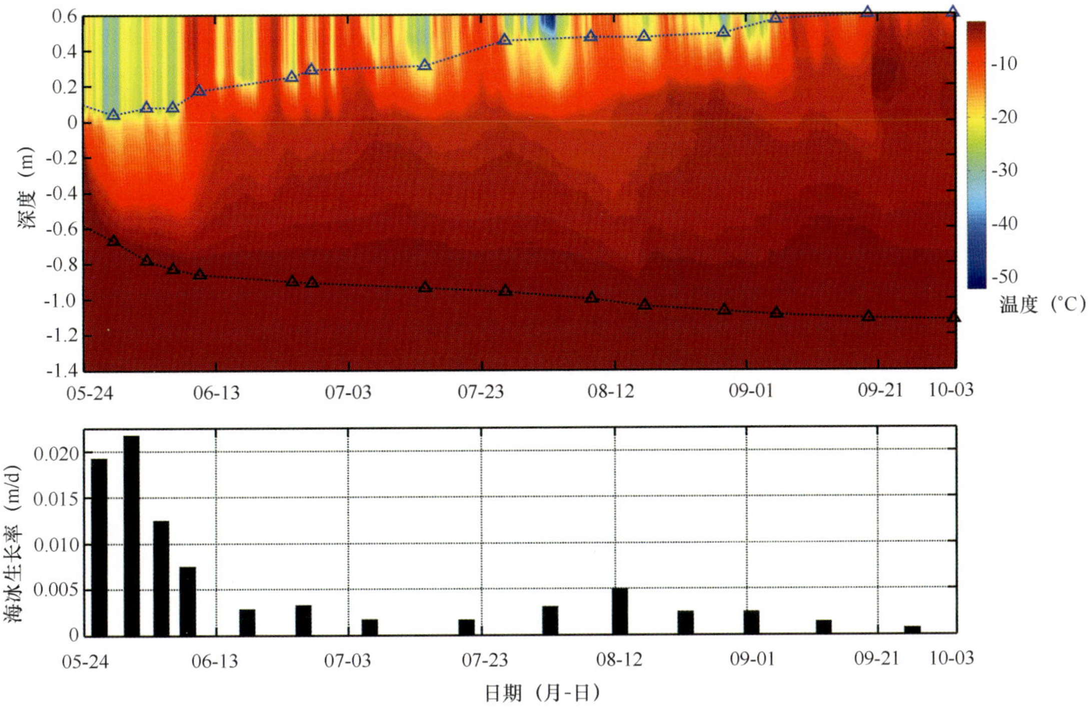

图 5－195　PRIC04 观测结果

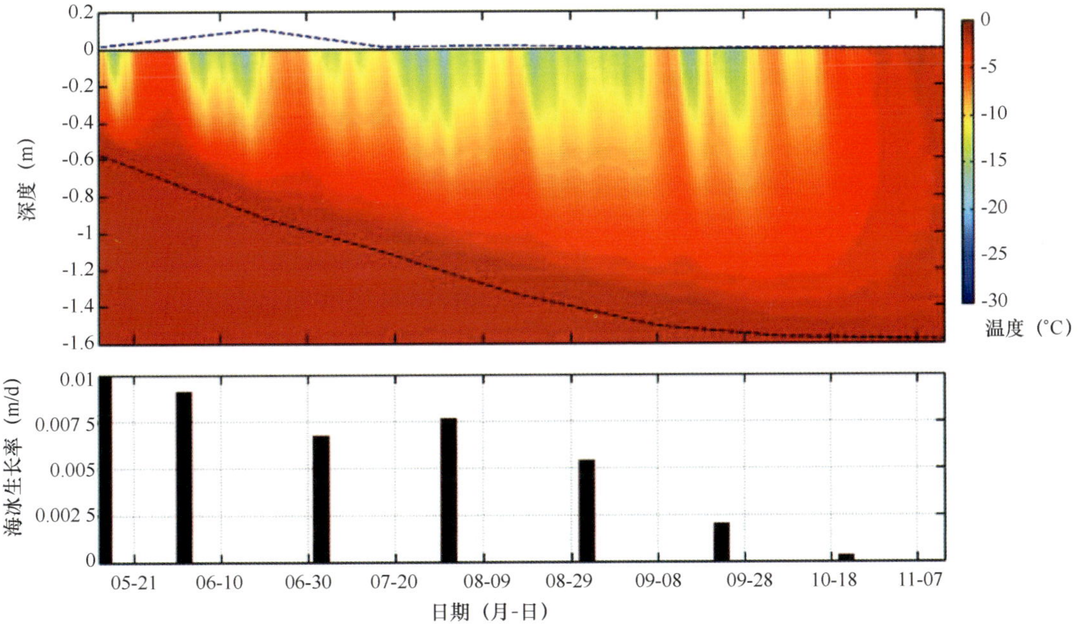

图 5－196　PRIC10 观测结果

5）中山站站基海冰综合物理特征

（1）定点冰厚雪厚观测

中山站海冰观测点 S1 位于站区西北方向约 1 km 处天鹅岭下的平整海冰面上（图 5－198）。2012 年中山站的海冰厚度观测采用人工钻孔测量和自动监测相结合的方式。自动监测

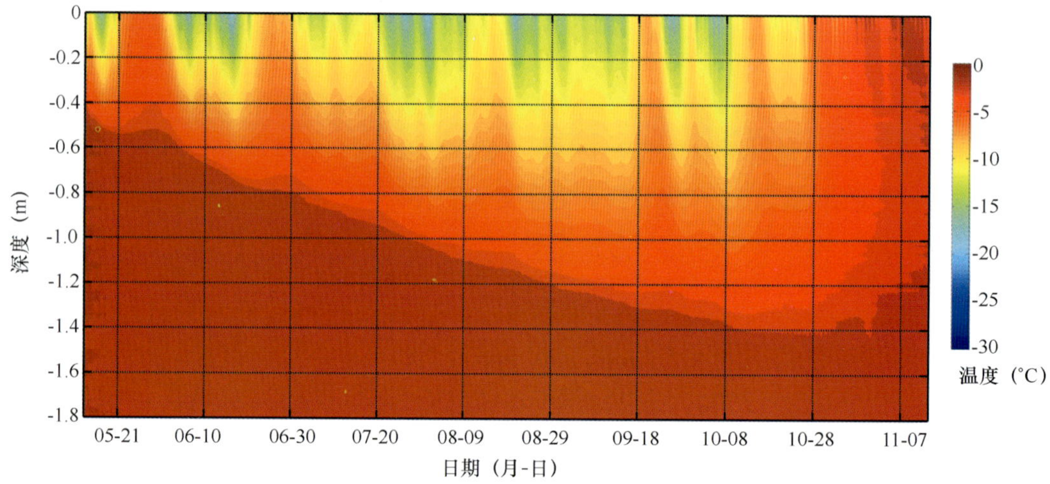

图 5－197　PRIC14 观测结果

使用的是 2 套由太原理工大学研制的电容感应式冰雪厚度观测系统和 1 套声呐雪厚观测仪。冰厚（hi）观测每 7～10 天 1 次，测量精度约 ±0.5 cm。雪厚（hs）测量于每天中午仪器维护时进行，测量精度约 ±0.2 cm，同时使用一个带刻度的放大镜粗略测量表面雪颗粒大小。雪厚和冰厚测量均采样 3 组取平均。由于雪厚、冰厚自动观测仪器尚在观测中，其观测结果将在 2013 年度报告中体现。2012 年度报告仅有人工观测结果。

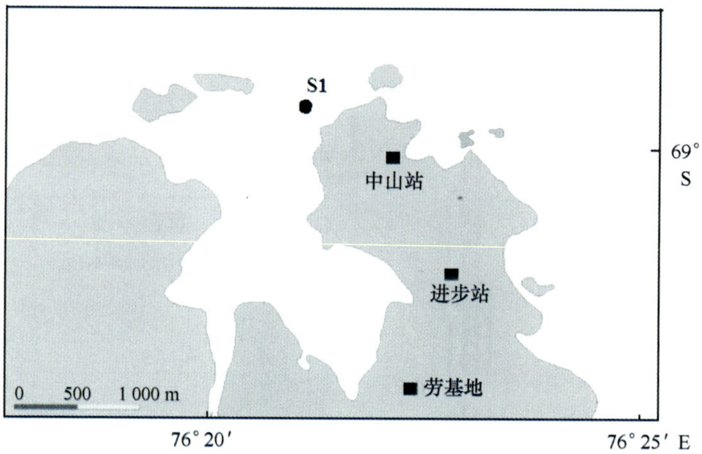

图 5－198　中山站海冰观测点 S1 位置

人工钻孔观测从 3 月 10 日开始，至 11 月 20 日结束。期间每隔 3～5 天进行一次观测，记录冰厚和冰上积雪厚度。3 月 10 日第一次观测：海冰厚度 20 cm。3—10 月，海冰处于不断增长阶段，其中 3 月海冰厚度平均增长速率最大，达到 0.76 cm/d，而 10 月海冰增长最缓慢，平均速度只有 0.17 cm/d，而 11 月的平均增长速率为负，说明海冰处于融化阶段。2012 年在中山站 S1 点观测到的最大海冰厚度为 160 cm，发生的时间为 10 月 25 日，之后海冰厚度开始减小。

（2）中山站当年冰观测结果

2012 年初第 28 次队度夏考察期间，该区域海冰完全融化，裸露海面的持续时间大约是

2011 年 12 月下旬到 2012 年 2 月下旬，大约 2 个月时间。2 月底海面开始冻结，至 3 月上旬已经完全被海冰覆盖，并满足冰上简单作业的最小厚度。当年冰观测点的第一次作业在 3 月 11 日，该点距离岸边大约 50 m，测量的冰厚为 21.8 cm。

人工钻孔观测从 3 月 10 日开始，至 11 月 20 日结束，海冰观测每 2～5 天进行 1 次，从 3 月到 10 月海冰厚度持续增加，海冰基本处于不断增长阶段（图 5－199），其中 3 月海冰厚度平均增长速率最大，达到 0.76 cm/d，而 10 月海冰增长最缓慢，平均速率只有 0.17 cm/d，而 11 月的平均增长速率为负，说明海冰处于融化阶段。2012 年在中山站 S1 点观测到的最大海冰厚度为 160 cm，发生的时间为 2012 年 10 月 25 日，之后海冰厚度开始减小。

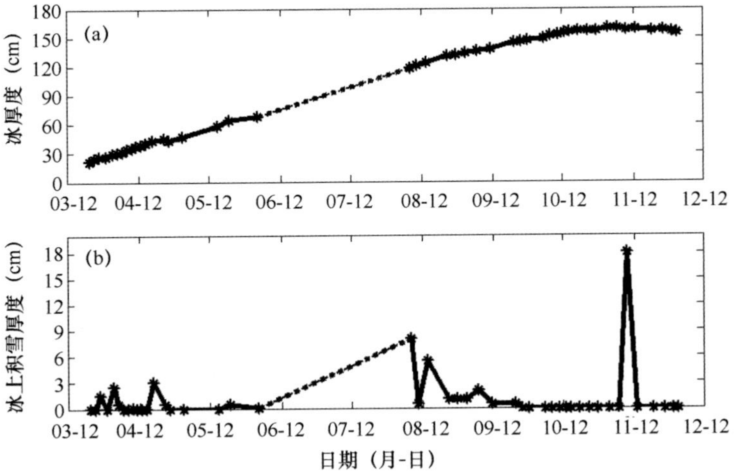

图 5－199　2012 年中山站定点当年冰厚度（a）和冰上积雪厚度（b）观测结果

中山站大风天气频繁，站区附近海冰面上较难存有积雪，大部分海冰面为裸冰。2012 年度 S1 点处观测到的积雪厚度没有明显的变化规律，积雪最厚为 18.0 cm，发生的时间为 10 月 29 日，其他大部分时间此处为裸冰面。

其中虚线表示极夜期间未进行观测，无数据。

（3）中山站多年冰观测结果

多年冰观测点距离当年冰观测点大约 50 m，第一次观测是 3 月 10 日，海冰厚度为 116.0 cm，而当时当年冰的厚度仅为 20 cm 左右，由此可见多年冰和当年冰的热力学增长特征完全不同。3 月在当年冰持续增长的同时，多年冰的厚度在不断的减小，至 3 月底多年冰厚度减小到 60 cm，平均增长速率为 －3.2 cm/d，4 月的前两周多年冰的厚度基本稳定在 60 cm左右，直到4 月 15 日之后，多年冰才开始明显增长。5 月和 7 月的多年冰平均增长率都超过 0.5 cm/d，而从 8 月到 10 月增长明显变缓，11 月多年冰厚度开始减小（图 5－200）。

（4）内拉湾断面冰厚雪厚观测

2012 年 9 月底，在中山站西侧的内拉湾开展了 5 条断面的固定冰厚度、雪厚、干舷高度观测，共获得了 34 个点的钻孔测量数据，可以帮助我们了解内拉湾的海冰情况（图 5－201）。每年 12 月初“雪龙”船到达中山站固定冰外缘后均需通过冰上卸货的方式将大量的物资补给和科考设备运输到站区，内拉湾是冰上卸货的必经之路，观测研究内拉湾的海冰分布情况是中山站海冰服务保障的重要工作。

5 条断面的海冰厚度均表现出由东向西逐渐增大的趋势，这与内拉湾积雪厚度的分布较

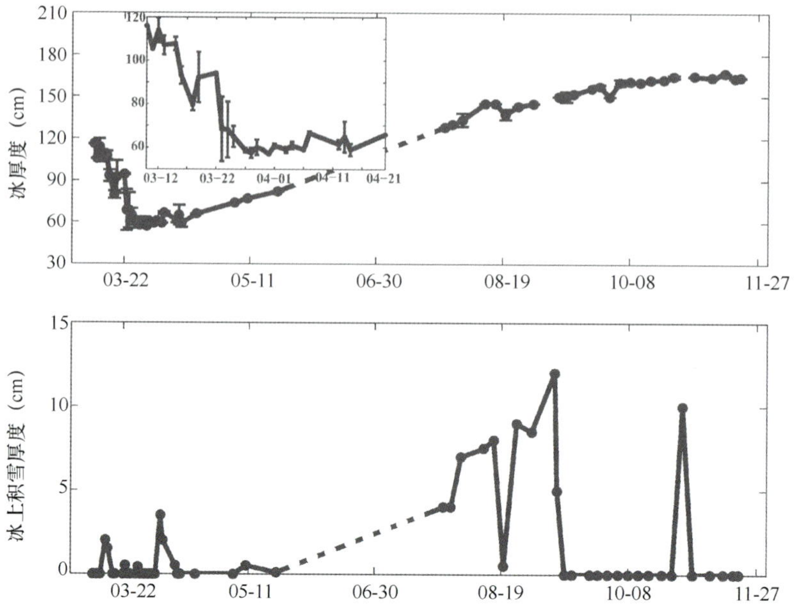

图 5－200　2012 年中山站定点多年冰厚度（a）和冰上积雪厚度（b）观测结果
（其中虚线表示极夜期间未进行观测，无数据）

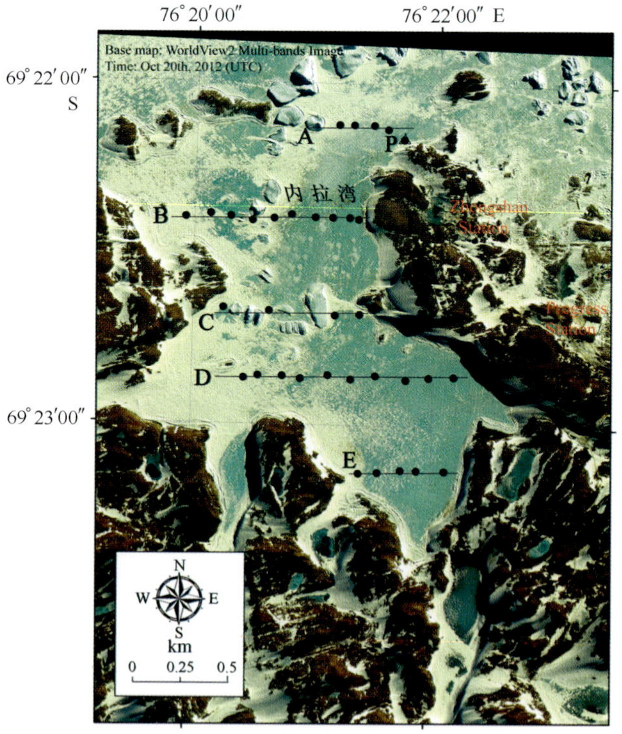

图 5－201　中山站内拉湾固定冰 A－E 断面观测示意
（其中 P 点为传统常规观测点）

一致。由于中山站盛行东风，降雪受风的影响，由东向西迁移，但由于受到内拉湾西部丘陵的阻挡，降雪堆积在内拉湾的西侧，造成了内拉湾西部积雪厚，东部积雪薄的分布特征。由于内拉湾大部为夏季不融化的多年冰，其上覆盖的部分积雪在夏季融化后冬季再冻结，就会形成雪冰，使海冰变厚。另外内拉湾西侧沿岸分布着多条潮汐缝，高潮时潮水倒灌进入冰上积雪，也会形成雪冰，对海冰厚度有很大贡献。冰山会对海冰厚度造成影响，在B断面表现明显，小冰山周边海冰厚度比平整冰高约50 cm（图5－202）。

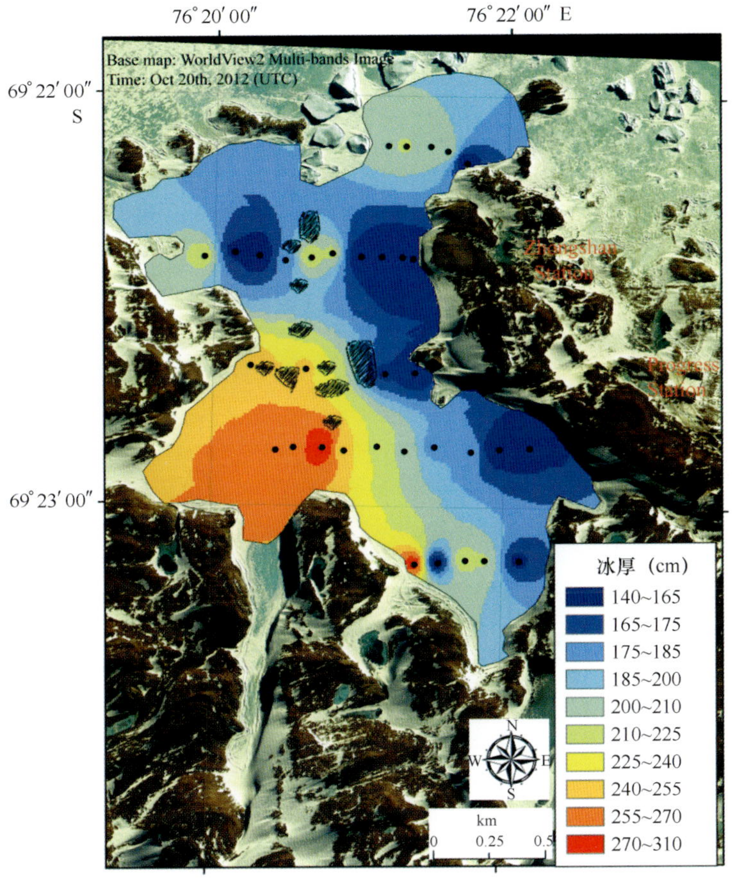

图5－202　内拉湾断面观测得到的海冰厚度数据
及插值得到的海冰厚度分布，其中小冰山以黑色斜线标示

6）普里兹湾海冰净面积变化

2月，海冰净面积最小，37年平均值约为 $8.03\times10^4\ km^2$，9月海冰净面积最大，37年平均值约为 $149.93\times10^4\ km^2$。海冰融化期为5个月，海冰冻结期为7个月。分别计算1978—2014年海冰净面积的逐月异常，而后做最小二乘法线性拟合，各个月的海冰净面积异常及其拟合如图5－203所示。

表 5-10 普里兹湾海冰月平均净面积（1978—2014 年）

月份	1978—2014 年月平均海冰净面积（km^2）
1	148 664. 89
2	80 266. 22
3	132 413. 70
4	373 835. 94
5	663 283. 81
6	956 006. 90
7	1 220 590. 80
8	1 417 570. 00
9	1 499 299. 90
10	1 435 804. 43
11	957 424. 22
12	344 035. 79

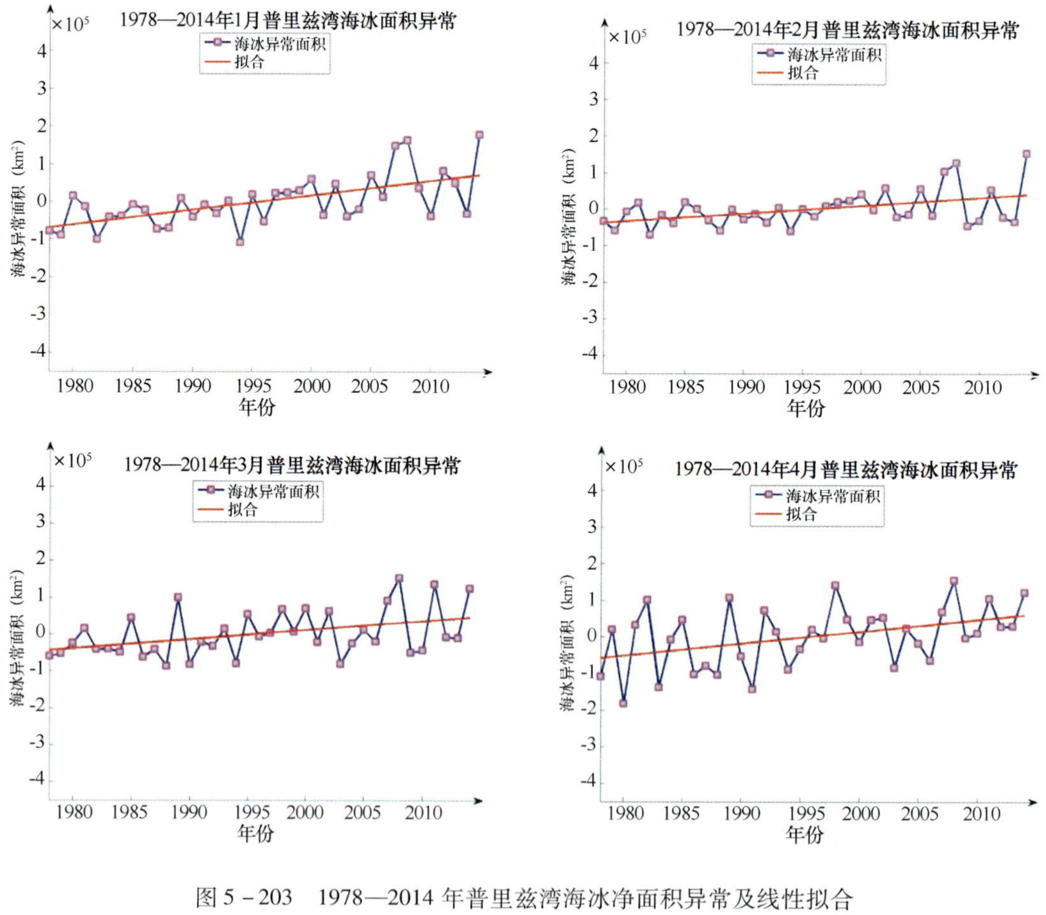

图 5-203 1978—2014 年普里兹湾海冰净面积异常及线性拟合

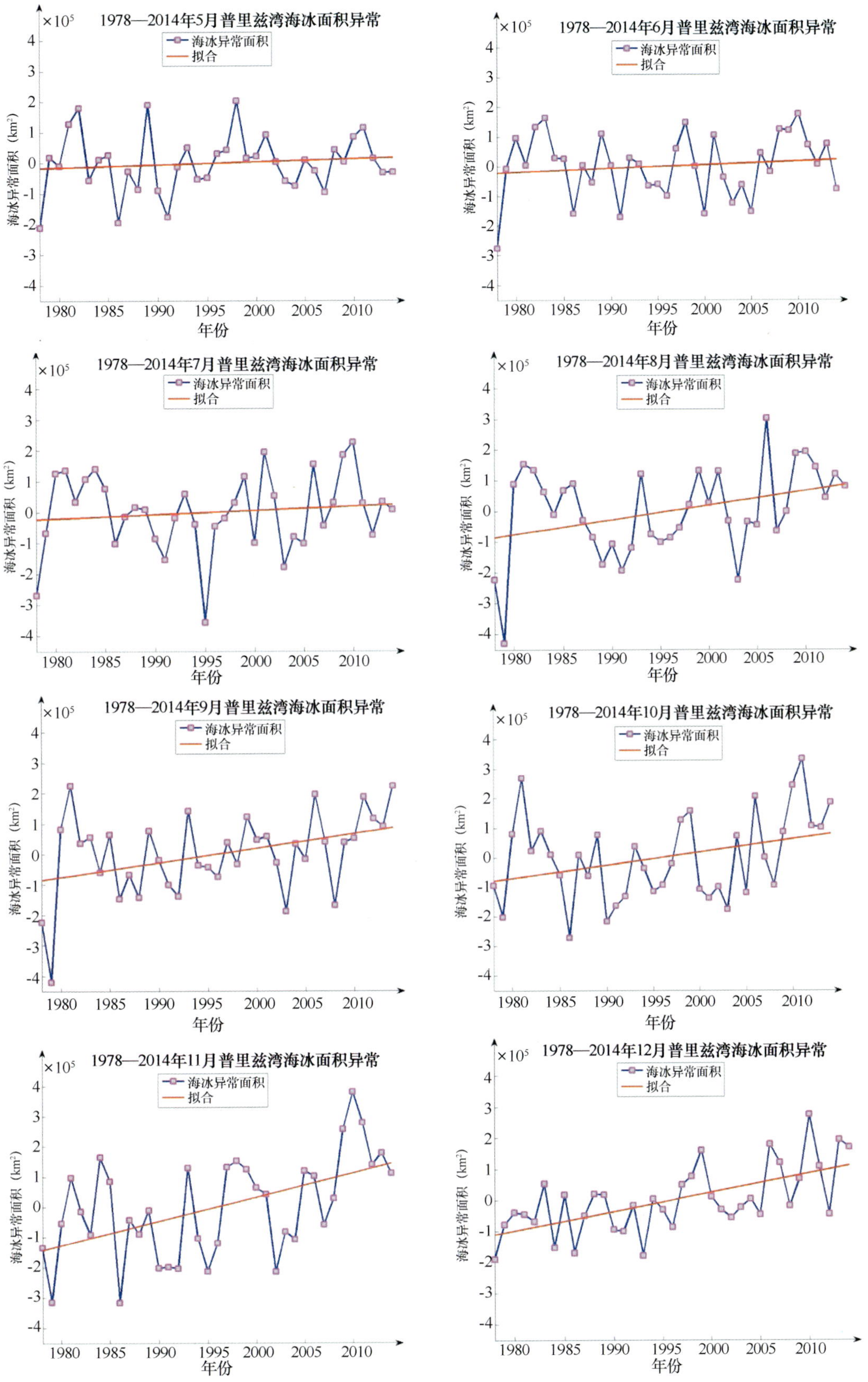

图 5 - 203　1978—2014 年普里兹湾海冰净面积异常及线性拟合（续）

表 5 – 11　普里兹湾海冰净面积异常拟合指数

指数	月份											
	1	2	3	4	5	6	7	8	9	10	11	12
A	3 879.768	2 158.527	2 481.426	3 297.193	948.505 9	1 214.261	1 326.457	4 735.86	4 750.601	4 431.879	7 951.021 9	6 192.151 4
B	-7 744 017	-4 308 420	-4 952 926	-6 581 198	-1 893 218	-2 423 664	-2 647 607	-9 452 776	-9 482 199	-8 846 031	-15 870 239	-12 359 534

表 5 – 11 为东南极普里兹湾海域 1978—2014 年逐月海冰净面积异常拟合系数。从表中可以看出，自 1978 年以来，海冰净面积在每个月份均为增加状态，其中 1 月增加最快，每年约增加 7 951 km^2，其次为 12 月，每年约增加 6 192 km^2，9 月和 10 月每年分别约增加 4 750 km^2、4 432 km^2；5 月增加最慢，每年约增加 948 km^2，其次为 6 月、7 月，每年分别约增加 1 214 km^2、1 326 km^2，2 月每年约增加 2 159 km^2。

7）普里兹湾海冰密集度时空变化特征

9 月，海冰覆盖范围最大，2 月，海冰覆盖范围最小（图 5 – 204）。其中，隆冬季节的 9 月，海冰外缘线最北可达 60°S 以北，甚至可达 55°S；在 10 月至翌年 2 月的海冰融合季节，海冰退缩非常明显，至 2 月，普里兹湾除少量密集度较低的浮冰带外，海冰几乎融化殆尽。

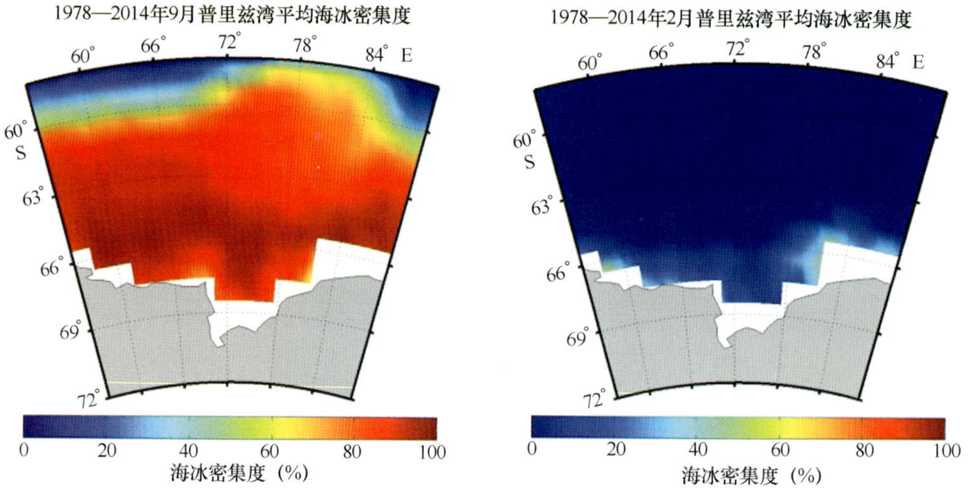

图 5 – 204　1978—2014 年普里兹湾海冰密集度平均（9 月、2 月）

自 1978—2014 年，普里兹湾海冰密集度趋势变化如下：1—12 月，普里兹湾海冰密集度总体均呈现增加趋势。1 月、2 月、3 月、6 月、9 月、12 月的海冰密集度趋势如图 5 – 205。从图中可以看出，3 月至 9 月的海冰增长季节，在海冰边缘区，海冰密集度增加趋势最大，每年可达 2% ~2.5%。6 月，在普里兹湾外围部分区域（60°—62°S，72°—84°E），海冰密集度呈减少趋势，每年约为 0.5% 左右；在普里兹湾近岸，同样存在海冰密集呈减少趋势的少部分海域，应该与冬季下降风的变化密切相关。而在 10 月至翌年 2 月的融冰季节，海冰密集度增加的确实更为明显，最大值甚至接近每年 3%。12 月，是我国南极科学考察期间抵达中山站附近海域开展一系列科考作业的时段，该月份的海冰密集度整体呈增加趋势，且西强东弱。此外，在西冰架西侧为海冰密集度减少区域，每年可达 –3%，表明该区域冰间湖在近年来长期存在。

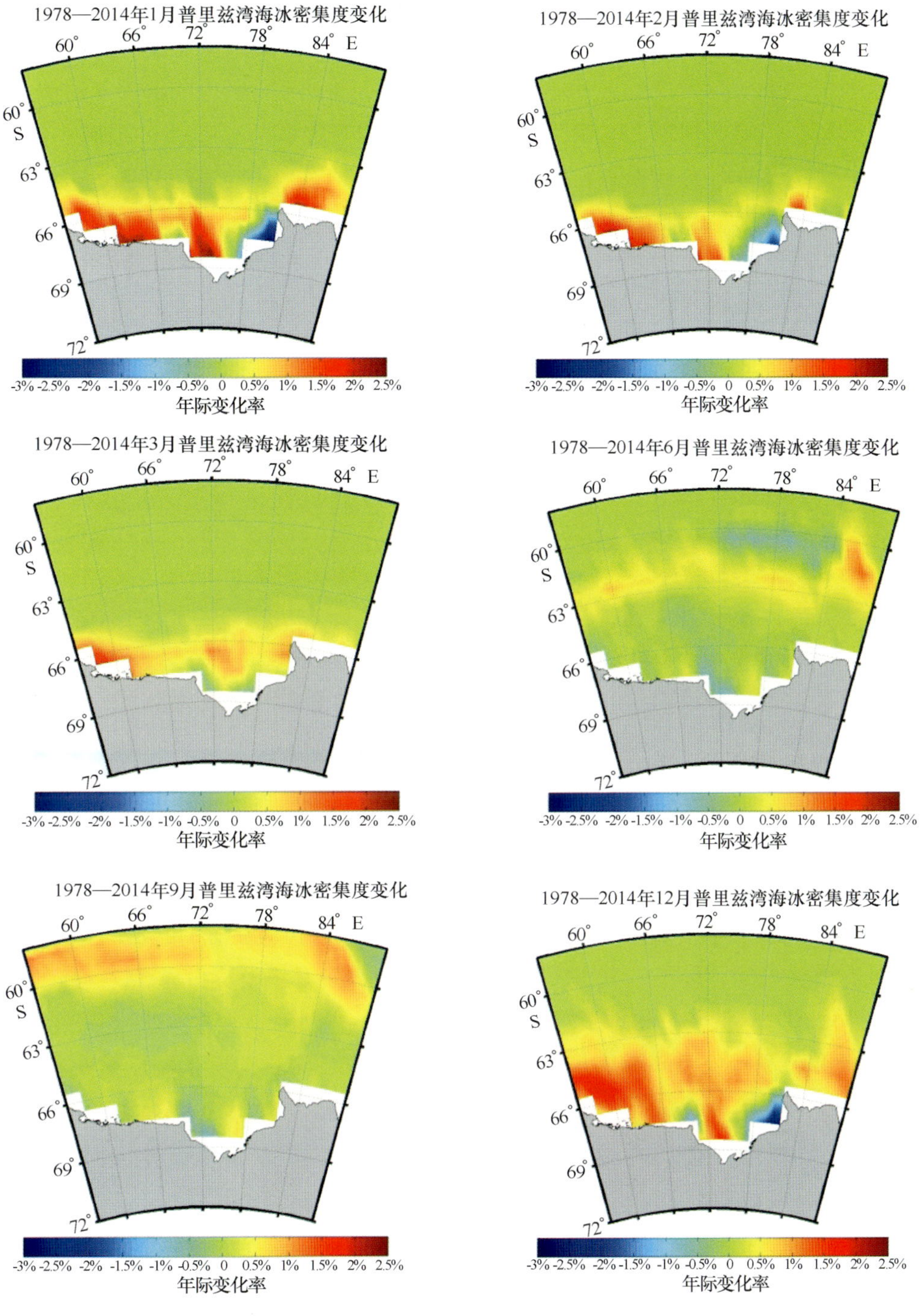

图5-205　1978—2014年普里兹湾海冰密集度变化趋势

8）小结

普里兹湾夏季海冰，在12月其温度廓线特征如下：表层温度为-1.2℃，此后逐步降低并稳定在-1.7℃左右，且表层40 cm变化最剧烈，并受局地天气过程影响。其盐度廓线特征如下：从表至底逐步增加，底层盐度约为8。其密度廓线特征如下：海冰密度除表层40 cm较低外，其他约为0.9 g/cm^3。

普里兹湾夏季海冰力学性质如下：在低应力速率下，极限压缩强度随着应力速率增加而增大，而破坏形式以韧性破坏为主；韧脆过渡区单轴压缩强度达到极大值；当应力速率超过韧脆过渡区，极限压缩强度随着应力速率增加而降低，破坏形式以脆性破坏为主。

根据走航海冰辐射观测得到，不同下垫面情况有不同的反照率，在6.25 km×6.25 km区域内平均后，得到区域平均密集度和反照率，将海冰密集度和总反照率关系进行拟合，得到曲线关系：$y=0.0057x^2-0.0148x+0.1082$（$y$为反照率，$x$为海冰密集度）。从公式中可以看出，在密集度为0时，反照率的值在0.1左右，海冰密集度增加，总反照率值增加，在密集度增加到9~10成时，下垫面区域内基本全部是海冰，总反照率在0.6~0.7之间。

海冰温度链浮标的观测约为当年的5—11月，包括海冰冻结和融化季节。5—9月，为海冰冻结增长季节，冰厚可达1.6~1.7 m，其冰温廓线受大气强迫明显，从5—9月底，冰温随大气温度降低而降低，且影响厚度愈来愈大。此外，有无积雪覆盖，对海冰的冻融过程已有影响。当无积雪覆盖时，大气强迫信号更易传导至冰内，使得冰温廓线以及海冰的冻结过程变化明显，当有较厚积雪覆盖时，其变化趋势相对不明显。

中山站固定冰S1观测点从3—10月海冰厚度持续增加，海冰基本处于不断增长阶段，其中3月海冰厚度平均增长速率最大，达到0.76 cm/d，而10月海冰增长最缓慢，平均速度只有0.17 cm/d，而11月份的平均增长速率为负，说明海冰处于融化阶段。观测到的最大海冰厚度为160 cm。

中山站站基海冰辐射观测结果如下：8—12月的冬夏季演变过程中，向下和向上短波辐射通量都呈现显著的增加趋势，两者的最大值分别达到1 269.0 W/m^{2}和757.2 W/m^2。向下和向上长波也呈现显著的增加趋势，两者最大值分别达到316.4 W/m^{2}和326.4 W/m^2，而最小值则分别是116.6 W/m^{2}和183.7 W/m^2。受长波和短波季节变化影响，净辐射通量振幅呈显著增加趋势；观测期间的净辐射最大和最小值分别是514.2 W/m^{2}和−190.8 W/m^2。9月15日之前，以冰面失去辐射热量为主；10月以后，以冰面得到辐射热量为主。表面气温和皮温也有显著的增加趋势，日平均气温和皮温的最高温分别是8.0℃和2.6℃，最低温分别是−34.6℃和−96.0℃；两者平均温度分别为−8.9℃和−9.8℃。观测期间最高反照率0.92，最低反照率0.42；平均反照率为0.62。随着气温升高、表面渐近融化，反照率呈减小趋势，平均反照率从9月的0.64下降到12月初的0.52。高反照率多出现在降雪、吹雪过程中或积雪厚度较厚时，共有11天的反照率高于0.8。低反照率多对应裸冰或融冰表面，观测期间有11天反照率低于0.5。

从1978—2014年月平均结果来看，针对普里兹湾海冰，2月，海冰净面积最小，约为8.03×10^4 km^2，9月海冰净面积最大，值约为149.93×10^4 km^2。海冰融化期为5个月，海冰冻结期为7个月。此外，海冰净面积在每个月份均为增加状态，其中1月增加最快，每年约增加7 951 km^2，其次为12月，每年约增加6 192 km^2；5月增加最慢，每年约增加948 km^2，其次为6月、7月，每年分别约增加1 214 km^2、1 326 km^2。关于海冰密集度变化趋势，普里兹湾海域整体呈增加趋势，夏季较冬季更为明显，在西冰架西侧呈减少趋势。

5.3.2 南极半岛海域

1）数据介绍

本节所采用的数据为HADISST数据集。主要分析了南极半岛及威德尔海海域的海冰净面积的变化、海冰密集度的时空变化特征。

2 月，海冰净面积最小，37 年平均值约为 107 × 10^4 km^2，3 月海冰净面积为 125. 57 × 10^4 km^2，8 月海冰净面积最大，37 年平均值约为 317 × 10^4 km^2，9 月海冰净面积为 315. 12 × 10^4 km^2，略小于 8 月。

分别计算 1978—2014 年海冰净面积的逐月异常，而后做最小二乘法线性拟合，各个月的海冰净面积异常及其拟合如图 5 - 206 所示。

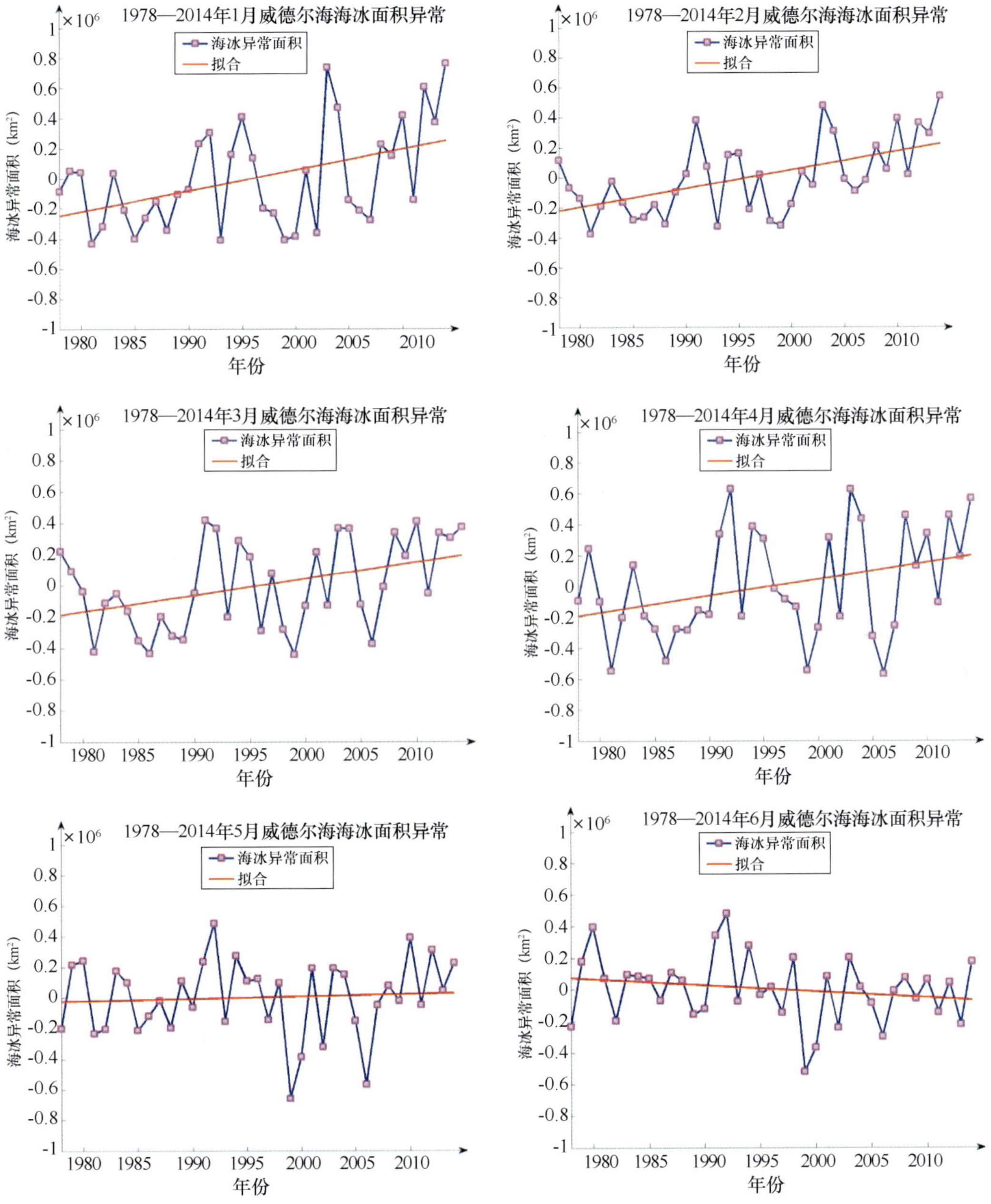

图 5 - 206　1978—2014 年威德尔海海冰面积异常及线性拟合

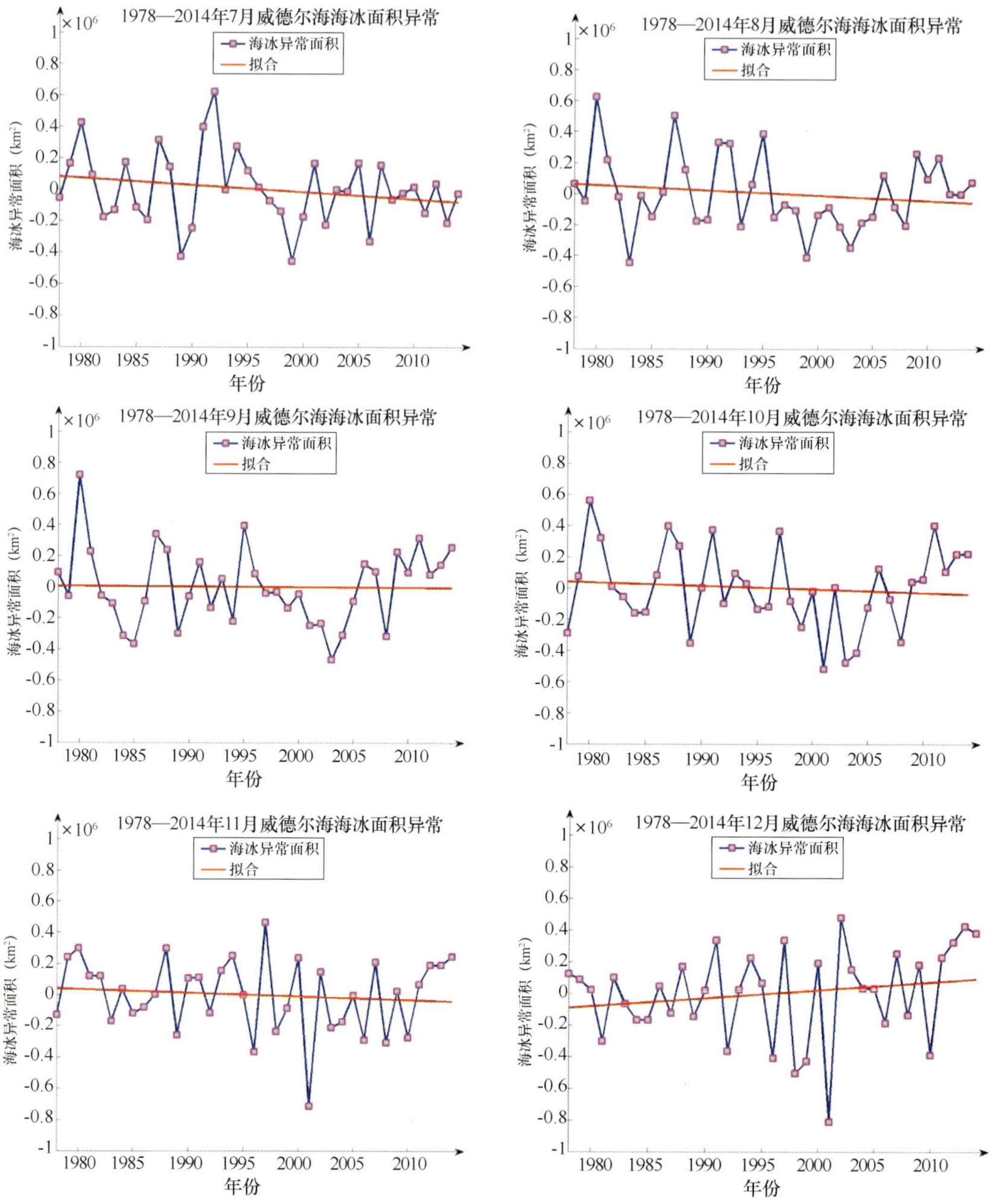

图 5-206　1978—2014 年南极半岛及威德尔海海冰净面积异常及线性拟合（续）

表 5-12 为南极半岛海域 1978—2014 年逐月海冰净面积异常拟合系数，从表中可以看出，该海域海冰覆盖范围变化并不明显。自 1978 年以来，海冰净面积在 12 月至翌年 5 月每个月份均为较小的增加趋势，6 月至 11 月，海冰净面积呈缓慢的减少趋势。在 12 月至翌年 5 月中，1 月、2 月、3 月、4 月增加相对较快，每年约增加均超过 1×10^4 km²，其中 1 月最大，为 13 895 km²。在 6 月至 11 月中，9 月的海冰面积减少最不明显，约每年减少 353 km²，其他月份约每年减少 2 200 ~ 4 600 km² 之间。

表 5-12 南极半岛及威德尔海海冰净面积异常拟合指数

月份 / 指数	威德尔海海冰净面积异常拟合指数					
	1	2	3	4	5	6
A	13 894. 705	12 415. 335	10 539. 471	10 808. 581	1 515. 358 9	-3 898. 223 7
B	-27 733 833	-24 781 009	-21 036 784	-21 573 927	-3 024 657	7 780 854. 42
月份 / 指数	威德尔海海冰净面积异常拟合指数					
	7	8	9	10	11	12
A	-4 536. 005 4	-3 379. 93	-353. 316 4	-2 274. 14	-2 219. 82	5 008. 189
B	90 538 66. 84	6 746 333	705 219. 63	4 485 298	4 430 754	-9 996 345

2）海冰密集度时空变化特征

图 5-207 分别为 8 月、9 月和 2 月、3 月的 1978—2014 年平均的海冰密集度。

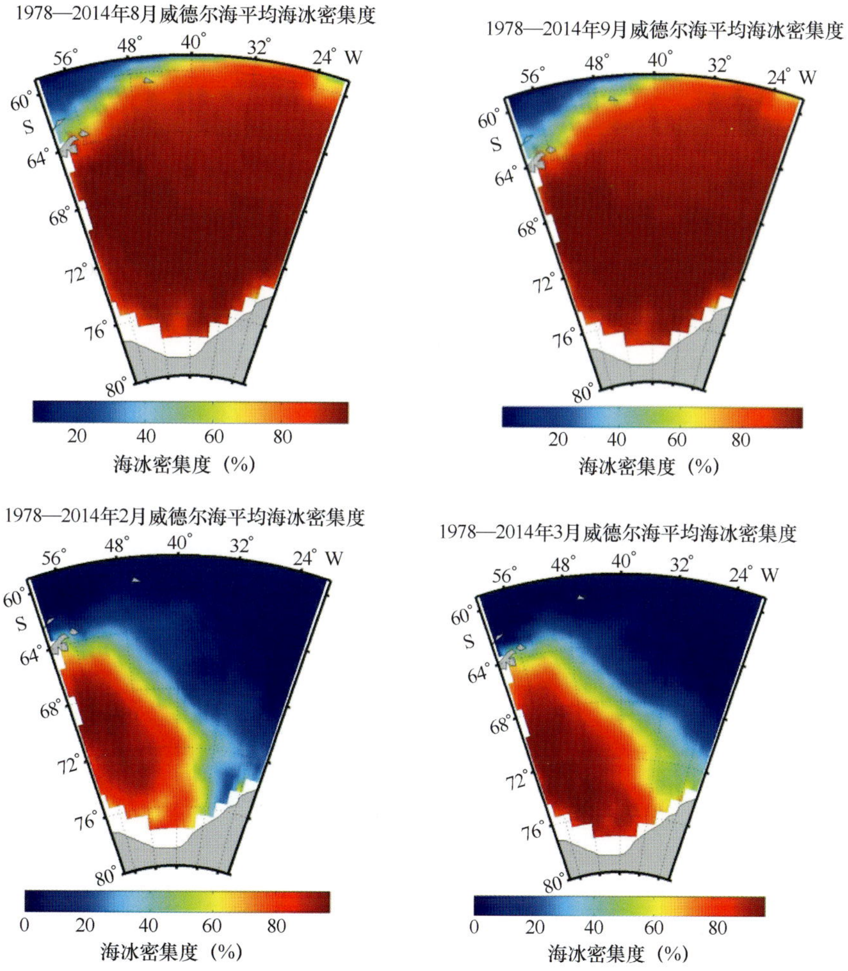

图 5-207 1978—2014 年南极半岛及威德尔海海平均冰密集度

虽然 8 月海冰覆盖范围最大，其净面积约为 317×10^4 km^2，但 9 月与 8 月相差无几，仅在靠近南极半岛的海域，9 月的海冰外缘线有所退缩，这可能与近些年来南极半岛海域显著的增温有所关联。2 月，海冰净面积最小，约为 107×10^4 km^2，可以看出，在南极半岛东侧的威德尔海海域，存在密集度达十成的多年冰，这与当地的气旋式环流造成的海冰在此区域集聚堆积有关。3 月海冰净面积为 125.57 × 10^4 km^2，进入海冰增长季节。

南极半岛海域 1—12 月海冰密集度变化趋势如图 5 - 208。从图中可以看出，9—11 月，海冰密集度几乎无变化；12 月，海冰密集度呈增加趋势，在东侧沿岸附近海域最为明显，接近 2%/a；1—4 月，海冰密集度增加趋势非常明显，尤其在威德尔海东部，最大超过 2%/a；5 月，威德尔海外围以 40°W 为界线，东西两侧分别呈增加和减少趋势；6 月，威德尔海外围整体呈减少趋势。

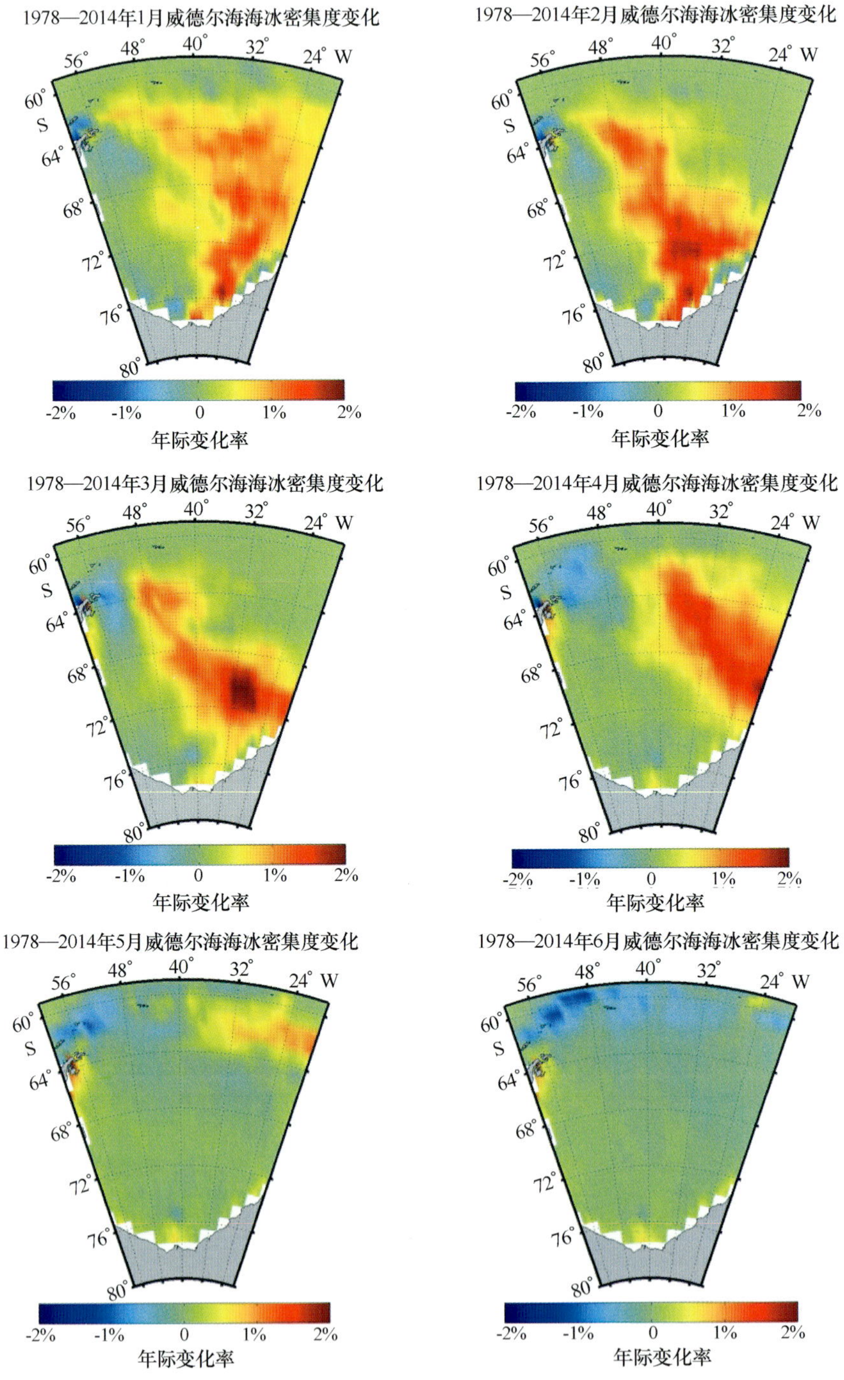

图 5 - 208　1978—2014 年南极半岛及威德尔海海冰密集度变化趋势（待续）

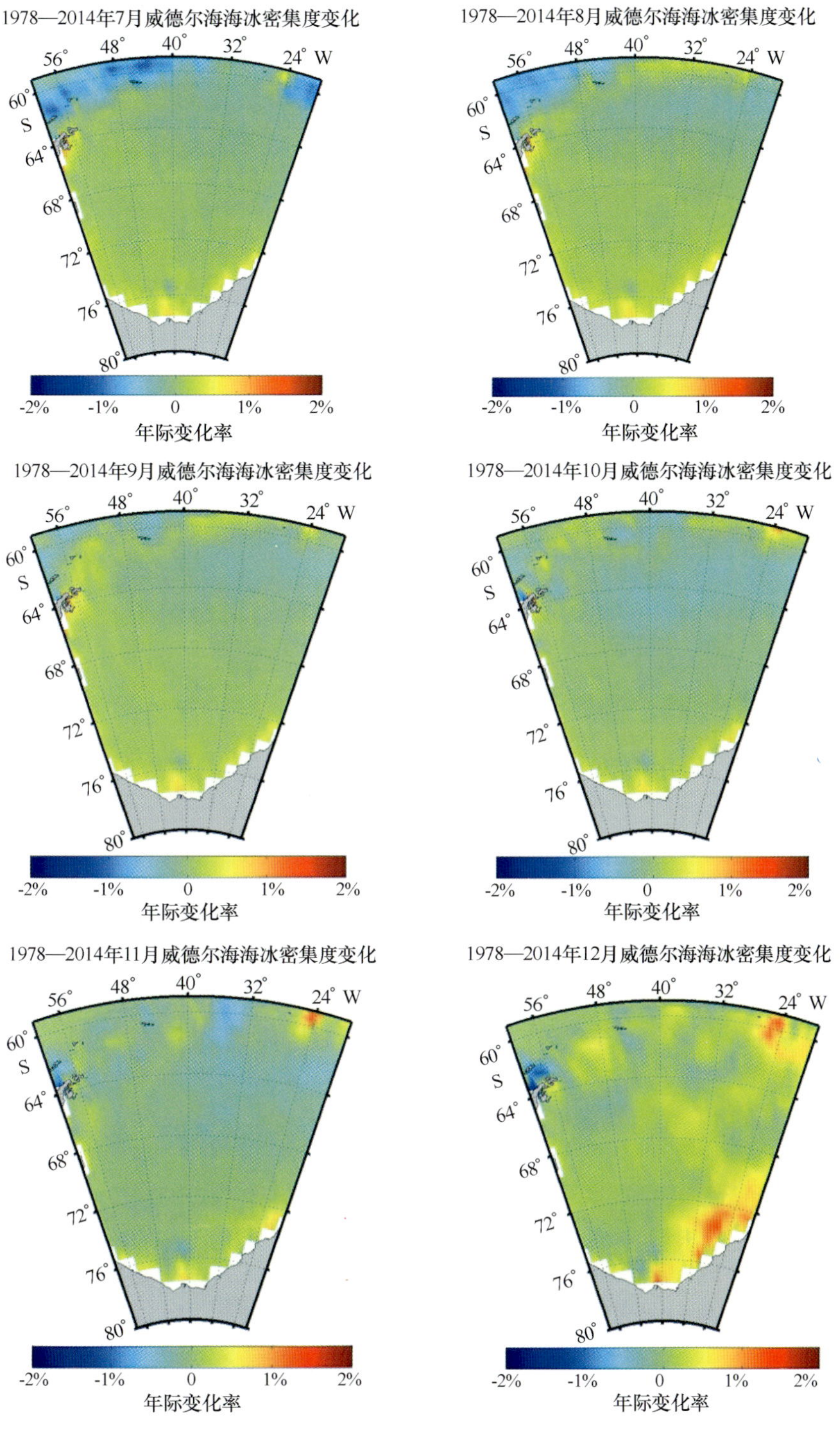

图 5－208　1978—2014 年南极半岛及威德尔海海冰密集度变化趋势（续）

3）小结

针对南极半岛海域（含威德尔海），2 月，海冰净面积最小，37 年平均值约为 107 × 10^4 km^2，8 月海冰净面积最大，37 年平均值约为 317 × 10^4 km^2，9 月海冰净面积为 315.12 × 10^4 km^2，略小于 8 月。

该海域海冰覆盖范围变化并不明显。自 1978 年以来，海冰净面积在 12 月至翌年 5 月每个月份均呈现较小的增加趋势，6 月至 11 月，海冰净面积呈现缓慢的减少趋势。

虽然 8 月海冰覆盖范围最大，但 9 月与 8 月相差无几，仅在靠近南极半岛附近的海域，9 月份的海冰外缘线有所退缩，这可能与近些年来南极半岛海域显著的增温有所关联。在海冰面积最小的 2 月，可以看出，在南极半岛东侧的威德尔海，存在密集度达十成的多年冰，这与当地的气旋式环流造成的海冰在此区域集聚堆积有关。

关于海冰密集度变化趋势，9—11 月，海冰密集度几乎无变化；12 月至翌年 1—4 月，海冰密集度增加趋势非常明显，尤其在威德尔海东部，最大超过 2%/a；5 月，威德尔海外围以 40°W 为界线，东西两侧分别呈增加和减少趋势；6 月，威德尔海外围整体呈减少趋势。

5.4 历史数据的累积分析

5.4.1 南极底层水的变化趋势分析

南极底层水是南极和南大洋海域典型的水团。通常定义南极底层水的水温低于 0℃，盐度范围为 34.60 ~ 34.72。南极底层水是全球密度最大、分布最广的水团，南极底层水主要分布于全球大洋的深层海域。通常认为南极底层水主要生成于 3 个海区：罗斯海（Ross Sea）、威德尔海（Weddell Sea）和阿黛利海岸（Adelie coast）。近些年来，有不少研究基于观测数据发现南极底层水存在温度升高、盐度降低、体积减小的变化趋势（Aoki et al.，2005；Purkey and Johnson，2010；Purkey and Johnson，2012；Purkey and Johnson，2013；Johnson，2008；Swift and Orsi，2012；Kouketsu et al.，2011）。本专题 2014 年在收集观测数据的基础上对南极周边海域 3 个主要深海盆 WEB（Weddell – Enderby basin）、AAB（Australian – Antarctic basin）和 ABB（Amundsen – Bellingshausen basin）（图 5 – 209）南极底层水的长期变化趋势进行了分析。通过分析表明，近二十几年来南极底层水在南大洋海域均呈现温度升高的趋势，但是海水盐度变化趋势具有区域不一致性，在 WEB 海盆，南极底层水的盐度呈增加趋势，在 AAB 和 ABB 海盆，南极底层水的盐度呈减小趋势。

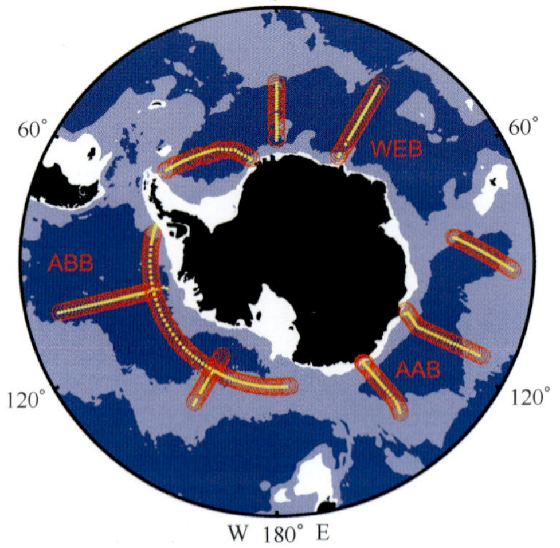

图 5 – 209　南极周边海域 3 个深海盆（WEB、AAB 和 ABB）及 9 条 WOCE 观测断面的分布情况

在分析过程中用到了 WOCE 计划的 9 条观测断面数据，选取各个断面历史观测中站位重复性较好的两个不同时期的观测数据针对以上 3 个深海盆南极底层水的温度和盐度长期变化趋势进行分析（图 5－210）。

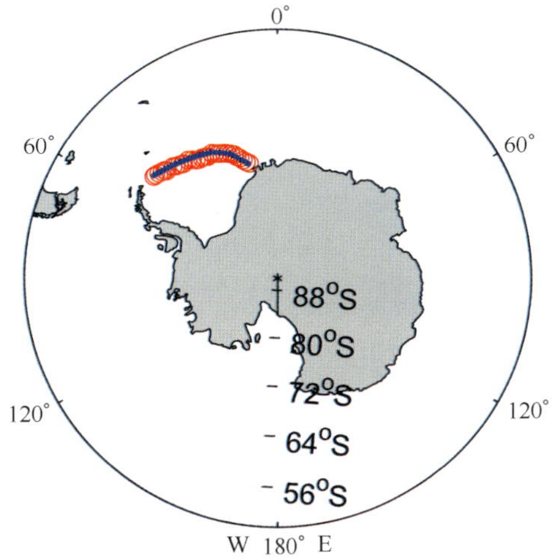

图 5－210　1989 年（红色）和 2010 年（蓝色）年 SR04 断面分布情况

SR04 断面的两次观测分别在 1989 年和 2010 年（图 5－211）。按照南极底层水的温盐范围，该断面深层海域分布大量南极底层水。对比 1989 年和 2010 年 SR04 断面底层温度可以看出，该断面深层海水呈现明显的升温趋势，1989 年底层海水最低温度为 -0.9℃，2010 年最低温度为 -0.8℃，统计分析表明该断面 4 000 m 以深海水平均温度 10 年变化趋势为 0.024℃。对比 1989 年和 2010 年 SR04 断面底层盐度可以发现，该断面深层海水盐度存在增加趋势，统计分析表明该断面 4 000 m 以深海水平均盐度 10 年变化趋势为 0.001 6。这表明该断面南极底层水呈现温度升高、盐度增加的趋势。

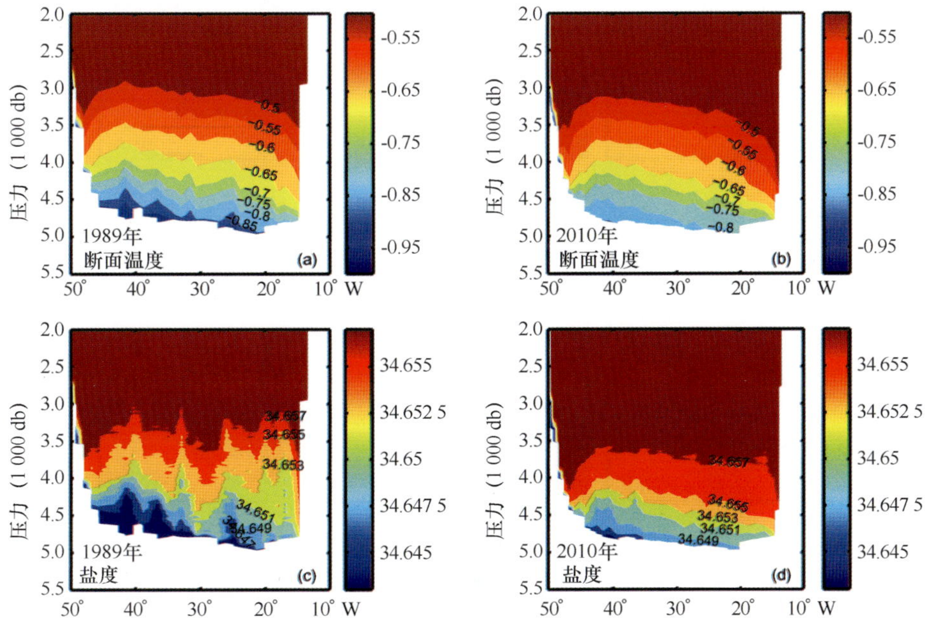

图 5－211　1989 年和 2010 年 SR04 断面温度（℃）和盐度分布情况

A12 断面的两次观测分别在 2002 年和 2010 年（图 5－212），各自的温度和盐度分布见图 5－213。按照南极底层水的温盐范围，该断面深层海域也分布着大量南极底层水。对比 2002 年和 2010 年 A12 断面从底层温度可以看出，该断面深层海水呈现明显的升温趋势：2002 年底层海水最低温度为 －0.8℃；2010 年最低温度为 －0.75℃。统计分析表明该断面 4 000 m 以深海水平均温度 10 年变化趋势为 0.018℃。对比 2002 年和 2010 年 A12 断面底层盐度可以发现，该断面深层海水盐度呈现增加趋势，统计分析表明该断面 4 000 m 以深海水平均盐度 10 年变化趋势为 0.000 9。这表明该断面南极底层水呈现温度升高、盐度增加的趋势。

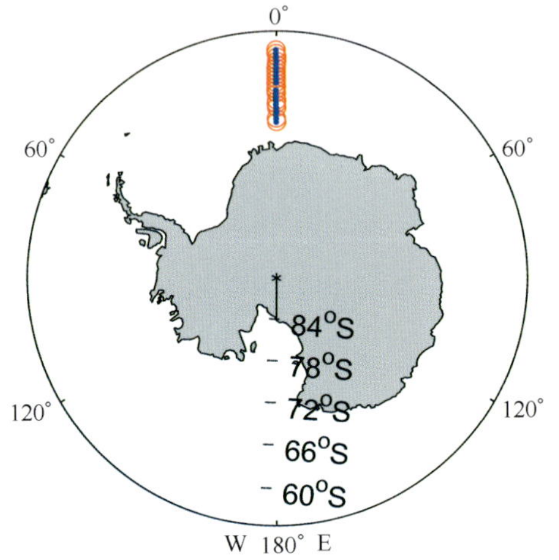

图 5－212　2002 年（红色）和 2010 年（蓝色）年 A12 断面分布情况

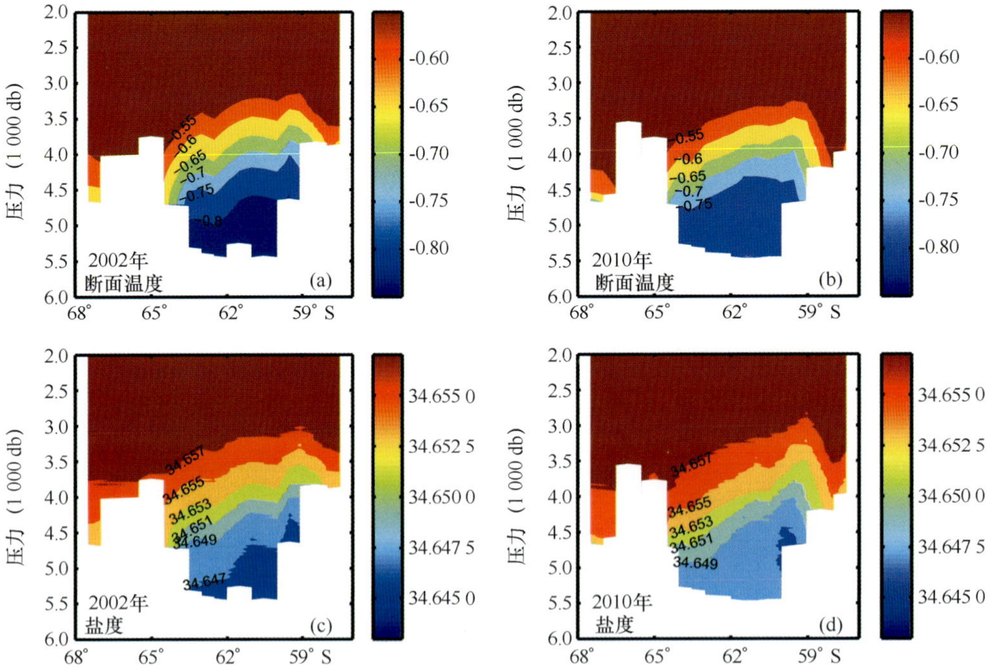

图 5－213　2002 年和 2010 年 A12 断面温度（℃）和盐度分布情况

I06S 断面的两次观测分别在 1993 年和 2008 年（图 5－214）。按照南极底层水的温盐范围，该断面深层海域也分布着大量南极底层水。对比 1993 年和 2008 年 I06S 断面底层温度可

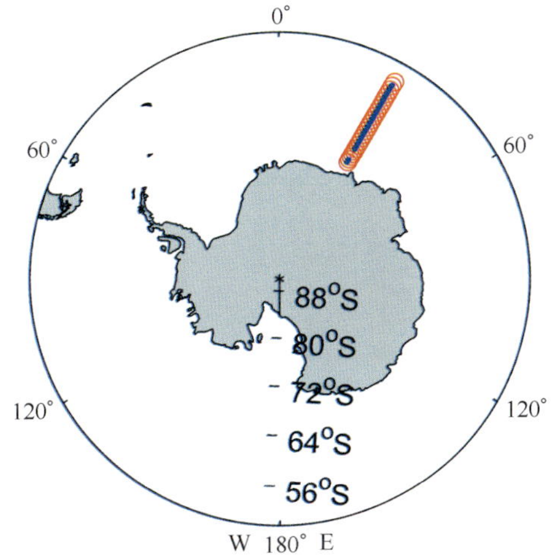

图 5－214　1993 年（红色）和 2008 年（蓝色）年 I06S 断面分布情况

以看出，该断面深层海水呈现明显的升温趋势：1993 年底层海水最低温度为－0.72℃；2008 年最低温度为－0.64℃。统计分析表明该断面 4 000 m 以深海水平均温度变化趋势为 0.038℃/10 年。对比 1993 年和 2008 年 I06S 断面底层盐度可以发现，该断面深层海水盐度呈现增加趋势，统计分析表明该断面 4 000 m 以深海水平均盐度 10 年变化趋势为 0.001 3。这表明该断面南极底层水呈现温度升高、盐度增加的趋势（图 5－215）。

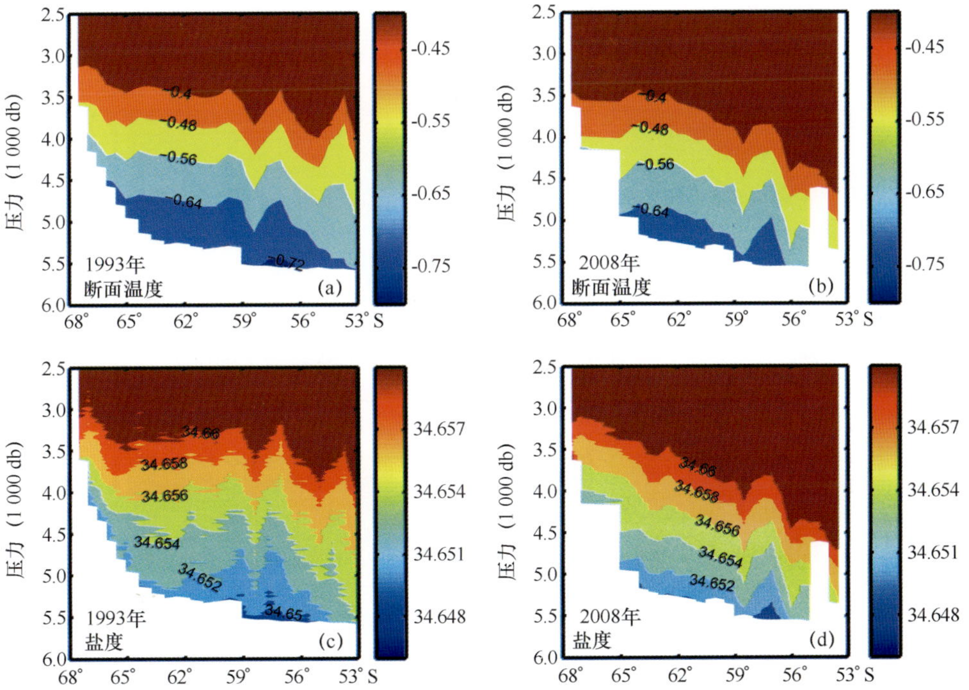

图 5－215　1993 年和 2008 年 I06S 断面温度（℃）和盐度分布情况

通过针对以上 SR04、A12 和 I06S 三条断面观测数据的分析，可以得出近 20 多年来南极底层水在 WEB 海盆呈现温度升高、盐度增加的变化趋势。

我们选取 I08S 断面的两次观测分别在 1995 年和 2007 年（图 5－216）。按照南极底层水的温盐范围，该断面深层海域也分布着大量南极底层水。对比 1995 年和 2007 年 I08S 断面底层温度可以看出，该断面深层海水呈现明显的升温趋势：1995 年底层海水最低温度为 -0.3℃；2007 年最低温度也为 -0.3℃，但是低温海水所占的比例明显减少。统计分析表明该断面 4 000 m 以深海水平均温度 10 年变化趋势为 0.072℃。对比 1995 年和 2007 年 I08S 断面底层盐度可以发现，该断面深层海水盐度存在降低趋势，统计分析表明该断面 4 000 m 以深海水平均盐度 10 年变化趋势为 -0.000 8。以上分析表明该断面南极底层水呈现温度升高、盐度降低的趋势（图 5-217）。

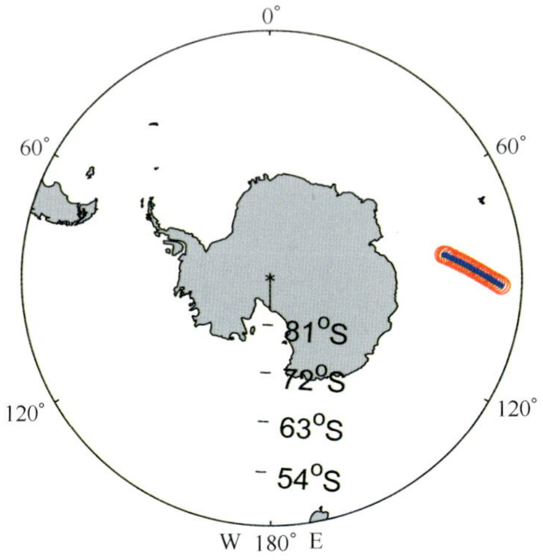

图 5-216　1995 年（红色）和 2007 年（蓝色）I08S 断面分布情况

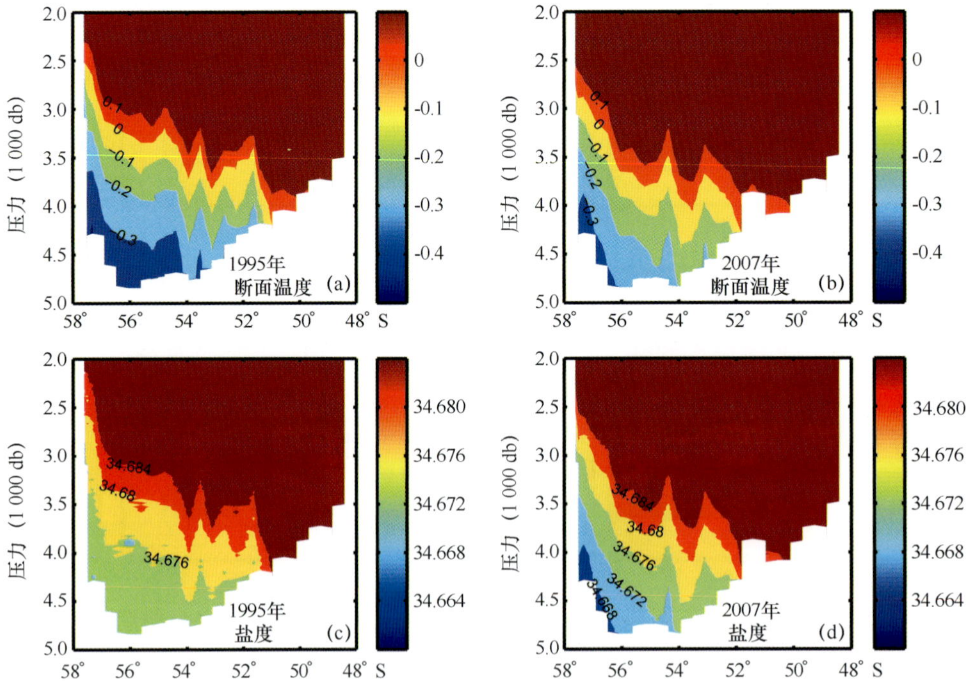

图 5-217　1995 年和 2007 年 I08S 断面温度（℃）和盐度分布情况

我们选取 I09S 断面的两次观测分别在 1995 年和 2005 年（图 5-218）。按照南极底层水的温盐范围，该断面深层海域也分布着大量南极底层水。对比1995年和2005年I09S断面底层温度可以看出，该断面深层海水呈现明显的升温趋势：1995年底层海水最低温度为－0.4℃；2005年最低温度也为－0.4℃，但是低温海水所占的比例明显减少。统计分析表明该断面4 000 m以深海水平均温度10年变化趋势为0.028℃。对比1995年和2005年I09S断面底层盐度可以发现，该断面深层海水盐度呈现降低趋势，1995年底层海水最小盐度为34.672，2005年最小盐度为34.668，统计分析表明该断面4 000 m以深海水平均盐度10年变化趋势为－0.002 4。以上分析表明该断面南极底层水呈现温度升高、盐度降低的趋势（图5－219）。

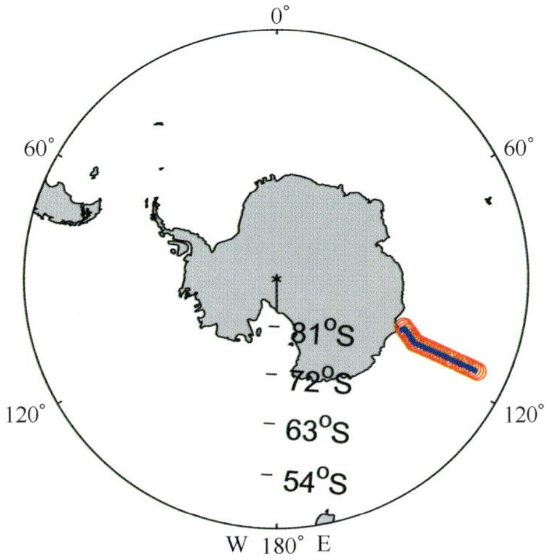

图5－218 1995年（红色）和2005年（蓝色）I09S断面分布情况

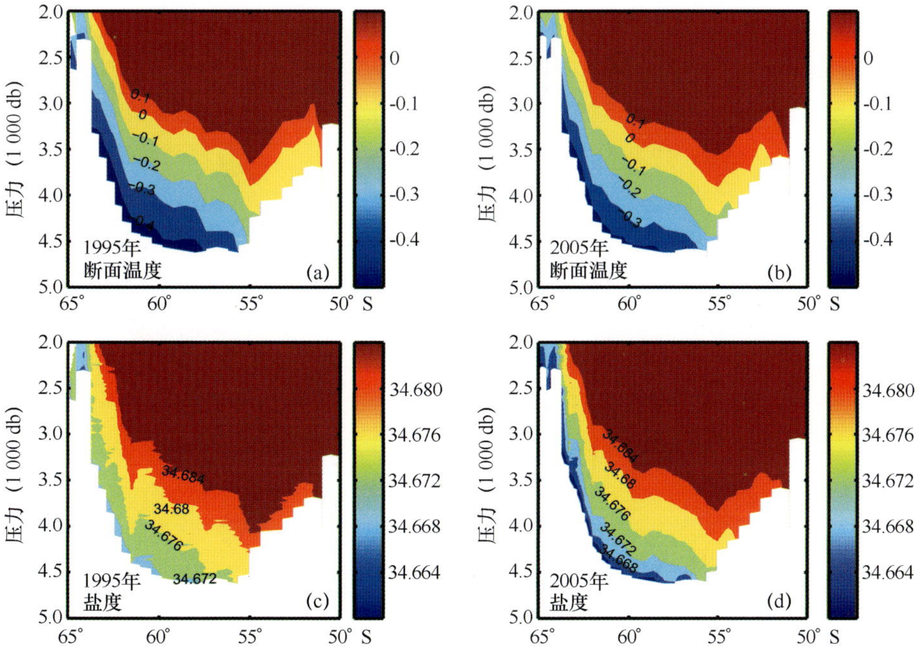

图5－219 1995年和2005年I09S断面温度（℃）和盐度分布情况

我们选取SR03断面的两次观测分别在1994年和2011年（图5－220）。按照南极底层水的温盐范围，该断面深层海域也分布着大量南极底层水。对比1994年和2011年SR03断面底层温度可以看出，该断面深层海水呈现升温趋势：1994年底层海水最低温度为－0.35℃；2011年最低温度也为－0.35℃，但是低温海水所占的比例略少。统计分析表明该断面4 000 m以深海水平均温度10年变化趋势为0.028℃。对比1994年和2011年SR03断面底层盐度可以发现，该断面深层海水盐度呈现降低趋势：1994年底层海水最小盐度为34.672，2011年最小盐度为34.640，统计分析表明该断面4 000 m以深海水平均盐度10年变化趋势为－0.004 7。以上分析表明该断面南极底层水呈现温度升高、盐度降低的趋势（图5－221）。

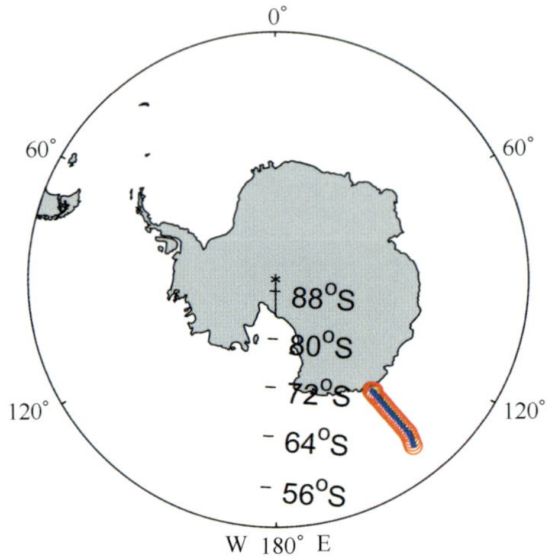

图5－220　1994年（红色）和2011年（蓝色）SR03断面分布情况

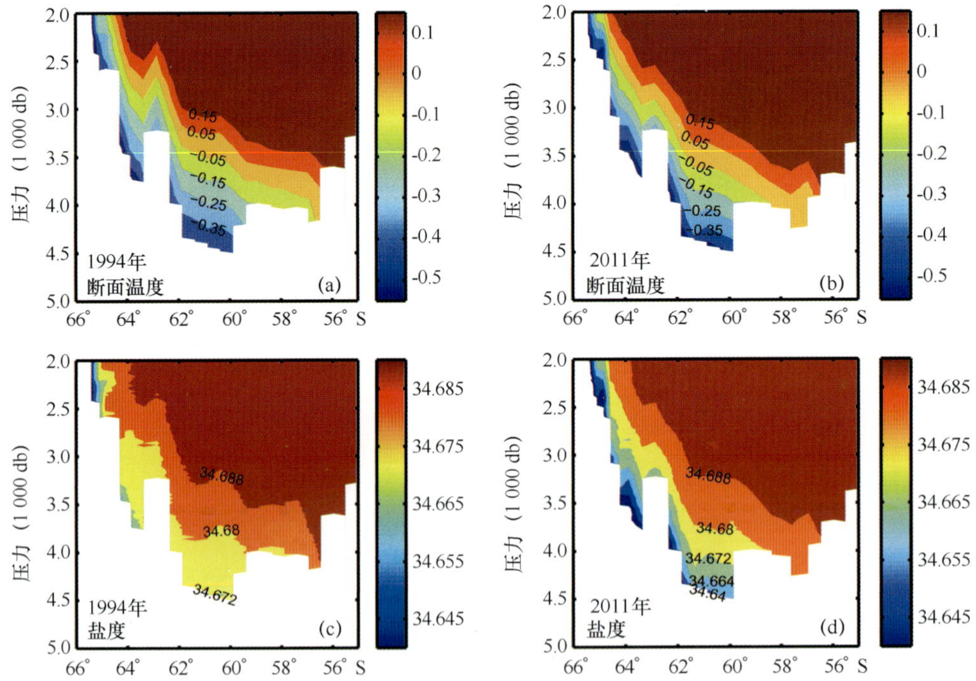

图5－221　1994年和2011年SR03断面温度和盐度分布情况

通过针对以上I08S、I09S和SR03断面观测数据的分析，可以得出近20年来南极底层水在 AAB 海盆存在温度升高、盐度降低的变化趋势。

我们选取 P16S 断面的两次观测分别在 2005 年和 2014 年（图 5 - 222）。按照南极底层水的温盐范围，该断面深层海域也分布着大量南极底层水。对比 2005 年和 2014 年 P16S 断面底层温度可以看出，该断面深层海水呈现升温趋势：2005 年底层海水最低温度为 - 0.10℃；2014 年最低温度为 - 0.045℃。统计分析表明该断面 4 000 m 以深海水平均温度 10 年变化趋势为 0.04℃。对比 2005 年和 2014 年 P16S 断面底层盐度可以发现，该断面深层海水盐度呈现降低趋势，统计分析表明该断面 4 000 m 以深海水平均盐度 10 年变化趋势为 - 0.002 8。以上分析表明该断面南极底层水呈现温度升高、盐度降低的趋势（图 5 - 223）。

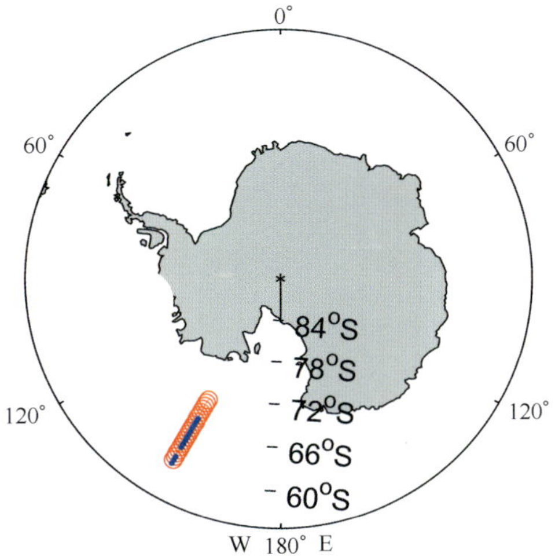

图 5 - 222　2005 年（红色）和 2014 年（蓝色）P16S 断面分布情况

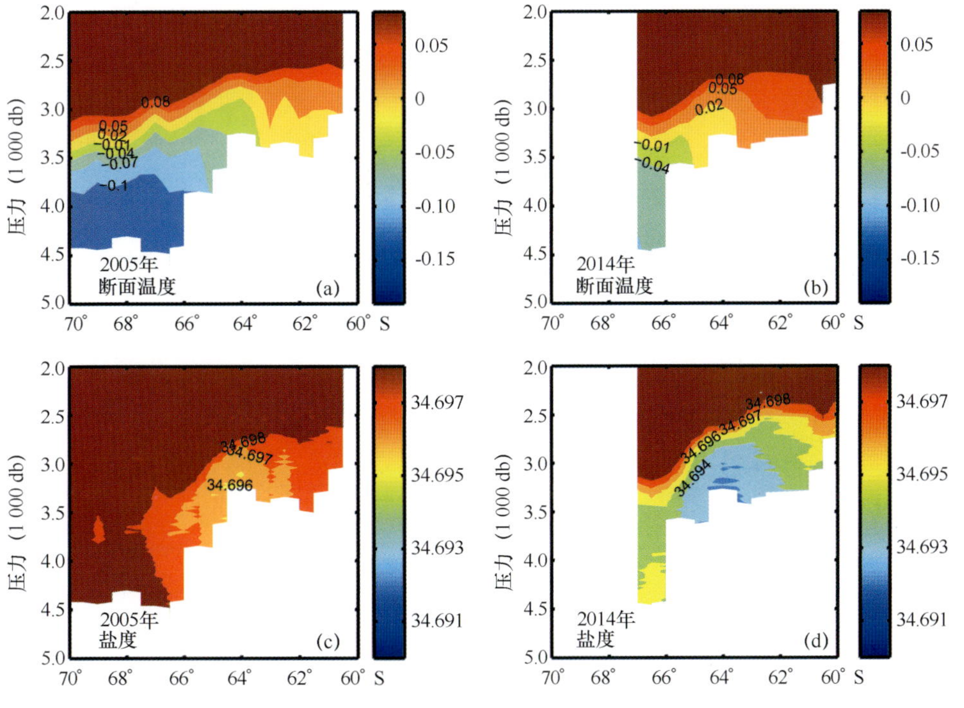

图 5 - 223　2005 年和 2014 年 P16S 断面温度（℃）和盐度分布情况

我们选取 P18 断面的两次观测分别在 1994 年和 2008 年（图 5 - 224）。按照南极底层水的温盐范围，该断面分布的南极底层水很少。对比 1994 年和 2008 年 P18 断面底层温度可以看出，该断面深层海水也呈现升温趋势：1994 年底层海水最低温度为 -0.02℃；2008 年最低温度为 0.06℃。统计分析表明该断面 4 000 m 以深海水平均温度 10 年变化趋势为 0.021℃。对比 1994 年和 2008 年 P18 断面底层盐度可以发现，该断面深层海水盐度呈现增加趋势。统计分析表明该断面4 000 m以深海水平均盐度 10 年变化趋势为 0.001 3。以上分析表明该断面呈现的南极底层水很少，但是该断面底层海水存在温度升高、盐度增加的趋势（图 5 - 225）。

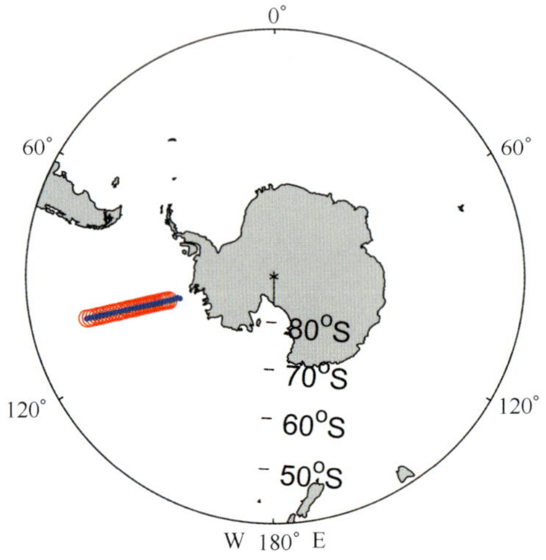

图 5 - 224　1994 年（红色）和 2008 年（蓝色）P18 断面分布情况

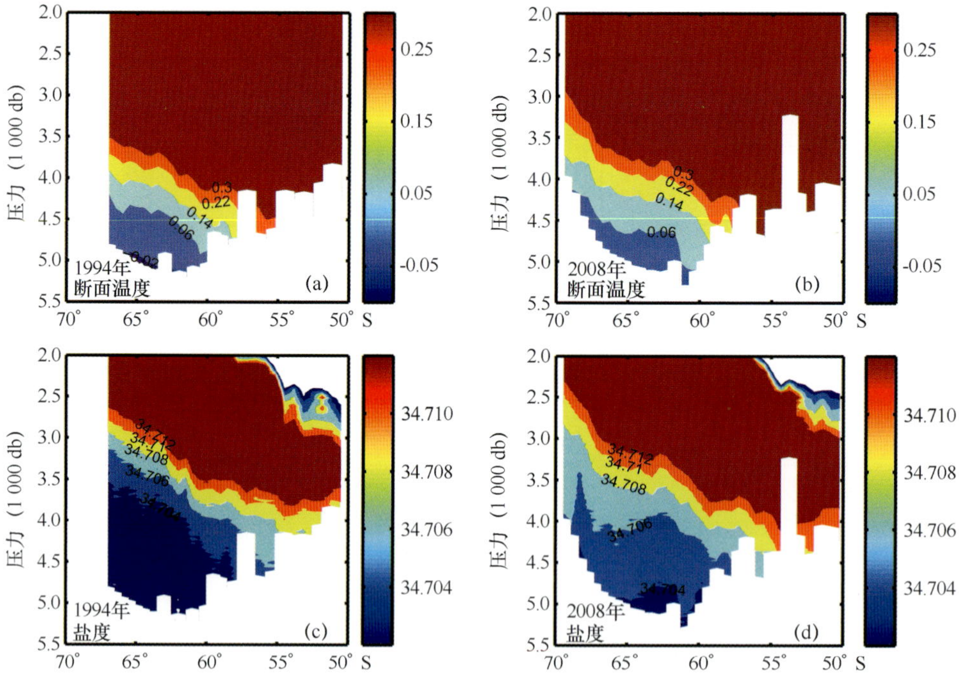

图 5 - 225　1994 年和 2008 年 P18 断面温度（℃）和盐度分布情况

我们选取 S04P 断面的两次观测分别在 1992 年和 2011 年（图 5 - 226）。按照南极底层水的温盐范围，该断面分布的南极底层水主要在 130°W 以西。对比 1992 年和 2011 年 S04P 断面底层温度可以看出，该断面深层海水也呈现升温趋势，尤其是有底层水的海域。1992 年底层海水最低温度为-0.1℃；2008年最低温度为-0.08℃，而且低温海水所占比例明显减少。对比1992年和2011年S04P断面底层盐度可以发现，该断面呈现南极底层水海域的海水盐度呈现明显的降低趋势，但是在130°W以东的高温高盐度海域的海水盐度则呈现明显增加趋势（图5-227）。

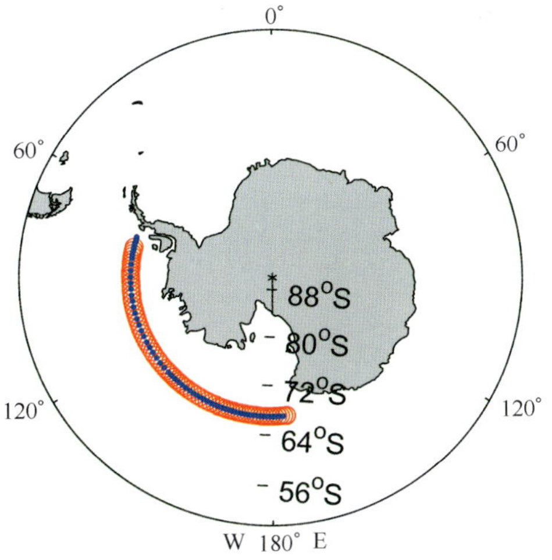

图5-226 1992年（红色）和2011年（蓝色）S04P断面分布情况

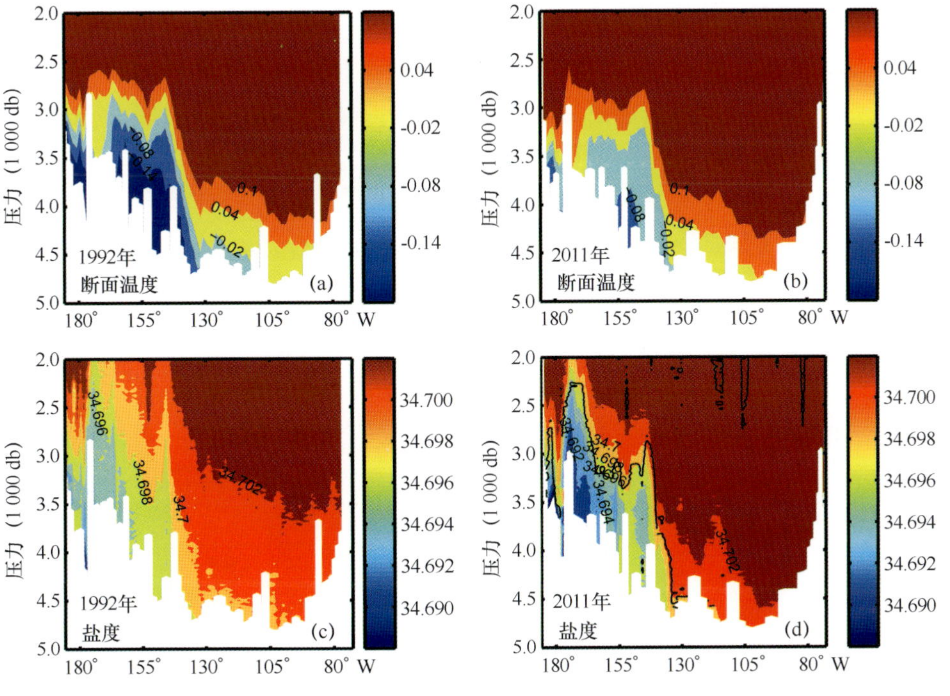

图5-227 1992年和2011年S04P断面温度（℃）和盐度分布情况

通过以上对ABB海盆3条观测断面的观测数据分析显示，ABB海盆存在南极底层水的区域（130°W以西）海水温度呈现增温趋势，海水盐度呈现降低趋势。而在ABB海盆的东侧（130°W以东）海域海水温度呈现增温趋势，海水盐度也呈现增加趋势。

通过对以上3个深海盆底层水的变化趋势分析表明，南极底层水在南大洋海域均呈现温度升高的趋势，但是海水盐度变化趋势具有区域不一致性。在WEB海盆，南极底层水的盐度呈现增加趋势，在AAB和ABB海盆，南极底层水的盐度呈现减小趋势。在WEB海盆3条断面 4 000 m 以深温度 10 年变化趋势分别为 0.024℃、0.018℃和 0.038℃，盐度 10 年变化趋势分别为 0.001 6、0.000 9 和 0.001 3。在 AAB 海盆 3 条断面 4 000 m 以深温度 10 年变化趋势为 0.072℃、0.028℃和 0.028℃，盐度 10 年变化趋势分别为 -0.000 8，-0.002 4 和 -0.004 7。在 ABB 海盆的 P16S 断面 4 000 m 以深温度 10 年变化趋势为 0.045℃，盐度 10 年变化趋势为 -0.0028。

5.4.2 亚南极模态水的变化趋势分析

亚南极模态水（SAMW）是大洋最主要的水团之一，它是温盐性质单一的宏大水体，主要分布在亚南极锋（SAF）北侧（Mc Cartney，1977，1982）。它作为南大洋经向环流的一部分，能够输运到中低纬度的大洋深处，对全球热量、淡水、碳循环和营养盐平衡等有重要贡献（Sloyan and Rintoul，2001；Sabine et al.，2004）。

主要是利用 2005—2014 年的 Argo 数据进行研究。目前全球共有 Argo 3750 个，自 2005 年以来，南大洋 Argo 的数量稳步上升，每月有超过 3 000 个 Argo 剖面资料，为我们诊断 SAMW 的特征和变化带来了机遇（图 5-228、图 5-229）。

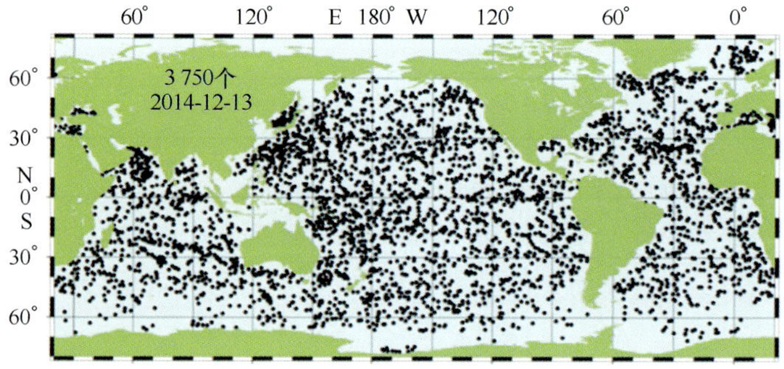

图 5-228　截至 2014 年 12 月全球 Argo 的分布状况

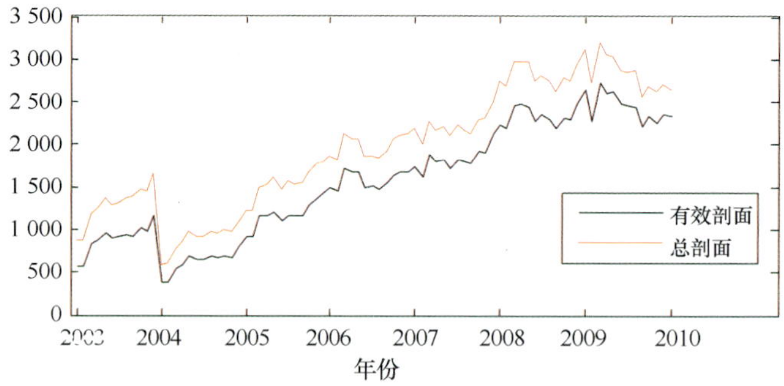

图 5-229　南大洋 30°S 以南 Argo 剖面的逐月数量

从图 5-230 可以看出，SAMW 主要分布在 SAF 的北侧，厚度超过 800 m 的 SAMW 分布在 60°E—120°W 之间，最厚的地方是在南大洋的中太平洋海域，厚度接近 1 000 m，大西洋海域的 SAMW 相对较薄。SAMW 处于 100～660 m 范围内，它的季节变化主要由风应力旋度和浮力影响，在南半球冬季，负的风应力旋度和负的浮力都使得模态水上涌，在很多地方露出海面。

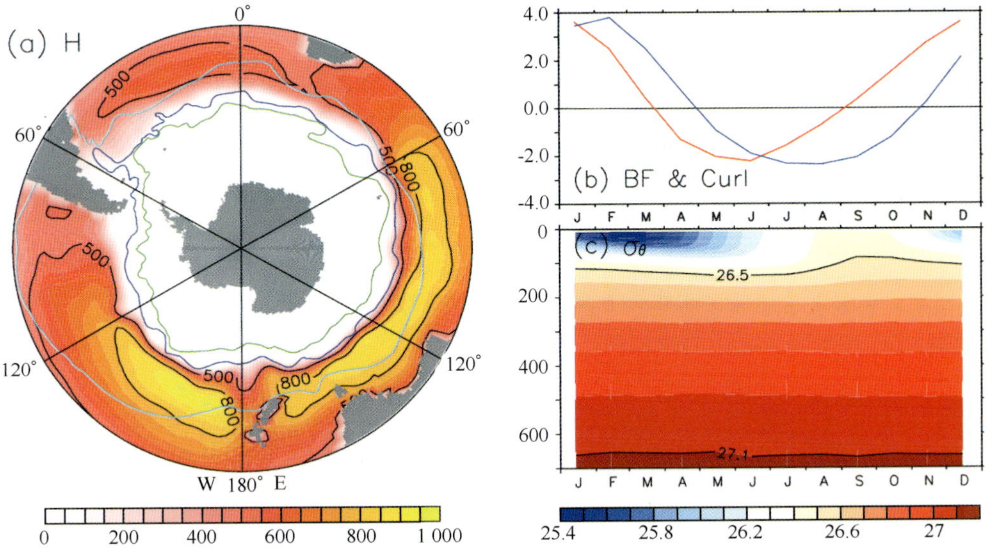

图 5-230 (a) SAMW 厚度的水平分布（蓝线表示 SAF，青线表示 STF）；(b) 风应力旋度（蓝线）和浮力（红线）的年循环；(c) SAMW 覆盖区域平均的位势密度剖面的年循环

近 10 年的 Argo 资料显示（图 5-231），SAMW 正在以每年 3.6 m ± 0.3 m 的速度增厚，以每年 2.5 m ± 0.2 m 的速度下沉。而且平均厚度的第一主成分也表现出了类似的增加趋势。研究表明，加强的风应力旋度引起海表面升高，从而产生异常的下沉流动，所以造成了 SAMW 的整体下沉，而 SAMW 的增厚主要反映在该水团的底部。

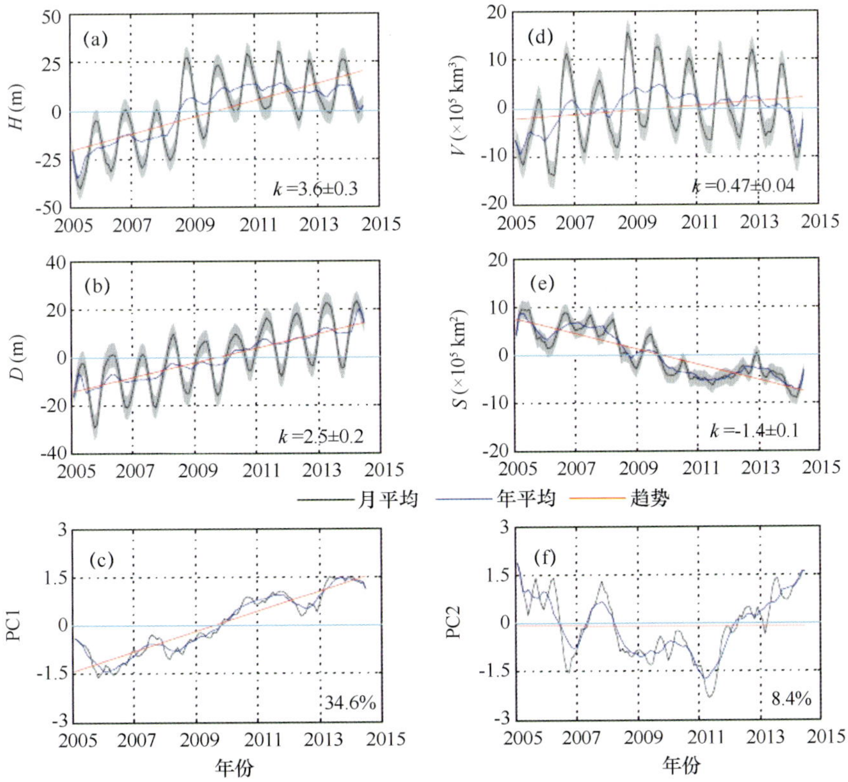

图 5-231 SAMW 的长期变化 (a) 厚度；(b) 平均深度；(c) 厚度变化 EOF 的第一主成分；(d) 体积；(e) 面积；(f) 厚度变化 EOF 的第二主成分

5.4.3 南极绕极流特征分析

强劲的南极绕极流沿着纬向从西向东流动，并伴随着复杂多变的海洋锋面，主导着整个南大洋的海洋环流系统。气候平均的海表面温度（1997—2012 年的平均值）梯度被用来描述南大洋海洋锋面位置和强度的变化（Gao et al.，2013）。大多数海表面温度梯度的高值位于亚热带锋和亚南极锋之间的亚南极区，从图 5－232 可以很清楚地看出，海表面温度梯度的最大值（超过 3.5℃/100 km）位于西南印度洋的阿加勒斯回流区，其次的高值（超过 2℃/100 km）位于巴西暖流和马尔维纳斯寒流的交汇区。

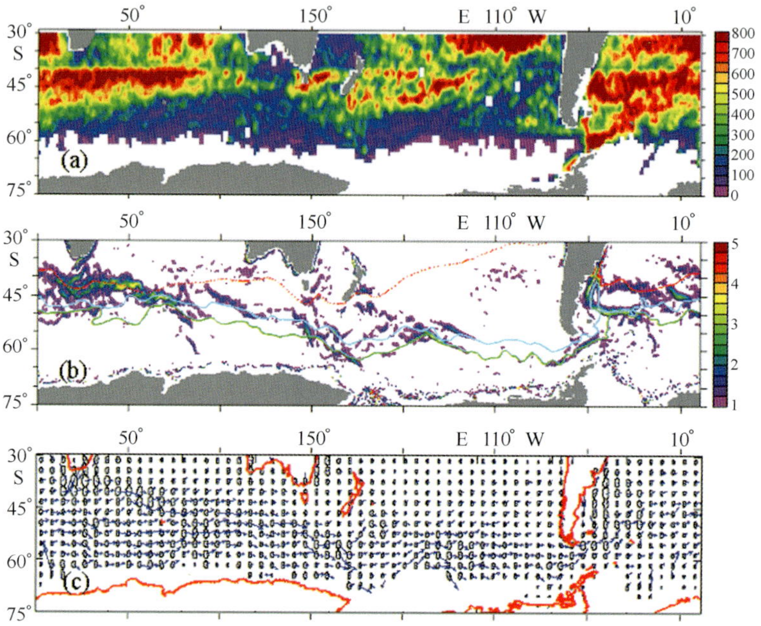

图 5－232 南极绕极流特征

(a) 每个网格（1°×1°）内部历史漂流浮标的采样数量；(b) 海表面温度梯度（单位：℃/100 km）和主要海洋锋面（红色，亚热带锋面；蓝色，亚南极锋面；绿色，极地锋面）；(c) 标准方差椭圆和海表面流场

标准方差椭圆能够表示流速标准差的变化，是用来展示流速矢量大小和方向变化的有效方法。值得注意的是，椭圆的主轴并不是指向平均流速的方向，而是指向流速矢量变化的主分量方向。在南极绕极流的流核上，大多数标准方差椭圆的长轴指向南北方向，这说明南极绕极流的经向流比纬向流更加不稳定，而这种不稳定主要是由南极绕极流的经向摆动引起的。

由图 5－233 可以看出，阿加勒斯回流和东澳大利亚暖流都是南极绕极流稳定的流量补充，由巴西暖流和马尔维纳斯寒流形成的反气旋式环流常年都比较稳定。南极绕极流气候平均流速的季节变化和南大洋风速的季节变化具有很强的相似性（图 5－234）。流速最小值（23.5 cm/s）发生在 2 月，对应着最小风速（3.7 m/s）；到了南半球的冬季，流速（最大值 31 cm/s）随着西风应力（最大值 5 m/s）的增加而显著增强。此外，南极绕极流从非洲南部向东呈现逐渐减弱的趋势。最大平均流速（超过 42 cm/s）出现在西南印度洋，最小平均流速出现在南大西洋（16 cm/s）。

图 5－235 给出了不同季节内流速分量沿经向和纬向平均的变化情况。结果显示无论是沿经向平均还是沿纬向平均，纬向流速在南半球的冬季都要比夏季大 2～8 cm/s。与纬向流相

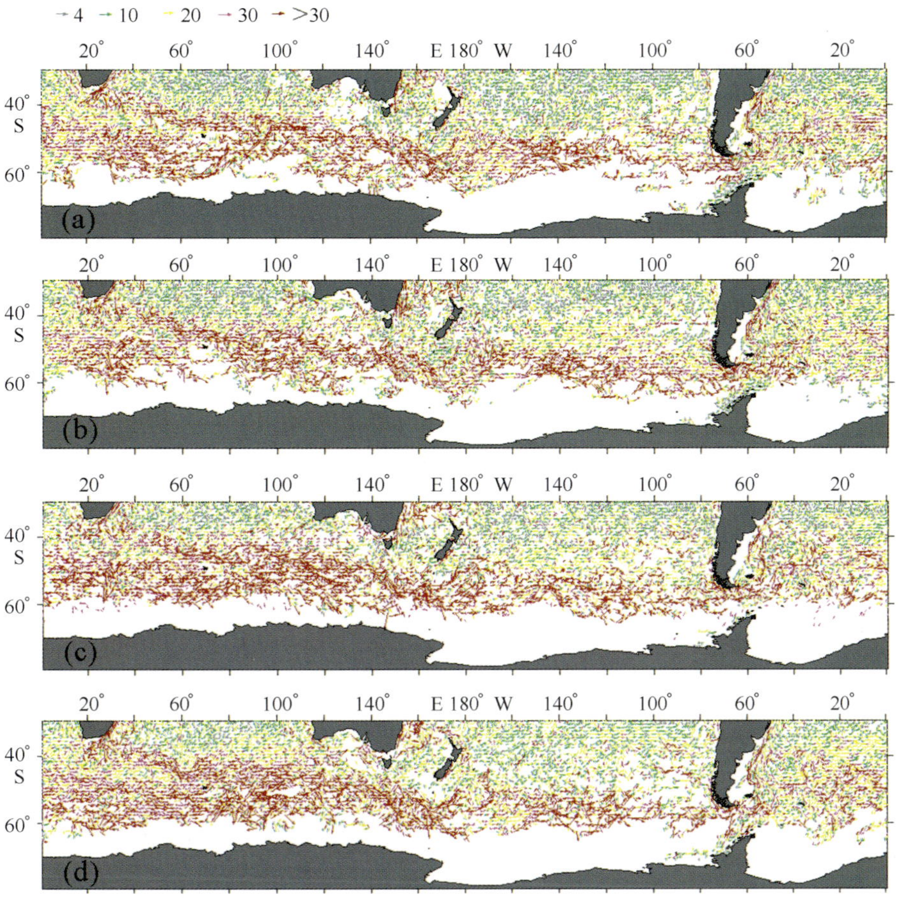

图 5-233　南大洋不同季节的海表面流场（单位：cm/s）
（a）9—11 月；（b）12 月至翌年 2 月；（c）3—5 月；（d）6—8 月

比，经向流的变化更加复杂，53°S 以南和 37°S 以北的经向流在南半球冬季要强于夏季，但在 37°—53°S 之间情况发生了反向变化。另外，在 60°—70°W 之间的极值主要是由德雷克海峡附近很强的纬向流和经向边界流引起的。

由图 5-236 可以看出，南大洋的表层海流与地转流在强度和方向上都很接近，这说明地转流是南极绕极流的重要组成部分。因此，我们可以推断由漂流浮标资料得到的海表面流场与地转流在能量特征方面应该一致。

下面从能量的角度讨论南极绕极流的特征。涡旋过程在能量平衡中有两个主要的作用：动能转化和能量再分配。涡动动能、平均动能、二者之间的比值以及涡动动能的均方根如图 5-237 所示。可以看出，在南极绕极流的流核上，涡动动能和平均动能显著强于其他海区，超过 300 cm^2/s^2 的涡动动能最大值出现在阿加勒斯回流区和巴西—马尔维纳斯海流交汇区，这与温度梯度分布特征非常相似，南大洋是世界大洋中涡动能量最强的区域之一。相比之下，平均动能也有类似的分布，其量值是涡动动能的 2 倍。

涡动动能和平均动能的比值可以看作正压不稳定性的一种判据。值得注意的是，该比值在南极绕极流的流核上（外）数值很小（大）。也就是说，在大多数主流区，平均流动比瞬时扰动的作用要大；而在主流区之外，海洋内部的可用势能主要以涡旋耗散的方式消耗掉。例如，在流核区涡旋耗散占了平均动能的 40%，而在流核区之外，80% 的平均动能用于涡旋

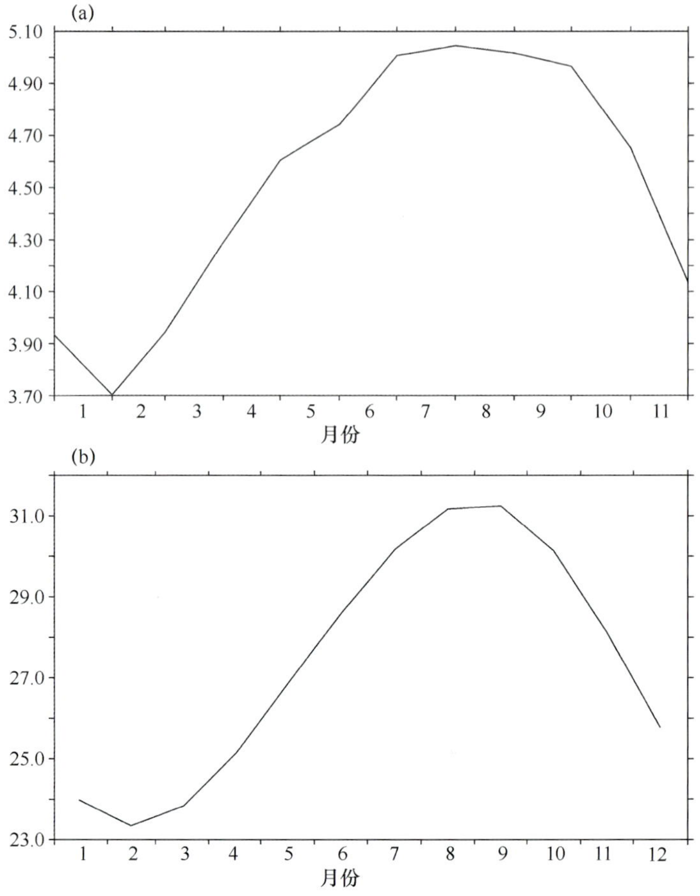

图 5 - 234　南大洋年平均风速和海表面流速的循环（35°—65°S，180°W—180°E）

（a）风速（单位：m/s）；（b）海表面流速（只计算了超过 20 m/s 的流速，单位：cm/s）

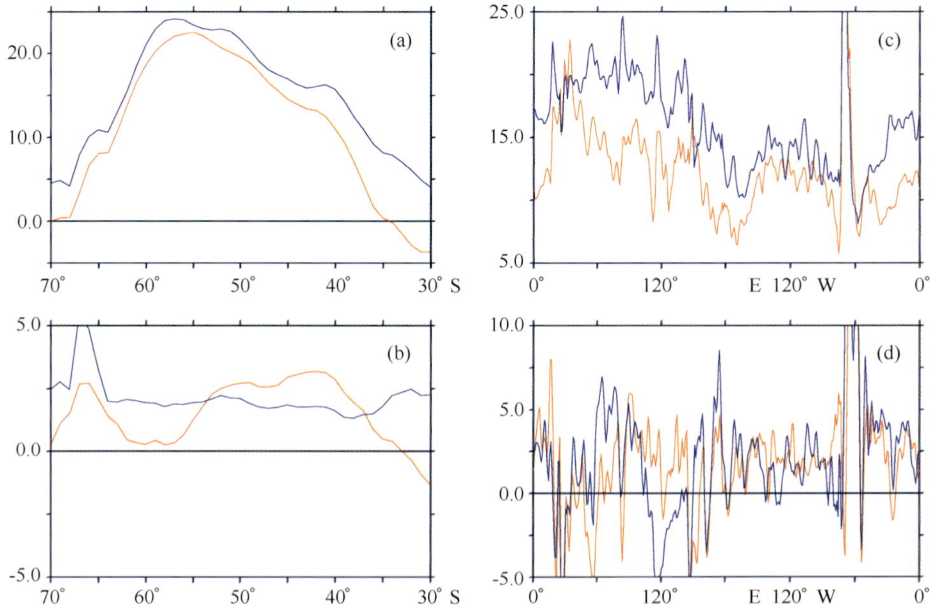

图 5 - 235　南大洋纬向流（a）和经向流（b）沿经向（c）和纬向（d）平均的变化

（来自漂流浮标的结果，单位：cm/s，红线，12 月至翌年 2 月的平均值；蓝线，6—8 月的平均值）

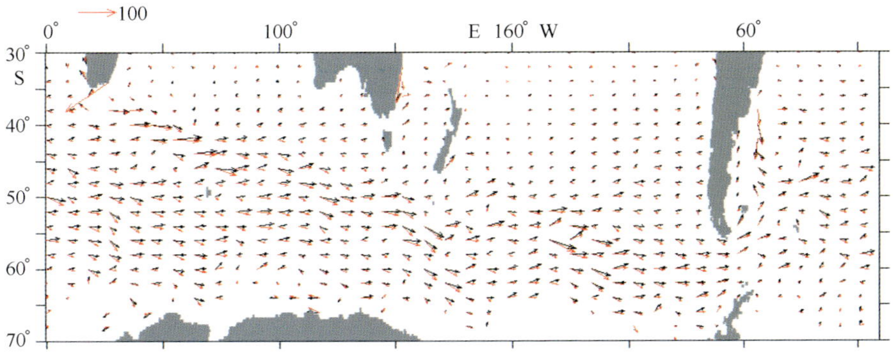

图 5－236　由漂流浮标资料得到的南大洋气候平均的海表面流场（黑色）和 1993—2002 年平均的地转流场（红色）（单位：cm/s）

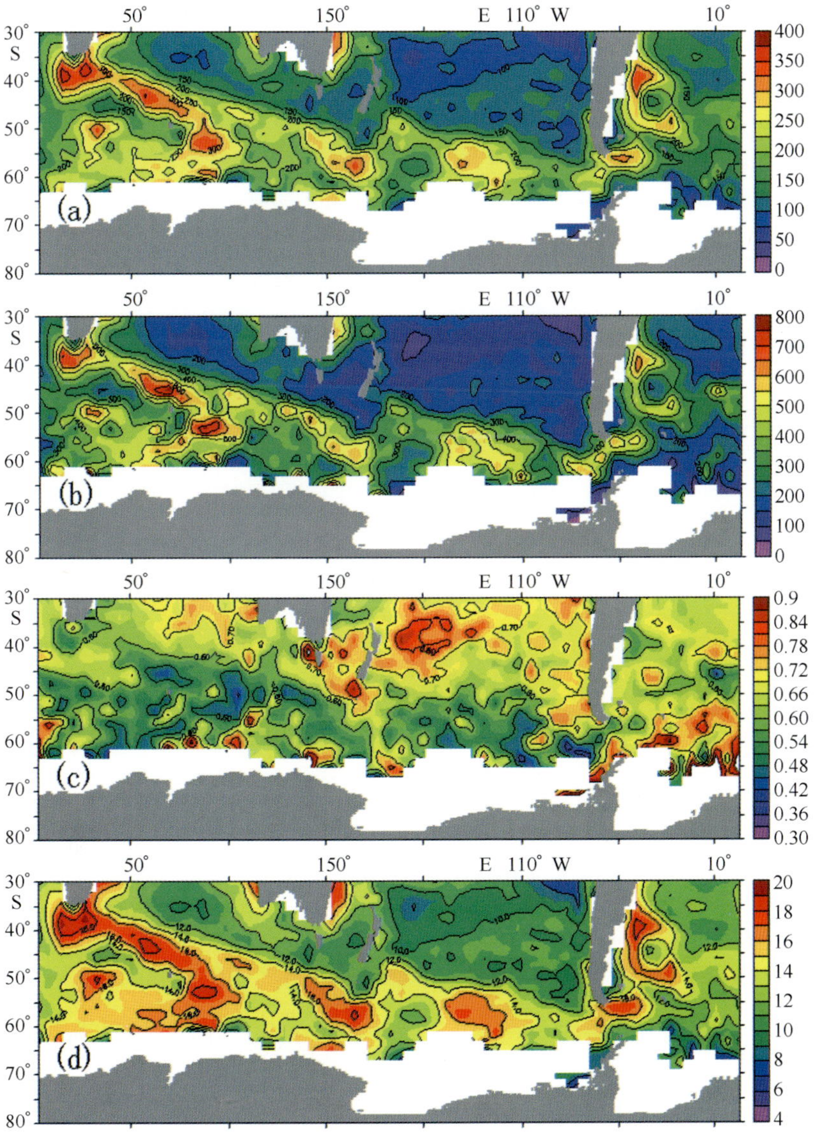

图 5－237　南大洋能量分布

（a）涡动动能（单位：cm^2/s^2）；（b）平均动能（单位：cm^2/s^2）；（c）涡动动能与平均动能的比值（单位：cm^2/s^2）；（d）涡动动能均方根（单位：cm/s）

耗散。涡动动能的均方根与流速的量值接近，它能清楚地表示流速扰动的强度分布。如图5-238所示，几乎所有的流核区域都存在很强的流速扰动。

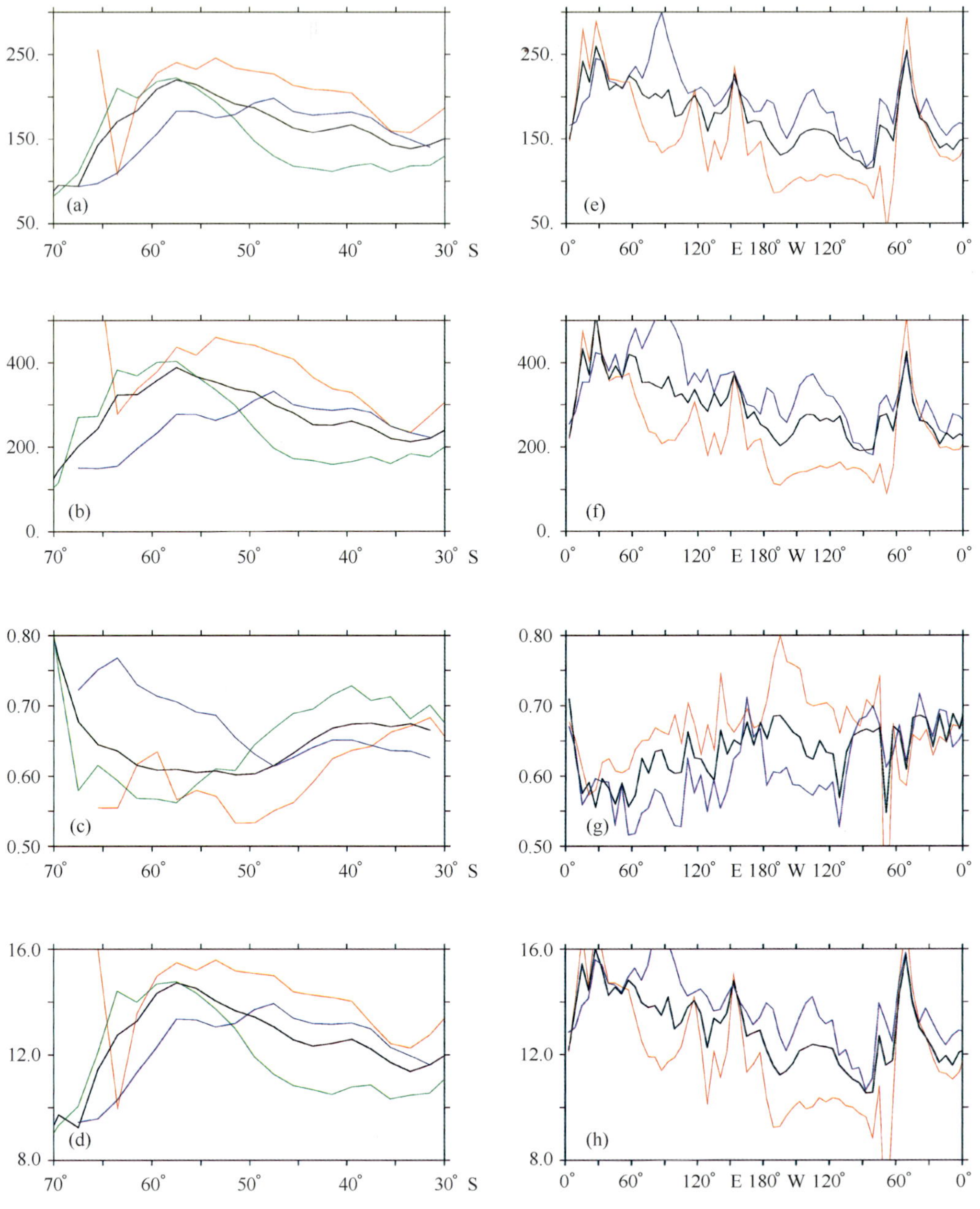

图5-238 南大洋能量沿经向（a，b，c，d）和纬向（e，f，g，h）的变化（单位：cm^2/s^2）

（a）涡动动能；（b）平均动能；（c）涡动动能与平均动能的比值；（d）涡动动能均方根（单位：cm/s）（黑线，整个南大洋的平均值；红线，南印度洋的平均值；绿线，南太平洋的平均值；蓝线，南大西洋的平均值）；（e）～（f）与（a）～（d）一致，但是沿纬向的变化（黑线，整个南大洋的平均值；红线，南大洋北部30°—45°S的平均值；蓝线，南大洋南部45°—60°S的平均值）

收集了所有可用的表面漂流浮标资料来研究南极绕极流的平均结构、变化规律和能量特征。主要结果总结如下。

（1）表面漂流浮标观测足以用来分析南极绕极流的表层海流结构和变化特征。强劲的南极绕极流沿着纬向从西向东流动，并伴随着复杂多变的海洋锋面，主导着整个南大洋的海洋环流系统。海表面温度梯度的最大值主要出现在阿加勒斯回流区和巴西—马尔维纳斯海流交汇区。

（2）流场的标准方差椭圆表明，阿加勒斯回流和东澳大利亚暖流是南极绕极流重要的流量补充。在南半球的冬季，南极绕极流的流速随着西风的增强而增强。在南极绕极流经向摆动的影响下，流核上的经向流速比纬向流速具有更加不稳定的特征。另外，南极绕极流从非洲南部开始自西向东逐渐减弱。

（3）从能量角度讨论了南极绕极流的特征。平均动能、扰动动能及其均方根在流核区域都很强，扰动动能和平均动能的比值的趋势恰恰相反，强（弱）能量分布区域的涡旋耗散反而比较弱（强）。

（4）从经向和纬向的能量变化进一步讨论了南极绕极流的细节特征。除了扰动动能和平均动能的比值之外，所有的能量形式都呈现了从西向东减弱的趋势。涡动耗散对南大洋北部的平均动能影响更大。

5.4.4 南半球环状模的变化趋势对 CO_2 源汇的影响

收集了 1993—2011 年之间，SR03 断面的南半球夏季航次数据，用来评价南半球环状模（SAM）的变化对该断面海域的 CO_2 源汇的影响。图 5－239 所示为 WOCE 1994 年设置的 SR03 水文断面的位势密度和盐度。在 2000 年前后，SAM 的位相发生明显的翻转，海洋、大气、海气之间的 CO_2 分压在这时候发生明显变化。在极区（PZ）和极锋区（PFZ），2000 年之前海洋 CO_2 分压增长快于大气，2000 年增速变缓；但在亚南极区（SAZ），海洋 CO_2 分压的增速一直比大气快。SAM 的位相变化对 PZ 和 PFZ 海洋 CO_2 分压有明显影响。这是由于背景经向翻转环流的存在，使得不同区域对 SAM 位相变化的响应不同（Xue et al.，2015）。图 5－240 所示为 1 月的 SAM 时间序列。图 5－241 为 CO_2 分压在不同锋区的时间变化。

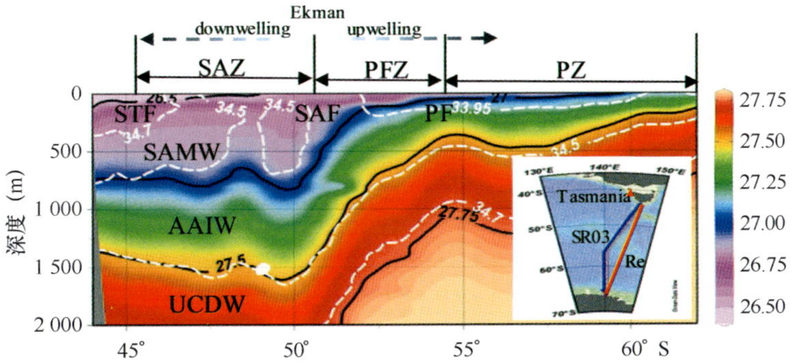

图 5－239 WOCE 1994 年设置的 SR03 水文断面的位势密度（颜色）和盐度（白线）

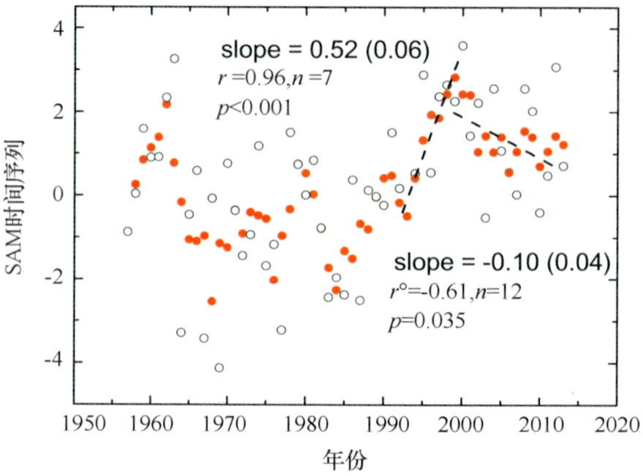

图 5-240　1 月的 SAM 时间序列

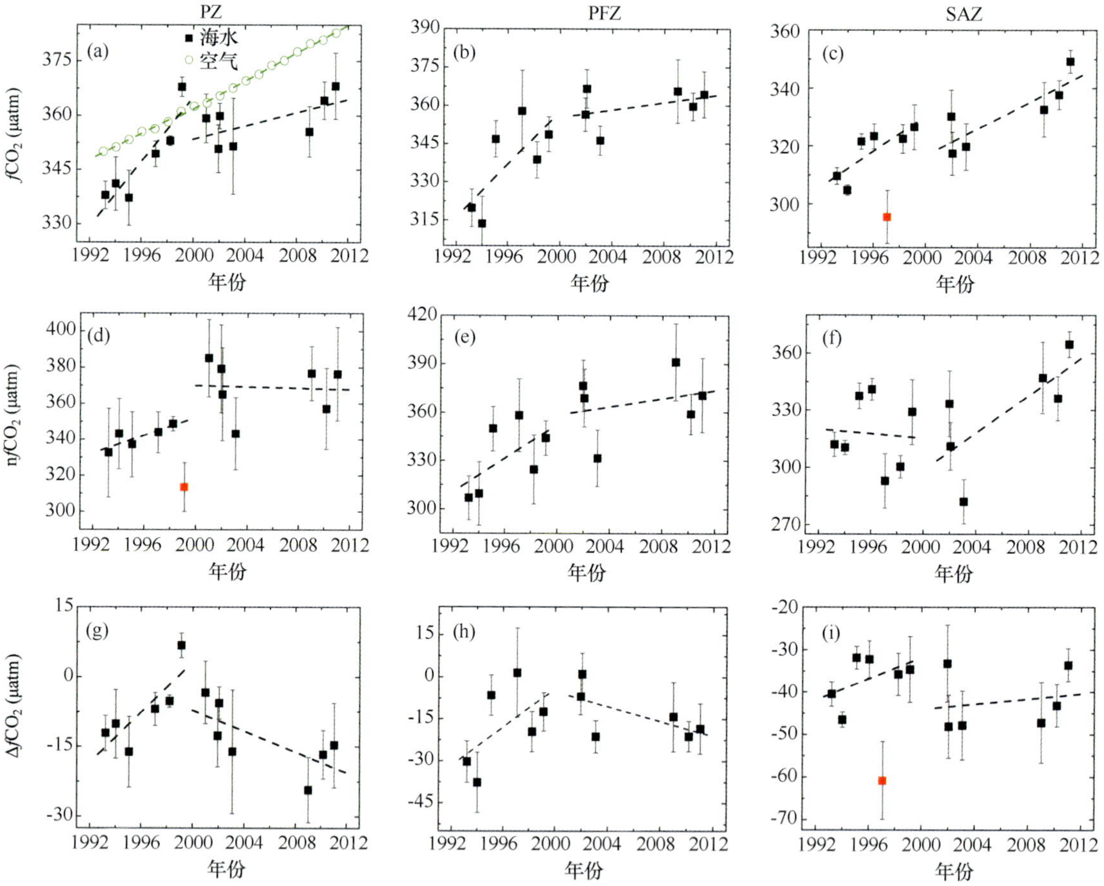

图 5-241　CO_2 分压在不同锋区的时间变化

（a）～（c）海表 CO_2 分压在不同锋区的时间变化；（d）～（f）用海温标准化后的海表 CO_2 分压在不同锋区的时间变化；（g）～（i）海气 CO_2 分压差在不同锋区的时间变化

5.4.5　普里兹湾海域水团分析

利用第 15 次、第 16 次、第 21 次、第 25 次、第 26 次、第 27 次南极考察在普里兹湾及邻近海域所获取的 CTD 观测数据，对该海域多年水文特征进行了对比性分析，主要结果如下（图 5-242 至图 5-246）。

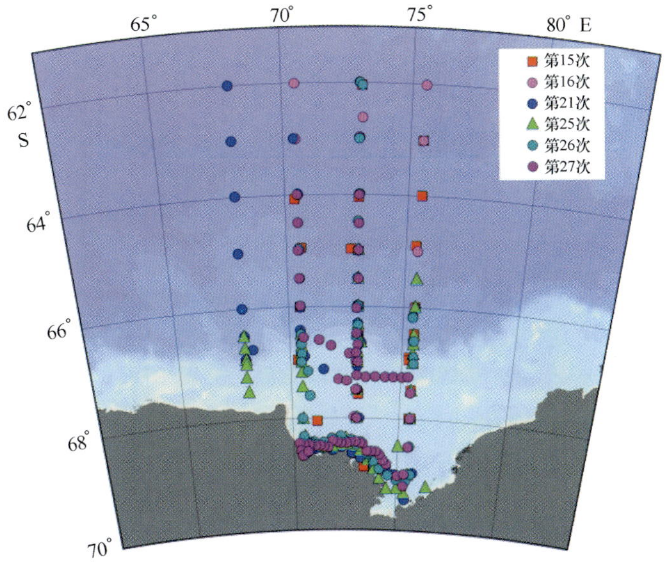

图 5-242 各航次站位分布

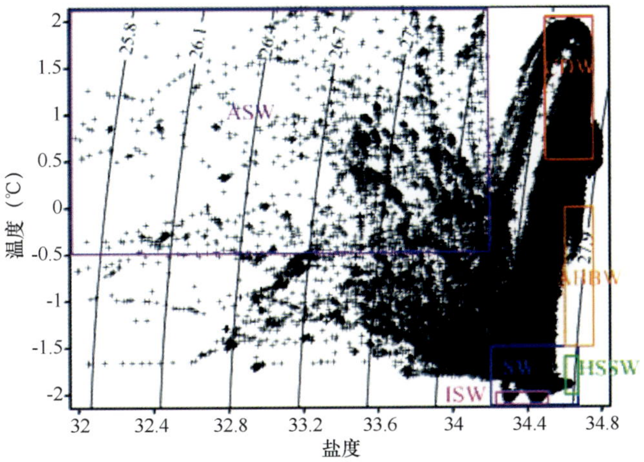

图 5-243 选取的 6 个航次 TS 散点

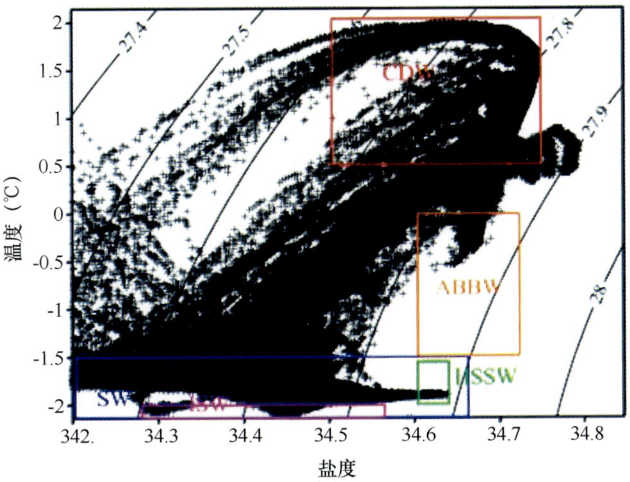

图 5-244 6 个航次中盐度大于 34.2 的 TS 散点

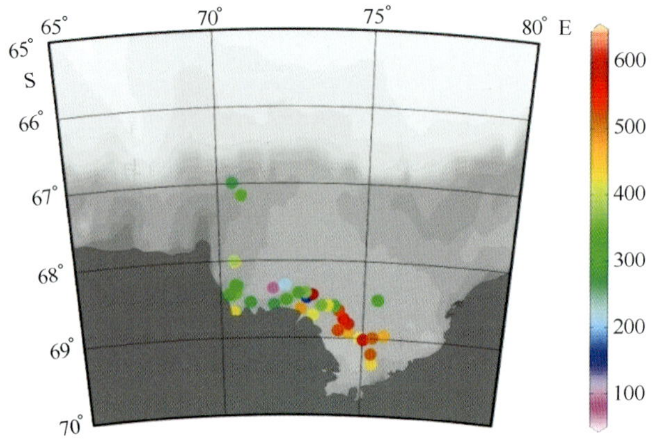

图 5-245　ISW 的最大深度分布

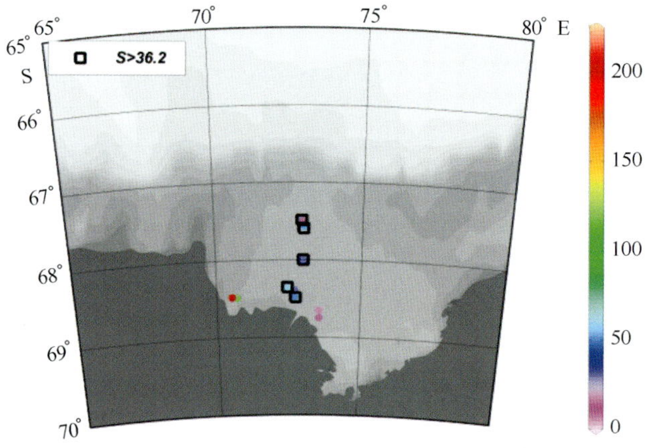

图 5-246　高盐陆架水站位分布

（1）普里兹湾及邻近海域水团主要包括南极表层水、普里兹湾陆架水、绕极深层水和南极底层水。夏季表层水呈散射状分布，温盐变化幅度最大，在 -0.50 ~ 1.00℃，33.50 ~ 34.20 范围内相对比较集中；绕极深层暖水的分布范围和温盐特征都比较稳定，最高核心温度达到 2.00℃；南极底层水在各航次均有出现，其温度最低值为 -0.56℃，盐度最高值为 34.69，最大位势密度为 27.85。

（2）ISW 主要分布在埃默里冰架前缘和 70°30′E 断面上，沿 70°30′E 断面最北可扩展至陆坡附近。ISW 的最大厚度为 304 m，与海面冰点温度相差最大为 -0.22℃，深度、位温和盐度变化范围分别为 52 ~ 602 m，-2.11 ~ -1.99℃和 34.28 ~ 34.50。冰架前缘东西两部分的冰架水性质有较大差异，可能有不同来源。最冷的 ISW 过冷水出现在冰架前缘西部。

（3）HSSW 主要分布在埃默里冰架前缘和 73°E 断面 67°30′—68°45′S 范围内，最大厚度为 202 m，深度、位温和盐度变化范围分别为 532 ~ 984 m，-1.90 ~ -1.88℃和 34.60 ~ 34.64。HSSW 在普里兹湾区存在较少且有显著的年际变化。在 6 个航次中有 3 个航次、6 个站位上发现盐度大于 34.62 的 HSSW，均位于 73°E 断面附近，纬度范围从冰架前缘至 67°30′S 左右。最大厚度为 30 m，盐度最高值为 34.64，对应的位势密度为 27.89。

（4）夏季表层温盐分布时空变化特征显著。埃默里冰架前缘有一个高温水团，最高温度达到 3.55℃，与 68°00′S 以北的低温水形成很强的温度锋面。此外，在 67°00′S 以北的海区，第 21 航次和第 26 航次的温度等值线趋于南北走向，这一现象推测与断面之间的调查时间存在较大差异有关。

（5）绕极深层水在第 15 航次涌升至 100 m 层以浅，涌升最明显的海域在 63°00′—64°00′S，73°E 断面涌升最强。绕极深层水涌升强度随时空的变化，直接影响到南极陆坡锋的锋面强度和位置，同一航次不同断面和同一断面不同航次锋面的强度和位置均会发生变化。但总体上讲，锋面变化范围在 63°00′—66°00′S 之间，73°E 断面的锋面强度在所有断面中最强。

5.4.6 普里兹湾环流特征分析

对普里兹湾的环流研究不多。最早于 1967 年 Grigor yev 通过动力高度计算给出了普里兹湾水平环流的基本结构。乐肯堂等（1997）根据中国南极考察资料也获得了普里兹湾的地转流场。史久新等（2000）通过局域模式，给出了该海域的季节流场（图 5－247）。高郭平等（2013）给出了该海域流场的示意图。普里兹湾里面总体为气旋式环流，陆坡处为自东向西的环南极流（图 5－248）。

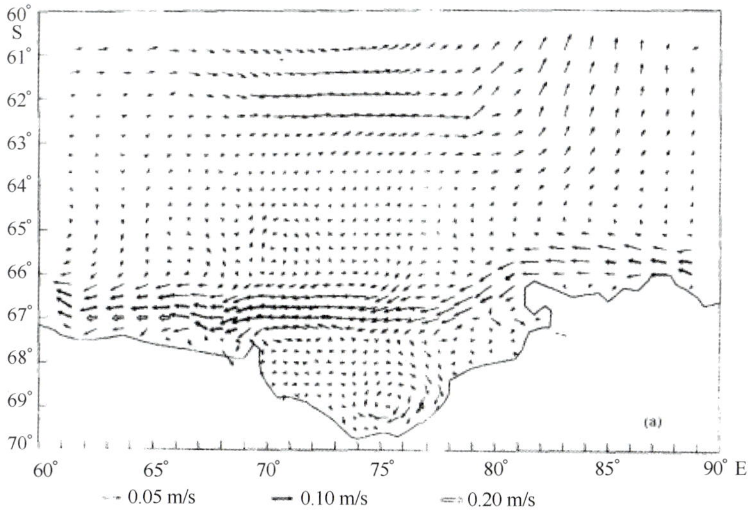

图 5－247　模式模拟的夏季表层流场（引自史久新等，2000）

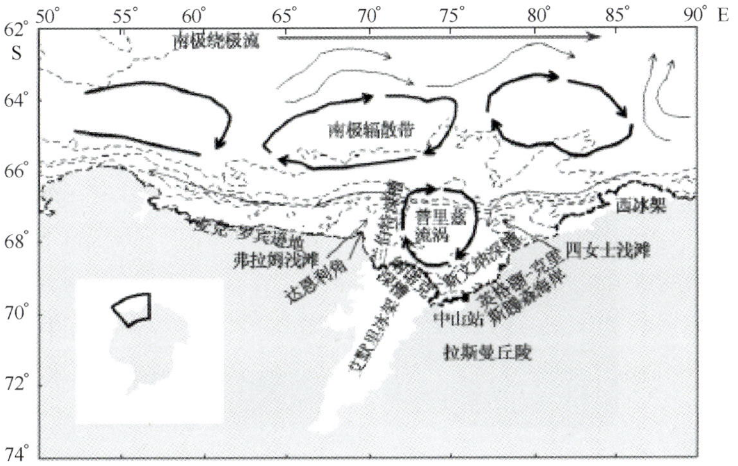

图 5－248　普里兹湾海域表层流场示意图（引自高郭平等，2013）

我们对普里兹湾的表层环流分析主要利用最近几年在该海域布放的海表漂流浮标资料（图 5－249 至图 5－252）。可以清楚地看到：一部分漂流浮标经普里兹湾内部的气旋式环流沿着陆坡自东向西流动；一部分从湾口向北流动，之后绕过凯尔盖朗海台加入南极绕极流。统计得出几点结论：气旋式涡旋占主导，超过 80%，与背景环流相关；生命周期 2～4 天居多，接近 50%；直径大小随生命周期增加而增加；离心率在 2 附近波动。

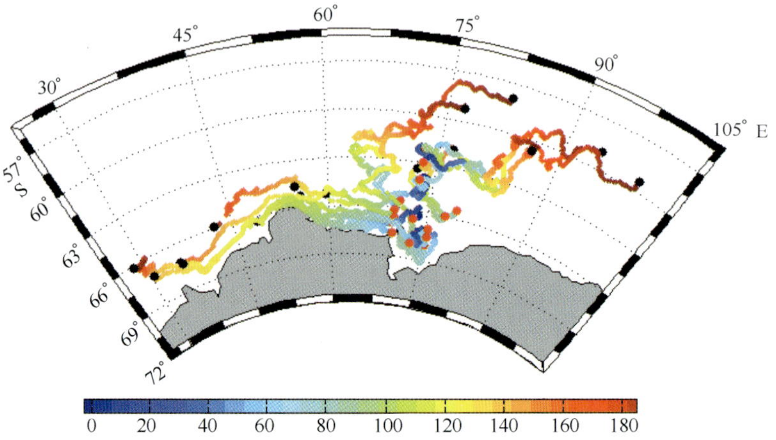

图 5－249　普里兹湾海域漂流浮标轨迹

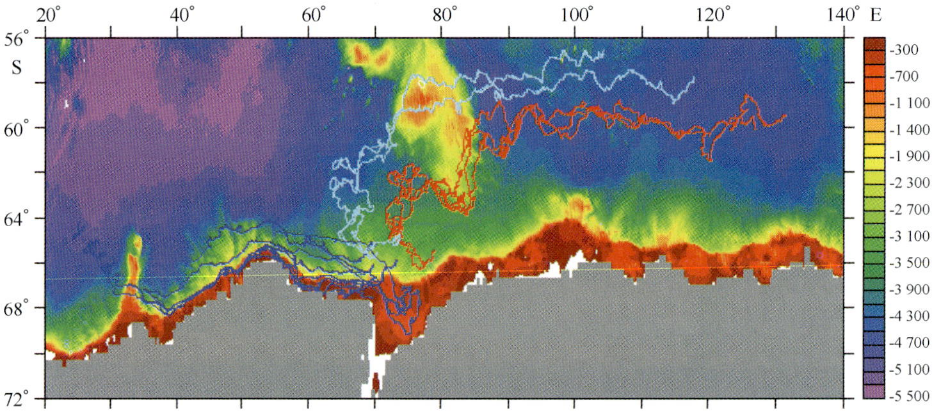

图 5－250　普里兹湾海域漂流浮标轨迹图

背景颜色表示海底地形

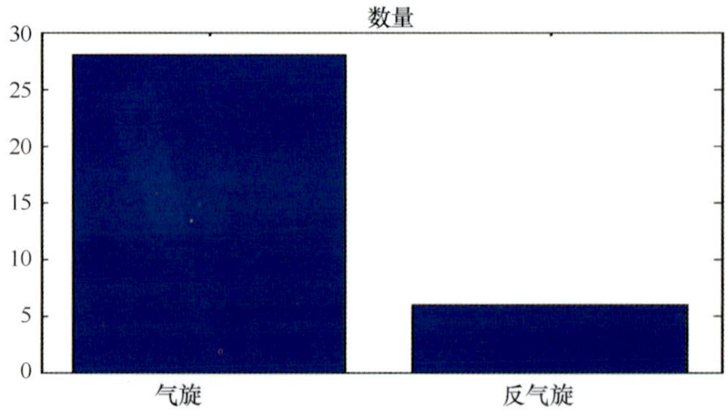

图 5－251　漂流浮标观测的普里兹湾海域涡旋数量统计

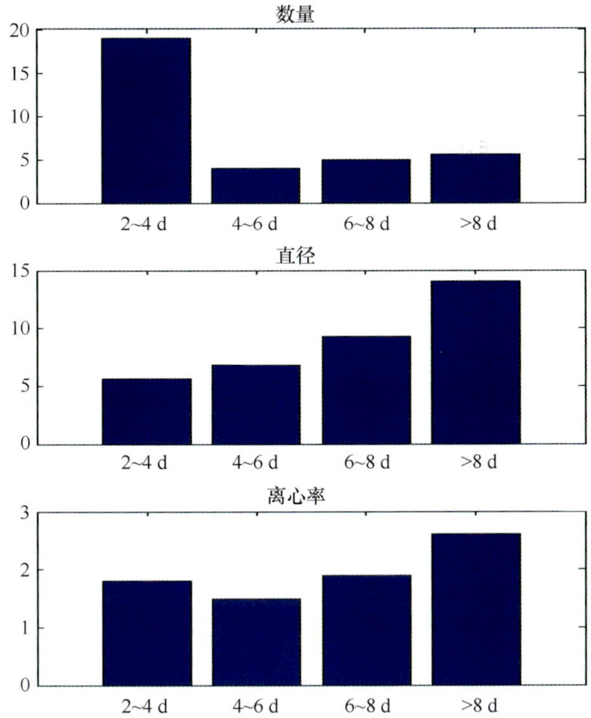

图 5－252 普里兹湾海域不同生命周期涡旋的数量、直径大小、离心率统计

除漂流浮标之外，LADCP 观测、表征水体环流性质的放射性同位素 Ra 的水平分布图和地质沉积速率分布图（图 5－253）显示，化学和地质观测在普里兹湾均给出了表层气旋式环流结构，与物理海洋的动力高度计算以及漂流浮标观测结果基本一致，为表层环流结构的进一步研究提供了多要素的综合研究基础。

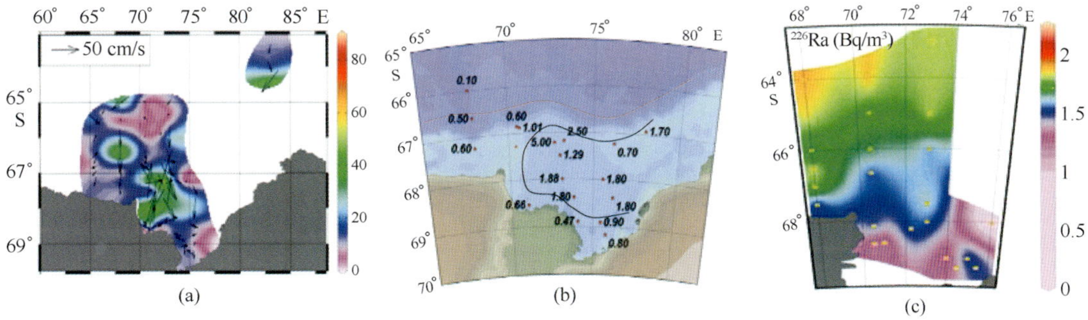

图 5－253 LADCP 50 m 层环流（a）、表征水体环流性质的放射性同位素 Ra 的水平分布（b）和地质沉积速率分布（c）

我们对普里兹湾的表层环流分析主要利用最近几年在该海域布放的海表漂流浮标资料。可以清楚地看到：一部分漂流浮标经普里兹湾内部的气旋式环流沿着陆坡自东向西流动；另一部分从湾口向北流动，之后绕过凯尔盖朗海台加入南极绕极流，与图 5－224 和图 5－225 略有不同。统计得出几点结论：气旋式涡旋占主导，超过 80%，与背景环流相关；生命周期 2～4 天居多，接近 50%；直径大小随生命周期的增加而增加；离心率在 2 附近波动（图 5－228 和图 5－229）。

MCDW 侵入陆架在动力高度图中也能体现，图 5－254 为 250～400 db 的动力高度分布，250 db 是依据前文断面特征分析中 MCDW 侵入陆架的核心位置而选取的。为了展示陆架上的流场，图 5－230 选取的是深度小于 1 000 m 的位于陆架及陆架边缘的站位。依据南半球地转流平行于等位势线且高值在左的特征，从图中可以看出，在 75°E 附近有一个很强的南向流，与前文分析的暖水入侵陆架情况相符合。

此外，普里兹湾内的气旋式环流也很显著，环流中心大约在 67.50°S，72°E 附近，海流沿经向进入湾内，并在向东南运动的过程中逐渐转向，在埃默里冰架前缘有转为自东向西的趋势。在湾的东部还有另外一支海流流向湾内，推测应该是来自于西冰架。

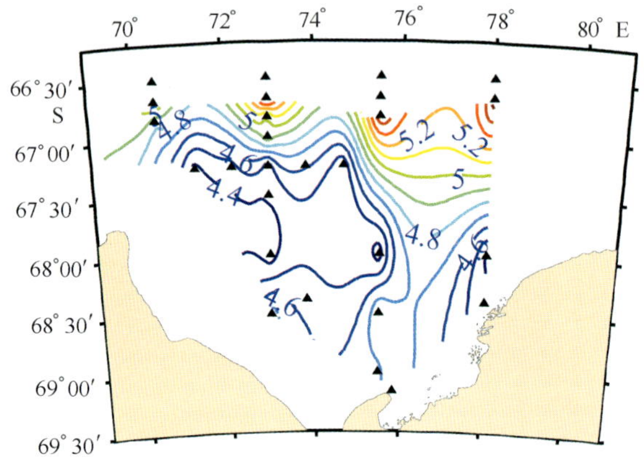

图 5－254　250－400 db 动力高度分布（10^{-1} m^2/s^2）

5.4.7　南北半球大气成分空间分布及影响因素

分析测试了第 29 次南极考察真空罐采集的大气样品中 VOC 的成分及含量；总结第 28 次大气样品中异戊二烯、蒎烯和碘甲烷含量的数据，探讨在南北半球的空间分布特征和影响因素。

（1）异戊二烯和蒎烯对海洋二次有机气溶胶的形成有着重要的影响，并且维持着远洋和沿海地区的大气氧化能力。通过分析测试第 28 次南极考察航线上采集的大气样品，获得了异戊二烯和蒎烯在大气中的浓度分布。异戊二烯和蒎烯在大气中的浓度分别为 nd～452 $\times 10^{-12}$ 和 nd～2 996 $\times 10^{-12}$，南半球异戊二烯浓度平均值为 25 $\times 10^{-12}$，α－蒎烯和 β－蒎烯的浓度平均值分别为 11 $\times 10^{-12}$ 和 7 $\times 10^{-12}$，南半球的异戊二烯和蒎烯的浓度都显著高于北半球。南半球异戊二烯的浓度分布没有太大的变化，而蒎烯的浓度均是随着纬度的升高而降低。由于普里兹湾出现浮游植物爆发，导致异戊二烯和蒎烯的最高浓度均出现在普里兹湾（异戊二烯：452 $\times 10^{-12}$，蒎烯：2 996 $\times 10^{-12}$），而当地的 SOA 浓度也随之增高。异戊二烯与 NO_3^- 显著相关，表明在海洋边界层潜在的化学条件对异戊二烯从气相到 SOA 转型中发挥重要作用。

（2）通过分析测试第 28 次南极考察航线上采集的大气样品的 VOC，获得了碘甲烷在大气中的浓度分布。整理和讨论第 28 次南极航次的数据，CH3I 浓度范围是 0.17～4.8 $\times 10^{-12}$，平均值为 0.60 $\times 10^{-12}$ ±0.57 $\times 10^{-12}$。南半球 CH3I 浓度显著低于北半球，高纬度地区浓度量最低。CH3I 浓度与海表叶绿素 a、溶解有机物、温度以及化石燃料和生物质燃烧、风速相关，但在不同地区各因素的作用有很大差异。

5.4.8 冰基海豹 CTD 标记观测分析

CTD 标记观测工作是实现南极观测，特别是冬季观测最好的手段之一。我们通过不同途径购置了 CTD 标记 4 套，在出航前完成卫星通道申请，仪器的调试和比测标定等工作（图 5 - 255）。

通过与澳大利亚科学家的合作，也获得了捕捉海豹的许可，并聘请澳大利亚专家对考察队员进行了培训，也委托购置相关的麻醉剂，但因麻醉剂购置困难，没有能在第 30 次南极科学考察实施观测，为保证此项观测的完成，CTD 标记已经发往法国，由法国国家科学研究中心的科学家实施布放。

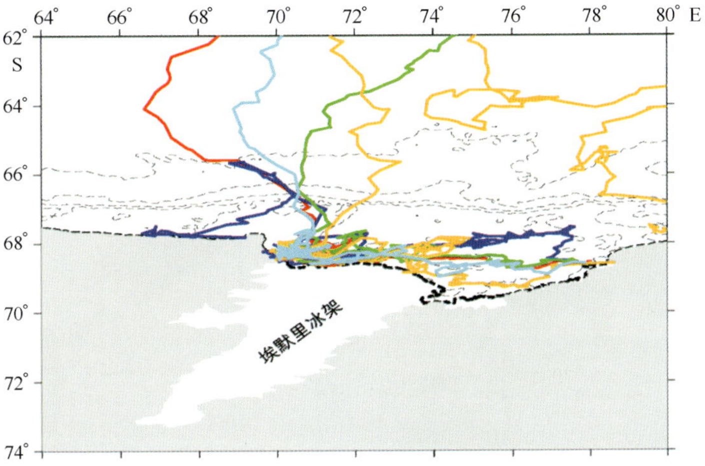

图 5 - 255　CTD 标记观测轨迹

从图 5 - 256 中可以看到，冰基海豹 CTD 标定很好地观测到冬季到夏季期间，温度跃层和盐度跃层的变化过程。这是以“雪龙”船为考察平台难以克服海冰而完成的观测。图中，温度跃层随着时间的推移逐渐减弱，温度梯度在 4 月 13 日的观测中已不复存在，这个存在于 100 m 以浅的季节性温度跃层消失。盐度跃层在结冰过程中表层盐度逐渐增加，跃层深度加深，从 100 m 左右的深度加深到了 250 m 左右。

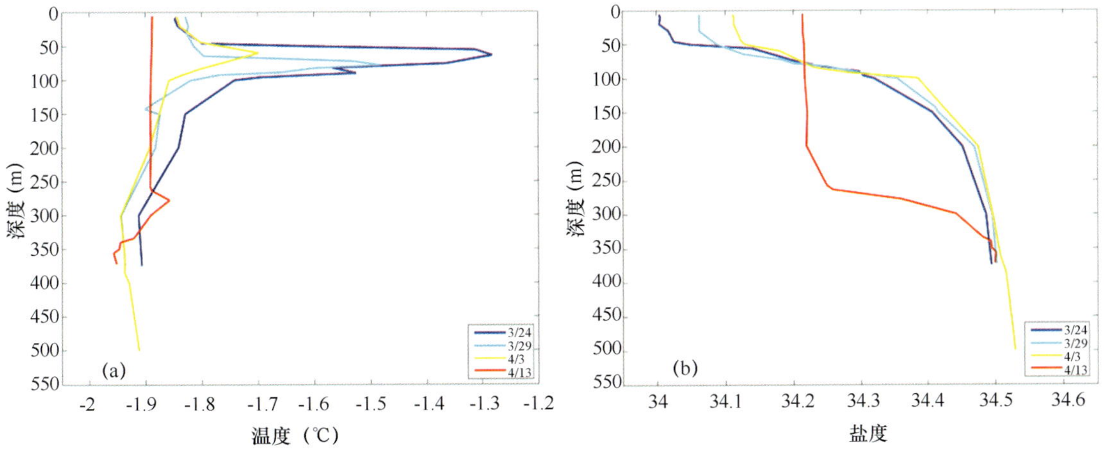

图 5 - 256　3 月 24 日至 4 月 13 日垂直剖面

颜色表示日期

在第31次南极考察中，幸运地捕捉到了一只冰基海豹，获得了CTD中宝贵的数据，并对其携带的CTD进行了重新标定，再次固定回了海豹头顶。对于获得的数据有待后续的研究。

5.4.9 海表温盐数据分析

从第29次和第30次南极考察过程中SBE21海表温盐结果中，可以看出SST从北半球中纬度至赤道区域，温度逐渐升高，从赤道区域至普里兹湾海域，温度逐渐降低。在普里兹湾靠近中山站区域，SST最低，最低为-0.56℃，在4°—5°S区域，SST最高，最高为31.04℃。SSS从北半球中纬度至赤道区域，盐度迅速升高，在赤道附近区域（10°N—10°S）为低盐区，尤其是南半球赤道区域附近（0°—10°S），盐度甚至低于31.5；随后盐度逐渐升高，在33°S可达最高值，为36。自35°S向南，盐度逐渐降低（图5-257至图5-261）。

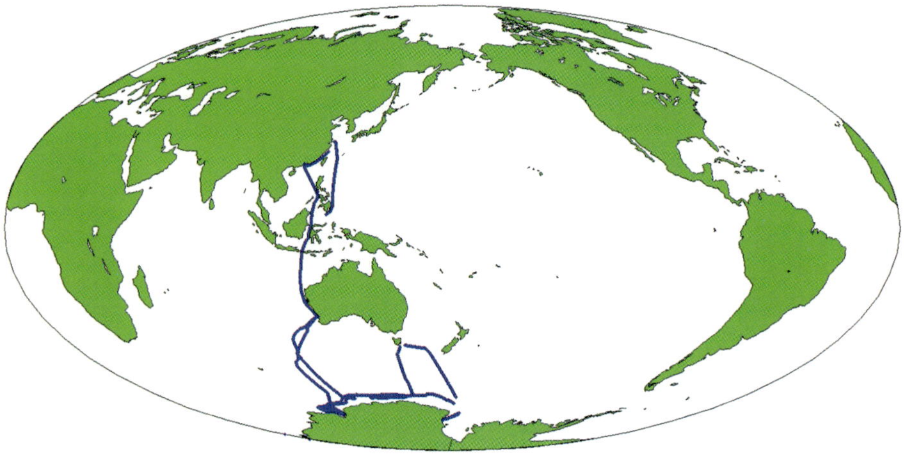

图5-257 第29次南极考察航迹

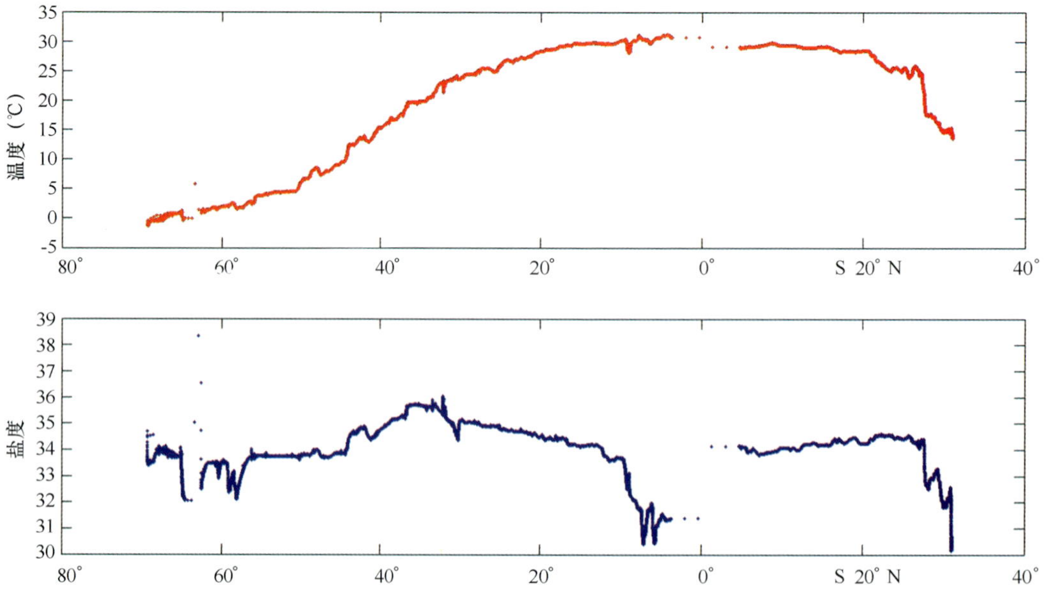

图5-258 第29次南极SBE21获取的SST和SSS时间序列

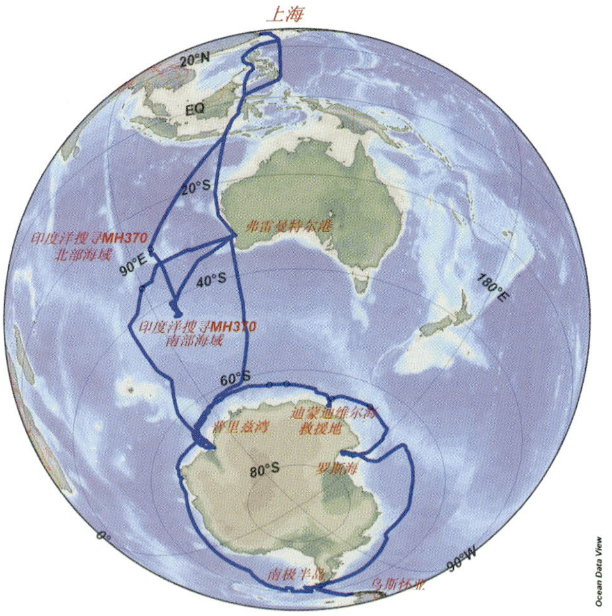

图 5－259　第 30 次南极考察航迹

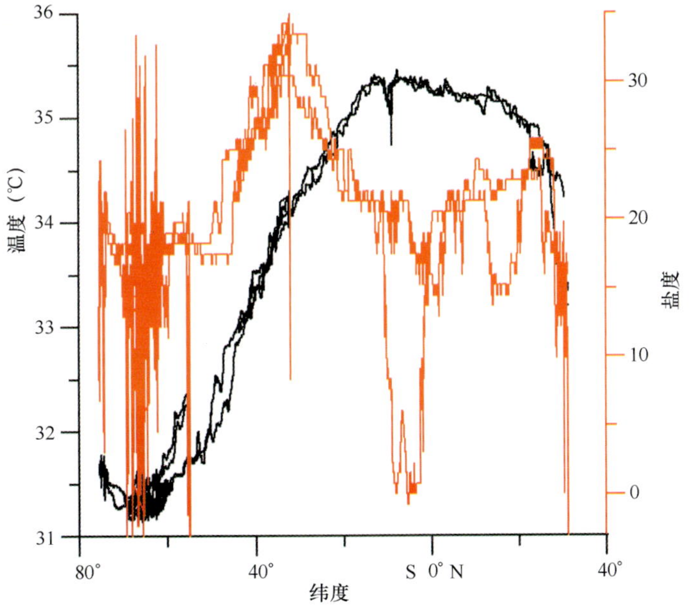

图 5－260　第 30 次南极考察 SBE21 海表 SST/SSS

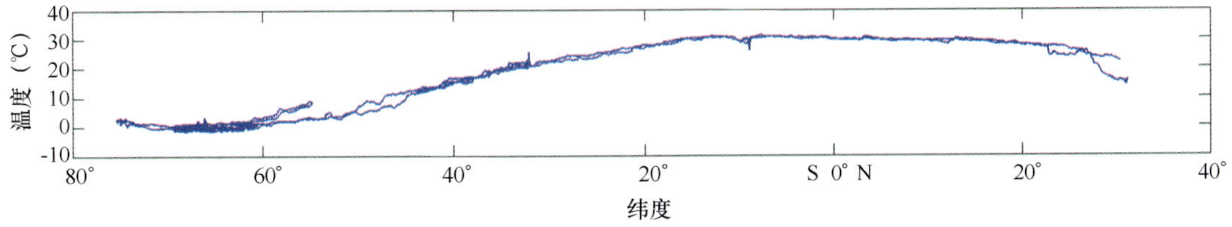

图 5－261　第 30 次南极考察海表皮温

5.4.10 第30次南极考察国际救援期间的气象情况分析

5.4.10.1 救援俄船和冰区脱困期间气象情况

“雪龙”船于2013年12月27日经过艰难破冰到达被困的俄罗斯客船附近，但因为冰层太厚无法接近被困俄船。2014年1月2日通过直升机将俄船上被困的52名乘客解救至澳大利亚船，1月3日“雪龙”船自身被浮冰围困，经过分析发现，持续的东向风使得海冰挤压得越来越紧，不利于船只脱困（图5-262）。只有转成西向风，才能使海冰松动，为脱困创造机会。1月6—7日，随着极地大陆高压的减弱和澳大利亚南部洋面的副热带高压南伸，副高南缘达到了雪龙被困海域（图5-263），从6日开始东南风逐渐减弱，7日凌晨（当地时间为东十区时间）风向由东南转向了西—西北，7日早上西风增大至4~5级（图5-264），浮冰在西风的影响下开始松动，到7日下午“雪龙”船经过艰难破冰，突破了海冰围困，成功抵达清水区（图5-265、图5-266）。

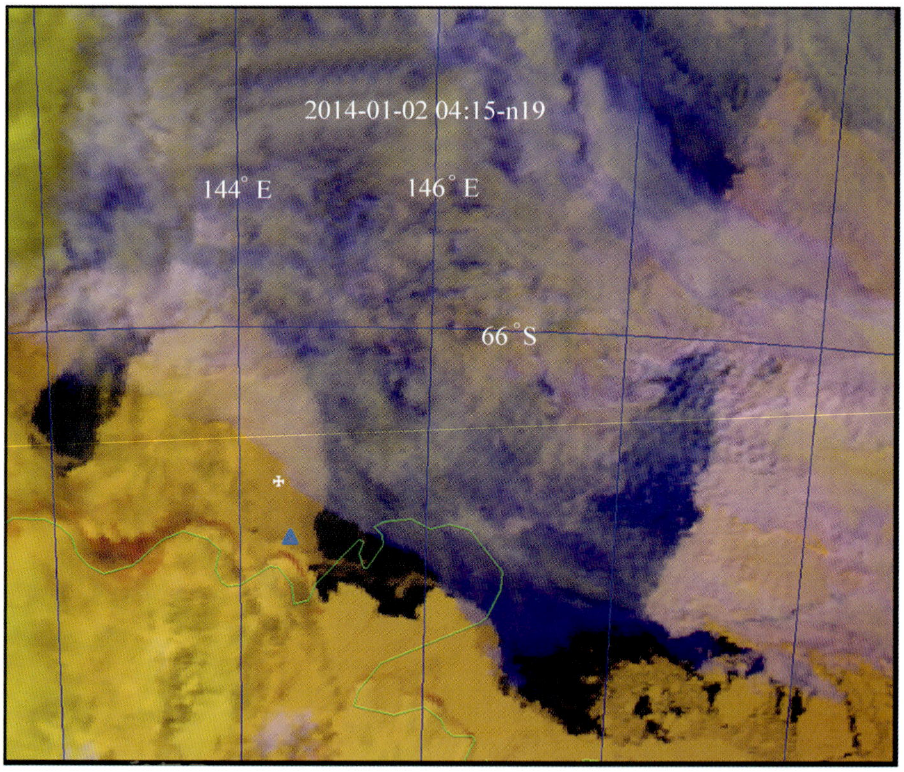

图5-262 2014年1月2日04：15的可见光云图
（白十字是“雪龙”船位；蓝三角为被困俄船位置；黄色区域为密集浮冰）

这段时间的大风过程有3次，均是由于绕极气旋南部和极地大陆高压配合产生的东南风（图5-267至图5-273），分别发生在12月30日、12月31日至翌年1月1日和1月4日，风力均为6~7级，并伴有降雪或雨夹雪，持续的东南风是海冰不断挤压困住“雪龙”船的主要原因。

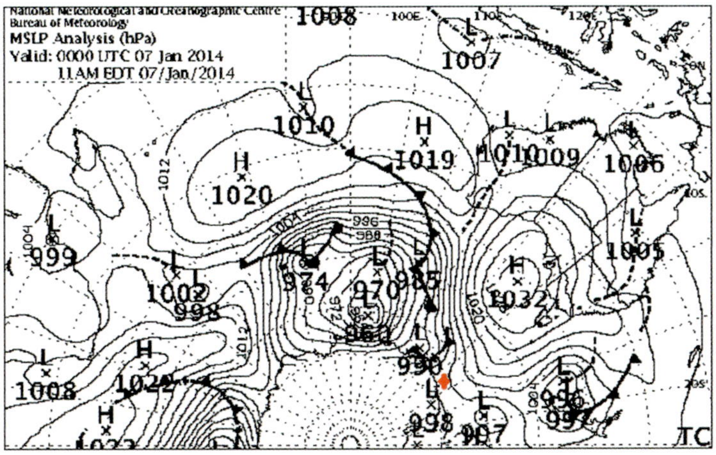

图 5 - 263　2014 年 1 月 7 日海平面气压实况

（红十字为“雪龙”船位置）

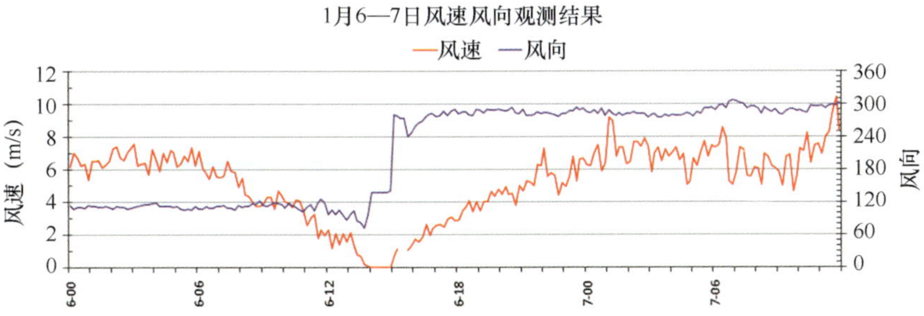

图 5 - 264　2014 年 1 月 6—7 日风速风向时间序列

（当地时区为东十区）

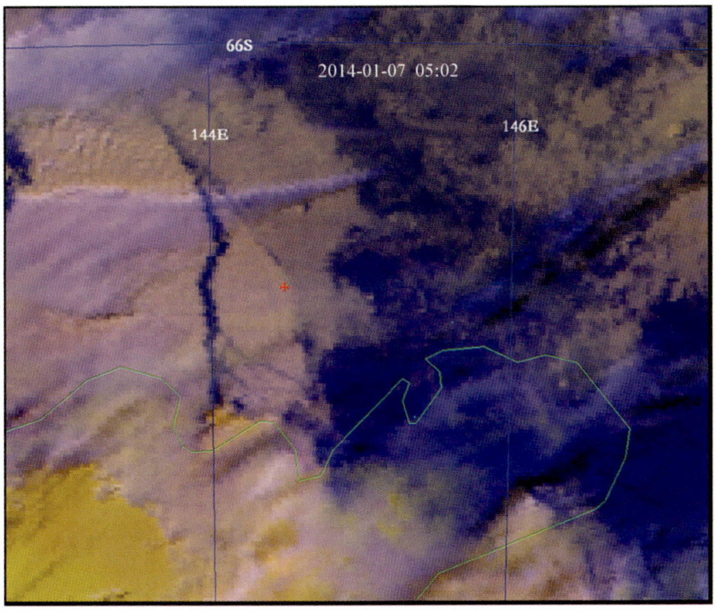

图 5 - 265　2014 年 1 月 7 日 05：02 可见光云图

（红十字为“雪龙”船位；图中显示密集浮冰松动开裂）

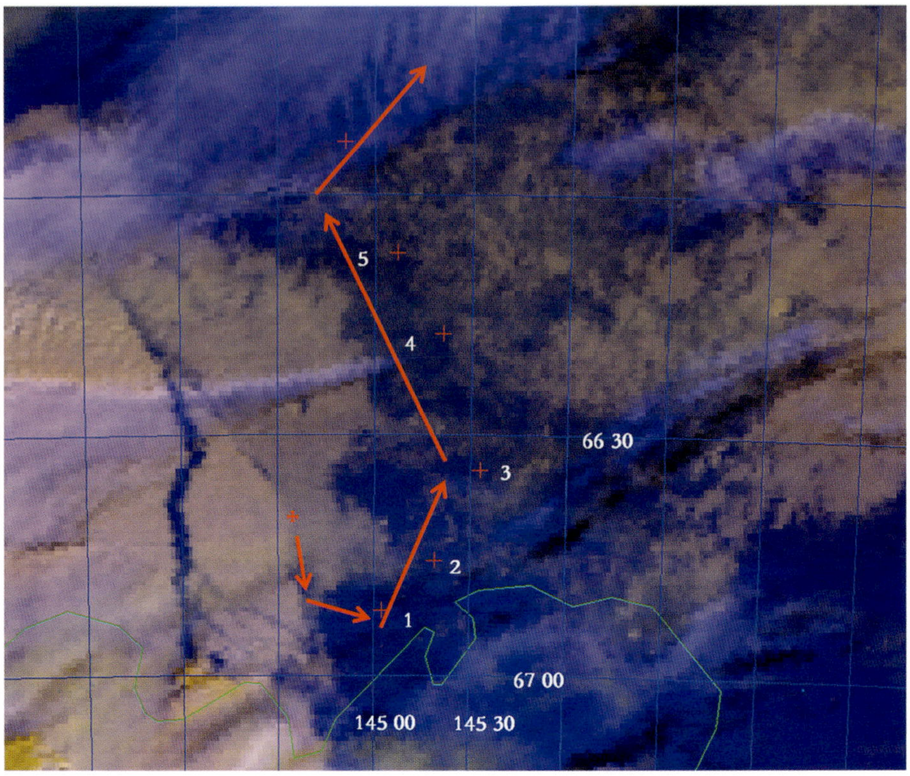

图 5－266　根据卫星资料为“雪龙”船做的脱困导航图

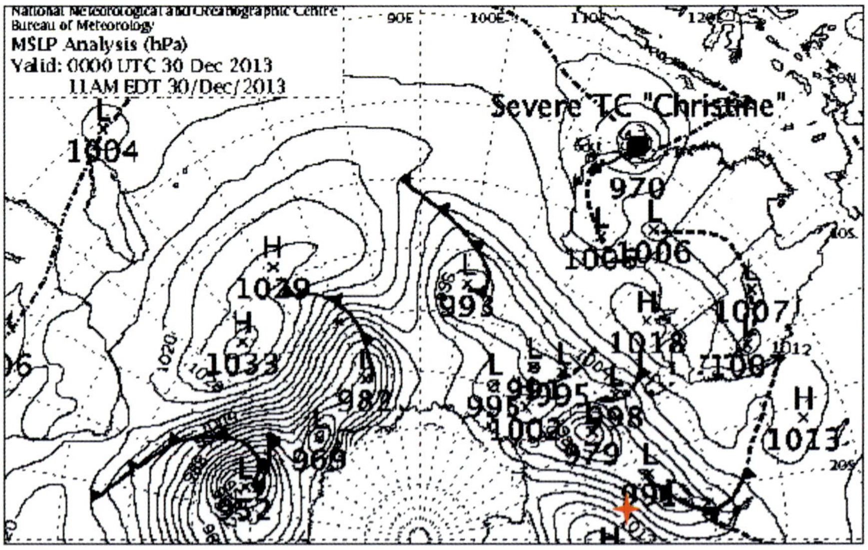

图 5－267　2013 年 12 月 30 日海平面气压实况

（红十字为“雪龙”船位）

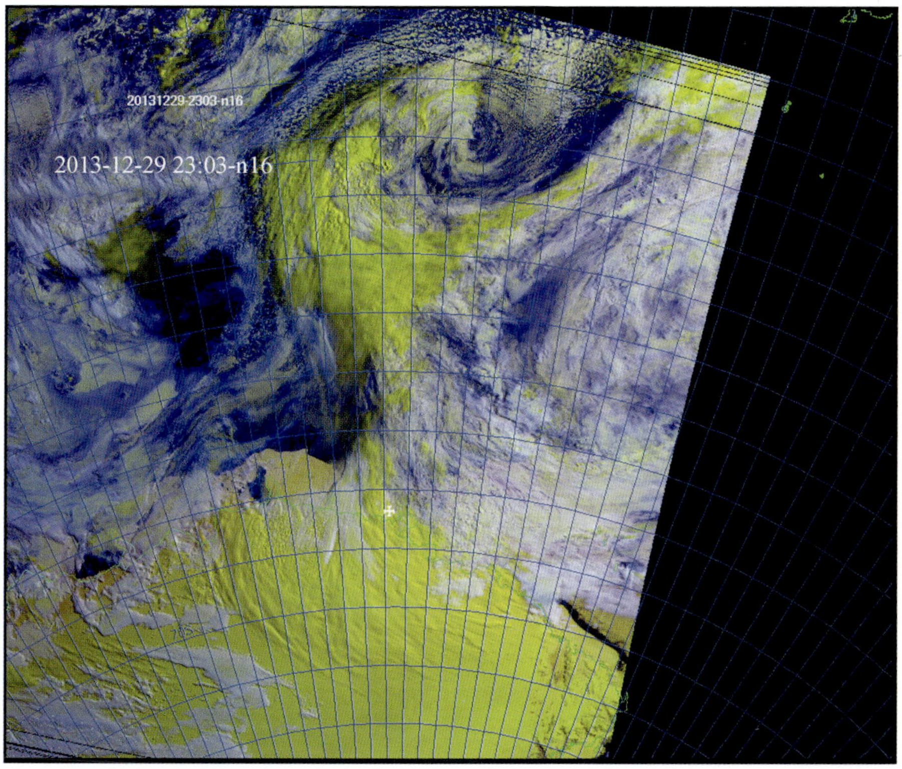

图 5－268　2013 年 12 月 29 日 23：03 可见光云图

（白十字为“雪龙”船位）

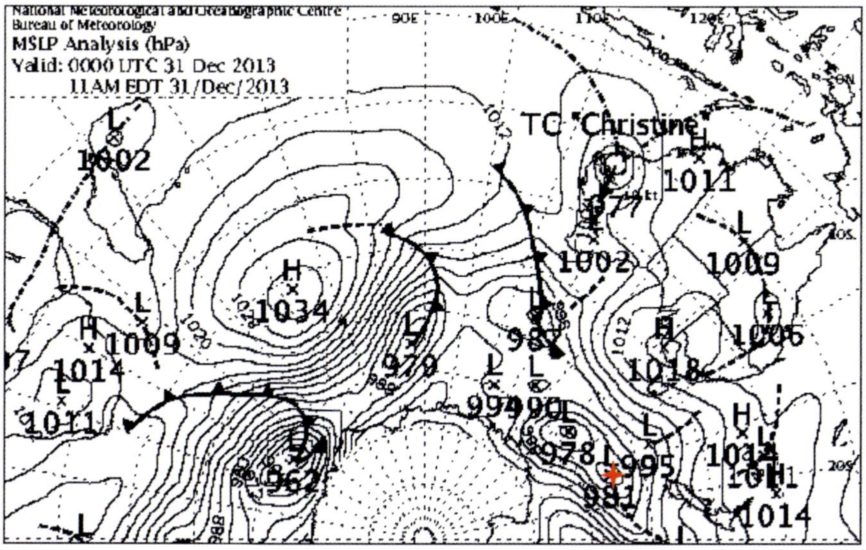

图 5－269　2013 年 12 月 31 日海平面气压实况

（红十字为“雪龙”船位）

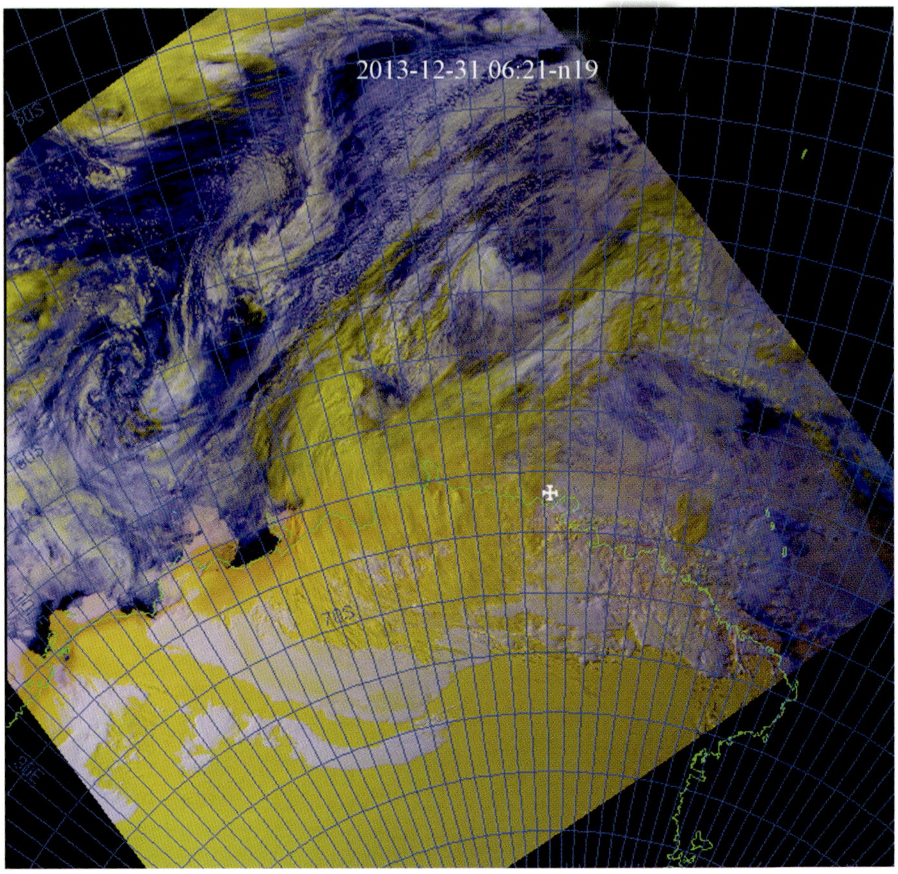

图 5－270　2013 年 12 月 31 日 06：21 可见光云图

（白十字为“雪龙”船位）

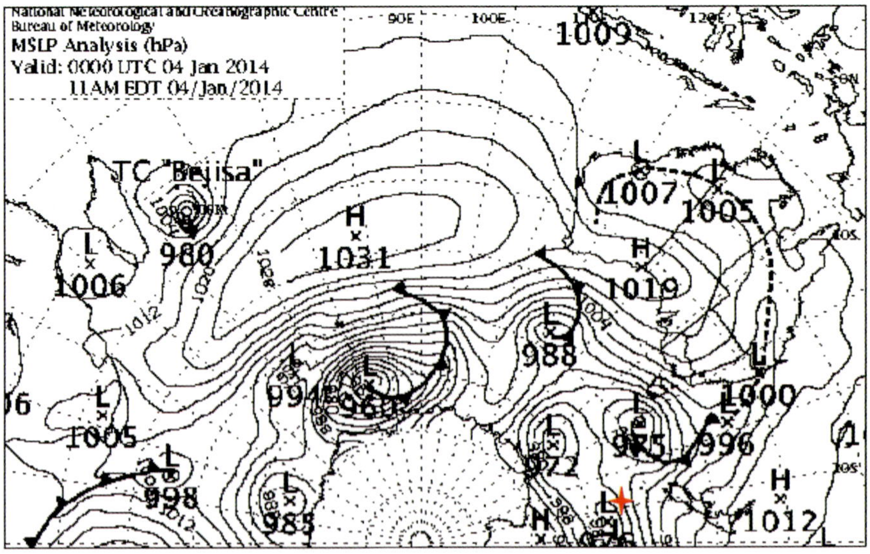

图 5－271　2014 年 1 月 4 日海平面气压实况

（红十字为“雪龙”船位）

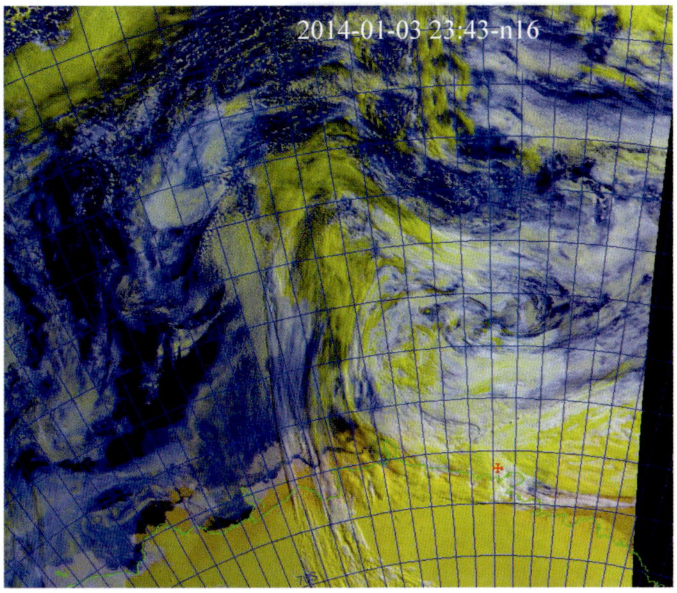

图 5－272　2014 年 1 月 3 日 23：43 可见光云图

（红十字为“雪龙”船位）

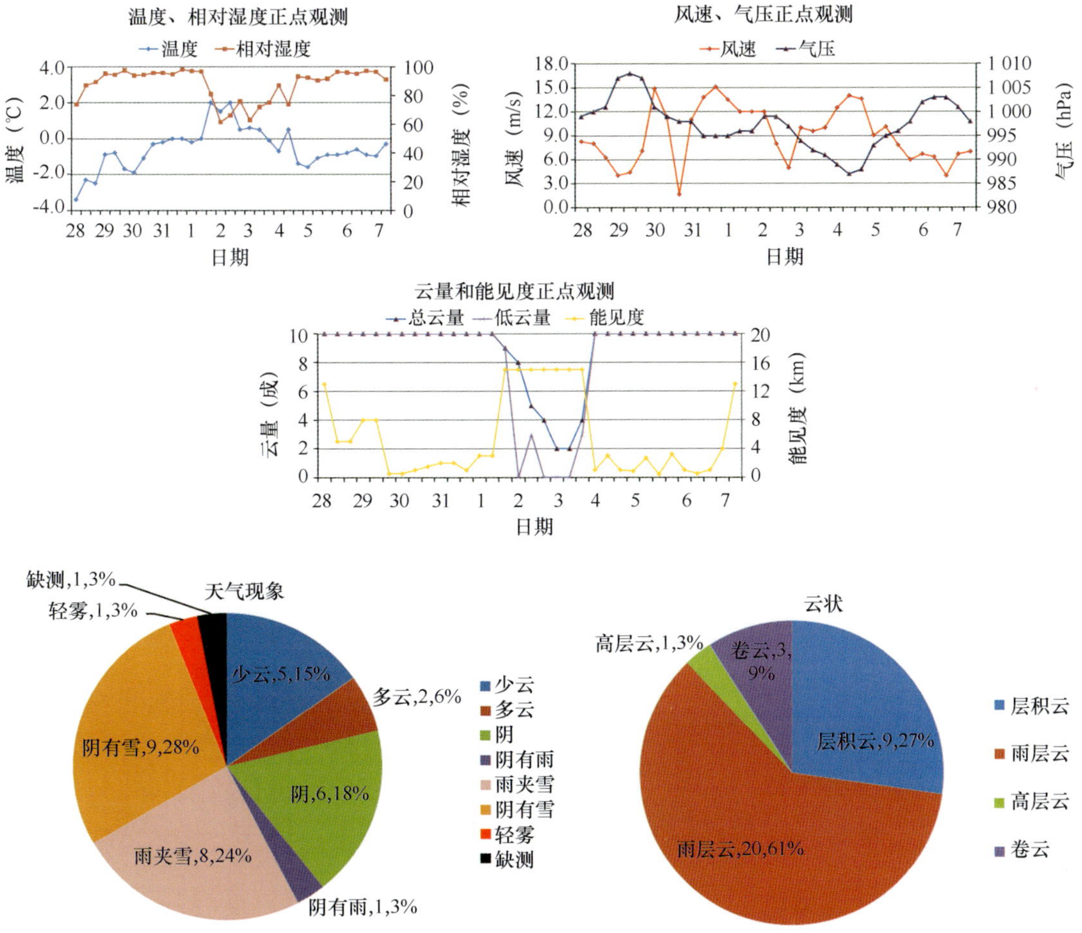

图 5－273　救援俄船冰区脱困期间气象正点观测结果

5.4.10.2 马航失联客机搜救期间气象情况

“雪龙”船于2013年3月22日离开弗里曼特尔，驶往南印度洋中部的马航MH370疑似失联海域执行搜救任务，至3月31日“雪龙”船与海巡01船交接搜救指挥任务并返航回国，期间共经历两次大风大浪过程。第一次过程发生在3月22日，“雪龙”船刚一离开弗里曼特尔，就遇到澳大利亚西部近海低压与印度洋副高压配合产生的8级东—东南大风，涌浪高度达3.8 m（图5－274）。第二次过程出现在3月27—28日，受南伸的热带低压槽和西风带气旋的共同影响，东北风转西南风7～8级，涌浪高度达3.8 m，并伴有降雨（见图5－275至图5－278）。

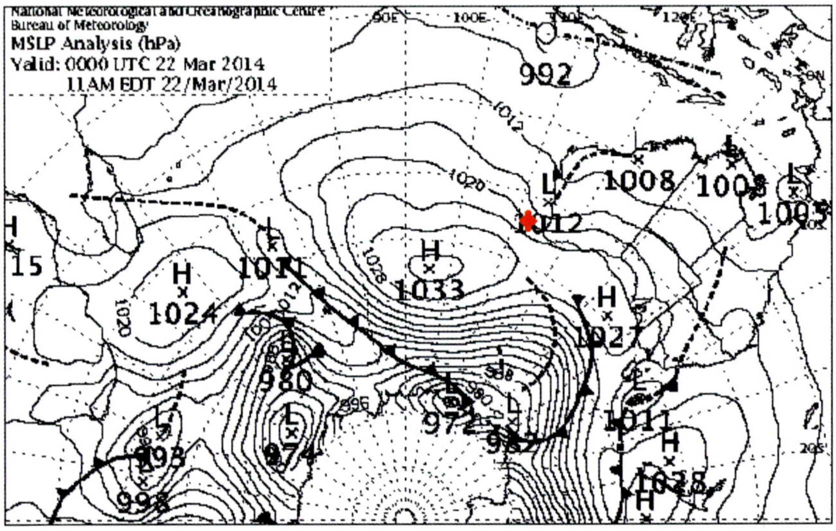

图5－274　2014年3月22日海平面气压分析

（红十字为“雪龙”船位）

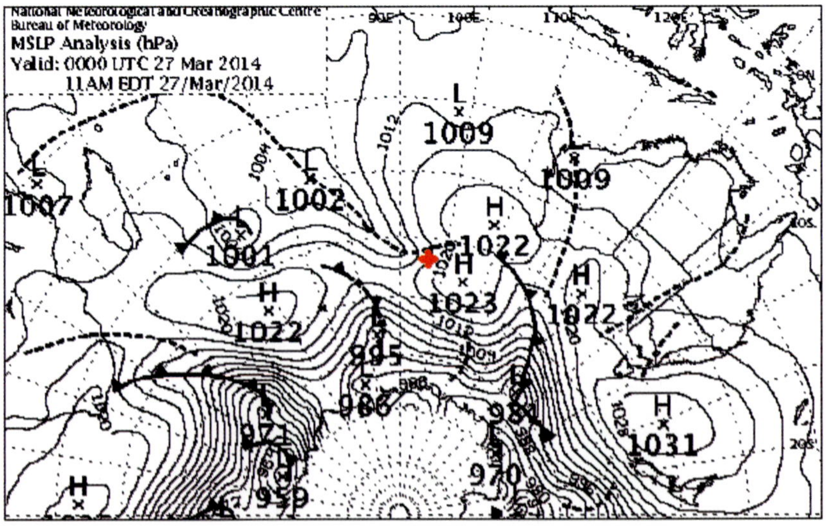

图5－275　2014年3月27日海平面气压分析

（红十字为“雪龙”船位）

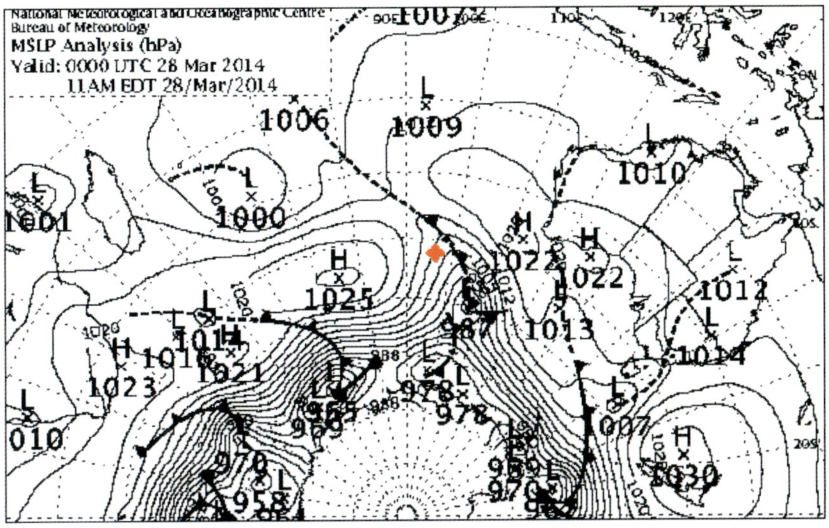

图 5－276　2014 年 3 月 28 日海平面气压分析
（红十字为“雪龙”船位）

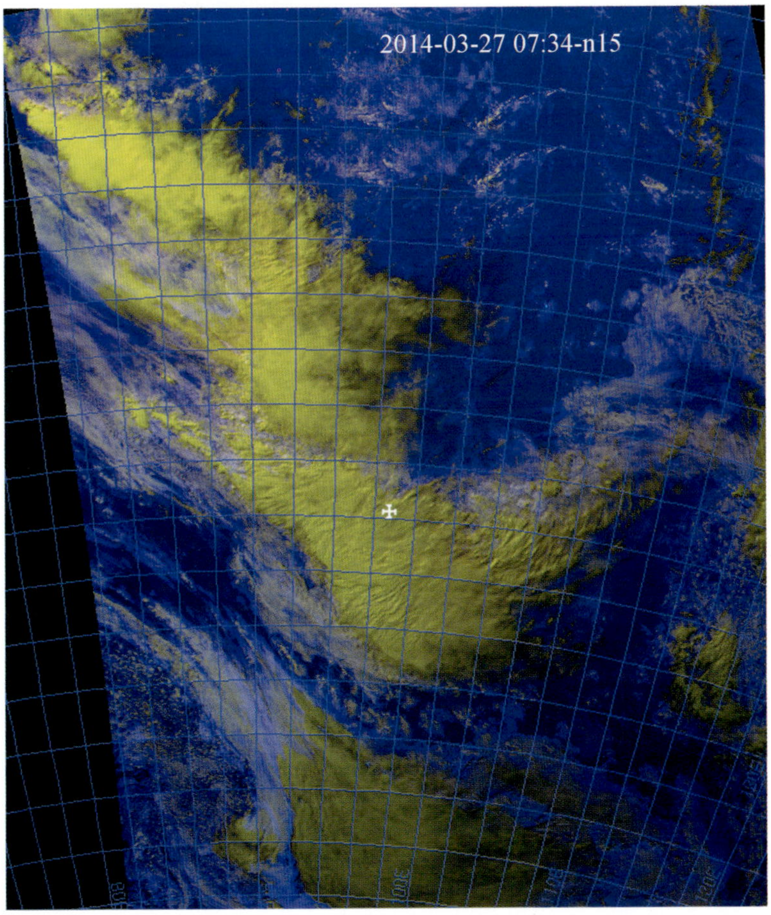

图 5－277　2014 年 3 月 27 日 07：34 可见光云图
（白十字为“雪龙”船位）

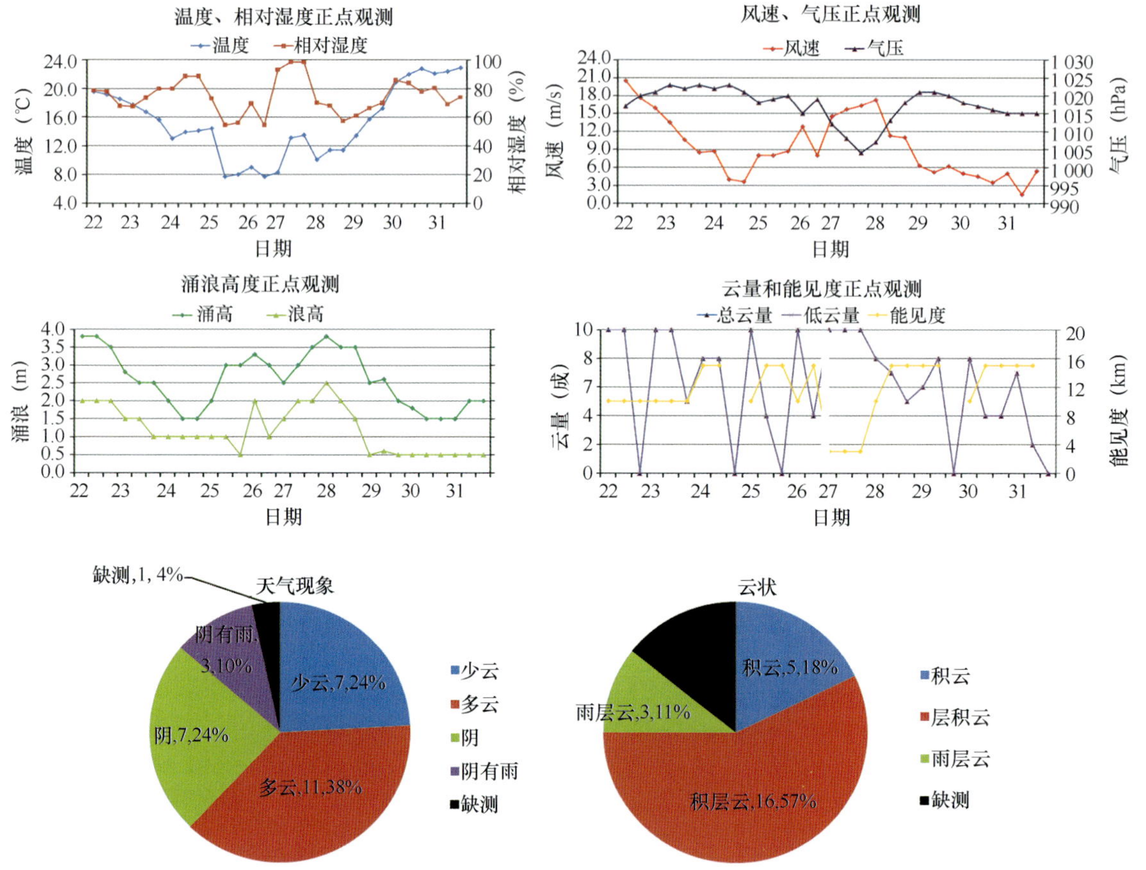

图 5－278　马航失联客机搜救期间走航气象正点观测结果

5.4.11　普里兹湾混合方面的研究

基于 Thorpe 方法，采用第 29 次南极考察的 CTD 数据，计算了南极普里兹湾海域的 Thorpe 尺度和湍流扩散系数，分析研究了普里兹湾海域湍流翻转现象的大小及分布。结果表明，在海底和地形突变地带存在较大的 Thorpe 尺度和湍流扩散系数，湍流扩散系数最大值能达到 10^{-2}量级，是开阔海洋的 2～3 倍，部分站位表现出大—小—大的垂向分布结构，深水区域尤为明显；浮力频率在海表面到 600 m 水深处比较大，浅水区域该现象不明显；湍动能耗散率在（73°E，67.25°S）周围和经度为 78°E 的各站位都表现相对较大，能达到 10^{-7}量级，个别站位甚至能达到 10^{-6}量级。

5.4.12　基于专项资料正在进行的其他研究

（1）利用历史资料研究普里兹湾与南大洋的水交换。

（2）基于漂流浮标研究普里兹湾及其邻近水域的环流结构。

（3）基于潜标和 CTD 资料研究普里兹湾深层水的形成和输运及其对底层水形成的贡献。

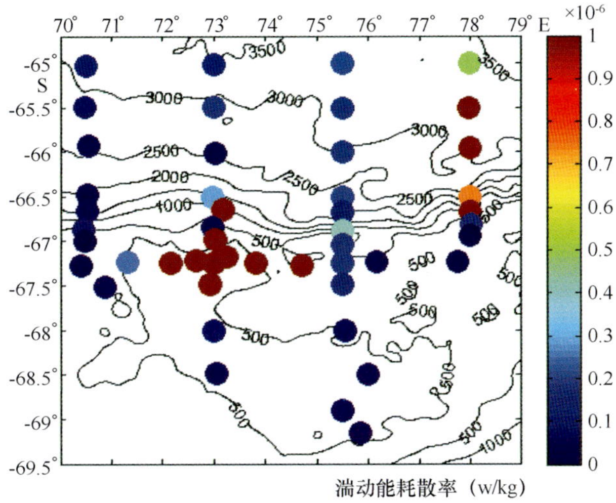

图5-279 各站位湍动能耗散率的垂向积分和当地地形粗糙度（单位：W/kg）

参考文献

曹雅静,刘秦玉,高郭平.2005.南极海冰边缘区密集度的年际变化与西风的Ekman输运.中国海洋大学学报,35(5):703-706.

董兆乾,阿诺尔德·戈顿,曼弗里德·门史.2004.南极布斯菲尔德海峡的海盆深层水和底层水//陈立奇.南极地区对全球变化的响应与反馈作用研究.北京:海洋出版社,26-35.

高郭平,董兆乾,侍茂崇,等.2013.南极普里兹湾关键物理海洋学问题研究进展及未来趋势.上海海洋大学学报,(2):313-320.

高郭平,韩树宗,董兆乾,等.2003.南印度洋中国中山站至澳大利亚弗里曼特尔断面海洋锋面位置及其年际变化.海洋学报,25(6):9-19.

解思梅,魏立新,郝春江,等.2003.南极海冰和陆架冰的变化特征.海洋学报,25(3):32-46.

解思梅,邹斌,王毅,等.1997.南极海冰异常变化与全球海平面变化.海洋学报,19(1):27-37.

李金洪.1991.1987年南半球夏季南设得兰群岛邻近海域CWB的特征及其成因.海洋学报,1(1):13-20.

李金洪.1993.德雷克海峡上层热结构特征与锋的演变.海洋学报,15(1):22-30.

林丽娜,陈红霞,刘娜.2015.普里兹湾及邻近海域多航次水文特征比较分析.海洋科学进展,33(4):460-470.

马丽娟,陆龙骅,卞林根.2004.南极海冰的时空变化特征.极地研究,16(1):29-37.

蒲书箴,董兆乾.2002.普里兹湾附近绕极深层水和底层水及其运动特征.海洋学报,24(3):1-8.

蒲书箴,廖启煜.1997.德雷克海峡绕极流和锋面的研究.海洋学报,19(3):1-9.

祈立新,彭公炳.1996.南极海冰面积变化的统计分析.南极与全球气候环境相互作用和影响的研究.北京:气象出版社.

史久新,乐肯堂,于康玲.2000.普里兹湾及其邻近海区冰-海相互作用的数值研究Ⅱ环流.海洋科学集刊,00(00):22-37.

侍茂崇,贺明霞,陈文忠,等.1995.南极海冰特征演变的卫星散射计资料分析.青岛海洋大学学报,25(增刊):366-382.

侍小兵,俞光耀,董兆乾.1995.南极普里兹湾夏季流场诊断分析.青岛海洋大学学报,25(增刊):293-311.

许建平,赵金三,羊天柱.1989.南设得兰群岛邻近海域物理海洋学特征和磷虾的关系//国家南极考察委员会.中国第一届南大洋考察学术研讨会论文专集.上海:上海科学技术出版社.

严金辉,李锐祥,侍茂崇,等.2012.2011年1月普里兹湾埃默里冰架附近水文特征.极地研究,(02):101-109.

羊天柱,赵金三,许建平. 1989. 南设得兰群岛邻近海域夏季的水团与环流//国家南极考察委员会. 中国第一届南大洋考察学术研讨会论文专集. 上海:上海科学技术出版社.

于海鹏. 2015. 中国首次环南极科学考察海洋气象环境分析 . 海洋预报,32(3):78－83.

于洪华,苏纪兰. 1998. 南极普里兹湾及其邻近海域的水文结构特征和底层水的来源. 海洋学报,(1):11－20.

张林,李春花,柴先明,等. 2014. 2014 年初"雪龙"船在南极被海冰围困期间海洋气象环境分析. 极地研究,26(4):487－495.

赵玉春,孙照渤,王叶红. 2001. 南、北极海冰的长期变化趋势及其与大气环流的联系. 南京气象学院学报,24(1):119－126.

周秀骥,陆龙骅. 1996. 南极与全球气候环境相互作用和影响的研究. 北京:气象出版社,104－110.

邹斌,解思梅,郝春江. 1996a. 南极海冰变化特征的研究//周秀骥,陆龙骅. 南极与全球气候环境相互作用和影响的研究. 北京:气象出版社.

邹斌,解思梅,王毅. 1996b. 南极海冰的周期性变化及其可预报性//周秀骥,陆龙骅. 南极与全球气候环境相互作用和影响的研究. 北京:气象出版社.

Andreae M O,Artaxo P,Fischer H,et al. . 2001. Transport of biomass burning smoke to the upper troposphere by deep convection in the equatorial region. Geophys. Res. Lett,28:951－954.

Belkin I M,Gordon A L. 1996. Southern Ocean fronts from the Greenwich Meridian to Tasmania. Journal of Geophysical Research,101:3675－3696.

Boehme L,Lovell P,Biuw M,et al. 2009. Technical Note:Animal－borne CTD－Satellite Relay Data Loggers for real－time oceanographic data collection. Ocean Science,5(4):685－695.

Chaubey J P,Moorthy K K,Babu S S,et al. . 2010. Black carbon aerosols over coastal Antarctica and its scavenging by snow during the Southern Hemispheric summer. Journal of Geophysical Research:Atmospheres. (1984－2012):115.

Emery W J. 1977. Antarctic Polar Frontal Zone from Australia to the Drake Passage. Journal of Physical Oceanography, 7(6):811－822.

Foster T D,Foldvik A,Middleton J H. 1987. Mixing and bottom water formation in the shelf break region of the southern Weddell Sea . Deep－Sea Research I ,34 (11):1771－1794.

Fu P,Kawamura K,Miura K. 2011. Molecular characterization of marine organic aerosols collected during a round－the－world cruise. Journal of Geophysical Research:Atmospheres (1984－2012):116.

Fu X,Feng X,Zhang G,et al. . 2010. Mercury in the marine boundary layer and seawater of the South China Sea:Concentrations,sea/air flux,and implication for land outflow. Journal of Geophysical Research:115.

Gambaro A,Zangrando R,Gabrielli P,et al. . 2008. Direct determination of levoglucosan at the picogram per milliliter level in Antarctic ice by high－performance liquid chromatography/electrospray ionization triple quadrupole mass spectrometry. Analytical chemistry,80:1649－1655.

Gordon A L,Georgid T,Taylor H W. 1975. Antarctic Polar Front Zone in the western Scotia Sea:Summer. Journal of Physical Oceanography,7(3):309－328.

Gordon A L,Mensch M,Zhaoqian D,et al. . 2000. Deep and bottom water of the Bransfield Strait eastern and central basins. Journal of Geophysical Research:Oceans,105(C5):11337－11346.

Gordon A L,Visbeck M,Huber B. Export of Weddell Sea deep and bottom water. Journal of Geophysical Research:Oceans,106(C5):9005－9017.

Gordon AL,Huber BA. 1995. Warm Weddell deep water west of Maud Rise. Journal of Geophysical Research:Oceans, 100(C7):13747－13753.

Guo G,Shi J,Jiao Y. 2015. Temporal variability of vertical heat flux in the Makarov Basin during the ice camp observation in summer 2010. Acta Oceanologica Sinica,34(11):118－125.

Hennigan C J, Sullivan A P, Collett J L, et al.. 2010. Levoglucosan stability in biomass burning particles exposed to hydroxyl radicals. Geophysical Research Letters, 37.

Hernández – Molina F J, Larter R D, Rebesco M, et al. 2006. Miocene reversal of bottom water flow along the Pacific Margin of the Antarctic Peninsula: Stratigraphic evidence from a contourite sedimentary tail. Marine Geology, 228 (1 –4): 93 – 116.

Hines K M, Grumbine R W, Bromwich D H, Cullather R I. 1999. Surface Energy Balance of the NCEP MRF and NCEP – NCAR Reanalysis in Antarctic Latitudes during FROST. Weather and Forecasting, 14(6): 851 – 866.

Hofmann E E, Klinck J M. 1998. Thermohaline variability of the waters overlying the west Antarctic Peninsula continental shelf//Jacobs S S, Weiss R F. Ocean, Ice, and Atmosphere: Interactions. Washington, DC: American Geophysical Union, 75: 67 – 81.

IPCC. Climate Change 2013: The Scientific Basis. The IPCC Workgroup.

Lei R, Cheng B, Zhang Z, et al. 2010. Annual cycle of landfast sea ice in Prydz Bay. J. Geophys. Res., 115, C02006.

Lei R, Li N, Heil P, et al.. 2014. Multiyear sea ice thermal regimes and oceanic heat flux derived from an ice mass balance buoy in the Arctic Ocean. Journal of Geophysical Research: Oceans, 119(1): 537 – 547.

Levine M D, Padman L, Muench R D, Met al.. 1997. Internal waves and tides in the western Weddell Sea: Observations from Ice Station Weddell. Journal of Geophysical Research: Oceans, 102(C1): 1073 – 1089.

Liang Xue, Libao Gao, Weijun Cai, et al. 2015. Response of sea surface fugacity of CO_2 to SAM trend shift south of Tasmania: Regional difference, Geophys. Res. Lett.

Libao Gao, Weidong Yu, Haiyuan Wang, et al.. 2013. Near – surface structure and energy characteristic of the Antarctic Circumpolar Current, Advances in Polar Science, 25(4).

Lin C J, Pehkonen S O. 1999. The chemistry of atmospheric mercury: a review. Atmospheric Environment 33: 2067 – 2079.

Lizotte M P. 2001. The contributions of sea ice algae to Antarctic marine primary production. American zoologist, 41: 57 – 73.

McPhee MG. 2008. Physics of early summer ice/ocean exchanges in the western Weddell Sea during ISPOL. Deep – Sea Research. II, 55(8 – 9): 1075 – 1097.

Meskhidze N, Nenes A. 2006. Phytoplankton and cloudiness in the Southern Ocean. Science, 314: 1419 – 1423.

Middleton J H, Humphries S E. 1989. Thermohaline structure and mixing in the region of Prydz Bay, Antarctica. Deep Sea Research Part A, 36 (8): 1255 – 1266.

Moore J K, Abbottm R, Richman J G. 1999. Location and dynamics of the Antarctic Polar Front from satellite sea surface temperature data. Journal of Geophysical Research, 104: 3059 – 3073.

Muench R D, Morison J H, Padman L, et al.. 2001. Maud Rise revisited, Journal of Geophysical Research. Oceans, 106 (C2): 2423 – 2440.

Muench R D, Padman L, Howard S L, et al.. 2002. Upper ocean diapycnal mixing in the northwestern Weddell Sea. Deep Sea Research Part II: Topical Studies in Oceanography, 49(21): 4843 – 4861.

Nagata Y, Michida Y, Umimura Y. 1988. Variation of position and structures of the oceanic fronts in the Indian Ocean sector of the Southern Ocean in the period from 1965 to 1987. In: Sahrhage, D. (Ed), Antarctic Ocean and Resources Variability. Springer, New York. 92 – 98.

Naveira Garabato A C, Heywood K J, Stevens D P. 2002a. Modification and pathways of Southern Ocean deep waters in the Scotia Sea. Deep – Sea Research Part I: Oceanographic Research Papers, 49(4): 681 – 705.

Naveira Garabato A C, McDonagh E L, Stevens D P, et al. 2002b. On the export of Antarctic Bottom Water from the Weddell Sea. Deep Sea Research Part II: Topical Studies in Oceanography, 49(21): 4715 – 4742.

Nunes Vaz R A, Lennon G W. 1996. Physical oceanography of the Prydz Bay region of Antarctic waters. Deep Sea Research Part I: Oceanographic Research Papers, 43(5): 603 – 641.

Nunes Vaz R A, Lennon G W. 1996. Physical oceanography of the Prydz Bay region of Antarctic waters. Deep Sea Research Part I: Oceanographic Research Papers, 43(5): 603 – 641.

Ohshima K I, Fukamachi Y, Williams G D, et al. 2013. Antarctic Bottom Water production by intense sea – ice formation in the Cape Darnley polynya. Nature Geoscience, 6(3): 235 – 240.

Orsi A H, Whitworth T, Nowlin J R. 1995. On the meridional extent and fronts of the Antarctic Circumpolar Current. Deep – Sea Research, 42: 641 – 673.

O'Dowd C D, Lowe J A, Smith M H, et al.. 1997. Biogenic sulphur emissions and inferred non – sea – salt – sulphate cloud condensation nuclei in and around Antarctica. Journal of Geophysical Research: Atmospheres (1984 – 2012), 102: 12839 – 12854.

Palmer M, Gomis D, del Mar Flexas M, et al. 2012. Water mass pathways and transports over the South Scotia Ridge west of 50°W. Deep Sea Research Part I: Oceanographic Research Papers, 59: 8 – 24.

Park Y H, Camberoni L, Charriaud E. 1993. Frontal structure, water masses and circulation in the Crozet Basin. Journal of Geophysical Research, 98: 12361 – 12385.

Perovich D K. 2007. Light reflection and transmission by a temperate snow cover. Journal of Glaciology, 53(181): 201 – 210.

Pirrone N, Cinnirella S, Feng X, et al.. 2010. Global mercury emissions to the atmosphere from anthropogenic and natural sources. Atmospheric Chemistry and Physics, 10: 5951 – 5964.

Pu S Z, Hu X M, Dong Z Q. 2006. Features of physical oceanography in the oceans near the Prydz Bay during the 1998/1999 austral summer. Acta Oceanologica Sinica, (06): 1 – 14.

Rintoul S R, Donguy J R, Roemmich D H. 1997. Seasonal evolution f upper ocean thermal structure between Tasmania and Antarctic. Deep – Sea Research Ⅰ, 44: 1185 – 1202.

Rintoul S R, Sokolov S. 2001. Baroclinic transport variability of the Antarctic Circumpolar Current south of Australia (WOCE repeat section SR3). Journal of Geophysical Research, 106: 2815 – 2832.

Roquet F, Charrassin J B, Marchand S, et al. 2011. Delayed – Mode Calibration of Hydrographic Data Obtained from Animal – Borne Satellite Relay Data Loggers. Journal of Atmospheric and Oceanic Technology, 28(6): 787 – 801.

SCAR. 1993. The Role of the Antarctic in Global Change – An International Plan for a Regional Research Program.

Sedwick P N, DiTullio G R. 1997. Regulation of algal blooms in Antarctic shelf waters by the release of iron from melting sea ice. Geophysical Research Letters, 24: 2515 – 2518.

Slemr F, Brunke E G, Ebinghaus R, et al.. 2011. Worldwide trend of atmospheric mercury since 1995. Atmospheric Chemistry and Physics, 11: 4779 – 4787.

Slemr F, Brunke E G, Labuschagne C, et al.. 2008. Total gaseous mercury concentrations at the Cape Point GAW station and their seasonality. Geophysical Research Letters, 35.

Smith D, Hofmann E, Klinck J, et al. 1999. Hydrography and circulation of the west Antarctic Peninsula continental shelf. Deep Sea Research Part I: Oceanographic Research Papers, 46(6): 925 – 949.

Smith N R, Dong Z Q, Kerry K R, et al. 1984. Water masses and circulation in the region of Prydz Bay, Antarctica. Deep Sea Research Part A, 31(9): 1121 – 1147.

Smith N R, Zhaoqian D, Kerry K R, et al. 1984. Water masses and circulation in the region of Prydz Bay, Antarctica. Deep Sea Research Part A. 31(9): 1121 – 1147.

Smith N R, Zhaoqian D, Kerry K R, et al.. 1984. Water masses and circulation in the region of Prydz Bay, Antarctica. Deep Sea Research Part A. Oceanographic Research Papers, 31(9): 1121 – 1147.

Sokolov S, Rintoul S R. 2002. Structure of Southern Ocean fronts at 140E. Journal of Marine Systems, 37(1-3): 151-184.

Sunderland E M, Mason R P. 2007. Human impacts on open ocean mercury concentrations. Global Biogeochemical Cycles 21, n/a-n/a.

Venter A D, Beukes J P, van Zyl P G, et al.. 2015. Statistical exploration of gaseous elemental mercury (GEM) measured at Cape Point from 2007 to 2011. Atmos. Chem. Phys, 15: 10271-10280.

von Gyldenfeldt A B, Fahrbach E, García M A, et al. 2001. Flow variability at the tip of the Antarctic Peninsula. Deep Sea Research Part II: Topical Studies in Oceanography, 49(21): 4743-4766.

Walsh J E. 1983. The role of sea ice in climate variability: theories and evidence. Atmosphere-Ocean, 21: 229-242.

Weller R, Minikin A, Petzold A, et al.. 2013. Characterization of long-term and seasonal variations of black carbon (BC) concentrations at Neumayer, Antarctica. Atmospheric Chemistry and Physics, 13: 1579-1590.

Wolff E W, Cachier H. 1998. Concentrations and seasonal cycle of black carbon in aerosol at a coastal Antarctic station. Journal of geophysical research, 103: 11033-11041.

Wolk F, Yamazaki H, Seuront L, et al.. 2002. A New Free-Fall Profiler for Measuring Biophysical Microstructure. Journal of Atmospheric and Oceanic Technology, 19(5): 780-793.

Xia C, Xie Z, Sun L. 2010. Atmospheric mercury in the marine boundary layer along a cruise path from Shanghai, China to Prydz Bay, Antarctica. Atmospheric Environment, 44: 1815-1821.

Yang Q, Liu J, Matti L, et al. 2016. Albedo of Coastal Landfast Sea Ice in Prydz Bay, Antarctic: Observations and Parameterization. Advances in Atmospheric Sciences, (33): 1-9.

Yang Q, Tian J, Zhao W, et al.. 2013. Turbulent dissipation and mixing in Prydz Bay. Chinese Journal of Oceanology and Limnology, 31(2): 445-453.

Zhao J, Li T. 2010. Solar radiation penetrating through sea ice under very low solar altitude. Journal of Ocean University of China, 9(2): 116-122.

第 6 章 考察获得的主要经验与建议

6.1 考察取得的重要成果和亮点总结

（1）专项计划实施期间对普里兹湾和南极半岛的观测区域站位、观测要素、观测手段均比专项计划实施前大幅提升，为我国今后的南极考察奠定了良好基础。普里兹湾及其邻近海域和南极半岛及其邻近海域是我国南极考察以来的重点调查区域，但此前的南极考察针对性和系统性不强，考察手段及设备匮乏，极地专项的开展使得这些方面得到明显改善。

（2）潜标锚碇观测成型，对普里兹湾的环流和水团变异有了新的认识。截至目前，我国在南极普里兹湾海域共计布放潜标 11 套，是当前国际上在该区域潜标观测套数最丰富的国家，回收的潜标资料为进一步清楚认识该海域的环流结构和水团变异提供了坚实的数据基础，对解决当前国际上在该海区关于南极底层水的争论有积极意义。配合 CTD 等资料，对普里兹湾高密度陆架水对附近南极底层水形成的贡献，有了更进一步的认识。

（3）海洋气象观测为国际救援和“雪龙”船脱困帮助巨大。“雪龙”船于 2013 年 12 月 27 日经过艰难破冰到达被困的俄罗斯客船附近，但因为冰层太厚无法接近被困俄船，2014 年 1 月 3 日“雪龙”船自身被浮冰围困。经过分析发现，持续的东向风使得海冰挤压得越来越紧，不利于船只脱困，只有转成西向风，才能使海冰松动，为脱困创造机会。通过对“雪龙”船被海冰围困期间的海冰、气象和海洋环境状况综合分析发现，造成“雪龙”船被围困的两个主要因素：一是由于“雪龙”船被困区域靠近大陆架，冰山较多，多年冰和当年冰夹杂在一起，海冰类型较为复杂；二是由于受连续多个气旋影响，在“雪龙”船受困海域，偏东大风持续时间长，风力大，加之受西侧固定冰区阻挡，海冰自东向西堆积，致使“雪龙”船被困。此次“雪龙”船脱困应急预报保障工作是对我国极地预报保障能力的一次检验。通过此次突发事件，让我们意识到拥有自主实时数据资源和自主预报能力的重要性。及时掌握“雪龙”船周边的冰情变化，以及准确的天气形势判断和预报，是此次“雪龙”船顺利脱困的关键。该航次实时的海洋气象观测为国际救援和雪龙脱困提供了及时的观测依据和方向性指导。

（4）海豹 CTD 等新型观测应用到我国南极长期观测之中，充实了我国南极考察在不同季节的观测手段。CTD 标记观测工作是实现南极观测，特别是冬季观测最好的手段之一。我们布放的冰基海豹 CTD 很好地观测到冬季到夏季期间，温度跃层和盐度跃层的变化过程。这是以“雪龙”船为考察平台难以克服海冰而完成的观测。在第 31 次南极考察中，幸运地捕捉到了一只冰基海豹，获得了 CTD 宝贵的原始数据，并对其携带的 CTD 进行了重新标定，再次固定回了海豹头顶。对于获得的数据有待后续的研究。

（5）海表漂流浮标、LADCP 观测、CTD 温盐观测和潜标观测等，加深了我们对普里兹湾三维环流结构的认识。对普里兹湾的环流研究不多，早期的研究主要依据动力高度计算等方式进行普里兹湾水平环流的研究，缺乏直观有效的观测数据，专项期间通过海表漂流浮标、LADCP 观测、CTD 温盐观测和潜标观测较为清楚地认识到该区域的三维环流结构。普里兹湾内总体为气旋式环流，陆坡处为自东向西的环南极流。一部分漂流浮标经普里兹湾内部的气旋式环流沿着陆坡自东向西流动；另一部分从湾口向北流动，之后绕过凯尔盖朗海台加入南极绕极流，气旋式涡旋占主导，超过 80%，与背景环流相关；生命周期 2 ~ 4 天居多，接近 50%；直径大小随生命周期的增加而增加；离心率在 2 附近波动。MCDW 侵入陆架在动力高度图中也能体现，在 75°E 附近有一个很强的南向流，CDW 暖水入侵陆架情况相符合。此外，普里兹湾内的气旋式环流也很显著，环流中心大约在 67.50°S，72°E 附近，海流沿经向进入湾内，并在向东南运动的过程中逐渐转向，在埃默里冰架前缘有转为自东向西的趋势。在湾的东部还有另外一支海流流向湾内，推测应该是来自于西冰架。

（6）专项执行期间，物理、生物、化学、地质等多学科交叉研究开始兴起。物理海洋和海洋气象观测的内容在很多方面与生物、化学、地质等学科有了很好的印证和支持，促进了我国南极考察和研究的多学科综合发展。例如，物理海洋观测的普里兹湾的环流结构，与化学同位素的分布以及地质沉积速率分布规律非常一致，也为该海域生物资源的分布提供了物理海洋学的解释。掌握了海洋水文、海洋气象、海洋声学、海冰等环境基本信息，获取了海洋环境变化和海 - 冰 - 气系统变化过程的关键要素信息，为我国和全球气候变化、资源开发利用、航海与后勤保障提供了基础资料。

（7）获得了南大洋海域湍流观测结果。由于湍流观测是一种新的观测方式，从已有的数据中获得相关过程的全面认识，并进行了大量的深入分析和研究工作。自第 29 次南极考察开始，在重点海域断面考察中增加了湍流观测。其中，第 29 次和第 31 次南极考察在普里兹湾海域分别获得 8 个和 27 个有效站位的湍流观测数据，第 30 次南极考察在南极半岛海域获得 16 个站位的湍流观测数据。通过对上述观测数据进行初步分析，得到了调查海域海洋混合的空间分布变化情况。普里兹湾及其外围海域耗散率在 $10^{-7} \sim 10^{-9}$ W/kg 范围内，地形陡峭的陆坡处耗散率水平要高于其他开阔海域一个量级以上。埃默里冰架前缘的湍耗散率从表到底都在 $10^{-7} \sim 10^{-8}$ W/kg 之间，且西侧的混合高于东侧。南极半岛海域最为强烈的混合发生在菲利普通道西侧，湍耗散率高达 10^{-7} W/kg，高于平坦地形站位（如南奥克尼海台区域）混合两个量级，体现出地形对混合过程的重要影响。

（8）在中山站外沿岸固定冰上的海 - 冰 - 气联合连续观测，该项观测侧重过程研究。第 29 次和第 31 次南极考察在 12 月初利用冰上卸货期间对中山站外围海域的沿岸固定冰上进行了海 - 冰 - 气联合连续观测，目的在于获得冰下海洋的连续剖面温盐、海流观测数据以及相关的大气、辐射和海冰数据，以研究夏季海冰融化期间的上层海洋变化过程。两次考察期间分别开展了 10 天和 7 天的连续观测。冰下上层海洋温盐观测结果显示，冰下海水都存在着明显的升温和淡化现象，海冰底部融化现象非常显著。冰下上层海水的流速平均为 5.7 cm/s，最大可达 20 cm/s，说明热平流有重要作用。

（9）获得的质量较好的走航 ADCP 数据可以用于南大洋锋面和绕极流研究。“雪龙”船的走航 ADCP 在 2014 年 6 月全面安装就位并进行了海试验收。在第 31 次南极考察期间首次投入到南大洋的走航断面观测中。300 kHz 走航 ADCP 在从澳大利亚塔斯马尼亚与新西兰至南极的两个断面上获得了质量较好的海流观测数据，流速的垂向一致性较好，且有与多个锋面位置对应的高流速中心，符合南极绕极流的准正压特征和多核特征。

6.2 对专项的作用

南极周边海域物理海洋和海洋气象考察专题的顺利开展，使观测区域站位、观测要素、观测手段均比专项前大幅提升，为我国今后的南极考察奠定了良好基础，改善了此前南极科学考察针对性和系统性不强的问题，丰富了考察手段及设备，为今后预报保障工作积累了大量数据资料和宝贵的经验。

物理海洋和海洋气象是我国各类南极科学考察的基础，专项执行期间，物理、生物、化学、地质等多学科交叉研究开始兴起。物理海洋和海洋气象观测的内容在很多方面与生物、化学、地质等学科有了很好的印证和支持，促进了我国南极考察和研究的多学科综合发展。

通过本专题的实施，填补了我国在南大洋调查与研究上的空白，包括：威德尔海和罗斯海综合考察、南大洋断面大纵深综合观测、南极海洋长期监测、新型观测手段的应用等。同时，这也是在长期科学规划指导下，首次进行的目标明确、连续性强、覆盖面广、重点突出的综合性观测。这不仅有助于建设一支稳定的极地海洋科学研究队伍，还可以丰富我国现有的南极基础观测资料，提高我国极区海洋观测关键技术的能力，初步建立我国南极海洋长期监测网络，实现对科学目标所必要的支撑能力。从数据基础、拓展观测内容、构建合理目标等方面均有利于我国南极科学考察的健康持续发展。

目前的极地海洋水团、环流的变化及其对全球气候变化的影响和响应是国际极地科学的研究热门方向，但却是我国综合实力偏弱的一门学科。因此，以极地科学考察专项为契机，建立有针对性学科方向和稳定的科研团队，有助于大力发展极地物理海洋科学考察事业，为国家在国际舞台上赢得更多的话语权提供海洋基本环境的有力支持。

6.3 考察获得的主要成功经验

（1）该专题的成功与考察协调组织的系统性和高效性密不可分。首先根据观测内容制定年度观测计划，再根据南极科学考察航次的时间安排，由牵头单位联系各个参与单位，按照时间进度进行设备标定、仪器测试安装、人员培训、队员选拔等事项，为航次的顺利实施提供前提保障。

（2）对数据的获得进行严格的质量控制，确保在能力范围内获得最可靠的观测数据。做好各类观测的质量控制方案，并在考察期间认真实施，航次返回后及时对获得的数据进行分析，并及时编写年度考察报告和数据报告，做到各项观测数据的详细信息有据可查，提高数据的使用效率。

（3）不同学科分区域分时段作业，提高作业效率。由于目前我国适合在南极作业的船只只有“雪龙”船，而且“雪龙”船承担着建站和补给的任务，所以每个航次用于大洋考察的时间非常有限，第 30 次和第 31 次南极考察分专业分别于不同的时间在南极半岛和普里兹湾海域作业，显著地提高了作业效率，这种模式在现阶段非常有效。

（4）完善观测的必要基础设施，事半功倍。以第31航次潜标、OBS的收放为例，以往需要花费6~12个小时的作业内容，在配备了橡皮艇之后缩短至1~2个小时，极大地提高了作业效率。

（5）项目负责人和核心研究人员参加现场考察。最近两个航次，各专业的项目负责人亲自参与南极现场考察，为现场作业的调整提供了便利条件。

（6）调动全部力量协调作业方案，详细研讨，为航次的顺利完成提供保障。

6.4 考察中存在的主要问题及原因分析

（1）“雪龙”船载气象观测设备已经老化、稳定性变差，观测数据存在较大误差。建议更换Vaisala自动气象站，落实并加强设备的后续运行维护管理和标定、校正工作。

（2）西风带的XBT/XCTD抛弃式观测需要将船速降到12 kn左右，现有船上设备目前不能保证做到这点，主要是由于需要快速穿越西风带所致。

（3）大气化学观测获得的样品有些测试项目的测试周期较长，无法及时对数据和结果进行分析讨论。

（4）“雪龙”船的船载ADCP有2台，其中的1台由于安装或者其他原因，数据明显有问题，目前已经联系生产厂家进行检查和维修。

（5）船载风廓线仪对于了解对流层底层大气状况有非常重要的作用，同时又对极地考察飞行预报保障具有重要意义。但因疏于管理和维护，专项开始时设备就完全停止工作。建议恢复该设备并加强后续的管理和维护，使之充分发挥作用。

6.5 对未来科学考察的建议

（1）我国南极科学考察均为夏季航次，且航次承载任务较多。建议通过国际合作方式，增派其他调查船；在条件允许的情况下，实施冬季调查航次。

（2）进一步加强考察的协调组织，进一步完善观测内容和观测计划，合理进行航次的时间安排，按照时间进度进行设备标定、仪器测试安装、人员培训、队员选拔等事项，为航次的顺利实施提供前提保障。

（3）由于环境恶劣，极地环境要素调查作业时间窗口小、风险性大，且开展现场观测工作，需要大量的人力、物力和财力支撑；此外，现场观测的周期长，仪器设备的折损率更高，建议给予持续支持。目前，极地及亚极地海域的现场调查数据较为匮乏（尤其是南大洋），在后继支持中，建议增加长期锚系观测支持，开展锚系潜标以及海冰浮标阵列观测，增加调查数据的时空序列。

（4）不同学科分区域分时段作业，提高作业效率。基于第30次和第31次南极考察的成功经验，分别于不同的时间在南极半岛和普里兹湾海域作业，提高作业效率。

（5）进一步鼓励项目负责人和核心研究人员参加现场考察，为现场作业的调整提供便利条件。

（6）此外，我国特别缺乏研究极地气候系统的青年科学工作者，未来需要重视团队建设，加强培养青年极地气象和海洋工作者。

（7）在合理的范围内，尽可能精简专项的考核验收程序，提高工作效率。

（8）基于气象、海冰和海况的分析以及以往的现场作业经验，普里兹湾海区的大洋作业时间窗口为1—2月中旬，希望将来尽量避免在2月下旬之后安排大洋作业。

（9）为了进一步减小低温对CTD造成的影响甚至损害，需要大幅提高采水间的温度，使CTD在下水之前能够保持较高的温度，避免出现管路残留水结冰，影响观测结果。建议对采水间大门进行改造，方便开启，增加密闭性。在采水间内增加大功率热风机，或在门口和CTD上方增设热风输送口，使采水间室温及CTD本身的温度维持在20℃以上。

附件

附件 1　考察区域及站位图

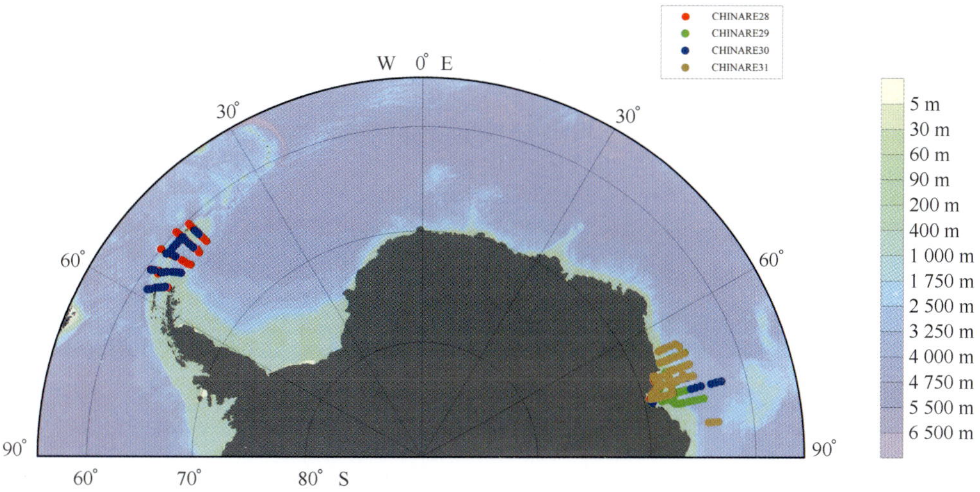

附图 1－1　专项期间航次的断面分布（主要集中在南极半岛和普里兹湾海域）

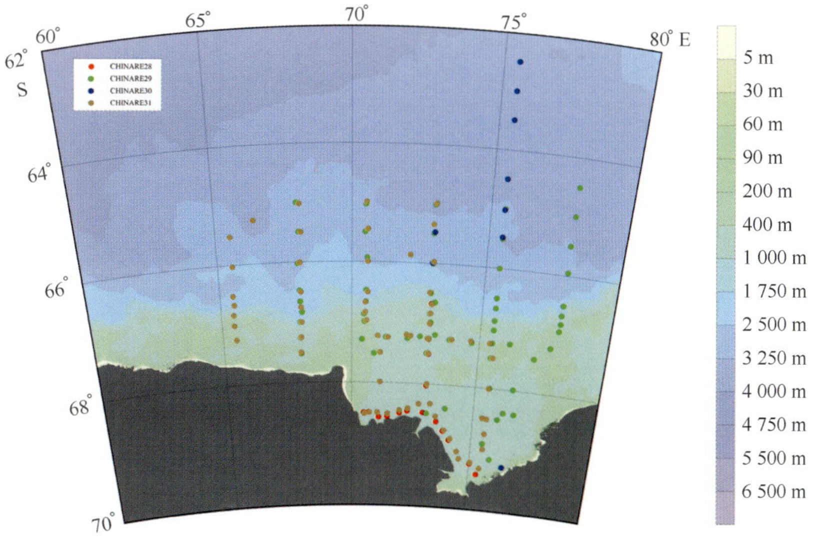

附图 1－2　专项期间航次普里兹湾海域的断面分布

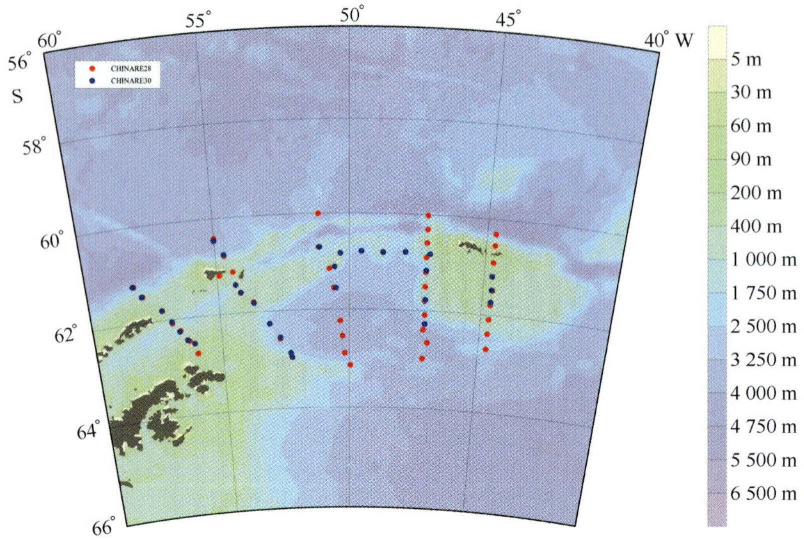

附图 1－3　专项期间航次南极半岛海域的断面分布

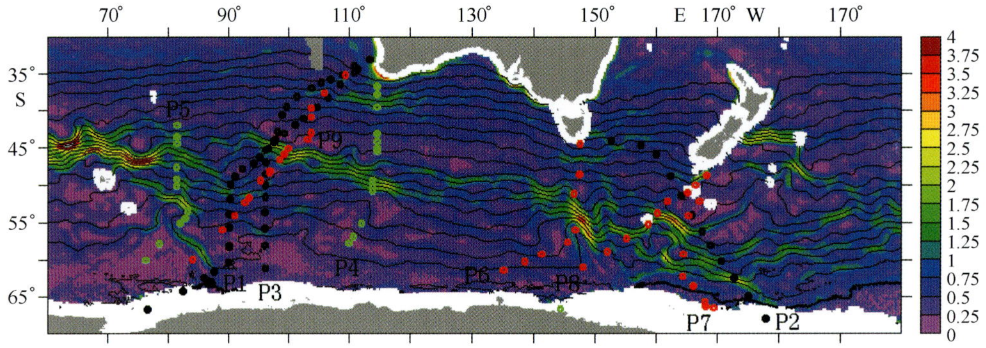

附图 1－4　第 29 次至第 31 次南极考察南大洋走航断面 GPS 探空观测站位分布

黑色：第 29 次南极考察；绿色：第 30 次南极考察；红色：第 31 次南极考察；按照时间顺序标出了各个断面编号；背景颜色表示南半球夏季气候态海表温度的水平梯度，单位：℃/km

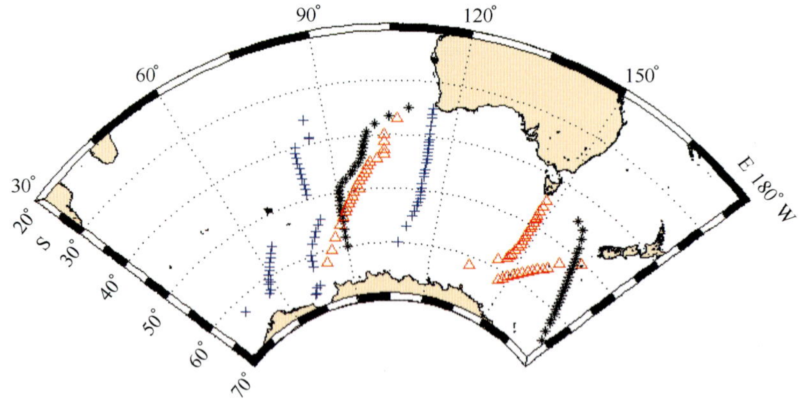

附图 1－5　XCTD 观测站位

黑色星号为第 29 航次站位，蓝色加号为第 30 航次站位，红色三角形为第 31 航次站位

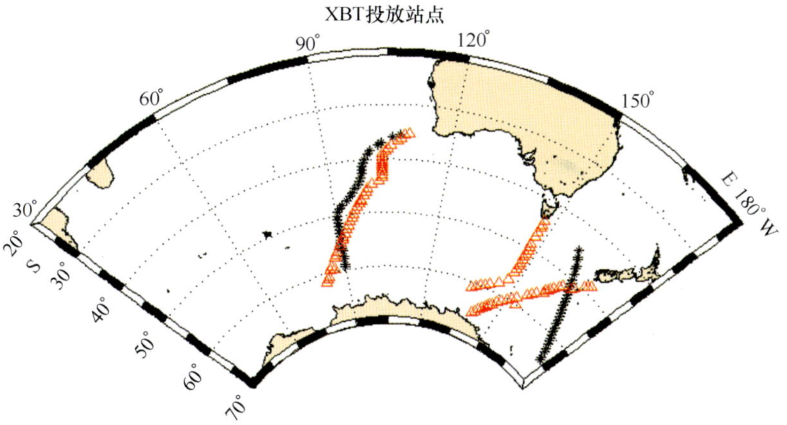

附图 1－6　XBT 观测站位

黑色星号为第 29 航次站位，红色三角形为第 31 航次站位

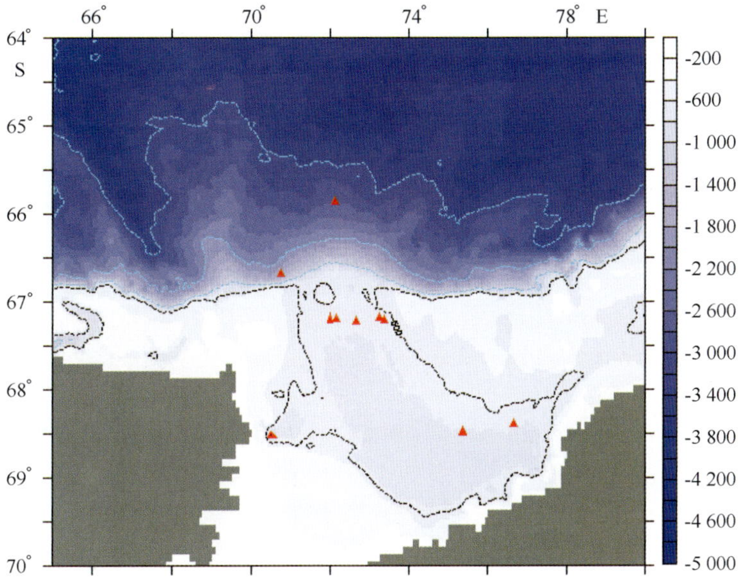

附图 1－7　专项期间航次普里兹湾海域的潜标观测分布

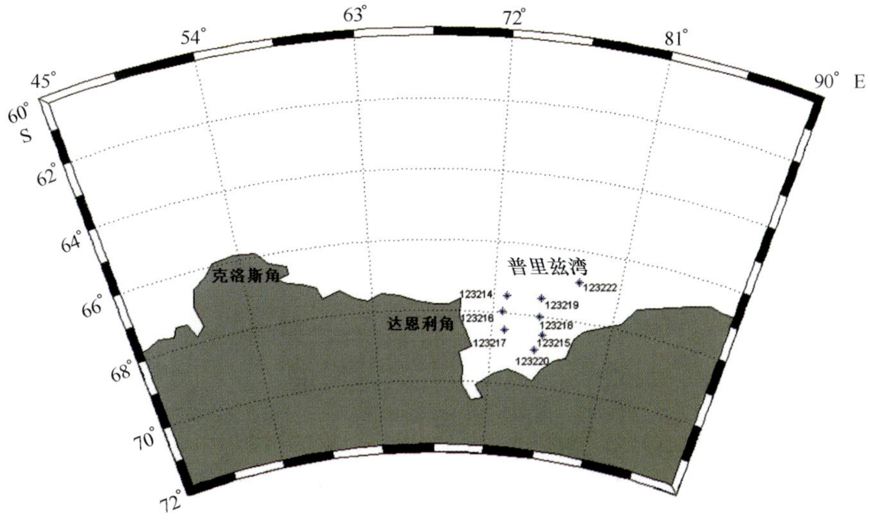

附图 1－8　第 29 航次浮标投放位置示意

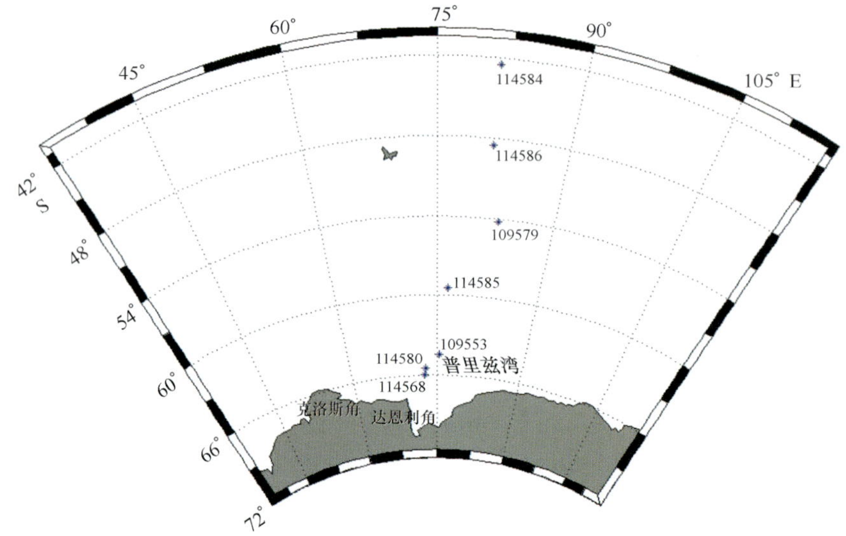

附图 1－9　第 30 航次浮标投放位置示意

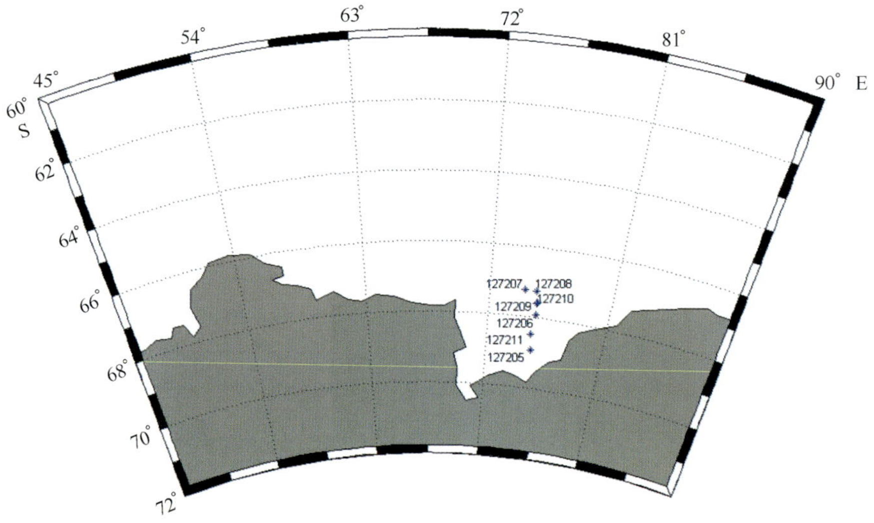

附图 1－10　第 31 航次浮标投放位置示意

附件 2 考察使用的主要仪器设备

1. 温 - 盐 - 深仪 SBE 911 Plus CTD
2. 下放式声学多普勒海流剖面仪 LADCP
3. 垂向微结构剖面仪 VMP - 200
4. 高光谱余弦辐照度传感器 Ramses - ACC - VIS
5. 海洋光学剖面辐射计 PRR800/810
6. 温 - 盐 - 深仪 ALEC CTD
7. CNR4 辐射计
8. 走航温盐计 SBE 21 SEACAT
9. VAISALA 自动气象站
10. 抛弃式温深仪 XBT
11. 抛弃式温 - 盐 - 深仪 XCTD
12. 电磁感应海冰厚度探测仪 EM - 31
13. WTW Cond 3210 盐度计
14. 冰基温度链浮标
15. 海冰漂流浮标
16. 锚碇海洋观测系统
17. 海气耦合观测系统
18. 海气界面通量观测系统
19. 自容式 CTD
20. 单点海流计
21. 声学释放
22. 在线气态总汞分析仪：Tekran 2537（加拿大 Tekran 公司）
23. 大流量总悬浮颗粒采样器：TH - 1000 型（武汉天虹仪表有限责任公司）
24. 密闭真空气罐：美国实验室提供
25. 分级微生物采样器：FA - 1 型撞击式空气微生物分级采样器

附件3　承担单位及主要人员一览表

序号	姓名	年龄	职称	职务	专业	单位	投入本项目的全时工作时间（人·月）
1	魏泽勋	42	高级	研究员	物理海洋	国家海洋局第一海洋研究所	3
2	高立宝	30	中级	助理研究员	物理海洋	国家海洋局第一海洋研究所	8
3	刘　琳	33	高级	副研究员	物理海洋	国家海洋局第一海洋研究所	2
4	杨永增	42	高级	研究员	物理海洋	国家海洋局第一海洋研究所	2
5	葛人峰	48	高级	高级工程师	物理海洋	国家海洋局第一海洋研究所	3
6	刘建军	48	高级	高级工程师	物理海洋	国家海洋局第一海洋研究所	3
7	连　展	29	中级	助理研究员	物理海洋	国家海洋局第一海洋研究所	6
8	王冠琳	30	中级	助理研究员	物理海洋	国家海洋局第一海洋研究所	3
9	刘延亮	29	中级	助理研究员	物理海洋	国家海洋局第一海洋研究所	3
10	王辉武	29	中级	助理研究员	物理海洋	国家海洋局第一海洋研究所	3
11	王海员	31	初级	研究实习员	电子物理	国家海洋局第一海洋研究所	5
12	何　琰	28	中级	助理研究员	物理海洋	国家海洋局第一海洋研究所	6
13	梁楚进	46	高级	研究员	物理海洋	国家海洋局第二海洋研究所	2
14	廖光洪	35	高级	副研究员	物理海洋	国家海洋局第二海洋研究所	4
15	周蓓锋	34	中级	助理研究员	物理海洋	国家海洋局第二海洋研究所	3
16	丁　涛	34	中级	助理研究员	物理海洋	国家海洋局第二海洋研究所	3
17	史久新	41	高级	研究员	物理海洋	中国海洋大学	4
18	矫玉田	51	高级	高级工程师	物理海洋	中国海洋大学	3
19	杨庆轩	30	中级	讲师	物理海洋	中国海洋大学	3
20	刘贵杰	44	高级	教授	机械工程	中国海洋大学	4
21	曹　勇	33	中级	实验师	物理海洋	中国海洋大学	2
22	李丙瑞	33	高级	副研究员	物理海洋	中国极地研究中心	4
23	郭井学	32	中级	助理研究员	地球物理	中国极地研究中心	3
24	雷瑞波	30	中级	助理研究员	物理海洋	中国极地研究中心	3
25	李　群	30	中级	助理研究员	物理海洋	中国极地研究中心	3
26	王硕仁	39	高级	高级工程师	电气工程	中国极地研究中心	3
27	张　林	53	高级	研究员	物理海洋	国家海洋环境预报中心	2
28	孟　上	51	高级	高级工程师	海洋气象	国家海洋环境预报中心	6
29	许　淙	56	高级	研究员	海洋气象	国家海洋环境预报中心	6
30	田忠翔	27	初级	研究实习员	物理海洋	国家海洋环境预报中心	6
31	赵　彪	28	初级	研究实习员	物理海洋	国家海洋环境预报中心	6
32	丁卓铭	25	其他	研究生	物理海洋	国家海洋环境预报中心	6
33	苏　博	31	中级	助理研究员	海洋气象	国家海洋环境预报中心	4
34	闫　涵	29	初级	研究实习员	大气物理	国家海洋环境预报中心	6

续表

序号	姓名	年龄	职称	职务	专业	单位	投入本项目的全时工作时间（人·月）
35	杨清华	30	高级	副研究员	海洋气象	国家海洋环境预报中心	3
36	赵杰臣	29	初级	研究实习员	物理海洋	国家海洋环境预报中心	3
37	王先桥	34	高级	副研究员	大气物理	国家海洋环境预报中心	4
38	费岳军	40	高级	高级工程师/主任	环境监测与评价	东海分局	5
39	邓小东	30	中级	工程师	海洋气象	东海分局	7
40	潘灵芝	32	中级	工程师	海洋环境	东海分局	6
41	吕　忻	26	初级	助理工程师	海洋管理	东海分局	5
42	梅　杰	26	初级	助理工程师	信息技术	东海分局	4
43	赵　瀛	27	初级	助理工程师	环境科学	东海分局	4
44	齐安翔	32	中级	工程师	海洋化学	东海分局	3
45	李锐祥	28	中级	工程师	物理海洋	南海分局	2
46	刘长建	33	中级	工程师	物理海洋	南海分局	2
47	杨　威	26	中级	工程师	物理海洋	南海分局	2
48	陈　旺	25	初级	助理工程师	物理海洋	南海分局	4
49	高郭平	39	高级	教授	物理海洋	上海海洋大学	5
50	刘洪生	48	高级	副教授	物理海洋	上海海洋大学	2
51	李曰嵩	34	中级	讲师	环境海洋	上海海洋大学	2
52	李　娜	28	中级	讲师	物理海洋	上海海洋大学	2
53	谢周清	40	高级	教授	大气化学	中国科学技术大学	4
54	康　辉	33	中级	助理工程师	大气化学	中国科学技术大学	4
55	胡启后	26	其他	博士生	大气化学	中国科学技术大学	4
56	俞　娟	25	其他	博士生	大气化学	中国科学技术大学	4
57	邢　洁	23	其他	硕士生	大气化学	中国科学技术大学	4
58	张禄禄	26	其他	硕士生	大气化学	中国科学技术大学	4
59	孙　晨	22	其他	硕士生	大气化学	中国科学技术大学	4
60	叶培培	21	其他	硕士生	大气化学	中国科学技术大学	4
固定研究人员合计（人·月）							200
流动人员或临时聘用人员合计（人·月）							30
总计							230

附件 4　考察工作量统计表

附表 4－1　CTD/ADCP 站位统计

	第 28 航次	第 29 航次	第 30 航次	第 31 航次	合计
普里兹湾	21 个	66 个	14 个	68 个	169 个
南极半岛	46 个	—	33 个	—	79 个
合计	67 个	66 个	47 个	68 个	248 个

附表 4－2　湍流观测站位统计

	第 29 航次	第 30 航次	第 31 航次	合计
普里兹湾	21 个	—	29 个	50 个
南极半岛	—	16 个	—	16 个
合计	21 个	16 个	29 个	66 个

附表 4－3　XBT/XCTD 观测站位统计

	第 29 航次	第 30 航次	第 31 航次	合计
XBT	98 个	124 个	100 个	322 个
XCTD	61 个	68 个	56 个	185 个
合计	159 个	192 个	156 个	507 个

附表 4－4　GPS 探空观测站位统计

第 29 航次	第 30 航次	第 31 航次	合计
78 个	35 个	40 个	153 个

附表 4－5　漂流浮标观测统计

	第 29 航次	第 30 航次	第 31 航次	合计
普里兹湾	14 枚	7 枚	7 枚	28 枚

附表 4－6　潜标观测统计

	第 28 航次	第 29 航次	第 30 航次	第 31 航次	合计
布放	4 套	2 套	2 套	3 套	11 套
回收	—	2 套	—	3 套	5 套（另外 3 套待回收）
注释	第 28 航次布放的 4 套回收了 2 套；第 29 航次、第 30 航次布放的 4 套回收了 3 套				

附表 4－7　大气化学观测统计

	第 28 航次	第 29 航次	第 30 航次	第 31 航次	合计
气态总汞浓度	10 000 个	10 000 个	18 000 个	20 000 个	58 000 个
气溶胶样品	100 份	100 份	110 份	142 份	452 份
大气样品	96 份	70 份	80 份	48 份	294 份
细菌和真菌样品	56 组	72 组	—	—	128 组

附表 4－8　海冰观测统计

考察航次	工作量统计					
	海冰形态观测系统	SBE 21	KT19. 85IIP	海冰温度连浮标	站基冰厚雪厚	站基反照率和辐射
第 28 航次	—	全程走航观测	—	—	越冬观测	越冬观测
第 29 航次	冰区走航观测	全程走航观测	全程走航观测	2 套	越冬观测	越冬观测
第 30 航次	冰区走航观测	全程走航观测	全程走航观测	2 套	越冬观测	越冬观测
第 31 航次	冰区走航观测	全程走航观测	全程走航观测	2 套	越冬观测	越冬观测

附件 5　物理海洋学考察数据一览表

5.1　南极半岛海域

1）中国历次南极科学考察航次 CTD 数据

- 第 22 次南极科学考察 CTD 数据
- 第 23 次南极科学考察 CTD 数据
- 第 24 次南极科学考察 CTD 数据
- 第 25 次南极科学考察 CTD 数据
- 第 26 次南极科学考察 CTD 数据
- 第 27 次南极科学考察 CTD 数据
- 第 28 次南极科学考察 CTD 数据
- 第 29 次南极科学考察 CTD 数据
- 第 30 次南极科学考察 CTD 数据
- 第 31 次南极科学考察 CTD 数据

2）中国历次南极科学考察航次 LADCP 数据

- 第 25 次南极科学考察 LADCP 数据
- 第 26 次南极科学考察 LADCP 数据
- 第 27 次南极科学考察 LADCP 数据
- 第 28 次南极科学考察 LADCP 数据
- 第 29 次南极科学考察 LADCP 数据
- 第 30 次南极科学考察 LADCP 数据
- 第 31 次南极科学考察 LADCP 数据

3）中国历次南极科学考察航次抛弃式观测数据

- 第 24 次南极科学考察 XBT/CTD 数据
- 第 25 次南极科学考察 XBT/CTD 数据
- 第 26 次南极科学考察 XBT/CTD 数据
- 第 27 次南极科学考察 XBT/CTD 数据
- 第 28 次南极科学考察 XBT/CTD 数据

4）中国历次南极科学考察航次湍流混合数据

- 第 30 次南极科学考察湍流数据

5）中国历次南极科学考察航次探空数据

- 第 28 次南极科学考察探空数据
- 第 29 次南极科学考察探空数据
- 第 30 次南极科学考察探空数据
- 第 31 次南极科学考察探空数据

6）中国历次南极科学考察航次走航温盐数据

- 第 25 次南极科学考察走航温盐数据

- 第 26 次南极科学考察走航温盐数据
- 第 27 次南极科学考察走航温盐数据
- 第 28 次南极科学考察走航温盐数据
- 第 29 次南极科学考察走航温盐数据
- 第 30 次南极科学考察走航温盐数据
- 第 31 次南极科学考察走航温盐数据

7）中国历次南极科学考察航次走航气象数据

- 第 25 次南极科学考察走航气象数据
- 第 26 次南极科学考察走航气象数据
- 第 27 次南极科学考察走航气象数据
- 第 28 次南极科学考察走航气象数据
- 第 29 次南极科学考察走航气象数据
- 第 30 次南极科学考察走航气象数据
- 第 31 次南极科学考察走航气象数据

5.2 普里兹湾海域

1）中国历次南极科学考察航次 CTD 数据

- 第 22 次南极科学考察 CTD 数据
- 第 23 次南极科学考察 CTD 数据
- 第 24 次南极科学考察 CTD 数据
- 第 25 次南极科学考察 CTD 数据
- 第 26 次南极科学考察 CTD 数据
- 第 27 次南极科学考察 CTD 数据
- 第 28 次南极科学考察 CTD 数据
- 第 29 次南极科学考察 CTD 数据
- 第 30 次南极科学考察 CTD 数据
- 第 31 次南极科学考察 CTD 数据

2）中国历次南极教学考察航次 LADCP 数据

- 第 25 次南极科学考察 LADCP 数据
- 第 26 次南极科学考察 LADCP 数据
- 第 27 次南极科学考察 LADCP 数据
- 第 28 次南极科学考察 LADCP 数据
- 第 29 次南极科学考察 LADCP 数据
- 第 30 次南极科学考察 LADCP 数据
- 第 31 次南极科学考察 LADCP 数据

3）中国历次南极科学考察航次抛弃式观测数据

- 第 24 次南极科学考察 XBT/CTD 数据
- 第 25 次南极科学考察 XBT/CTD 数据
- 第 26 次南极科学考察 XBT/CTD 数据

- 第 27 次南极科学考察 XBT/CTD 数据
- 第 28 次南极科学考察 XBT/CTD 数据

4）中国历次南极科学考察航次湍流混合数据

- 第 29 次南极科学考察湍流数据
- 第 30 次南极科学考察湍流数据
- 第 31 次南极科学考察湍流数据

5）中国历次南极科学考察航次探空数据

- 第 28 次南极科学考察探空数据
- 第 29 次南极科学考察探空数据
- 第 30 次南极科学考察探空数据
- 第 31 次南极科学考察探空数据

6）中国历次南极科学考察航次走航温盐数据

- 第 25 次南极科学考察走航温盐数据
- 第 26 次南极科学考察走航温盐数据
- 第 27 次南极科学考察走航温盐数据
- 第 28 次南极科学考察走航温盐数据
- 第 29 次南极科学考察走航温盐数据
- 第 30 次南极科学考察走航温盐数据
- 第 31 次南极科学考察走航温盐数据

7）中国历次南极科学考察航次走航气象数据

- 第 25 次南极科学考察走航气象数据
- 第 26 次南极科学考察走航气象数据
- 第 27 次南极科学考察走航气象数据
- 第 28 次南极科学考察走航气象数据
- 第 29 次南极科学考察走航气象数据
- 第 30 次南极科学考察走航气象数据
- 第 31 次南极科学考察走航气象数据

5.3 长期观测

- 潜标长期观测数据
- 漂流浮标观测数据
- 海冰气联合观测数据
- 站基观测数据

5.4 国际公开数据

- 世界海洋地图集数据（WOA13：World Ocean Atlas 2013）
- 世界大洋数据集（WOD13：World Ocean Database 2013）

附件 6 考察要素图件一览表

CTD	温度、盐度、密度
CT	温度、盐度
LADCP	流速、流向
ADCP	流速、流向
探空	温度、风速、湿度、压力等
VMP	流速剪切
漂流浮标	温度、经度、纬度
自动气象站	风速、风向
海冰观测	冰型、冰厚、雪厚、反照率等
大气化学观测	气溶胶浓度、有机碳浓度、气态汞浓度等
XBT	温度、深度
XCTD	温度、盐度、密度
热通量观测	短波辐射、长波辐射等

附件7 论文、专著等公开出版物一览表

7.1 发明专利2项

1. 发明专利：一种船载走航低空大气剖面测量仪．王海员，李奎平，高立宝，专利号201410631510.9.

2. 丁涛，梁楚进，张敏强，周蓓锋，金魏芳，李俊德．一种海洋锚系打捞装置及其打捞方法（专利号：ZL 2011 1 0035020.9），国家专利局.

7.2 计算机软件著作权登记2项

1. 海洋潜标海底锚碇位置几何定位软件1.0.0（登记号：2014SR048855），国家版权局。

2. 软件著作权：气象探空数据接收软件，王海员，高立宝，李奎平，登记号2012SR067076.

7.3 实用新型专利1项

实用新型专利：一种采用无线射频传输数据的GPS气象探空仪．王海员，李顺荣，高立宝，李奎平，专利号ZL201220368553.

7.4 已发表文章27篇

1. Gao L, Yu W, Li T, Adi T R, Budi S, Triyono and Salvienty M. 2014. Rainfall asymmetry in the southeast Indian Ocean between positive and negative IODs and its local impact. Atmosph. Sci. Lett., 15: 127 – 133.

2. Guo G, J Shi and Y Jiao. 2016. Turbulent mixing in the upper ocean of the northwestern Weddell Sea, Antarctica. Acta Oceanologica Sinica, 35 (3): 1 – 9.

3. Guo Juijun, Shi Jiuxin, Jiao Yutian, Yao Wenjun. 2015. Turbulent mixing in the upper ocean of Northwestern Weddell Sea, Antarctica. Acta Oceanologica Sinica, 35 (3): 1 – 9.

4. Hu QH, Xie ZQ, Wang XM, Kang H, He QF, Zhang PF. 2013. Secondary organic aerosols over oceans via oxidation of isoprene and monoterpenes from Arctic to Antarctic. Scientific reports, 3: 2280.

5. Hu QH, Xie ZQ, Wang XM, Kang H, Zhang PF. 2013. Levoglucosan indicates high levels of biomass burning aerosols over oceans from the Arctic to Antarctic. Scientific reports, 3: 3119.

6. Liang Xue, Libao Gao, Weijun Cai and Weidong Yu, Meng Wei. 2015. Response of sea surface fugacity of CO_2 to SAM trend shift south of Tasmania: Regional difference. Geophys. Res. Lett., 42 (10): 1 – 7.

7. Libao Gao, Weidong Yu, Haiyuan Wang and Yanliang Liu. 2013. Near – surface structure and energy characteristic of the Antarctic Circumpolar Current. Advances in Polar Science, 25 (4): 265 – 272.

8. Lin Feng, Lin Liu, Libao Gao and Weidong Yu. 2012. Vertical structure of low – level atmos-

phere over the southeast Indian Ocean fronts. Advances in Polar Science, 23 (3): 163 - 169.

9. Qi Shu, Zhenya Song, Fangli Qiao. 2015. Assessment of sea ice simulations in the CMIP5 Models. The Cryosphere, 9: 399 - 409.

10. Williams G D, Herraiz - Borreguero L, Roquet F, et al. 2016. The suppression of Antarctic bottom water formation by melting ice shelves in Prydz Bay. Nature Communications, 7: 12577.

11. Xue L, Yu W, Wang H, Jiang L Q, Feng L, Gao L, Li K, Li Z, Wei Q, and Ning C. 2015. Temporal changes in surface partial pressure of carbon dioxide and carbonate saturation state in the eastern equatorial Indian Ocean during the 1962 - 2012 period. Biogeosciences, 11: 6293 - 6305.

12. Yang Q, Yu L, Wei L, et al. 2013. Features of visibility variation at Great Wall Station. Antarctic. Advances in Polar Science, 24 (3): 188 - 193.

13. 高立宝，于卫东，王海员 . 2015. 南极绕极流的表层环流结构和能量分布特征 . 极地研究，27 (1): 1 - 8.

14. 高郭平，闫敏斐，徐智昕，程灵巧，张春玲 . 2016. 2011 年冬季南极普里兹湾冰间湖区上层水体结构演化研究 . 极地研究，28 (2): 219 - 227.

15. 吉会峰，邓小东，曹兵，徐常三，邬惠明 . 2016. 南极普里兹湾附近海域表层海流特征分析 . 极地研究，28 (1): 80 - 86.

16. 刘琳，高立宝 . 2012. 东南印度洋海洋锋面低空大气的垂向分布结构分析 . 极地研究，24 (2): 136 - 142.

17. 林丽娜，陈红霞，刘娜 . 2015. 普里兹湾及邻近海域多航次水文特征比较分析 . 海洋科学进展，33 (4): 460 - 470.

18. 李明广，雷瑞波，李志军，韩红卫，田忠翔 . 2016. 2013—2014 年夏季南极普里兹湾反照率走航观测研究 . 极地研究，28 (1): 58 - 66.

19. 连展，乔方利，魏泽勋，王海员，冯颖，杨效东，高立宝 . 2013. 第 28 次南极科学考察中的物理海洋观测 . 海洋科学进展，31 (3): 415 - 428.

20. 史久新，孙永明，矫玉田，郝光华，王妙 . 2016. 2011/2012 年夏季南极半岛北端周边海域的水团与水交换 . 极地研究，18 (1): 69 - 79.

21. 杨清华，张本正，李明，等 . 2013. 2012 年南极长城站气象和海冰特征分析 . 极地研究，25 (3): 268 - 277.

22. 杨清华，刘骥平，孙启振，等 . 2013. 2010 年春季南极固定冰反照率变化特征及其影响因素分析 . 地球物理学报，56 (7): 2177 - 2184.

23. 赵杰臣，张林，田忠翔，等 . 2014. 南极罗斯海 2012 年夏季海冰特征分析 . 极地研究，26 (3): 342 - 351.

24. 张林，李春花，柴先明，等 . 2014. 2014 年初雪龙船在南极被海冰围困期间海洋气象环境分析 . 极地研究，26 (4): 487 - 495.

25. 于海鹏 . 2015. 中国首次环南极科学考察海洋气象环境分析 . 海洋预报，32 (3): 78 - 83.

26. 严金辉，李锐祥，侍茂崇，葛人峰，孙永明 . 2012. 2011 年 1 月普里兹湾埃默里冰架附近水文特征 . 极地研究，24 (2): 101 - 109.

27. 张晔，李超伦，刘梦坛，高立宝.2016. 南极夏季南设得兰周边海域浮游动物优势种群的分布、丰度与种群结构分析. 海洋与湖沼，47（5）：945－953.

7.5 已投稿文章8篇

1. Libao Gao，Steve Rintoul and Weidong Yu. Recent wind－driven change in Subantarctic Mode Water and its impact on ocean heat storage. Nature Climate Change，2016，revised.

2. Liang Xue，Libao Gao，Weijun Cai，R. Wanninkhof and Weidong Yu. Climate modification on ocean acidification in the Southern Ocean via wind forcing. Nature Climate Change，submitted.

3. Libao Gao，Zexun Wei，Guijun Guo and Jiuxin Shi. Chinese Antarctic investigation and research in physical oceanography and meteorology during the last five－year plan. Advances in Polar Science，submitted.

4. Yang Wei，Gao Libao，Li Ruixiang，Liu Changjian，Yan Jinhui. Structure and seasonal variability of fronts in the South Indian Ocean along sections from Fremantle Australia to Zhongshan Station Antarctica. Advances in Polar Science，submited.

5. Yu XW，Xie ZQ，Wang XM，Hu QH，Zhang YL，Yu J，Ye PP，Su H. Spatial distributions of atmospheric isoprene and pinenes through the central Arctic Ocean to the Southern Ocean. Journal of Geophysical Research－Atmosphere，2014，under review.

6. 刘富彬，史久新，程瑶瑶，郑少军，矫玉田. 南极埃默里冰架前缘海域夏季上层暖水结构及其成因分析. 海洋学报.

7. 廖光洪，梁楚进，高立宝. 南极普里兹湾海域湍流扩散系数估计. 海洋学研究.

8. 廖光洪，梁楚进，高立宝. 威德尔海邻近海域环流的诊断计算分析. 极地研究.